La scienza delle costruzioni in Italia nell'Ottocento

Un'analisi storica dei fondamenti della scienza delle costruzioni

Danilo Capecchi • Giuseppe Ruta

La scienza delle costruzioni in Italia nell'Ottocento

Un'analisi storica dei fondamenti
della scienza delle costruzioni

 Springer

Danilo Capecchi
Dipartimento di
Ingegneria Strutturale e Geotecnica
Università La Sapienza, Roma

Giuseppe Ruta
Dipartimento di
Ingegneria Strutturale e Geotecnica
Università La Sapienza, Roma

UNITEXT – Collana di Ingeneria

ISBN   978-88-470-1713-9   ISBN 978-88-470-1714-6 (eBook)
DOI   10.1007-978-88-470-1714-6

Springer Milan Dordrecht Heidelberg London New York

© Springer-Verlag Italia 2011

9   8   7   6   5   4   3   2   1

Layout copertina: Beatrice B. (Milano)

Impaginazione: PTP-Berlin, Protago TEX-Production GmbH, Germany (www.ptp-berlin.eu)
Stampa: Grafiche Porpora, Segrate (MI)

Springer-Verlag Italia S.r.l., Via Decembrio 28, I-20137 Milano
Springer-Verlag fa parte di Springer Science+Business Media (www.springer.com)

Prefazione

Scienza delle costruzioni è il titolo dato nel 1877 da Giovanni Curioni, professore nella Scuola di applicazione per ingegneri di Torino, al suo corso di Meccanica applicata alle costruzioni. La scelta rifletteva un mutamento intervenuto nell'insegnamento delle discipline strutturali in Italia a seguito della costituzione delle Scuole di applicazione di ingegneria con la riforma Casati del 1859. Sulla scia del modello dell'École polytechnique, alla figura dell'ingegnere puramente tecnico si voleva sostituire quella dell'ingegnere "scientifico", inserendo nell'insegnamento le matematiche "sublimi" e le moderne teorie dell'elasticità. La disciplina che nasceva voleva rappresentare una sintesi tra gli studi teorici di meccanica del continuo, portati avanti principalmente dagli elasticisti francesi, e la meccanica delle strutture, che aveva cominciato a svilupparsi nelle scuole italiana e tedesca. Sotto questo aspetto si trattava di un approccio senza equivalenti in Europa, dove i contenuti della meccanica del continuo e quelli della meccanica delle strutture erano, e saranno, invece insegnati in due discipline diverse.

Negli anni '60 del Novecento *Scienza delle costruzioni* assume un senso diverso per due motivi. Intanto la disciplina fondata da Curioni si divide in due filoni, denominati *Scienza delle costruzioni* e *Tecnica delle costruzioni*, relegando a quest'ultima gli aspetti più applicativi. Poi gli sviluppi tecnologici richiedono lo studio di materiali con comportamenti più complessi di quello elastico lineare, c'è l'esigenza di tutelarsi da fenomeni di fatica e di frattura, diventa importante l'analisi dinamica, sia per le applicazioni industriali (vibrazioni) sia per quelle civili (vento, terremoti). Infine l'introduzione dei moderni codici strutturali da una parte ha reso obsolete le sofisticate tecniche di calcolo manuale messe a punto tra fine Ottocento e primo Novecento, da un'altra parte ha reso necessaria una maggiore conoscenza degli aspetti teorici, specie della meccanica del continuo. Questa necessità di approfondimento teorico ha determinato inevitabilmente una deriva di alcuni studiosi verso la fisica matematica. Tutto ciò rende problematica una definizione moderna di *Scienza delle costruzioni*.

Per superare tale difficoltà, nel nostro lavoro abbiamo deciso di usare il termine *Scienza delle costruzioni* con un senso abbastanza ampio, per indicare la parte teorica dell'ingegneria delle costruzioni. Ci limitiamo a trattare la scienza delle costruzioni in Italia per due motivi, uno di carattere celebrativo richiestoci dal corpo accademico nazionale, l'altro di carattere teorico che tiene conto della mancanza di conoscenza degli sviluppi della disciplina in Italia, che è pur sempre un'importante nazione europea. Il periodo scelto, l'Ottocento, è quello in cui sono nate e sono giunte a maturazione gran parte delle problematiche della scienza delle costruzioni, anche se l'attenzione era concentrata sui materiali a comportamento elastico lineare e a azioni esterne di tipo statico.

I testi di storia della scienza delle costruzioni esistenti, tra cui uno dei più completi ci sembra quello di Timoshenko, *History of strength of materials*, si concentrano sulle scuole francese, tedesca e inglese, trascurando in larga parte quella italiana. Anche il testo di Benvenuto, *An introduction to the history of structural mechanics*, che è molto attento ai contributi italiani, trascura in larga parte l'Ottocento. Solo recentemente Clifford Truesdell, matematico e storico della meccanica, nel suo *Classical field theories of mechanics* ha messo in evidenza gli importanti contributi degli scienziati italiani, rispolverando i nomi di Piola, Betti, Beltrami, Lauricella, Cerruti, Cesaro, Volterra, Castigliano, ecc.[1]

Il libro tratta in larga parte dei fondamenti teorici della disciplina, partendo dalle origini della teoria moderna dell'elasticità e inquadrando la situazione italiana in quella europea, esaminando e commentando anche gli autori stranieri che hanno avuto un ruolo essenziale per gli sviluppi della meccanica dei corpi continui e delle strutture e delle tecniche di calcolo grafico. In quest'ottica abbiamo appena accennato a quelle problematiche "più applicative" che non hanno visto contributi importanti da parte degli studiosi italiani. Per esempio non abbiamo accennato a tutti gli studi sulle piastre che furono portati avanti, specie in Francia e Germania, e che fornirono spunti fondamentali anche per gli aspetti più generali della meccanica dei continui. Si pensi per esempio ai lavori sulle piastre di Kirchhoff, Saint Venant, Sophie Germain. Si pensi poi ai primi studi sulle sollecitazioni dinamiche nei corpi elastici di Navier, Saint Venant, Cauchy, Poncelet. Infine non abbiamo citato nessuno dei lavori sperimentali portati avanti specie in Inghilterra e Germania, tra cui quelli importanti anche dal punto di vista teorico sulla modalità di resistenza e rottura dei materiali.

Il libro è organizzato essenzialmente per autori. Questa scelta è stata resa necessaria dalla complessità del materiale elaborato. Prima di poter tentare una sintesi abbiamo ritenuto necessario fare un lavoro ermeneutico: riportare tutto il materiale originario in un unico linguaggio comprensibile al lettore moderno. Certamente anche questo lavoro implica una sintesi, non fosse altro per la scelta dei testi esaminati, ma si tratta di una sintesi di livello basso. A partire da questo libro altri potranno tentare una sintesi di livello più elevato, sia di storia interna in cui vengano evidenziati meglio i nessi tra le diverse concezioni dei vari scienziati, sia di storia esterna che spieghi le ragioni sociali dello sviluppo della scienza delle costruzioni.

Il libro va considerato come un lavoro di ricerca storica, perché gran parte dei contenuti o sono elaborazioni originali o riportano nostre elaborazioni pubblicate su riviste. Esso è diretto a tutti quei laureati in discipline scientifiche che vogliano approfondire gli sviluppi della fisica matematica nell'Ottocento italiano, e naturalmente agli ingegneri, ma anche agli architetti, che vogliano avere una visione più

---

[1] Riferimenti bibliografici precisi saranno dati nel corpo del testo.

globale e critica della disciplina che hanno studiato per anni. Può poi, naturalmente, essere di aiuto agli studiosi di storia della meccanica.

Vogliamo ringraziare Raffaele Pisano e Annamaria Pau per avere letto le bozze del libro e per i suggerimenti datici.

Considerazioni editoriali

Le figure che si riferiscono ai brani citati sono state tutte ridisegnate per consentirne una migliore lettura. Ci siamo mantenuti il più possibile vicino agli originali, che sono comunque riportati in appendice.

I simboli delle formule sono sempre quelli utilizzati dagli autori, salvo casi chiaramente individuabili.

Le traduzioni dei testi dal francese, inglese, tedesco e latino, riportate in appendice, sono il più possibile letterali, salvo brevi parti che, per renderle comprensibili, si sono dovute parafrasare riportandole all'italiano tecnico moderno.

Roma, ottobre 2010   *Danilo Capecchi*
                                                                      Giuseppe Ruta

Indice

La scienza delle costruzioni nell'Ottocento

1

Fino al 1820 per il comportamento elastico dei materiali si disponeva di una teoria inadeguata della flessione, una teoria errata della torsione e della definizione del modulo di Young. Erano stati fatti studi su elementi monodimensionali, come le travi e le aste, e bidimensionali, come le piastre sottili (vedi per esempio i lavori di Sophie Germain). Da allora cominciano gli studi sui solidi elastici tridimensionali che portano la teoria dell'elasticità dei continui tridimensionali a diventare una delle più studiate teorie della fisica matematica ottocentesca. In pochi anni si archiviano definitivamente gran parte dei problemi irrisolti sulle travi e le piastre.

In questo capitolo riportiamo brevemente una sintesi degli sudi sui solidi tridimenionali, concentrando l'attenzione sulla teoria dei legami costitutivi, che è la parte della teoria dell'elasticità di maggior contenuto fisico e che è stata oggetto di maggiore dibattito. Si fa un confronto tra gli studi effettuati in Italia e quelli nel resto d'Europa.

1.1
Teoria dell'elasticità e meccanica del continuo

La teoria dell'elasticità ha origini antiche. Gli storici della scienza, pressati dall'esigenza di fornire una data *a quo*, rimandano normalmente a *Lectures de potentia restitutiva* di Robert Hooke del 1678 [189]. È possibile discutere questa data, ma per il momento la accettiamo perché non è nei nostri scopi una ricostruzione storicamente accurata degli albori della teoria dell'elasticità; ci limitiamo solo a segnalare che Hooke dovrebbe dividere l'onore della primogenitura almeno con Edme Mariotte [226]. Hooke e Mariotte studiarono problemi classificabili come ingegneristici: lo spostamento di punto di una trave, la sua curvatura, la deformazione di una molla, ecc.

Le spiegazioni *per causas* dell'elasticità si possono poi far partire dalla *Quaestio* 31 dell'*Opticks* di Newton del 1704 [266], in cui viene discussa la costituzione atomica della materia. Concezioni non atomistiche verranno sviluppate nel Settecento facendo riferimento specialmente al concetto di etere (per qualche dettaglio

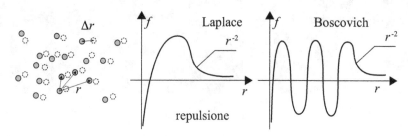

Figura 1.1 Modello molecolare: la forza f tra molecole funzione della distanza r

rimandiamo alla letteratura [26]). Nei primi anni dell'Ottocento la teoria dell'elasticità era intimamente connessa a "teorie molecolari" (o corpuscolari) particolari, quali quella di Laplace [209][1] che perfeziona l'approccio di Newton, e considera la materia formata da piccoli corpi, dotati di estensione e massa (ipotesi successivamente sostituita con quella di punto materiale), o quella di Boscovich [46] secondo cui i costituenti la materia sono puri centri di forza, privi di estensione ma dotati di massa. I corpuscoli si attirano con forze dipendenti dalla loro distanza mutua: repulsive a breve distanza, attrattive a distanza maggiore, secondo quanto illustrato dalla Figura 1.1.

Va subito detto che non è stata solo l'ingegneria ad avere influenzato lo sviluppo della teoria dell'elasticità; un'analisi storica, seppure poco accurata, mostra che tali ricerche erano legate anche al tentativo di fornire un'interpretazione meccanicistica della natura. Secondo tale interpretazione ogni fenomeno fisico deve essere spiegato con le leggi della meccanica corpuscolare: la materia ha una struttura discreta e anche lo spazio è pervaso da particelle sottilissime dotate di proprietà peculiari, che vanno a formare l'*etere*. Tutti i fenomeni fisici si propagano nello spazio da una particella di etere a quella immediatamente vicina per mezzo di urti o forze di attrazione o repulsione. Questo punto di vista permette di superare le difficoltà del concetto di azione a distanza: in che modo – si chiedevano i fisici del tempo – due corpi possono interagire, per esempio attrarsi, senza l'intervento di un mezzo interposto? A ogni fenomeno fisico corrisponde uno stato di tensione dell'etere, propagato per contatto.

Con gli inizi dell'Ottocento si sentì la necessità di caratterizzare quantitativamente il comportamento elastico dei corpi e nacque la teoria matematica dell'elasticità. Essa risulta fondamentale per una descrizione precisa del mondo fisico, in particolare per comprendere meglio il fenomeno della propagazione delle onde luminose attraverso l'etere. Le scelte dei fisici furono fortemente condizionate dalla matematica in voga in quel periodo, cioè dal calcolo differenziale e integrale. Esso presuppone il continuo matematico e ha quindi qualche difficoltà a sposarsi con il modello corpuscolare discreto, ormai diventato dominante.

La maggior parte degli scienziati adottò un approccio di compromesso che oggi può venire interpretato come una tecnica di omogeneizzazione. I corpi materiali, dotati di una finissima struttura corpuscolare, sono associati a un continuo mate-

---

[1] vol. 4, pp. 349-350.

matico C, come potrebbe essere un solido della geometria euclidea. Le variabili di spostamento sono rappresentate da funzioni **u** sufficientemente regolari definite in C, che assumono valori significativi solo per quei punti P che sono anche posizioni di corpuscoli. Le derivate delle funzioni **u** rispetto alle variabili spaziali e temporali hanno anche esse significato solo per i punti P. Le forze interne scambiate tra i corpuscoli, all'inizio pensate come concentrate, vengono sostituite dai loro valori medi che sono attribuiti a tutti i punti di C, diventando così tensioni σ. Altri scienziati rinunciarono al modello fisico corpuscolare tenendolo presente solo sullo sfondo. Essi fondarono le loro teorie direttamente sul continuo, i cui punti hanno adesso tutti significato fisico. Sul continuo sono definiti sia gli spostamenti sia le tensioni, come era già stato fatto nel Settecento da Euler e Lagrange per i fluidi. Qualche scienziato oscillava tra i due approcci: tra di essi Augustin Cauchy (ma Gabrio Piola si trovava in una posizione simile) che, mentre studiava la distribuzione delle forze interne dei corpi solidi, sistematizzava l'analisi matematica, confrontandosi con le diverse concezioni di infinito e infinitesimo, di discreto e continuo. Le sue oscillazioni nell'analisi matematica si ripercossero sui suoi studi sulla costituzione della materia [146, 145].

Nel seguito presentiamo con qualche dettaglio e senso storico quanto abbiamo sopra appena delineato, parlando dei diversi approcci corpuscolari e dell'approccio continuista facendo riferimento principalmente al legame tra le grandezze interne di forza e spostamento, tra tensioni e deformazioni, ovvero al legame costitutivo. Altre problematiche della teoria dell'elasticità, sempre nell'ambito dei continui, saranno accennate in seguito, per dedicare infine diversi paragrafi alla teoria dell'elasticità dei sistemi discreti in generale e delle strutture formate da travi in particolare.

1.1.1
Il modello molecolare classico

Le teorie dell'elasticità di inizio Ottocento si basavano su differenti ipotesi corpuscolari, introdotte quasi contemporaneamente da Fresnel, Navier e Cauchy [167, 263, 80, 81]. Gli scienziati francesi adottano per i corpuscoli l'unico termine di *molecola*, che rimarrà a lungo nella letteratura scientifica europea, affiancato spesso da *atomo*, senza che i due termini abbiano un significato necessariamente diverso, almeno fino a quando non saranno diffusi gli studi dei chimici sulla costituzione della materia e i termini molecola e atomo assumeranno un significato tecnico preciso che ne differenzierà gli ambiti di applicazione.

Fresnel studiò la propagazione della luce nell'etere, pensato formato da punti materiali che si scambiano forze elastiche. In un lavoro del 1820 ottenne risultati molto interessanti, come il teorema:

Tant qu'il ne s'agit que de petits déplacements, et quelle que soit la loi des forces que les molécules du milieu exercent les unes sur les autres, le déplacement d'une molécule dans une direction quelconque produit une force répulsive égale en grandeur et en direction à la résultante des trois forces répulsive produites par trois déplacements rectangulaires de cette molécule égaux aux composants statiques du premier déplacement.

Ce principe, présque évident par son énoncé même, peut se démontrer de la manière suivante [167].[2] (D.1.1)

Questo teorema sulle forze che si destano tra le molecole, «presque évident par son énoncé même», venne ripresentato da Cauchy in un'appendice al suo celebre articolo sulla tensione [82],[3] dove è riportato il riferimento esplicito a Fresnel.

Il primo lavoro sistematico sull'equilibrio e il moto di corpi tridimensionali elastici è comunque di Navier, che nel 1821 lesse all'*Académie des sciences* di Parigi una memoria [263] pubblicata solo nel 1827. Nel lavoro di Navier, personaggio classificato spesso come ingegnere ma assai interessato agli aspetti teorici della meccanica, non era presente il concetto di tensione, che sarà determinante per la meccanica applicata alle costruzioni sviluppata in seguito.

Navier, riallacciandosi esplicitamente alla *Mécanique analytique* di Lagrange [202, 204], scriveva le equazioni locali di equilibrio delle forze agenti su un corpo elastico, pensato come un aggregato di punti materiali che si attirano o si respingono con una forza elastica variabile linearmente con lo spostamento tra i punti:

On regarde un corps solide élastique comme un assemblage de molécules matérielles placées à des distances extrêmement petites. Ces molecules exercent les unes sur les autres deux actions opposées, savoir, une force propre d'attraction, et une force de répulsion due au principe de la chaleur. Entre une molécule M, et l'une quelconque M' des molecules voisines, il existe une action P, qui est la difference de ces deux forces. Dans l'état naturel du corps, toutes les actions P sont nulles, ou se detruisent réciproquement, puisque la molécule M est en repos. Quand la figure du corps a été changée, l'action P a pris une valeur differente Π, et il y a équilibre entre toutes les forces Π et les forces appliquées au corps, par lesquelles le changement de figure a été produit [263].[4] (D.1.2)

Detti X, Y, Z le forze esterne per unità di volume, ϵ una costante (il modulo di elasticità trasversale) e x, y, z lo spostamento di un punto P di coordinate iniziali a, b, c, le equazioni di bilancio di Navier [263][5] sono:

$$-X = \epsilon \left(3\frac{d^2x}{da^2} + \frac{d^2x}{db^2} + \frac{d^2x}{dc^2} + 2\frac{d^2y}{da\,db} + 2\frac{d^2z}{da\,dc} \right)$$

$$-Y = \epsilon \left(\frac{d^2y}{db^2} + 3\frac{d^2y}{da^2} + \frac{d^2y}{dc^2} + 2\frac{d^2x}{da\,db} + 2\frac{d^2z}{db\,dc} \right)$$

$$-Z = \epsilon \left(\frac{d^2z}{db^2} + \frac{d^2z}{dc^2} + 3\frac{d^2z}{da^2} + 2\frac{d^2x}{da\,dc} + 2\frac{d^2y}{db\,dc} \right).$$

Navier le ottenne tramite sia l'equilibrio diretto sia il principio dei lavori virtuali; con quest'ultimo metodo riuscì a scrivere in modo semplice anche le condizioni al

[2] pp. 344-345.
[3] pp. 79-81.
[4] pp. 375-376.
[5] p. 384.

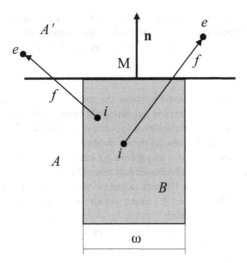

Figura 1.2 La tensione secondo Poisson

contorno. Seguì l'approccio, già accennato, comune a tutti gli scienziati francesi del secolo XIX, secondo cui i corpi elastici sono pensati discreti quando si vuole studiarne l'equilibrio, mentre sono pensati continui quando si tratta di descriverne la geometria e di ottenere relazioni matematiche semplici, sostituendo le sommatorie con integrali.[6]

Nel mondo accademico francese il modello molecolare di Navier divenne dominante anche per l'influenza dell'insegnamento di Laplace, che aveva adottato e perfezionato il modello newtoniano di materia formata da corpuscoli che si scambiano forze. Il primo ottobre 1827 Poisson e Cauchy presentarono all'*Académie des sciences* di Parigi due memorie simili tra loro,[7] in cui si riconsiderava il modello molecolare di Navier. Poisson diede contributi determinanti in questo campo; in due memorie lette all'*Académie des sciences* di Parigi il 14 aprile 1828 [289] e il 12 ottobre 1829 [290] ne esplicitava le assunzioni principali:

Les molécules de tous les corps sont soumises à leur attraction mutuelle et à la répulsion due à la chaleur. Selon que la première de ces deux forces est plus grande ou moindre que la seconde, il en résulte entre deux molécules une force attractive ou répulsive; mais dans les deux cas, cette résultante est une fonction de la distance d'une molécule à l'autre dont la loi nou est inconnue; on sait seulement que cette fonction décroît d'une maniére très rapide, et devient insensible dés que la distance a acquis une grandeur sensible. Toutefois nous supposerons que le rayon d'activité des molécules est très-

---

[6] La difficoltà di sostituire le sommatorie con gli integrali è stata oggetto di molti commenti degli studiosi francesi, specie Poisson e Cauchy.

[7] Si confronti [264], pp. clv, clix. La memoria di Cauchy apparirà dapprima col titolo *Mémoire sur l'équilibre et le mouvement d'un système de points materiels sollecités par forces d'attraction ou de répulsion mutuelle* [84]. Quella di Poisson apparirà col titolo *Note sur les vibrations des corps sonores* [288].

grand par rapport aux intervalles qui les séparent, et nous admettrons, en outre, que le décroissement rapide de cette action n'a lieu que quand la distance est devenue la somme d'un très-grande nombre de ces intervalles [289].[8] (D.1.3)

E introduceva la tensione:

[...] soit M un point situé dans l'intérieur du corps, à une distance sensible de la surface. Par ce point menons un plan qui partage le corps en deux parties, et que nous supposerons horisontal [...]. Appelons A la partie supérieure et A' la partie inférieure, dans laquelle nous comprendrons les points matériels appartenant au plan même. Du point M comme centre, décrivons une sphère qui comprenne un très-grand nombre de molécules, mais dont le rayon soit ce-pendant insensible par rapport au rayon d'activité des forces moléculaires. Soit ω l'aire de sa section horisontale; sur cette section élevons dans A un cylindre vertical, dont la hauteur soit au moins égale au rayon d'activité des molécules; appelons B ce cylindre: l'action des molécules de A' sur celles de B, divisée par ω, sera la *pression* exercée par A' sur A, rapportée à l'unité de surface et relative au point M [289].[9] (D.1.4)

Per i materiali isotropi Cauchy [84][10] e Poisson [289],[11] poste X, Y, Z le forze per unità di massa e a una costante di elasticità, ottengono relazioni analoghe a quelle di Navier:

$$X - \frac{\partial^2 u}{\partial t^2} + a^2 \left(\frac{\partial^2 u}{\partial y^2} + \frac{2}{3} \frac{\partial^2 v}{\partial y \partial x} + \frac{2}{3} \frac{\partial^2 w}{\partial z \partial x} + \frac{1}{3} \frac{\partial^2 u}{\partial x^2} + \frac{1}{3} \frac{\partial^2 u}{\partial z^2} \right) = 0$$

$$Y - \frac{\partial^2 v}{\partial t^2} + a^2 \left(\frac{\partial^2 v}{\partial y^2} + \frac{2}{3} \frac{\partial^2 u}{\partial x \partial y} + \frac{2}{3} \frac{\partial^2 w}{\partial z \partial y} + \frac{1}{3} \frac{\partial^2 v}{\partial x^2} + \frac{1}{3} \frac{\partial^2 v}{\partial z^2} \right) = 0$$

$$Z - \frac{\partial^2 w}{\partial t^2} + a^2 \left(\frac{\partial^2 w}{\partial z^2} + \frac{2}{3} \frac{\partial^2 u}{\partial x \partial z} + \frac{2}{3} \frac{\partial^2 v}{\partial y \partial z} + \frac{1}{3} \frac{\partial^2 w}{\partial x^2} + \frac{1}{3} \frac{\partial^2 w}{\partial y^2} \right) = 0.$$

Nel seguito mostreremo con qualche dettaglio le caratteristiche principali del modello molecolare classico cercando di coglierne pregi e difetti insieme alla loro origine. L'attenzione è concentrata sul legame costitutivo tensioni-deformazioni perché qui si vedono meglio le conseguenze delle assunzioni relative al modello molecolare.

La definizione di tensione è quella, sopra riportata, proposta da Poisson e accettata da Cauchy; per la deformazione si considerano le componenti del gradiente degli spostamenti. Si fa riferimento al lavoro di Cauchy del 1828 [84],[12] tra i più completi e chiari sull'argomento.

---

[8] pp. 368-369.
[9] p. 29.
[10] pp. 250-251.
[11] p. 403.
[12] pp. 227-252.

Le principali assunzioni del modello molecolare di Cauchy, analoghe a quelle degli altri studiosi francesi, sono:

1. Le molecole sono assimilate a punti materiali soggetti a forze opposte dirette lungo la loro congiungente (forze centrali).
2. La forza tra due molecole decresce rapidamente a partire da una certa distanza, piccola ma molto maggiore della distanza normale tra due molecole, detta *raggio di azione molecolare*.
3. Le molecole hanno tutte la stessa massa e la forza tra due molecole qualsiasi è fornita dalla stessa funzione $f(r)$ della distanza r.
4. Gli spostamenti relativi delle molecole si assumono piccoli.
5. La funzione $f(r)$ che esprime la forza per unità di massa tra due molecole è regolare in r e quindi può essere derivata.
6. Lo spostamento delle molecole è definito da un campo vettoriale regolare nel continuo in cui il sistema delle molecole si immagina immerso.

Le prime tre assunzioni sono di carattere fisico, le rimanenti sono di carattere matematico, introdotte chiaramente per semplificare la trattazione.

1.1.1.1
Le componenti della tensione

Come anticipato, le componenti del vettore della tensione in un punto sono ottenute applicando la definizione di tensione di Poisson. Si consideri un cilindro di base infinitesima ω e di asse parallelo a x, situato da una parte di ω. Siano $\mathfrak{m}$ le molecole all'interno del cilindro[13] e m quelle nel semispazio dalla parte opposta di ω rispetto al cilindro. La forza esercitata su $\mathfrak{m}$ da tutte le molecole m è caratterizzata dalle tre componenti [84]:[14]

$$\sum \pm \mathfrak{m}m \cos \alpha f(r), \qquad \sum \pm \mathfrak{m}m \cos \beta f(r), \qquad \sum \pm \mathfrak{m}m \cos \gamma f(r),$$

in cui α, β, γ sono i coseni direttori del raggio vettore r e la somma è estesa a tutte le molecole m del semispazio opposto al cilindro, o meglio a tutte quelle contenute nella sfera di azione molecolare (la sfera definita dal raggio di azione molecolare) di $\mathfrak{m}$.

Per ottenere la pressione sulla superficie ω del cilindro infinitesimo bisogna estendere la somma a tutte le molecole $\mathfrak{m}$ del cilindro. Poiché tutte le molecole sono uguali, questa somma può essere resa esplicita in modo semplice da Cauchy, che dopo qualche passaggio ottiene le seguenti componenti della tensione sulla faccia

---

[13] Le molecole in M nella fig. 1.2.
[14] p. 257.

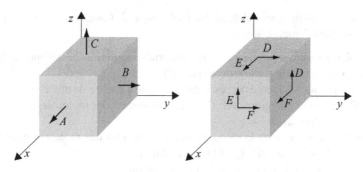

Figura 1.3 Le componenti della tensione

perpendicolare a x [86]:[15]

$$\begin{cases} A = \Delta \sum \pm m \cos^2 \alpha f(r) \\ F = \Delta \sum \pm m \cos \alpha \cos \beta f(r) \\ E = \Delta \sum \pm m \cos \alpha \cos \gamma f(r) \end{cases} \qquad (1.1)$$

con Δ massa specifica del corpo, localmente omogeneo. Cauchy aveva già introdotto i simboli per le componenti di tensione nel lavoro del 1827 [82];[16] questi saranno adottati a lungo da altri studiosi prima che si affermino le notazioni indiciali (vedi *infra*). I simboli completi e le corrispondenze con le notazioni moderne sono riportati nella lista seguente e illustrati nella Figura 1.3.

$$\begin{array}{lll} A(\equiv \sigma_x) & F(\equiv \tau_{yx}) & E(\equiv \tau_{zx}) \\ F(\equiv \tau_{xy}) & B(\equiv \sigma_y) & D(\equiv \tau_{zy}) \\ E(\equiv \tau_{xz}) & D(\equiv \tau_{yz}) & C(\equiv \sigma_z). \end{array}$$

Già nel lavoro del 1827 [82][17] Cauchy aveva trovato la relazione lineare tra le componenti del vettore della tensione in una giacitura generica con le componenti dei vettori della tensione nelle giaciture dei piani coordinati (ovvero in termini moderni la natura tensoriale della tensione), in modo molto semplice, a partire direttamente dalla definizione di tensione secondo Poisson ed esplicitando le sommatorie.

1.1.1.2
Il legame costitutivo

Nelle moderne teorie della meccanica del continuo, per introdurre le relazioni costitutive, si definiscono, in modo indipendente, le componenti della tensione e quelle della deformazione, poi si precisa la funzione che le lega, che è appunto il legame costitutivo.

---

[15] p. 257, eq. (13).
[16] pp. 60-81.
[17] pp. 79-81.

Nella teoria molecolare classica il percorso storico è stato diverso. La definizione della deformazione passa in secondo piano e scaturisce implicitamente dal tentativo di stabilire il legame tra tensioni e spostamenti, non appena si approssimino questi ultimi con i loro valori infinitesimi. Questo approccio è stato certamente influenzato dal lavoro di Navier del 1821 [263], che aveva l'obiettivo di trovare le equazioni differenziali nelle componenti di spostamento in un corpo elastico, prescindendo da ogni esame delle forze interne.

Per ottenere le relazioni che legano le componenti della tensione a quelle degli spostamenti, si riscrivono nello stato deformato relazioni analoghe alle (1.1), le quali per comodità si considerano riferite allo stato indeformato, o naturale, o iniziale, tenendo conto dello spostamento di componenti ξ, η, ζ delle molecole dalla loro posizione iniziale. Se, seguendo Cauchy, si indicano con $\Delta a, \Delta b, \Delta c$ le componenti della distanza r tra due molecole nello stato indeformato e con $\Delta x, \Delta y, \Delta z$ quelle della distanza nello stato deformato, valgono le:

$$\Delta x = \Delta a + \Delta \xi, \quad \Delta y = \Delta b + \Delta \eta, \quad \Delta x = \Delta a + \Delta \zeta.$$

La nuova distanza tra due molecole è definita da Cauchy attraverso la deformazione longitudinale ε:

$$r(1 + \epsilon).$$

Le componenti della tensione nella configurazione deformata sono fornite sostituendo nelle (1.1) le nuove espressioni delle forze e delle distanze [86]:[18]

$$\begin{cases} A = \frac{\rho}{2} \sum \left\{ \pm m \frac{f[r(1+\epsilon)]}{r(1+\epsilon)} \Delta x^2 \right\}; \ D = \frac{\rho}{2} \sum \left\{ \pm m \frac{f[r(1+\epsilon)]}{r(1+\epsilon)} \Delta y \Delta z \right\} \\ B = \frac{\rho}{2} \sum \left\{ \pm m \frac{f[r(1+\epsilon)]}{r(1+\epsilon)} \Delta y^2 \right\}; \ E = \frac{\rho}{2} \sum \left\{ \pm m \frac{f[r(1+\epsilon)]}{r(1+\epsilon)} \Delta z \Delta x \right\} \\ C = \frac{\rho}{2} \sum \left\{ \pm m \frac{f[r(1+\epsilon)]}{r(1+\epsilon)} \Delta z^2 \right\}; \ F = \frac{\rho}{2} \sum \left\{ \pm m \frac{f[r(1+\epsilon)]}{r(1+\epsilon)} \Delta x \Delta y \right\} \end{cases} \quad (1.2)$$

in cui ρ è la densità nella configurazione deformata, diversa in generale dalla densità Δ nella configurazione indeformata, e la sommatoria è estesa a tutte le molecole contenute entro la sfera di azione molecolare di m, sia nel semispazio del cilindro infinitesimo sia in quello opposto. Ciò giustifica il fattore 1/2.

Per ottenere relazioni suscettibili di elaborazione algebrica e quindi di semplificazione, Cauchy introduce l'ipotesi di piccoli spostamenti, che gli permette di pervenire a relazioni linearizzate in ε; ciò porta naturalmente a un legame elastico lineare tra tensioni e deformazioni [84]:

$$\frac{f[r(1+\epsilon)]}{r(1+\epsilon)} \approx \frac{f(r)}{r} + \frac{rf'(r) - f(r)}{r} \epsilon$$

$$\epsilon = \frac{1}{r} \left(\cos \alpha \Delta \xi + \cos \beta \Delta \eta + \cos \gamma \Delta \zeta \right).$$

[18] p. 260, eq. (18).

Scelta una molecola $\mathfrak{m}$ di riferimento, per esempio quella al centro della superficie elementare ω del cilindro, Cauchy linearizza le variazioni delle componenti di spostamento delle molecole all'interno della sfera di azione molecolare relativa a $\mathfrak{m}$, data la dimensione limitata della sfera di azione molecolare:

$$\frac{\Delta\xi}{r} = \frac{\partial\xi}{\partial a}\cos\alpha + \frac{\partial\xi}{\partial b}\cos\beta + \frac{\partial\xi}{\partial c}\cos\gamma$$

$$\frac{\Delta\eta}{r} = \frac{\partial\eta}{\partial a}\cos\alpha + \frac{\partial\eta}{\partial b}\cos\beta + \frac{\partial\eta}{\partial c}\cos\gamma$$

$$\frac{\Delta\zeta}{r} = \frac{\partial\zeta}{\partial a}\cos\alpha + \frac{\partial\zeta}{\partial b}\cos\beta + \frac{\partial\zeta}{\partial c}\cos\gamma$$

in cui le derivate sono calcolate in $\mathfrak{m}$.

Sostituendo nelle (1.2) le espressioni linearizzate di f e ϵ, semplificando e trascurando gli infinitesimi di ordine superiore in ϵ, $\Delta\xi$, $\Delta\eta$, $\Delta\zeta$, Cauchy perviene alle relazioni riportate nella Tabella 1.1, le quali esprimono il legame costitutivo. Esse forniscono l'espressione delle componenti della tensione A, B, C, D, E, F in funzione delle nove componenti del gradiente dello spostamento $\partial\xi/\partial a$, $\partial\xi/\partial b$, $\partial\xi/\partial c$, $\partial\eta/\partial a$, $\partial\eta/\partial b$, $\partial\eta/\partial c$, $\partial\zeta/\partial a$, $\partial\zeta/\partial b$, $\partial\zeta/\partial c$, le quali ultime definiscono implicitamente le componenti della deformazione.

Nella Tabella 1.1 le componenti della tensione sono legate a quelle della deformazione da 21 coefficienti distinti, definiti dalle sommatorie estese a tutte le molecole interne alla sfera di azione del punto-molecola in cui si vuole calcolare la tensione, che moltiplicano le derivate delle componenti dello spostamento nel punto stesso (nella Tabella 1.1 il simbolo S sta per sommatoria). Fa eccezione il primo termine, che non contiene derivate dello spostamento. Cauchy nota che se lo *stato primitivo* indeformato è equilibrato con forze esterne nulle (in termini moderni, uno stato naturale) si annullano 6 dei coefficienti tra le componenti della tensione e le derivate dello spostamento. Infatti per lo stato indeformato si deve porre $\epsilon = 0$ e le componenti della tensione A, B, C, D, E, F si riducono ai primi elementi della Tabella 1.1. In assenza di forze esterne questi devono annullarsi, così come tutte le somme che contengono i termini quadratici nei coseni direttori. Ciò comporta l'annullarsi anche dei termini della seconda riga della Tabella 1.1 che dipendono dagli spostamenti. Pertanto i coefficienti non nulli sono solo quelli della terza riga della Tabella 1.1 caratterizzati da termini del quarto ordine nei coseni direttori, cioè 15, pari alle combinazioni con ripetizione di 3 oggetti ($\cos\alpha, \cos\beta, \cos\gamma$) di classe 4 (l'ordine del prodotto dei coseni).

La Tabella 1.1, oltre a consentire un controllo sul numero di coefficienti, mostra una certa simmetria. I coefficienti delle derivate associate a variabili di spostamento e di posizione corrispondenti sono uguali; per esempio, sono uguali i coefficienti di $\partial\xi/\partial b$ e $\partial\eta/\partial a$, di $\partial\xi/\partial c$ e $\partial\zeta/\partial a$, ecc. Un lettore moderno può così affermare che le componenti della tensione si esprimono in funzione delle sei componenti di deformazione infinitesima, pervenendo a un legame costitutivo tensioni-deformazioni caratterizzato da solo 15 coefficienti.

Cauchy non fa queste considerazioni, non è interessato a una teoria dei legami costitutivi, vuole solo ottenere la tensione in funzione delle derivate dello sposta-

Tabella 1.1a Componenti di tensione nel modello molecolare di Cauchy [86][19]

$$A = \rho \, S\left[\pm \frac{m\rho}{2} \cos^2\alpha \, f(r) \right]$$

$$+ 2\rho \left\{ \frac{\partial \xi}{\partial a} \, S\left[\pm \frac{m\rho}{2} \cos^2\alpha \, f(r) \right] + \frac{\partial \xi}{\partial b} \, S\left[\pm \frac{m\rho}{2} \cos\alpha \cos\beta \, f(r) \right] + \frac{\partial \xi}{\partial c} \, S\left[\pm \frac{m\rho}{2} \cos\alpha \cos\gamma \, f(r) \right] \right\}$$

$$+ \rho \left\{ \begin{array}{l} \dfrac{\partial \xi}{\partial a} \, S\left[\dfrac{m\rho}{2} \cos^4\alpha \, f(r) \right] + \dfrac{\partial \xi}{\partial b} \, S\left[\dfrac{m\rho}{2} \cos^3\alpha \cos\beta \, f(r) \right] + \dfrac{\partial \xi}{\partial c} \, S\left[\dfrac{m\rho}{2} \cos^3\alpha \cos\gamma \, f(r) \right] \\[2mm] + \dfrac{\partial \eta}{\partial a} \, S\left[\dfrac{m\rho}{2} \cos^3\alpha \cos\beta \, f(r) \right] + \dfrac{\partial \eta}{\partial b} \left[\dfrac{m\rho}{2} \cos^2\alpha \cos^2\beta \, f(r) \right] + \dfrac{\partial \eta}{\partial c} \, S\left[\dfrac{m\rho}{2} \cos^2\alpha \cos\beta \cos\gamma \, f(r) \right] \\[2mm] + \dfrac{\partial \zeta}{\partial a} \, S\left[\dfrac{m\rho}{2} \cos^3\alpha \cos\gamma \, f(r) \right] + \dfrac{\partial \zeta}{\partial b} \, S\left[\dfrac{m\rho}{2} \cos^2\alpha \cos\beta \cos\gamma \, f(r) \right] + \dfrac{\partial \zeta}{\partial c} \left[\dfrac{m\rho}{2} \cos^2\alpha \cos^2\gamma \, f(r) \right] \end{array} \right\}$$

$$B = \rho \, S\left[\pm \frac{m\rho}{2} \cos^2\beta \, f(r) \right]$$

$$+ 2\rho \left\{ \frac{\partial \eta}{\partial a} \, S\left[\pm \frac{m\rho}{2} \cos\alpha \cos\beta \, f(r) \right] + \frac{\partial \eta}{\partial b} \, S\left[\pm \frac{m\rho}{2} \cos^2\beta \, f(r) \right] + \frac{\partial \eta}{\partial c} \, S\left[\pm \frac{m\rho}{2} \cos\alpha \cos\gamma \, f(r) \right] \right\}$$

$$+ \rho \left\{ \begin{array}{l} \dfrac{\partial \xi}{\partial a} \, S\left[\dfrac{m\rho}{2} \cos^2\alpha \cos^2\beta \, f(r) \right] + \dfrac{\partial \xi}{\partial b} \, S\left[\dfrac{m\rho}{2} \cos\alpha \cos^3\beta \, f(r) \right] + \dfrac{\partial \xi}{\partial c} \, S\left[\dfrac{m\rho}{2} \cos\alpha \cos^2\beta \cos\gamma \, f(r) \right] \\[2mm] + \dfrac{\partial \eta}{\partial a} \, S\left[\dfrac{m\rho}{2} \cos\alpha \cos^3\beta \, f(r) \right] + \dfrac{\partial \eta}{\partial b} \left[\dfrac{m\rho}{2} \cos^4\beta \, f(r) \right] + \dfrac{\partial \eta}{\partial c} \, S\left[\dfrac{m\rho}{2} \cos^3\beta \cos\gamma \, f(r) \right] \\[2mm] + \dfrac{\partial \zeta}{\partial a} \, S\left[\dfrac{m\rho}{2} \cos\alpha \cos^2\beta \cos\gamma \, f(r) \right] + \dfrac{\partial \zeta}{\partial b} \, S\left[\dfrac{m\rho}{2} \cos^3\beta \cos\gamma \, f(r) \right] + \dfrac{\partial \zeta}{\partial c} \, S\left[\dfrac{m\rho}{2} \cos^2\beta \cos^2\gamma \, f(r) \right] \end{array} \right\}$$

$$C = \rho \, S\left[\pm \frac{m\rho}{2} \cos^2\gamma \, f(r) \right]$$

$$+ 2\rho \left\{ \frac{\partial \xi}{\partial c} \, S\left[\pm \frac{m\rho}{2} \cos\alpha \cos\gamma \, f(r) \right] + \frac{\partial \xi}{\partial b} \, S\left[\pm \frac{m\rho}{2} \cos\beta \cos\gamma \, f(r) \right] + \frac{\partial \xi}{\partial a} \, S\left[\pm \frac{m\rho}{2} \cos^2\gamma \, f(r) \right] \right\}$$

$$+ \rho \left\{ \begin{array}{l} \dfrac{\partial \xi}{\partial a} \, S\left[\dfrac{m\rho}{2} \cos^2\alpha \cos^2\beta \, f(r) \right] + \dfrac{\partial \xi}{\partial b} \, S\left[\dfrac{m\rho}{2} \cos\alpha \cos\beta \cos^2\gamma \, f(r) \right] + \dfrac{\partial \xi}{\partial c} \, S\left[\dfrac{m\rho}{2} \cos\alpha \cos^3\gamma \, f(r) \right] \\[2mm] + \dfrac{\partial \eta}{\partial a} \, S\left[\dfrac{m\rho}{2} \cos\alpha \cos\beta \cos^2\gamma \, f(r) \right] + \dfrac{\partial \eta}{\partial b} \, S\left[\dfrac{m\rho}{2} \cos^2\beta \cos^2\gamma \, f(r) \right] + \dfrac{\partial \eta}{\partial c} \, S\left[\dfrac{m\rho}{2} \cos\beta \cos^3\gamma \, f(r) \right] \\[2mm] + \dfrac{\partial \zeta}{\partial a} \, S\left[\pm \dfrac{m\rho}{2} \cos\alpha \cos^3\gamma \, f(r) \right] + \dfrac{\partial \zeta}{\partial b} \, S\left[\pm \dfrac{m\rho}{2} \cos\beta \cos^3\gamma \, f(r) \right] + \dfrac{\partial \zeta}{\partial c} \, S\left[\pm \dfrac{m\rho}{2} \cos^4\gamma \, f(r) \right] \end{array} \right\}$$

mento al fine di scrivere le equazioni di equilibrio e di moto per il sistema di punti materiali in termini di spostamento, come fatto da Navier. La suddivisione del problema elastico del continuo in analisi della tensione (equilibrio), della deformazione (congruenza) e del legame costitutivo sarà pienamente sviluppata solo con Lamé [206] e Saint Venant [316]. Cauchy inoltre non si cura mai del numero di costanti

---

[19] p. 263.

Tabella 1.1b Componenti di tensione nel modello molecolare di Cauchy [86][20]

$$D = \rho S\left[\pm \frac{m\rho}{2}\cos\beta\,\cos\gamma\,f(r)\right]$$

$$+\rho \left\{ \begin{array}{l} \frac{\partial\eta}{\partial a}S\left[\pm\frac{m\rho}{2}\cos\alpha\,\cos\gamma\,f(r)\right]+\frac{\partial\eta}{\partial b}S\left[\pm\frac{m\rho}{2}\cos\beta\,\cos\gamma\,f(r)\right]+\frac{\partial\eta}{\partial c}S\left[\pm\frac{m\rho}{2}\cos^2\gamma\,f(r)\right] \\[2mm] +\frac{\partial\xi}{\partial a}S\left[\frac{m\rho}{2}\cos\alpha\,\cos\beta\,f(r)\right]+\frac{\partial\xi}{\partial b}S\left[\frac{m\rho}{2}\cos^2\beta\,f(r)\right]+\frac{\partial\xi}{\partial c}S\left[\frac{m\rho}{2}\cos\beta\,\cos\gamma\,f(r)\right] \end{array}\right\}$$

$$+\rho \left\{ \begin{array}{l} \frac{\partial\xi}{\partial a}S\left[\frac{m\rho}{2}\cos^2\alpha\,\cos\beta\,\cos\gamma\,f(r)\right]+\frac{\partial\xi}{\partial b}S\left[\frac{m\rho}{2}\cos\alpha\,\cos^2\beta\,\cos\gamma\,f(r)\right]+\frac{\partial\xi}{\partial b}S\left[\frac{m\rho}{2}\cos\alpha\,\cos\beta\,\cos^2\gamma\,f(r)\right] \\[2mm] +\frac{\partial\eta}{\partial a}S\left[\frac{m\rho}{2}\cos\alpha\,\cos^2\beta\,\cos\gamma\,f(r)\right]+\frac{\partial\eta}{\partial b}S\left[\frac{m\rho}{2}\cos^3\beta\,\cos\gamma\,f(r)\right]+\frac{\partial\eta}{\partial c}S\left[\frac{m\rho}{2}\cos^2\beta\,\cos^2\gamma\,f(r)\right] \\[2mm] +\frac{\partial\xi}{\partial a}S\left[\frac{m\rho}{2}\cos\alpha\,\cos\beta\,\cos^2\gamma\,f(r)\right]+\frac{\partial\xi}{\partial b}S\left[\frac{m\rho}{2}\cos^2\beta\,\cos^2\gamma\,f(r)\right]+\frac{\partial\xi}{\partial c}S\left[\frac{m\rho}{2}\cos\beta\,\cos^3\gamma\,f(r)\right] \end{array}\right\}$$

$$E = \rho S\left[\pm\frac{m\rho}{2}\cos\gamma\,\cos\alpha\,f(r)\right]$$

$$+\rho \left\{ \begin{array}{l} \frac{\partial\xi}{\partial a}S\left[\pm\frac{m\rho}{2}\cos^2\alpha\,f(r)\right]+\frac{\partial\xi}{\partial b}S\left[\pm\frac{m\rho}{2}\cos\alpha\,\cos\beta\,f(r)\right]+\frac{\partial\xi}{\partial c}S\left[\pm\frac{m\rho}{2}\cos\alpha\,\cos\gamma\,f(r)\right] \\[2mm] +\frac{\partial\xi}{\partial a}S\left[\frac{m\rho}{2}\cos\alpha\,\cos\gamma\,f(r)\right]+\frac{\partial\xi}{\partial b}S\left[\frac{m\rho}{2}\cos\beta\,\cos\gamma\,f(r)\right]+\frac{\partial\xi}{\partial c}S\left[\pm\frac{m\rho}{2}\cos^2\gamma\,f(r)\right] \end{array}\right\}$$

$$+\rho \left\{ \begin{array}{l} \frac{\partial\xi}{\partial a}S\left[\frac{m\rho}{2}\cos^3\alpha\,\cos\gamma\,f(r)\right]+\frac{\partial\xi}{\partial b}S\left[\frac{m\rho}{2}\cos^2\alpha\,\cos\beta\,\cos\gamma\,f(r)\right]+\frac{\partial\xi}{\partial c}S\left[\frac{m\rho}{2}\cos^2\alpha\,\cos^2\gamma\,f(r)\right] \\[2mm] +\frac{\partial\eta}{\partial a}S\left[\frac{m\rho}{2}\cos^2\alpha\,\cos\beta\,\cos\gamma\,f(r)\right]+\frac{\partial\eta}{\partial b}S\left[\frac{m\rho}{2}\cos\alpha\,\cos^2\beta\,\cos\gamma\,f(r)\right]+\frac{\partial\eta}{\partial c}S\left[\frac{m\rho}{2}\cos\alpha\,\cos\beta\,\cos^2\gamma\,f(r)\right] \\[2mm] +\frac{\partial\xi}{\partial a}S\left[\frac{m\rho}{2}\cos^2\alpha\,\cos^2\gamma\,f(r)\right]+\frac{\partial\xi}{\partial b}S\left[\frac{m\rho}{2}\cos\alpha\,\cos\beta\,\cos^2\gamma\,f(r)\right]+\frac{\partial\xi}{\partial c}S\left[\frac{m\rho}{2}\cos\alpha\,\cos^3\gamma\,f(r)\right] \end{array}\right\}$$

$$F = \rho S\left[\pm\frac{m\rho}{2}\cos\alpha\,\cos\beta\,f(r)\right]$$

$$+\rho \left\{ \begin{array}{l} \frac{\partial\xi}{\partial a}S\left[\pm\frac{m\rho}{2}\cos\alpha\,\cos\beta\,f(r)\right]+\frac{\partial\xi}{\partial b}S\left[\pm\frac{m\rho}{2}\cos^2\beta\,f(r)\right]+\frac{\partial\xi}{\partial c}S\left[\pm\frac{m\rho}{2}\cos\beta\,\cos\gamma\,f(r)\right] \\[2mm] +\frac{\partial\eta}{\partial a}S\left[\pm\frac{m\rho}{2}\cos^2\alpha\,f(r)\right]+\frac{\partial\eta}{\partial b}S\left[\pm\frac{m\rho}{2}\cos\alpha\,\cos\beta\,f(r)\right]+\frac{\partial\eta}{\partial c}S\left[\pm\frac{m\rho}{2}\cos\alpha\,\cos\gamma\,f(r)\right] \end{array}\right\}$$

$$+\rho \left\{ \begin{array}{l} \frac{\partial\xi}{\partial a}S\left[\frac{m\rho}{2}\cos^3\alpha\,\cos\beta\,f(r)\right]+\frac{\partial\xi}{\partial b}S\left[\frac{m\rho}{2}\cos^2\alpha\,\cos^2\beta\,f(r)\right]+\frac{\partial\xi}{\partial c}S\left[\frac{m\rho}{2}\cos^2\alpha\,\cos\beta\,\cos\gamma\,f(r)\right] \\[2mm] +\frac{\partial\eta}{\partial a}S\left[\frac{m\rho}{2}\cos^2\alpha\,\cos^2\beta\,f(r)\right]+\frac{\partial\eta}{\partial b}S\left[\frac{m\rho}{2}\cos\alpha\,\cos^3\beta\,f(r)\right]+\frac{\partial\eta}{\partial b}S\left[\frac{m\rho}{2}\cos\alpha\,\cos^2\beta\,\cos\gamma\,f(r)\right] \\[2mm] +\frac{\partial\xi}{\partial a}S\left[\frac{m\rho}{2}\cos^2\alpha\,\cos\beta\,\cos\gamma\,f(r)\right]+\frac{\partial\xi}{\partial b}S\left[\frac{m\rho}{2}\cos\alpha\,\cos^2\beta\,\cos\gamma\,f(r)\right]+\frac{\partial\xi}{\partial c}S\left[\frac{m\rho}{2}\cos\alpha\,\cos\beta\,\cos^2\gamma\,f(r)\right] \end{array}\right\}$$

che ha trovato per il modello elastico più generale, in particolare se siano 15 o 21, anche se in un lavoro del 1829 dà un nome a tutti i coefficienti e li espone in ordine [87].[21] Secondo Love, Clausius è stato tra i primi a evidenziare il particolare numero, 15, delle costanti del modello molecolare [218].[22] In realtà già Poisson aveva

---

[20] p. 264.
[21] pp. 162-173.
[22] p. 9.

"contato" i coefficienti del legame costitutivo nella forma tensione-deformazione infinitesima, osservando che quelli necessari per descriverlo sono in generale 36 e solo in conseguenza delle ipotesi del modello molecolare classico si riducono a 15 [289].[23]

Cauchy assume in seguito ipotesi ulteriori di simmetria materiale:

1. Il corpo ha tre piani ortogonali di simmetria (ortotropia): i coefficienti con almeno un esponente dispari dei coseni direttori svaniscono (le somme che li esprimono si annullano); il numero dei coefficienti distinti si riduce a 6.

2. Il corpo ha tre piani di simmetria e la disposizione delle molecole è identica nelle tre direzioni ortogonali a questi piani (ortotropia identica): nei coefficienti si può scambiare β con α, α con γ, ecc.; il numero dei coefficienti distinti si riduce a 2.

3. Il corpo ha la stessa disposizione di molecole attorno al punto in cui si calcola la tensione (isotropia): con un ragionamento complicato, forse non impeccabile, Cauchy mostra che c'è solo un coefficiente distinto.

1.1.2
Le critiche dall'interno del modello molecolare classico

Le conclusioni di Navier, Cauchy e Poisson furono accettate dalla comunità scientifica internazionale, specialmente in Francia, per la semplicità della teoria a loro fondamento e per le loro basi fisiche universalmente riconosciute. Tuttavia, questi risultati vennero lentamente ma inesorabilmente contraddetti dall'evidenza sperimentale.[24] Questa mostrava, soprattutto con l'avanzare della precisione degli strumenti di misura, che per caratterizzare materiali elastici lineari isotropi sono necessarie due costanti. Maggiore la precisione e l'attendibilità dei risultati sperimentali, maggiormente le predizioni teoriche di Cauchy e Poisson venivano smentite, senza che fosse chiaro il perché [197].[25]

Un primo tentativo di adattare il modello molecolare "classico" ai risultati sperimentali fu di rilassare alcune ipotesi di base della teoria molecolare. Poisson fu tra i primi, nella memoria letta all'*Académie des sciences* nel 1829 [289], ad avanzare l'ipotesi di molecole non puntiformi e corpi cristallini, con una disposizione regolare di molecole; l'idea di forze centrali dipendenti solo dalla distanza mutua tra i centri delle molecole cade:

> On suppose que dans les corps de cette nature, les molécules sont régulièrement distribuées, et quelles s'attirent ou se repoussent inégalement par leurs différens cotès. Par cette raison il n'est plus permis, en calculant l'action exercée par une partie du corps sur une autre, de regarder l'action mutuelle de deux molécules comme une simple fontion

---

[23] pp. 83-85.
[24] Per esempio, dai risultati ampiamente illustrati da Wertheim [375], pp. 581-610. Per alcuni riferimenti bibliografici sulle sperimentazioni relative ai legami costitutivi vedi [163].
[25] pp. 481-503.

> de la distance qui les sépare [...]. S'il s'agit d'un corps homogène qui soit dans son état naturel, où il n'est soumis á aucune force étrangère, on pourrá le considérer comme un assemblage de molécules de même nature et de même *forme*, dont les sections homologues seront parallèles entre elles [289].[26] (D.1.5)

Per Poisson nei corpi cristallini le relazioni che riducono le costanti elastiche indipendenti a 15, ottenute nei suoi lavori precedenti e in quelli di Cauchy, non sono più valide:

> Les composants P, Q, &c., étant ainsi réduites á six forces différentes, et la valeur de chaque force pouvant contenir six coefficiens particuliers, il en résulte que les équations générales de l'équilibre, et par suite, celles du mouvement, renferment trente-six coefficients, q'on ne pourra pas réduire a un moindre nombre sans restreindre la géneralité de la question [289].[27] (D.1.6)

D'altra parte, nei corpi non cristallini, con cristallizzazione debole o irregolare, anche se le molecole non sono più considerate puntiformi, tutto rimane come se le forze interne fossero centrali. Questo è dovuto a compensazioni di cause, anche considerando un modello molecolare più raffinato del tradizionale:

> Il suit de là que si l'on considère deux parties A et B d'un corps non cristallisé qui soient d'une étendue insensible, mais dont chacune comprenne cependant un très-grand nombre de molécules, et qu'on veuille déterminer l'action totale de A sur B, on pourra supposer dans ce calcul que l'action mutuelle de deux molécules m et m' se réduise, comme dans le cas des fluides, á une force R dirigée suivant la droite qui joint leurs centres de gravité M et M', et dont l'intensité ne sera fonction que de la distance MM'. En effet, quelle que soit cette action, on peut la remplacer par une semblable force, qui sera la moyenne des actions de tous les points de m' sur tous ceux de m, et que l'on combinera avec une autre force R', ou, s'il est nécessaire avec deux autres forces R' et R'', dépendantes de la disposition respective des deux molecules. Or, cette disposition n'ayant par hypothèse aucune sorte de régularité dans A et B, et les nombres de molécules de A et B étant extrêmement grands et comme infinis, on conçoit que toutes les forces R' et R'' se compenseront sans altérer l'action totale de A sur B, qui ne dépendra par conséquent que des forces R. Il faut d'ailleurs ajouter que pour un même accroissement dans la distance, l'intensité des forces R' et R'' diminue plus rapidement en général que celle des forces R ce qui contribuera encore á faire disparaître l'influence des premières forces sur l'action mutuelle de A sur B [289].[28] (D.1.7)

Anche Cauchy esprime dubbi sulla validità del modello molecolare "classico" in alcune memorie del 1839 [79][29] e in una revisione del 3 marzo 1851 [89] delle memorie di Wertheim circa la determinazione sperimentale delle costanti elastiche. Cauchy qui afferma che nei corpi cristallini le molecole non debbono essere considerate puntiformi ma particelle piccolissime composte da atomi. Poiché nei cristalli vi è una disposizione regolare di molecole, i moduli elastici non sono uniformi, bensì funzioni periodiche delle variabili spaziali (affermazione ripresa più tardi da Saint

---

[26] p. 69.
[27] p. 85.
[28] pp. 7-8.
[29] ser. 2, vol. XI, pp. 11-27, 51-74, 134-172.

Venant [264]).[30] Al fine di ottenere una relazione costitutiva con coefficienti uniformi, Cauchy amplia il numero di moduli elastici, pervenendo infine a due soli nel caso di materiali isotropi.[31]

Lamé nei suoi lavori [206, 207] avanza una serie di dubbi sulla questione. Per esempio, gran parte della ventesima lezione del manuale del 1859 [207] è dedicata all'esposizione delle perplessità sulla reale natura delle molecole, sul postulato esatto riguardo alle azioni mutue, su quale sia una forma ragionevole per la legge dell'azione intermolecolare, su quale sia la direzione di quest'ultima. Nella monografia del 1852 sulla teoria matematica dell'elasticità [206] Lamé ottiene dapprima le relazioni costitutive elastiche lineari per molecole puntiformi e forze intermolecolari centrali. Ammettendo che ogni componente della tensione è funzione lineare di tutte le componenti di deformazione, l'elasticità lineare in generale è descritta da 36 coefficienti. Assumendo inoltre l'isotropia (*élasticité constante*), considerazioni sulle rotazioni riducono i coefficienti a due, indicati con λ e μ:

> Par cette méthode de réduction, on obtient définitivement, pour les N_i, T_i, dans le cas des corps solides homogènes et d'élasticité constante, les valeurs [...] contenant deux coefficients, λ, μ. Quand on emploie la méthode indiquée à la fin de la troisième Leçon, on trouve $\lambda = \mu$, il ne reste plus qu'un seul coefficient. Nous ne saurons admettre cette relation, qui s'appuie nécessairement sur l'hypothèse de la continuité de la matière dans les milieux solides. Les résultats des experiences de Wertheim font bien voir que le rapport de λ à μ n'est pas l'unité, mais ne semblent pas assigner à ce rapport une autre valeur fixe et bien certaine. Nous conserverons donc les deux coefficients λ et μ, en laissant leur rapport indéterminé [206].[32] (D.1.8)

Con argomenti simili a quelli di Poisson nel 1829 [289], Lamé mostra che anche per i corpi cristallini vale la relazione con 36 costanti [206][33] e individua l'errore nelle trattazioni di Cauchy e Poisson nell'ipotesi di sostanza omogenea, che permette le considerazioni di simmetria altrimenti inammissibili:

> Telle est la méthode suivie par Navier et autres géométres, pour obtenir les équations générales de l'élasticité dans les milieux solides. Mais cette méthode suppose évidemment la continuité de la matiére, hypothèse inadmissible. Poisson croit lever cette difficulté [...] mais [...] il ne fait, en réalité, que substituer le signe Σ au signe $\int$ [...]. La méthode que nous avons suivie [...] dont on trouve l'origine dans les travaux de Cauchy, nous paraît à l'abri de toute objection [206].[34] (D.1.9)

Sebbene i risultati della teoria molecolare dell'elasticità fossero chiaramente considerati insoddisfacenti persino dai seguaci della scuola francese di meccanica, così non era per la fondatezza dell'approccio molecolare. Uno dei sostenitori principali dell'approccio molecolare alla teoria dell'elasticità fu, come già detto, Saint Venant;

---

[30] Appendice V, p. 689.
[31] Una ricostruzione dettagliata e commentata degli argomenti di Cauchy si trova nell'Appendice V, redatta da Saint Venant [264], pp. 691-706.
[32] pp. 51-52.
[33] pp. 36-37.
[34] p. 38.

le sue idee in merito, oltre che nei lavori pubblicati a suo nome, sono contenute nel-
l'enorme quantità di note, commenti e appendici alla monografia di Clebsch [113] e
al *Résumé des leçons* di Navier [264] in cui Saint Venant afferma:

> L'élasticité des corps solides et même des fluides [...] toutes leurs propriétés mécani-
> ques prouvent que les molécules ou les dernières particles qui les composent exercent
> les unes sur les autres des actions répulsives indéfiniment croissentes pour les distances
> mutuelles les moindres, et devenant attractives pour des distances considérables, mais
> relativement insensibles quand ces distances, dont elles sont ainsi fonctions, acquièrent
> une grandeur perceptible [264].[35] (D.1.10)

Per i corpi cristallini il modello molecolare classico pare non valere:

> Je me ne refuse pas pourtant à reconnaître que les molécules intègrantes dont les ar-
> rangements divers composent la texture des solides, et dont les petits changement de
> distance produisente les déformations perceptibles appelées ∂g, ne sont pas les *atoms*
> constituants del la matière, mais en sont des groupes inconnous. Je reconnais en con-
> séquence, tout en pensant que les actions entre atoms sont régie par la loi des intensités
> fonction des seules distances ou elles s'exercent, qu'il n'esta pas bien certain que les
> actions *résultantes* ou entre *molécules*, doivent suivre tout à fait la même loi vis-à-vis
> des distances de leurs centres de gravité. On peur considérer aussi que les groupes, en
> changeant de distances, peuvent changer d'orientation [113].[36] (D.1.11)

Ma, aggiunge Saint Venant, questa è solo una situazione ideale, perché i corpi ordinari non sono dei cristalli, inoltre i moti termici producono una situazione caotica che
in media porta a una legge di azione a distanza delle molecole sostanzialmente dello
stesso tipo di quella che c'è tra gli atomi. Saint Venant fa dipendere le sei componenti della tensione linearmente dalle sei componenti della deformazione, ottenendo
anch'egli una relazione elastica in termini di 36 coefficienti. Tuttavia continua ad ammettere la validità delle relazioni di Cauchy e Poisson, che riducono le componenti
indipendenti a 15, e che sono valide quando le forze intermolecolari sono supposte
centrali:

> Les 36 coefficients [...] ne sont pas indépendants les uns des autres, et il est facile de
> voir qu'il y a entre eux vingt et une égalités [264].[37] (D.1.12)

In effetti, la prova che tali relazioni siano valide considera variazioni della distanza
intermolecolare che sono le stesse sotto un'estensione in una data direzione e un
opportuno scorrimento angolare [264].[38] Se l'azione intermolecolare è centrale e
dipende solo dalla variazione della distanza tra i centri delle molecole, la forza tra le
molecole, e di conseguenza la tensione, è uguale. Così, vi sono delle uguaglianze tra
le costanti elastiche, che ne riducono il numero da 36 a 15; in particolare, per corpi
isotropi, Saint Venant trova un'unica costante:

---

[35] pp. 542-543.
[36] p. 759.
[37] p. 556.
[38] pp. 556-560.

> Les trente-six coefficients [...] se réduisent à deux [...] et on peut dire même à un seul [...] en vertu de ce que les trente-six coefficients sont réductibles à quinze [264].[39] (D.1.13)

Saint Venant sa benissimo che queste conclusioni sono contraddette dagli esperimenti e, poiché non trova difetti evidenti nella teoria molecolare dell'elasticità, preferisce accettare che non esistano corpi isotropi in natura:

> Mais les experiences [...] et la simple considération de la manière dont s'opèrent le refroidissement et la solidification des corps, prouvent que l'isotropie est fort rare [...]. Aussi, plutôt que de prendre, au lieu des formules [...] à un seul coefficient [...], les formules [...] à deux coefficients [...], qui ne sont composées comme celles-ci que pour des corps parfaitement isotropes, il conviendra de se servir le plus qu'on pourra des formules [...] relatives au cas plus général d'une élasticité inégale dans deux ou trois sens [264].[40] (D.1.14)

In alcuni lavori sul *Journal de mathématiques pures et appliquées*, dal 1863 al 1868 [318],[41] [319],[42] [320],[43] Saint Venant introduce il concetto di «corps amorphes» per definire le proprietà acquisite dai corpi inizialmente isotropi a seguito di processi geologici. In questo stato le proprietà meccaniche sono caratterizzate da tre coefficienti e non solo due come accade per i corpi isotropi.

Saint Venant spende più di 200 pagine di note e appendici alle lezioni di Navier al fine di presentare risultati sperimentali e tentativi di spiegazioni del paradosso, evidenziando un'ampia conoscenza della letteratura del suo tempo (tra gli altri, cita Savart, Wertheim, Hodgkinson, Regnault, Oersted, Green, Clebsch, Kirchhoff, Rankine, William Thomson). Alla fine comunque, il quesito rimaneva poiché non c'era accordo tra le trattazioni dei contemporanei del grande meccanico francese, anche se era chiaro che erano necessarie due costanti elastiche. Dov'era il difetto in una teoria attraente e apparentemente fondata come quella di Navier, Cauchy e Poisson?

Il dibattito tra i meccanici fu rafforzato, da differenti punti di vista, dai lavori di Green e Bravais, che diedero vita a scuole d'elasticità affatto diverse in Inghilterra e Germania e modi diversi di studiare cristallografia.

1.1.3
Le alternative al modello molecolare

Quello molecolare non fu l'unico modello con cui i fisici e i matematici cercarono di rappresentare il comportamento dei corpi elastici. Il 30 settembre 1822, un anno dopo la memoria di Navier, Cauchy presenta all'*Académie des sciences* una memoria che affronta lo studio dell'elasticità in modo continuista, con una trattazione ancora oggi prevalente e sostanzialmente invariata. Quello di Cauchy è un approccio puramente

---

[39] p. 582.
[40] p. 583.
[41] pp. 353-430.
[42] pp. 297-350.
[43] pp. 242-254.

fenomenologico, in linea con le tendenze empiriste che si erano sviluppate presso gli scienziati francesi.[44] La materia è modellata come un continuo matematico senza che si facciano ipotesi di natura fisica su di essa. Si dà per scontato che le diverse parti di materia si scambino delle forze e si deformino. Le relazioni tra le forze interne e le deformazioni hanno natura affatto generale e il numero delle costanti elastiche che definiscono il problema è determinato semplicemente da un conteggio delle componenti della tensione e della deformazione. Nella sua versione più compiuta, riportata negli scritti di Lamé, il modello continuo di Cauchy porta a una relazione tensione-deformazione definita da 36 coefficienti.

Un approccio diverso è quello di Green, che in un lavoro del 1839 [179] segue anche lui un punto di vista fenomenico disinteressandosi della reale costituzione della materia, senza neppure la necessità di presupporre un continuo fisico e disinteressandosi sostanzialmente anche al concetto di forze interne. Green assume comunque un principio meccanico, quello dell'esistenza di un potenziale delle forze interne, che in qualche modo dà una certa forza teorica alle sue argomentazioni.

1.1.3.1
L'approccio fenomenologico di Cauchy

Della presentazione all'*Académie des sciences* del 1822 da parte di Cauchy appare un sunto nel 1823 [80][45] in cui si enuncia il "principio" della tensione:[46] su ogni superficie orientata e regolare che separa un corpo in due c'è un campo vettoriale regolare che esprime l'azione tra le parti:

> Si dans un corps solide élastique ou non élastique on vient à rendre rigide et invariable un petit élement du volume terminé par des faces quelconques, ce petit élement éprouvera sur ses differentes faces, et en chaque point de chacune d'elles, une pression ou tension determiné. Cette pression ou tension sera semblable à la pression qu'un fluide exerce contre un élement de l'envelope d'un corps solide, avec cette seule différence, que la pression exercée par un fluide en repos contre la surface d'un corps solide, est dirigée perpendiculairement á cette surface de dehors en dedans, et indépendent en chaque point de l'inclinasion de la surface par rapport aux plans coordonnés, tandis que la pression ou tension exercée en un point donné d'un corps solide contre un très petit éleément de surface passant par ce point, peut être dirigée perpendiculairement ou obliquement à cette surface, tantôt de dehors en dedans, s'il y a condensation, tantôt de dedans en dehors, s'il y a dilatation, et peut prendre de l'inclination de la surface par rapport aux plans dont il s'agit [80].[47] (D.1.15)

---

[44] Per una discussione sulle concezioni empiriste della scienza francese nella prima metà dell'Ottocento vedi [285].

[45] Pare che il 30 settembre 1822 Cauchy abbia informato l'Accademia delle sue ricerche senza darne lettura pubblica né depositare un manoscritto; vedi [12], p. 97. In [348] si legge anche che Cauchy di fatto presentò la memoria.

[46] Cauchy usa *tensione* o *pressione* rispettivamente per le trazioni e le compressioni.

[47] p. 300.

Questo enunciato prescinde da ogni ipotesi costitutiva sulla materia, ma si appoggia sul concetto, allora ancora poco accettato, di forza distribuita. Cauchy pubblica i risultati annunciati nel 1822, nel 1827 [82] e nel 1828 [85]. Nel 1827 Cauchy, facendo l'equilibrio di un tetraedro infinitesimo, mostra la dipendenza lineare tra tensione e normale alla giacitura [83] e ottiene le equazioni locali di equilibrio per le componenti della tensione [83]:[48]

$$\frac{\partial A}{\partial x} + \frac{\partial F}{\partial y} + \frac{\partial E}{\partial z} + \rho X = 0$$

$$\frac{\partial F}{\partial x} + \frac{\partial B}{\partial y} + \frac{\partial D}{\partial z} + \rho Y = 0$$

$$\frac{\partial E}{\partial x} + \frac{\partial D}{\partial y} + \frac{\partial C}{\partial z} + \rho Z = 0$$

con A, B, C, D, E, F componenti di tensione, corrispondenti alle grandezze denotate con lo stesso simbolo e introdotte da Cauchy per il modello molecolare.

Vale la pena di rilevare che nella memoria di Cauchy del 1823 erano anticipate tutte le nozioni principali della meccanica del continuo: i tensori [49] di tensione e deformazione, la loro simmetria, l'esistenza degli assi principali, il criterio per ottenere le equazioni di equilibrio con il principio di "solidificazione", l'introduzione della legge di Hooke sotto forma generalizzata. Negli anni successivi, fino al 1827-28, Cauchy metterà a punto molte tecniche oggi classificabili come algebra lineare necessarie per formalizzare le sue idee sulla meccanica del continuo: l'utilizzo di tabelle quadrate per le matrici; la classificazione delle matrici in diversi tipi (simmetriche, emisimmetriche, ecc.), i teoremi sugli autovalori, i teoremi sulla decomposizione canonica delle matrici; la prima caratterizzazione moderna del determinante.[50]

Per arrivare al legame costitutivo del modello continuo bisogna definire esplicitamente le componenti della deformazione. Cauchy lo fa in un suo lavoro del 1827 [81] dove introduce la deformazione locale dell'elemento lineare come variazione percentuale di lunghezza di un segmento infinitesimo. Essa, nell'ambito dei piccoli spostamenti, viene a dipendere dalle sei funzioni $\partial\xi/\partial a$, $\partial\eta/\partial b$, $\partial\zeta/\partial c$, $\partial\xi/\partial b + \partial\eta/\partial a$, $\partial\xi/\partial c + \partial\zeta/\partial a$, $\partial\eta/\partial c + \partial\zeta/\partial b$, che assumono il ruolo di componenti della deformazione. Cauchy dà un significato geometrico solo alle prime tre componenti, che rappresentano le variazioni unitarie di lunghezza nella direzione degli assi coordinati. In ciò è meno esplicito di Euler e Lagrange che, nello studio della statica e dinamica dei fluidi, dove introducevano grandezze linearizzate della

---

[48] p. 144.

[49] Il termine *tensore* non appartiene a Cauchy, ma a Hamilton [186] e a Voigt [360]. Così non gli appartengono le regole formalizzate del calcolo tensoriale, che saranno precisate solo alla fine del secolo XIX da Ricci Curbastro (vedi in particolare [213], pp. 125-201).

[50] Da notare che in tutti i lavori sopra citati Cauchy fa ampio uso degli infinitesimi, mentre aveva già portato avanti le sue ricerche di analisi matematica con l'obiettivo di eliminare appunto gli infinitesimi. Questo atteggiamento è analogo a quello tenuto da Lagrange che, mentre nella *Théorie des fonctions analytiques* del 1797 sviluppava il modo per evitare l'uso degli infinitesimi, nella *Méchanique analitique* del 1788 usava gli infinitesimi, giustificando il loro uso per la maggiore semplicità [60].

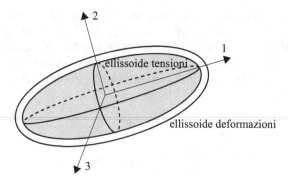

Figura 1.4 Proporzionalità tra gli ellissoidi della tensione e della deformazione

deformazione, avevano dato significato geometrico anche alle altre tre.[51] In un importante lavoro del 1841 Cauchy introduce la rotazione locale finita e infinitesima di un segmento in una direzione assegnata, e il valore medio in tutte le direzioni [88].

Il legame costitutivo elastico lineare è introdotto in [85], nell'ipotesi di piccoli spostamenti, con riferimento prima a tensioni e deformazioni principali per poi passare a tensioni e deformazioni in un sistema qualsiasi di coordinate. Inizialmente Cauchy, coerentemente con il suo sommario del 1823, assume un'unica costante di proporzionalità tra le tensioni e le deformazioni principali; più precisamente, suggerisce la similitudine tra gli ellissoidi della tensione e della deformazione, secondo quanto illustrato nella Figura 1.4.

Cauchy mostra poi che questa proporzionalità sussiste in un sistema di coordinate generico e le equazioni costitutive sono [85]:[52]

$$A = k\frac{d\xi}{dx}, \qquad\qquad B = k\frac{d\eta}{dy}, \qquad\qquad C = k\frac{d\zeta}{dz}$$

$$D = \frac{1}{2}k\left(\frac{d\eta}{dz} + \frac{d\zeta}{dy}\right), \ E = \frac{1}{2}k\left(\frac{d\zeta}{dx} + \frac{d\xi}{dz}\right), \ F = \frac{1}{2}k\left(\frac{d\xi}{dy} + \frac{d\eta}{dx}\right)$$

con k costante di proporzionalità e ξ, η, ζ componenti di spostamento rispettivamente nelle direzioni x, y, z. Cauchy ammette qui implicitamente l'isotropia del corpo, concetto e termine che adotterà esplicitamente nei lavori successivi. Poco dopo, nella stessa memoria, Cauchy introduce il legame costitutivo per mezzo di due costanti,

---

[51] «[...] par conséquent, le quadrilater est un parallélogramme dont le deux côtes contigues (1,2), (1,3), seront [...]:

$$(1,2) = dx\left(1 + \frac{\partial\delta x}{\partial x}\right); \ (1,3) = dy\left(1 + \frac{\partial\delta y}{\partial y}\right).$$

[...] À régard de l'angle compris par ces deux côtes, on le trouvera [...]:

$$\cos\alpha = \frac{\partial\delta x}{\partial y} + \frac{\partial\delta y}{\partial x}.\text{»}$$

[204], pp. 208-209 (D.1.16). Vedi anche [152], pp. 288-292; 332-334.
[52] p. 209.

«Ainsi, par example, les formules [...] acquerraient de nouveaux termes et deviendraient plus générales» [85].[53] Queste nuove equazioni costitutive hanno la forma [85]:[54]

$$A = k\frac{d\xi}{dx} + K\nu, \qquad B = k\frac{d\eta}{dy} + K\nu, \qquad C = k\frac{d\zeta}{dz} + K\nu,$$

$$D = \frac{1}{2}k\left(\frac{d\eta}{dz} + \frac{d\zeta}{dy}\right), \; E = \frac{1}{2}k\left(\frac{d\zeta}{dx} + \frac{d\xi}{dz}\right), \; F = \frac{1}{2}k\left(\frac{d\xi}{dy} + \frac{d\eta}{dx}\right)$$

con:

$$\nu = \frac{d\xi}{dx} + \frac{d\eta}{dy} + \frac{d\zeta}{dz}$$

coefficiente di dilatazione cubica, K e k parametri di elasticità detti oggi rispettivamente prima e seconda costante di Lamé (più precisamente la seconda costante di Lamé è pari a $k/2$). L'uso di due costanti elastiche implica che caratterizzare le forze intermolecolari come proporzionali allo spostamento delle molecole non equivale a considerare le tensioni proporzionali alle deformazioni termine a termine (il che corrisponderebbe a $K = 0$).

Tramite le equazioni locali di equilibrio e costitutive (k, K sono considerate costanti) Cauchy ricava le equazioni differenziali nello spostamento [85]:[55]

$$\frac{k}{2\Delta}\left(\frac{d^2\xi}{dx^2} + \frac{d^2\xi}{dy^2} + \frac{d^2\xi}{dz^2}\right) + \frac{k+2K}{2\Delta}\frac{d\nu}{dx} + X = 0$$

$$\frac{k}{2\Delta}\left(\frac{d^2\eta}{dx^2} + \frac{d^2\eta}{dy^2} + \frac{d^2\eta}{dz^2}\right) + \frac{k+2K}{2\Delta}\frac{d\nu}{dy} + Y = 0$$

$$\frac{k}{2\Delta}\left(\frac{d^2\zeta}{dx^2} + \frac{d^2\zeta}{dy^2} + \frac{d^2\zeta}{dz^2}\right) + \frac{k+2K}{2\Delta}\frac{d\nu}{dz} + Z = 0$$

con X, Y, Z le forze per unità di massa e Δ la massa per unità di volume. Queste equazioni si riducono a quelle di Navier, fa notare Cauchy, se $K = k/2$.

Lamé nel suo manuale [206] ritrova le medesime equazioni con un modello di materia continuo usando argomentazioni più articolate, con un approccio ancora oggi usato nella didattica della Scienza delle costruzioni. Lamé parte dall'assunto generale, che Cauchy aveva sottaciuto, secondo cui in un continuo elastico ciascuna delle sei componenti della tensione[56] è funzione delle sei componenti della deformazione,

---

[53] p. 215.
[54] p. 216. In realtà le prime tre equazioni sono scritte da Cauchy in una forma leggermente diversa, ma equivalente, a quella riportata.
[55] p. 218, equazione 76.
[56] Indicate da Lamé con i simboli N_i, T_i, $i = 1, 2, 3$, essendo N_i la componente normale e T_i quella tangenziale alla faccia su cui la forza agisce.

secondo le relazioni [206]:[57]

$$N_i = A_i \frac{du}{dx} + B_i \frac{dv}{dy} + C_i \frac{dw}{dz}$$
$$+ D_i \left(\frac{dv}{dz} + \frac{dw}{dy} \right) + E_i \left(\frac{dw}{dx} + \frac{du}{dz} \right) + F_i \left(\frac{du}{dy} + \frac{dv}{dx} \right),$$

$$T_i = \mathscr{A}_i \frac{du}{dx} + \mathscr{B}_i \frac{dv}{dy} + \Gamma_i \frac{dw}{dz}$$
$$+ \Delta_i \left(\frac{dv}{dz} + \frac{dw}{dy} \right) + \mathscr{E}_i \left(\frac{dw}{dx} + \frac{du}{dz} \right) + \mathscr{F}_i \left(\frac{du}{dy} + \frac{dv}{dx} \right),$$

che per $i = 1,2,3$ sono definite da 36 costanti. La riduzione dei coefficienti a due per i materiali isotropi («élasticité constante») parte da considerazioni di simmetria, per cui Lamé può scrivere il legame costitutivo nella forma in cui compaiono otto costanti elastiche $A, B, D, E, \mathscr{A}, \mathscr{B}, \mathscr{E}, \Delta$ [206].[58]

Tabella 1.1 Riduzione dei coefficienti elastici

	$\frac{du}{dx}$	$\frac{dy}{dy}$	$\frac{dw}{dz}$	$\left(\frac{dv}{dz}+\frac{dw}{dy}\right)$	$\left(\frac{dw}{dx}+\frac{du}{dz}\right)$	$\left(\frac{du}{dy}+\frac{dv}{dx}\right)$
N_1	A	B	B	D	E	E
N_2	B	A	B	E	D	E
N_3	B	B	A	D	D	E
T_1	$\mathscr{A}$	$\mathscr{B}$	$\mathscr{B}$	Δ	$\mathscr{E}$	$\mathscr{E}$
T_2	$\mathscr{B}$	$\mathscr{A}$	$\mathscr{B}$	$\mathscr{E}$	Δ	$\mathscr{E}$
T_3	$\mathscr{B}$	$\mathscr{B}$	$\mathscr{A}$	$\mathscr{E}$	$\mathscr{E}$	$\Delta.$

Considerando uno stato di deformazione assiale uniforme, si ottiene $\mathscr{A} = 0$, $\mathscr{B} = 0$, perché in questo stato devono essere nulle le tensioni tangenziali. Considerando uno stato deformativo torsionale, Lamé ottiene $D = 0$, $E = 0$, $\mathscr{E} = 0$. Rimangono così solo le tre costanti A, B, Δ, ridotte a due considerando l'invarianza del legame costitutivo per una rotazione del sistema di coordinate; ciò comporta $A = B + 2\Delta$. Lamé scrive così le relazioni [206]:[59]

$$N_1 = \lambda\theta + 2\mu\frac{du}{dx}, \quad N_2 = \lambda\theta + 2\mu\frac{dv}{dy}, \quad N_3 = \lambda\theta + 2\mu\frac{dw}{dz},$$
$$T_1 = \mu\left(\frac{dv}{dz}+\frac{dw}{dy}\right), \quad T_2 = \mu\left(\frac{dv}{dz}+\frac{dw}{dy}\right), \quad T_3 = \mu\left(\frac{du}{dy}+\frac{dv}{dx}\right),$$

oggi note con il suo nome, in cui θ è il coefficiente di dilatazione cubica, mentre λ e μ sono le due costanti, dette di Lamé, per le quali generalmente si usano ancora gli

---

[57] p. 33.
[58] p. 50.
[59] p. 51.

stessi simboli. Si noti che, sebbene Lamé usi le derivate:

$$\frac{du}{dx}, \frac{dv}{dy}, \frac{dw}{dz}, \left(\frac{dv}{dz} + \frac{dw}{dy}\right), \left(\frac{dv}{dz} + \frac{dw}{dy}\right), \left(\frac{du}{dy} + \frac{dv}{dx}\right)$$

con il significato di parametri della deformazione, non attribuisce loro un chiaro significato geometrico, o per lo meno non attribuisce loro un nome. Questo è vero in particolare per quelle che oggi riconosciamo come componenti dello scorrimento. Una definizione precisa nella teoria dell'elasticità delle componenti della deformazione si diffonderà solo con Saint Venant e Green.

Per esempio Saint Venant scrive:

> *Dilatation, en un point M d'un corps, dans le sens d'une droite Mx qui y passe, la proportion de l'allongement (positif ou négatif) qu'éprouve une portion quelconque trés-petite de cette droite, en vertu des dpéplacements moyens du corps,* tels qu'on les a définis à l'article precedent; *Glissement, suivant deux petites droites primitivement rectangulaires Mx, My, ou suivant l'une d'elles et dans le plan qu'elle fait avec l'autre, la projection actuelle, sur chacune, de l'unité de longueur portée dans la direction de l'autre.* Nous désignerons cette quantité, qui en grandeur n'est autre chose que le cosinus de l'angle actuel des deus droites, par
>
> $$g_{xy} \quad \text{ou} \quad g_{xy} \quad \text{ou} \quad g_{yx}$$
>
> selon qu'on la regardera comme désignant le glissement relatif des diverses lignes parallèles à Mx situées dans le plan xMy, ou comme le glissement relatif des lignes parallèles a My, située dans ce même plan. *Elle est positive quand l'angle primitivement droit yMx est devenu aigu* [316].[60] (D.1.17)

Green aveva introdotto prima di Saint Venant le componenti della deformazione nel suo scritto del 1839 [179].[61]

1.1.3.2
L'approccio energetico di Green

Green tratta della teoria dell'elasticità nel suo lavoro del 1839 [179] in cui studia la propagazione della luce. Ecco come inquadra la sua ricerca:

> Cauchy seems to have been the first who saw fully the utility of applying to the Theory of Light those formulae which represent the motions of a system of molecules acting on each other by mutually attractive and repulsive forces supposing always that in the mutual action of any two particles, the particles may be regarded as points animated by forces directed along the right line which joins them. *This last supposition, if applied to those compound particles, at least, which are separable by mechanical division, seems rather restrictive; as many phenomena, those of crystallization for instance, seem to indicate certain polarities in these particles* [il corsivo è nostro]. If, however, this were not the case, we are so perfectly ignorant of the mode of action of the elements of the

---

[60] p. 6.
[61] p. 249.

luminiferous ether on each other, that it would seem a safer method to take some general physical principle as the basis of our reasoning, rather than assume certain modes of action, which, after all, may be widely different from the mechanism employed by nature; more especially if this principle include in itself as a particular case, those before used by M. Cauchy and others, and also lead to a much more simple process of calculation. The principle selected as the basis of the reasoning contained in the following paper is this: In whatever way the elements of any material system may act upon each other, if all the internal forces exerted be multiplied by the elements of their respective directions, the total sum for any assigned portion of the mass will always be the exact differential of some function. But, this function being known, we can immediately apply the general method given in the Mécanique Analytique [179].[62] (D.1.18)

Green considera una funzione delle componenti della deformazione[63] chiamata «potential function» ϕ, il cui differenziale esatto dà la somma delle forze moltiplicate per lo spostamento elementare. Se le deformazioni sono molto piccole si può sviluppare ϕ in una serie «very convergent»:

$$\phi = \phi_0 + \phi_1 + \phi_2 + \text{ecc.}$$

ove ϕ_0, ϕ_1, ϕ_2 sono rispettivamente funzioni omogenee di grado $0, 1, 2, \ldots$ delle sei componenti della deformazione, ciascuna «very great» se paragonata alla successiva [179].[64] Si possono ignorare ϕ_0 (costante immateriale) e ϕ_1 (la configurazione indeformata si assume equilibrata e per il principio dei lavori virtuali $\delta\phi = \phi_1 = 0$). Trascurando i termini di ordine superiore al secondo, la funzione potenziale in ciascun punto del corpo elastico è rappresentata da ϕ_2, che, essendo una forma quadratica di 6 variabili, è completamente definita da 21 coefficienti. Per corpi isotropi, Green ritrova due sole costanti.

Partendo da ϕ_2, «by combining D'Alembert's principle with that of virtual velocities», Green ottiene le equazioni per le oscillazioni libere dell'etere [179]:[65]

$$A\frac{\partial\Theta}{\partial x} + B\left[\frac{\partial^2 u}{\partial y^2} + \frac{\partial^2 u}{\partial z^2} - \frac{\partial}{\partial x}\left(\frac{\partial v}{\partial y} + \frac{\partial w}{\partial z}\right)\right] = \rho\frac{\partial^2 u}{\partial t^2}$$

$$A\frac{\partial\Theta}{\partial y} + B\left[\frac{\partial^2 v}{\partial x^2} + \frac{\partial^2 v}{\partial z^2} - \frac{\partial}{\partial y}\left(\frac{\partial u}{\partial x} + \frac{\partial w}{\partial z}\right)\right] = \rho\frac{\partial^2 v}{\partial t^2}$$

$$A\frac{\partial\Theta}{\partial z} + B\left[\frac{\partial^2 w}{\partial x^2} + \frac{\partial^2 w}{\partial y^2} - \frac{\partial}{\partial z}\left(\frac{\partial u}{\partial x} + \frac{\partial v}{\partial y}\right)\right] = \rho\frac{\partial^2 w}{\partial t^2}$$

in cui Θ è la dilatazione cubica, mentre A e B sono le costanti elastiche secondo Green. Queste equazioni possono essere ricondotte a quelle di Cauchy con due co-

---

[62] p. 245.

[63] Si è già detto alla fine del paragrafo precedente che Green ha introdotto le sei componenti della deformazione infinitesima prima di Saint Venant. Le s_1, s_2, s_3 rappresentano la deformazione longitudinale, pari alla variazione percentuale di lunghezza degli spigoli dx, dy, dz di un parallelepipedo elementare. Le α, β, γ rappresentano la deformazione angolare, pari alla variazione degli angoli inizialmente retti tra gli spigoli dy e dz, dx e dz, dx e dy.

[64] p. 249.

[65] p. 255.

stanti, quando si interpretino le forze di inerzia come forze ordinarie e si rinominino le costanti elastiche, secondo le relazioni:

$$B = \frac{k}{2}; \qquad A = K + k \, .$$

1.1.3.3
Le varie teorie dell'elasticità

Nell'Ottocento troviamo molti oppositori alle teorie energetista e continuista, tra cui Saint Venant, che muove critiche acute al metodo fenomenologico di Green. Per esempio, in una nota alla monografia di Clebsch, scrive:

> Mais Green, en 1837-39, et, d'après lui, divers savants d'Angleterre et de l'Allemagne ont cru pouvoir lui [la legge di azione molecolare funzione della sola distanza fra ogni coppia di particelle-punti materiali] en substituer une autre plus générale, ou qualifiée plus générale parce qu'elle est *moins déterminée* [...], loi dont la conséquence analytique immédiate est la possibilité que l'intensité de l'action entre deux molécules dépende non seulement de leur distance mutuelle propre, mais encore de leurs distances aux autres molécules, et même des distances de celles-ci entre elles; en un mot, de tout l'ensemble actuel de leurs situations relatives ou de l'état présent complet du système dont font partie les deux molécules dont on s'occupe, dût-on l'étendre à l'univers entier [113].[66] (D.1.19)

E ancora, nelle note al manuale di Navier:

> Cette vue de Green [l'ipotesi continuista e energetista] constitue une *troisième* origine [...] de l'opinion qui domine aujourd'hui et que nous combattons [264].[67] (D.1.20)

Saint Venant respinge l'approccio di Green perché privo di una base meccanica, soprattutto nei confronti del concetto di forza. Mentre Cauchy al riguardo manifesta un impegno ontologico modesto e quando gli rimane più comodo tratta la materia come mezzo continuo, Saint Venant sostiene con coerenza il modello molecolare poiché, secondo lui, le forze sono spiegabili solo dall'interazione tra punti materiali. Per il suo impegno nella concezione meccanicistica della forza secondo Boscovich, Saint Venant sarà il più strenuo difensore della teoria molecolare dell'elasticità, cui rimane fedele anche quando intravede che per i corpi elastici e isotropi i risultati sperimentali sono incompatibili con le sue previsioni. Saint Venant è contrario all'approccio energetico anche perché, seppure non rigetti il modello molecolare, ne indebolisce le premesse, ignorando il principio di azione e reazione. Per Green l'ipotesi di forze intermolecolari opposte lungo la congiungente delle molecole è troppo restrittiva e, data la completa ignoranza della "vera" legge di azione, bisogna utilizzare un criterio più debole. Saint Venant contesta sia il rigetto del principio di azione e reazione, legge fondamentale della meccanica, sia la scelta di una funzione quadratica per approssimare il potenziale, perché, secondo lui, senza alcuna ipotesi fisica non c'è

---

[66] p. 41.
[67] p. 708.

motivo per affermare che una funzione arbitraria debba avere dei termini quadratici dominanti. Ecco le sue concezioni epistemologiche:

> Si la prudence scientifique prescrit de ne pas se fier à toute hypothèse elle n'ordonne pas pas moins de tenir pour fortement suspect ce qui est manifestement contraire à une grande synthèse reliant admirablement la généralité des faits [...]. Aussi repoussons-nous toute formule théorique en contradiction formelle avec la loi des actions fonctions continues des distances des points matériels et dirigées suivant leurs lignes de jonction deux à deux. Si, en recourant à une telle formule, on explique plus facilement certains faits, nous la regarderons toujours comme un *expédient* trop commode [264].[68] (D.1.21)

La Tabella 1.3 illustra le diverse assunzioni sulla teoria dell'elasticità (sono riportate anche quelle di Voigt che verranno trattate nei paragrafi seguenti).

Tabella 1.2 Teorie dell'elasticità dell'Ottocento. Adattata da [65], p. 46. Legenda: + concetto dominante; − assenza concetto; 0 presenza secondaria. Il simbolo ++ significa che la molecola è trattata come un corpuscolo tridimensionale

Autore	Modello fisico		Grandezza fisica principale	
	continuo	molecolare	forza	energia/lavoro
Navier	−	+	+	0
Lagrange	+	−	0	+
Cauchy	+	+	+	−
Poisson	−	+	+	−
Saint Venant	−	+	+	−
Lamé	+	+	+	−
Green	+	−	−	+
Thomson	+	−	−	+
Clebsch	+	−	+	−
Piola	+	−	0	+
Betti	+	−	−	+
Beltrami	+	−	−	+
Castigliano	−	+	+	0
Kirchhoff	+	0	+	0
Voigt	0	++	+	0

1.1.4
Il modello molecolare di Bravais

La questione sulla correttezza dell'adozione di una o due costanti per i corpi elastici lineari e isotropi resta aperta a lungo nella meccanica dell'Ottocento; gli studi di Lamé e quelli di Saint Venant non riescono a conciliare l'approccio corpuscolare di Navier, Cauchy e Poisson con quello continuo di Green. D'altra parte, almeno

---

[68] p. 747.

fino alla seconda metà del secolo, la precisione attinta dalle ricerche sperimentali è limitata; tuttavia, man mano che i risultati sperimentali si affinano, l'ipotesi di due costanti sembra prevalere, senza che si possa chiarire dove e perché la teoria corpuscolare cada in difetto.

Nel 1866 viene pubblicata una monografia di cristallografia a opera di Auguste Bravais [51], a prima vista non direttamente collegata con gli studi di meccanica dei corpi deformabili delle scuole francese e inglese. In effetti, non tanto la trattazione e la classificazione cristallografica, che costituiscono il cuore della monografia, quanto le premesse di questo studio sono essenziali per superare l'*empasse* nella scelta circa il numero di costanti elastiche.

Bravais ritiene, in base ai suoi studi di cristallografia, che i materiali cristallini possano essere sì considerati come un insieme di molecole, al limite ridotte al loro centro di gravità, ma con l'ipotesi fondamentale che dette molecole abbiano anche una propria orientazione nello spazio, ripetibile in un reticolo regolare nella costruzione della materia:

> [...] les cristaux sont des assemblages de molécules identiques entre elles et semblablement orientées, qui, réduites par la pensée à un point unique, leur centre de gravité, sont disposées en rangées rectilignes et parallèles, dans chacune desquelles la distance de deux points est constante [51].[69] (D.1.22)

La materia è dunque riconducibile ad aggregati regolari di reticoli i cui componenti non sono più, come per Navier, Cauchy e Poisson, punti materiali semplici, ma punti dotati di orientazione; un meccanico contemporaneo direbbe che i descrittori microscopici del modello sono dotati di una struttura locale, quella caratteristica di un corpuscolo rigido:

> [...] cessant de regarder les molécules comme des points et le considérant comme des petits corps [51].[70] (D.1.23)

Le molecole dei corpi cristallini sono piccoli poliedri, i vertici dei quali sono i centri delle forze che ciascuna molecola del corpo scambia con le contigue:

> Les molécules des corps cristallisés seront donc pour nous dorénavant des polyèdres dont les sommets, distribués d'une manière quelconque autour du centre de gravité, seront les centres, ou pôles, des forces émanées de la molécule [51].[71] (D.1.24)

Questa visione della materia detterà la strada al modello di Voigt, che metterà fine alla ricerca della risposta circa la giustezza dell'assunzione di una o due costanti elastiche per i materiali elastici lineari omogenei e isotropi.

---

[69] p. VII.
[70] p. VIII.
[71] p. 196.

1.1.5
Il modello molecolare di Voigt

Woldemar Voigt (1850-1919) fu allievo del *Mathematisch-physikalisches Seminar* di Franz Neumann e Jacobi all'università di Königsberg, dove si formarono pure Borchardt, Clebsch, Kirchhoff. Fu avviato agli studi di mineralogia e cristallografia proprio da Neumann, che spingeva gli studenti anche a una intensa attività sperimentale. A partire dagli anni '80 dell'Ottocento pubblicò una serie di contributi fondamentali per la cristallografia e la teoria dell'elasticità, riconciliando i risultati delle teorie corpuscolare e continua della materia. Ciò fu subito chiaro per i contemporanei, tanto che persino nel manuale didattico di Marcolongo [224] se ne presentano i risultati:

> [...] il Voigt (1887) supponendo il corpo come formato da un aggregato di corpuscoli (e quindi discontinua la materia costituente il corpo), supponendo che ogni corpuscolo risenta dagli altri delle azioni riducibili a una forza e una coppia, decrescenti indefinitamente col crescere della distanza, ha ritrovate le equazioni generali della elasticità sotto la stessa forma ottenuta dalla teoria del potenziale, senza che siano necessariamente verificate le relazioni di Cauchy-Poisson [224].[72]

Le relazioni di Cauchy-Poisson riducono da 36 a 15 le costanti indipendenti del legame elastico più generale e a una sola nel caso di corpi isotropi.[73] Marcolongo fa riferimento a un lavoro del 1887 [360] in cui Voigt presenta per la prima volta le sue teorie. Queste sono riprese in una memoria presentata al congresso internazionale di fisica di Parigi del 1900 [361] in cui Voigt dichiara subito che la teoria di Navier, Cauchy e Poisson, ancorché meccanicamente coerente, non è convalidata dai risultati sperimentali, che ormai sono numerosi e hanno sufficiente precisione e attendibilità:

> La théorie moléculaire ou des actions à distance, fondée par Navier, Cauchy et Poisson [...] fait dépendre, en effet, les propriétés élastiques des corps isotropes d'un seul paramètre, alors que de nombreuses observations semblant être en désaccord avec ce résultat [361].[74] (D.1.25)

D'altra parte, la teoria continuista presenta risultati discordi da quelli della teoria corpuscolare di Navier, Cauchy e Poisson, ma confortati dall'evidenza sperimentale:

> C'est alors que fut généralement adoptée pendant quelque temps une nouvelle théorie [...] en supposant la matière continue et les actions mutuelles entre les portions de matière voisines localisées dans leur surface de séparation [...] [qui] donne, contrairement à la précédente, deux constantes caractéristiques des milieux isotropes, et tous ses résultats se sont trouvés d'accord avec l'observation [361].[75] (D.1.26)

---

[72] p. 97.
[73] Se il legame costitutivo elastico lineare è, in notazione indiciale, $\sigma_{ij} = E_{ijhk}\epsilon_{hk}$ le relazioni di Cauchy e Poisson implicano l'uguaglianza dei coefficienti E_{ijhk} indipendentemente dall'ordine degli indici.
[74] p. 288.
[75] p. 288.

Quale sia il punto debole della teoria corpuscolare dei meccanici francesi degli inizi dell'Ottocento è messo subito in evidenza da Voigt. La sua teoria, che supera quella «inutilement spécialisée» di Navier, Cauchy e Poisson, è basata sullo studio della formazione dei corpi cristallini. Nella formazione di un cristallo le particelle si accostano sì l'un l'altra ma devono seguire l'orientazione del reticolo, per cui non è più lecito ammettere che l'interazione molecolare sia riducibile solo a una forza; può esistere anche una coppia mutuamente scambiata tra particelle contigue:

> [...] la théorie moléculaire ancienne de l'élasticité part d'une conception fondamentale inutilement spécialisée, à savoir l'hypothèse d'actions moléculaires centrales et ne dépendant que de la distance [...] la formation régulière d'un cristal [...] n'est compréhensible que si un *moment directeur* agit sur la particule [361].[76] (D.1.27)

Di conseguenza le considerazioni sulle forze intermolecolari come dipendenti dalla distanza, la presenza di una sfera d'attività per l'azione molecolare e così via debbono essere estese anche alle coppie mutue:

> [...] nous avons considéré exclusivement les pressions des forces agissant entre les molécules, mais il est que les moments, ou les couples, qui agissent entre elles peuvent être traités de la même manière [361].[77] (D.1.28)

Voigt, fedele a una tradizione che risale ai meccanici francesi dei primi dell'Ottocento, adopera il termine *pressione* (*Druck* in tedesco) per indicare la sollecitazione interna di trazione e compressione, mentre Clebsch usa il termine *tensione* (*Spannung* in tedesco) [112]. All'epoca si stava cominciando a usare anche il termine più generale di *sforzo* (*stress* in inglese) introdotto da Rankine [300, 301]. Voigt distingue chiaramente tra l'idea di forza tra molecole e di pressione della forza tra molecole, ovvero della forza di contatto agente su un punto interno del corpo dovuta alla somma delle forze a distanza scambiate tra la molecola considerata e le contigue rapportata a una superficie infinitesima.

La definizione di *Druck* si riallaccia a quella di Poisson citata nel paragrafo 1.1.1: la componente della tensione nella direzione S sull'area elementare q del cilindro di normale n è data da:

$$qS_n = \sum_i \sum_e S_{ie}$$

in cui S_{ie} è la componente in direzione S della forza che la molecola interna i al cilindro esercita sulla molecola e appartenente al semispazio opposto al cilindro.[78] Voigt indica le nove componenti della tensione con i simboli $X_x, X_y, X_z, Y_x, Y_y, Y_z, Z_x, Z_y, Z_z$, adottando la notazione di Kirchhoff [195].

Voigt definisce la pressione dei momenti («pressions de moments») analogamente a quella delle forze:

$$qD_n = \sum_i \sum_e D_{ie}$$

---

[76] p. 289.
[77] p. 293.
[78] Si veda la Figura 1.2 del paragrafo 1.1.1, in cui e sono le molecole A' e i le molecole A.

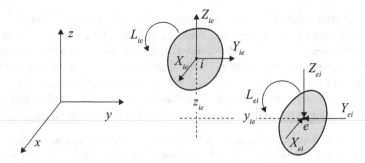

Figura 1.5 Le azioni tra corpuscoli

in cui D_{ie} è la componente in direzione D del momento che la molecola i interna al cilindro esercita sulla molecola e appartenente al semispazio opposto al cilindro. In questo modo:

> [...] on a les neuf pressions de moments particulières
>
> $$L_x, L_y, L_z, \qquad M_x, M_y, M_z, \qquad N_x, N_y, N_z,$$
>
> qui correspondent exactement aux $X_x, \ldots, Z_z$ [361].[79] (D.1.29)

Tramite il principio dei lavori virtuali Voigt ricava le equazioni che esprimono l'equilibrio per le forze X_{ie} e le coppie L_{ie} interne:

$$X_{ie} + X_{ei} = 0, \ldots$$
$$L_{ie} + L_{ei} + Z_{ie}y_{ie} - Y_{ie}z_{ie} = 0, \ldots \text{[361]}^{80}$$

in cui y_{ie} e z_{ie} sono le differenze delle coordinate cartesiane y e z dei centri delle molecole i e e, secondo quanto illustrato nella Figura 1.5.

Le relazioni precedenti valgono ovviamente anche per le altre componenti Y e Z della forza, M e N della coppia e per l'altra coordinata cartesiana x dei centri delle molecole, fatte salve le opportune regole di permutazione.

Voigt avanza un postulato importante riguardo al legame costitutivo: durante una deformazione reale le masse elementari all'interno della sfera dell'attività molecolare ruotano della medesima quantità. Ne segue che, mantenendo i corpuscoli i ed e orientazione parallela, l'azione interna di tipo coppia di i su e deve essere indistinguibile, per simmetria, dalla coppia di i su e, ovvero $L_{ie} = L_{ei}$, e quindi, dall'equazione di equilibrio per i momenti, si può caratterizzare la coppia di interazione in termini delle sole forze:

$$L_{ie} = \frac{1}{2}\left(Y_{ie}z_{ie} - Z_{ie}y_{ie}\right), \ldots$$

---

[79] p. 293.
[80] p. 293.

In questo modo la coppia diventa il momento di una forza con la conseguenza che la pressione del momento è nulla. Infatti, sostituendo l'espressione precedente nella definizione della tensione del momento (in cui si ponga $D_{ie} = L_{ie}$), poiché per z_{ie} e y_{ie} vanno considerati solo i valori relativi alle molecole all'interno del raggio di attività molecolare (infinitesimo), D_n è un infinitesimo di ordine superiore rispetto a S_n e, se S_n è finito, D_n è trascurabile.

Le uniche azioni da caratterizzare costitutivamente sono dunque le tensioni ordinarie, che dipendono dalle variazioni delle distanze tra i centri di gravità delle masse elementari (considerate come solidi estesi), come nella trattazione dei meccanici francesi di inizio Ottocento. In effetti, poiché le rotazioni sono uniformi all'interno della sfera dell'attività molecolare, queste non entrano nella legge con cui variano le distanze tra masse elementari.

Con una serie di operazioni in cui un lettore moderno riconosce una procedura di linearizzazione delle equazioni, ovvero di limitazione a spostamenti e deformazioni "infinitesimi", Voigt perviene infine a relazioni costitutive per le tensioni caratterizzate da 36 costanti elastiche, che per simmetria si riducono a 21 e che nel caso di solidi isotropi si riducono ancora a 2. Mostra anche che, se si assume il modello molecolare classico con forze centrali, si ritrova il risultato di Cauchy e Poisson con 15 costanti per il caso generale e una per il caso isotropo.

La teoria viene ripresa da Voigt in modo definitivo (e, per inciso, ben più esteso che nella comunicazione del 1900) in una ponderosa monografia del 1910 [362] dove afferma esplicitamente che ogni teoria, che voglia descrivere chiaramente e coerentemente con le osservazioni sperimentali il comportamento elastico, deve necessariamente partire dalle idee di strutture reticolari di Bravais:

> Eine molekulare Theorie der elastischen Vorgänge, die Aussicht bietet, alle Beobachtungen zu erklären, wird eine so allgemeine Grundlage verlangen, wie sie etwa der *Bravais*sche Strukturtheorie [...] an die Hand gibt. Der Kristall ist nach ihr aus unter einander identischen und parallel orientierten Bausteinen oder Elementarmassen aufgeführt zu denken, die so angeordnet sind, daß jeder von diesen innerhalb der Wirkungssphäre in gleicher Weise von anderen umgeben ist [362].[81] (D.1.30)

Il cristallo deve essere così pensato come formato da "mattoni" o masse elementari identiche e orientate parallelamente, ordinate in modo che ciascuna sia circondata nello stesso modo dalle altre. Le uniche ipotesi avanzate da Voigt su questo modello di struttura della materia sono che i "mattoni" possano essere considerati come corpuscoli rigidi e che le interazioni molecolari, dipendenti dalla distanza tra i centri di gravità delle masse elementari, ammettano un potenziale:

> [...] die Wechselwirkungen ein Potential haben sollen; [...] wird es [...] erlaubt sein, die Elementarmassen wie starre Körperchen zu behandeln [362].[82] (D.1.31)

Si ribadisce allora che le interazioni tra i corpuscoli sono riconducibili a forze e a momenti risultanti rispetto ai centri di gravità degli stessi:

---

[81] p. 596.
[82] p. 597.

Die zwischen zwei starren Körper (h) und (k) stattfindenden Wechselwirkungen geben Veranlassung sowohl zu Gesamtkomponenten X_{hk}, X_{kh}, ..., als auch zu Drehungsmomenten L_{hk}, L_{kh}, ..., die wir je um den Schwerpunkt des betreffenden Körpers rechnen wollen [362].[83] (D.1.32)

Anche qui Voigt usa il termine *pressione* («Druck») per indicare la tensione. La definizione di pressione è la stessa del 1900, cioè quella di Poisson, ma per la sua determinazione Voigt segue un approccio diverso, vicino a quello di Green. Infatti, dopo avere costruito una funzione energia potenziale in cui tiene conto dell'ipotesi costitutiva $L_{ie} = L_{ei}$ e in cui sia gli spostamenti sia le forze sono linearizzate, determina le componenti del tensore della tensione derivando l'energia potenziale rispetto alle componenti di deformazione. Dimostra che le costanti elastiche per il caso generale sono 21, per quello isotropo 2. Per ritrovare le 2 costanti, Voigt propone una nuova definizione di isotropia: i corpi cristallini sono composti da frammenti assai piccoli di cristalli e non si può in generale ammettere che tutti abbiano la stessa orientazione. Le proprietà di simmetria, su cui si basano le classificazioni dei cristalli, vanno quindi intese in senso statistico: un dato materiale ha simmetria per esempio monoclina se la maggior parte (in senso statistico) dei frammenti cristallini rispetta la proprietà di simmetria caratteristica di quel gruppo cristallografico. Un materiale isotropo allora è una sostanza cristallina in cui la distribuzione delle orientazioni dei frammenti cristallini non ha alcun valore rilevante in senso statistico (come un "rumore di fondo"), sicché non esistono direzioni preferenziali di comportamento. In tal modo, tutte le direzioni (in senso statistico) sono di simmetria materiale; questa definizione si concilia con quella tradizionale.

L'esame di Voigt del comportamento elastico dei materiali riconcilia così le apparentemente irriducibili teorie corpuscolari e continua che tanto avevano acceso polemiche tra i meccanici dell'Ottocento.[84]

1.1.6
La meccanica del continuo nella seconda metà dell'Ottocento

Consideriamo brevemente gli studi di meccanica del continuo in Europa e in Italia nel periodo 1850-1880. Parleremo solo dei contributi dei principali studiosi dell'epoca, il che è sufficiente per evidenziare come il periodo in questione sia ricco di personaggi di elevatissimo livello.

L'obiettivo principale è inquadrare gli sviluppi in Italia della teoria dell'elasticità e della meccanica dei continui nella seconda metà dell'Ottocento nel contesto europeo. Verranno dati solo dei cenni, sia per ragioni di spazio, sia perché il contributo italiano è stato importante in alcuni settori della meccanica dei continui, in particolare sui temi generali della teoria dell'elasticità, e di questi si è riferito ampiamente nei paragrafi precedenti. Ci è sembrato opportuno saltare i temi che non sono stati

---

[83] p. 597.
[84] Uno studio più approfondito dell'opera di Voigt si trova in [66].

sviluppati in Italia, tutti gli studi sperimentali, quelli sui fenomeni di fatica, sui criteri di rottura, sulla dinamica e sull'elasticità non lineare, da ultimi, gli studi sui continui monodimensionali e bidimensionali. Per un resoconto abbastanza preciso e diffuso su questi temi si veda il manuale di Todhunter e Pearson [348].

Nella prima metà dell'Ottocento la scuola francese era stata leader indiscussa in Europa; le cose cominciarono a cambiare lentamente in seguito. Una delle figure più importanti della meccanica del continuo nell'Europa della seconda metà dell'Ottocento fu comunque un francese, Adhémar Jean Claude Barré de Saint Venant (1797-1886), già abbondantemente citato nei paragrafi precedenti a proposito della sua strenua difesa del modello molecolare classico. Fondamentali sono i suoi lavori del 1855 sulla torsione [316] e del 1856 sulla flessione [317]. Sebbene Saint Venant si sia occupato molto della trave, vanno citati anche i suoi lavori in altri ambiti della meccanica dei continui, per esempio gli studi sui continui bidimensionali e sui problemi dinamici di impatto. Con Saint Venant la scuola francese di meccanica del continuo raggiunge l'apice, iniziando un declino solo parzialmente frenato da Boussinesq, Flamant, Poincaré e Duhem.

La scuola inglese dei primi dell'Ottocento aveva avuto un approccio essenzialmente sperimentale alla scienza delle costruzioni. Fondamentali sono le prove di laboratorio sulla resistenza dei materiali di Eaton Hodgkinson (1789-1861) e William Fairbain (1789-1874) [347].[85] Rilevante fu comunque il contenuto teorico dell'opera dello scozzese William John Macquorn Rankine (1820-1873), che nel 1855 divenne professore di ingegneria all'università di Glasgow. Gran parte del suo lavoro di ricerca è riferito nel suo *Manual of applied mechanics* pubblicato per la prima volta nel 1858 [298], dove tra l'altro, vengono introdotti per la prima volta con un preciso significato tecnico i termini *stress* e *strain*.

Di maggiore rilevanza teorica sono i contributi di William Thomson (1824-1907), Clerk Maxwell (1831-1879), Stokes (1819-1903), Rayleigh (1842-1919). Il *Treatise of natural philosophy* di William Thomson e Tait [346],[86] pur matematicamente ineccepibile, è molto attento agli aspetti fisici, come si capisce dai titoli di alcuni paragrafi:

- equilibrio di una corda flessibile e inestensibile;
- filo di forma qualsiasi sotto l'azione di forze e coppie di forze applicate lungo la sua lunghezza;
- flessione di una lamina elastica piana (la cui trattazione fa ampio uso di dati sperimentali);

mentre solo un breve paragrafo (di 5 pagine) è dedicato ai problemi fondamentali della teoria matematica dell'elasticità. Del resto, nella seconda parte del primo volume della loro opera Thomson e Tait ammoniscono:

Until we know thoroughly the nature of matter and the forces which produce its motions, it will be utterly impossible to submit to mathematical reasoning the *exact* conditions

---

[85] p. 125-129.

[86] L'ultima ristampa è con il titolo *Principles of mechanics and dynamics*, Dover, New York, 2003. L'opera fu iniziata nel 1861; programmata in più volumi, per impegni dei due autori, vide la luce col solo primo volume.

of any physical question. It has been long understood, however, that an approximate solution of almost any problem in the ordinary branches of Natural Philosophy may be easily obtained by a species of *abstraction*, or rather *limitation of the data*, such as enables us easily to solve the modified form of the question, while we are well assured that the circumstances (so modified) affect the result only in a superficial manner [346].[87] (D.1.33)

Dunque, per Thomson e Tait, l'uso della matematica è certo indispensabile ma non sufficiente nello studio della natura. Affinché un risultato di fisica possa ritenersi valido, non basta che venga dedotto (anche a partire dai dati sperimentali) con i metodi della matematica pura, ma deve risultare in accordo con l'esperienza. L'obiettivo degli autori è duplice:

> [...] to give a tolerably complete account of what is now known of Natural Philosophy, in language adapted to the non-mathematical reader; and to furnish, to those who have the privilege which high mathematical acquirements confer, a connected outline of the analytical processes by which the greater part of that knowledge has been extended into regions as yet unexplored by experiment [346].[88] (D.1.34)

Nato a Edimburgo, James Clerk Maxwell studiò fino al 1847 all'accademia, poi presso l'università locale. Nel 1850 lesse alla Royal society of Edinburgh il saggio sulla teoria dell'elasticità *On the equilibrium of elastic solids*, la cui parte più originale è il resoconto della relazione tra risultati analitici e sperimentali. Del 1864 è il saggio *On the calculation of the equilibrium and stiffness of frames*, su cui ci soffermeremo in seguito, che riguarda il calcolo delle strutture elastiche intelaiate con l'uso del teorema di Clapeyron.

George Gabriel Stokes, irlandese, iniziò gli studi a Bristol e li completò a Cambridge, dove nel 1849 fu eletto alla cattedra Lucasiana di matematica (quella di Newton). Inizialmente trattò di idrodinamica e nella memoria *On the theories of the internal frictions of fluids in motion, and of the equilibrium and motion of elastic solids* (1845) derivò le equazioni di campo per continui elastici isotropi. Basandosi più su osservazioni sperimentali, per esempio sulle vibrazioni isocrone, che su ipotesi teoriche sulla struttura molecolare, Stokes ottenne equazioni in termini di due costanti elastiche anziché di una sola. Si occupò anche di ottica e di vibrazioni, conducendo una serie di sperimentazioni con mezzi estremamente modesti, dal momento che un vero e proprio laboratorio a Cambridge fu istituito solo da Maxwell nel 1872. Dal 1854 fu segretario della Royal society e dal 1885 al 1890 ne fu presidente.

John William Strutt (Lord Rayleigh), di famiglia nobile, studiò matematica e meccanica a Cambridge con Routh e ottica con Stokes. Alla morte di Maxwell (1879) gli succedette nella cattedra di fisica sperimentale. Ricoprì numerosi incarichi, tra cui la presidenza della Royal society (1905-1908); vinse il premio Nobel per la fisica nel 1904. I suoi contributi principali sono nella monografia *The theory of sound* (1877), dove studia vibrazioni di corde, barre, membrane, piastre e gusci per mezzo di forze e coordinate generalizzate. Nel trattato, tra l'altro, Rayleigh generalizza il teorema

---

[87] vol. 1, p. 136.
[88] vol. 1, p. V.

di reciprocità di Betti alla dinamica usandolo per studiare strutture iperstatiche;[89] si ottengono le espressioni della statica per gli elementi strutturali dalle equazioni della dinamica; si mostra come ottenere informazioni sulle pulsazioni proprie dei sistemi elastici da considerazioni energetiche (metodo di Rayleigh).

Di una generazione successiva sono Horace Lamb (1849-1934), studioso di idraulica e teoria dell'elasticità; Augustus Edward Hough Love (1863-1940) la cui storia della teoria dell'elasticità, contenuta nell'introduzione al suo manuale *A treatise on the mathematical theory of elasticity* [218], è considerata oggi un classico per precisione e concisione; Karl Pearson (1857-1936) divenuto celebre per il testo *A history of the theory of elasticity* in collaborazione con Isaac Thodhunter, forse il resoconto più completo della scienza delle costruzioni dell'Ottocento [348].

In Germania la formazione degli ingegneri si sviluppò in modo diverso rispetto all'Inghilterra, con una maggiore rilevanza data alle nozioni teoriche di base, specie fisico matematiche, come avveniva in Francia. Ma gli ingegneri completavano la loro preparazione interamente all'interno dell'università, a differenza di quanto avveniva in Francia dove c'era l'*École polytechnique* che forniva la preparazione di base, lasciando alle varie *École des ponts et chaussées*, *École des mines*, ecc., il compito di fornie la preparazione tecnica specifica. Tra i maggiori didatti dell'ingegneria citiamo Julius Weisbach (1806-1871), Ferdinand Redtenbacher (1809-1863) e infine Franz Grashof (1826-1893), noto in modo particolare per avere sostenuto il criterio di resistenza della massima deformazione [348].

Nella scuola tedesca, oltre al già citato Voigt, emersero Franz Neumann (1798-1895), Kirchhoff (1824-1887), Clebsch (1833-1872). Franz Neumann iniziò scrivendo un trattato di mineralogia che gli valse una posizione all'università di Königsberg. Qui conobbe Bessel, Dove e Jacobi e si interessò di geofisica, termodinamica, acustica, ottica, elettricità. Assieme a Jacobi organizzò un *mathematisch-physikalisches Seminar*, con formazione teorica e sperimentale; tra i suoi allievi figurarono Borchardt, Clebsch, Kirchhoff e Voigt. In elasticità seguì la teoria molecolare di Poisson per poi rigettarne i risultati sul numero di costanti elastiche, basandosi sugli esperimenti cristallografici dei suoi allievi (in questo campo il più influente e famoso fu Voigt). Il suo contributo più importante alla teoria dell'elasticità è una memoria sulla doppia rifrazione, che ha originato la fotoelasticità, in cui tratta anche sollecitazioni di natura termica e stati di tensione residui. La raccolta delle sue lezioni sull'elasticità fu di grande impatto per i contemporanei, perfino Love nel suo celeberrimo trattato ne adottò la notazione per le componenti della tensione.

Gustav Robert Kirchhoff lavorò a Berlino, Breslau, Heidelberg (con Bunsen e Helmholtz), infine nuovamente a Berlino. Come allievo di Neumann, si interessò di elasticità fin dal 1850 con una memoria sulla teoria delle piastre che oggi porta il

---

[89] Nella meccanica delle strutture si chiamano iperstatici quei sistemi di corpi (considerati rigidi) che contengono reazioni vincolari in numero superiore alle equazioni di equilibrio disponibili. La differenza tra il numero di reazioni vincolari e le equazioni di equilibrio si chiama grado di iperstaticità. Il grado di iperstaticità si può definire anche in modo duale come differenza tra i vincoli elementari e i gradi di libertà del sistema di corpi. Per come è definito in un sistema iperstatico non si possono determinare le reazioni vincolari con le sole equazioni della statica; con una terminologia "ingegneristica", si dice che il problema statico non è determinato.

suo nome. Pubblicò anche lavori sulle deformazioni di travi sottili, in cui compare la dimostrazione del teorema di unicità della soluzione del problema elastostatico linearizzato e sono derivate le equazioni di campo per deformazioni non infinitesime. Il suo monumentale trattato di fisica matematica [195] fu un punto di riferimento per gli scienziati europei della fine dell'Ottocento.

Alfred Clebsch iniziò a occuparsi di elasticità a Königsberg. Lavorò al politecnico di Karlsruhe, poi si dedicò alla matematica pura a Göttingen, dove fondò la prestigiosissima rivista *Mathematische Annalen* assieme a Carl Neumann, figlio di Franz, e dove ebbe come allievo tra gli altri Klein. Fondamentale è il suo volume sulla teoria dell'elasticità [112], in cui presenta un'impostazione fortemente matematizzata dei problemi, e in cui il contributo più originale è nel campo dei problemi bidimensionali. Il volume di Clebsch venne ripreso, tradotto e integrato con una serie di annotazioni da Saint Venant e Flamant [113] e rimase a lungo uno dei più famosi trattati di teoria dell'elasticità e applicazioni. Emblematiche sono le parole di Clebsch scritte nella prefazione:

> L'intention primitive de l'auteur était de ne mettre dans ce livre que ce dont il avait besoin pour se guider dans les leçons qu'il professe à l'École polytechnique de Carlsruhe. Mais bientôt il sentit tellement la nécessité de fonder sur une base solide les recherches dont les résultats servent aux applications techniques, qu'il se détermina à entrependre la rédaction d'un traité de la théorie de l'élasticité qui, autant que cela était possible dans une étendue modérée, présentât un système complet de principes et de usages de cette théorie: travaille devenu possible aujourd'hui grâce aux belles recherches de MM. Kirchoff et de Saint-Venant. Il fallait assurément, pour cela, traiter brievement bien des points, mais il convenait, avant tout, d'exposer en détail ce qui est désirable pour une connoissance suffisante de cette branche nouvelle de la science. Ainsi, pour tout ce qui regarde les transformations analytiques que M. Lamé a enseigné à opérer avec une si grande élégance sur les équations fondamentales de l'élasticité, il fallait renvoyer à l'ouvrage si connu et si répandu de cet illustre savant [113].[90] (D.1.35)

1.2
La teoria delle strutture

Dopo la fase pionieristica di fondazione anche per la scienza delle costruzioni, come per altre scienze, segue una fase di sistematizzazione in cui nascono discipline specialistiche. Stabiliti, infatti, i principi e i metodi, seppure non condivisi universalmente nei dettagli, il processo di specializzazione vede la divisione della scienza delle costruzioni in due grandi filoni: la meccanica del continuo e quella delle strutture. La prima studia gli aspetti di base della meccanica dei corpi deformabili (tensioni, deformazioni, bilancio, legami costitutivi); la seconda gli aspetti connessi con le applicazioni ingegneristiche (calcolo di telai, studio di piastre, archi, volte). All'inizio la scienza delle costruzioni sembra coincidere con la teoria dell'elasticità; poi però appare chiara la natura specialistica di quest'ultima e che il legame elastico linea-

---

[90] p. IX.

re non è sufficientemente generale per esaurire la meccanica del continuo o delle strutture.

La teoria matematica delle strutture elastiche si è sviluppata tra il 1820 e il 1890 in due fasi. La prima è caratterizzata dalla formulazione delle prime teorie strutturali di travi, piastre e volte elastiche; si risolvono semplici strutture iperstatiche, senza però una completa comprensione delle metodologie. Come nella meccanica del continuo, la nazione guida è la Francia e il protagonista può essere considerato Navier. Nella seconda fase, che si può far iniziare dagli anni '40, la Germania affianca la Francia e diviene poi essa la nazione guida. In questo periodo si riscontra la parziale subalternità dell'Inghilterra al Continente. Nonostante molti validi scienziati come Maxwell, Thomson, Rayleigh e alcuni studiosi di meccanica delle strutture come Henry Moseley (1801-1872) e William Rankine (1820-1872), non si ebbe in Inghilterra quell'unione tra teoria e pratica che invece si realizzò nel Continente.[91] Questa seconda fase, in cui l'attenzione è concentrata principalmente sulle strutture formate da travi e aste, può essere divisa in due sottofasi.

La prima sottofase riguarda il dimensionamento dei tralicci isostatici, fondamentali nell'edilizia industriale e civile dell'epoca, quali ponti e tettoie. Per facilitare il calcolo delle complesse strutture reticolari, per esempio le capriate dei capannoni industriali o i tralicci da ponte, vengono elaborate tecniche analitiche e grafiche assai efficienti. Tra le prime ricordiamo le analisi di Möbius nel 1837 [244] sui tralicci,[92] il metodo delle sezioni di Ritter,[93] l'uso del principio dei lavori virtuali da parte di Mohr [247-249]. lavori di Rankine [298, 299], Fleeming Jenkin [191, 192], Lévy [216], Cremona [131] e specialmente Culmann [141]. Questi a ragione è considerato il padre della *statica grafica*, la disciplina che con le tecniche grafiche in parte mutuate dalla geometria proiettiva porta alla soluzione di problemi statici, di geometria

---

[91] Per un commento su questo aspetto cfr. [107], Introduzione.

[92] Qui Möbius studia tralicci piani e spaziali, trova i rapporti minimi tra nodi e aste affinché un traliccio sia isostatico (per n nodi occorrono $2n - 3$ aste nel piano e $3n - 6$ nello spazio) e scopre che il requisito minimo non è sufficiente per l'equilibrio se la matrice statica ha determinante nullo. L'opera di Möbius, almeno inizialmente, non fu notata dagli ingegneri e per essa valgono le considerazioni che saranno sviluppate sul contributo dei precursori. I risultati di Möbius furono ritrovati (verosimilmente) indipendentemente da Otto Mohr nel 1874.

[93] Il metodo delle sezioni di Ritter fu sviluppato in forma embrionale da Carl Culmann in due articoli, del 1851 [139] e del 1852 [140], in cui è riportato lo stato dell'arte dei ponti in ferro e legno inglesi e americani. Qui Culmann usava equazioni di bilancio di forze e momenti per la determinazione delle tensioni nelle aste. In particolare, le equazioni di bilancio dei momenti erano relative a sezioni della travatura reticolare. I risultati di Culmann furono ripresi da August Ritter (1826-1908) nel suo manuale del 1863 *Elementare Theorie der Dach und Brüken-Constructionen* [303]. August Ritter, noto anche in astrofisica (in suo onore il cratere di Ritter sulla superficie lunare), si era formato a Hannover e a Göttingen; dal 1856 insegnò meccanica a Hannover, per poi passare nel 1870 alla scuola tecnica di Aachen. Sebbene nel manuale di Ritter non vi siano riferimenti evidenti a Culmann (a proposito del metodo delle sezioni egli cita solo un suo lavoro precedente nella rivista degli architetti e degli ingegneri di Hannover), è verosimile che la sua opera, impostata sulle costruzioni di coperture e ponti, sia stata in qualche modo influenzata dagli articoli di Culmann. Il metodo delle "sezioni di Ritter" è associabile anche a un altro Ritter, Karl Wilhelm Ritter (1847-1906), che si diplomò a Zurigo nel 1868 e che, dopo alcune attività professionali in Ungheria, fu assistente di Culmann a Zurigo dal 1870 al 1873. Ritter insegnò al politecnico di Riga fino al 1882, quando, in seguito alla morte del maestro, fu chiamato alla cattedra di Zurigo. Ritter è autore di un fondamentale testo sulle travature reticolari [304] in cui è utilizzato il metodo delle sezioni.

delle aree, di computi metrici. Da segnalare anche il metodo grafico sviluppato da Williot per il calcolo degli spostamenti dei nodi di un traliccio note le sollecitazioni delle aste [376].

La seconda sottofase riguarda i sistemi iperstatici, specie reticolari. All'inizio viene proposto il metodo detto oggi delle deformazioni, seguendo una procedura sviluppata da Navier e Poisson e perfezionata da Clebsch [112]. Il metodo è di semplice concezione e di applicazione automatica, ma richiede la soluzione di sistemi di equazioni lineari nelle componenti di spostamento di tutti i nodi. Questi sistemi hanno dimensioni troppo grandi anche per strutture semplici con più di dieci nodi, e per questo motivo di fatto il metodo resta sostanzialmente inapplicato, salvo casi sporadici. Successivamente si introducono i metodi detti oggi delle forze e si sviluppano quasi contemporaneamente tre diverse procedure. Castigliano nel 1873 [68] in Italia perfeziona un metodo introdotto da Menabrea nel 1858 [233] che consiste nel minimizzare l'energia complementare elastica di tralicci rispetto alle incognite iperstatiche; il metodo si presta a trattare anche le strutture inflesse. Mohr [247-249] in Germania introduce nel 1874 il principio dei lavori virtuali per determinare componenti di spostamento o di sollecitazione interna. Lévy [215, 216] in Francia aveva messo a punto nel 1873 un metodo originale per ottenere equazioni di congruenza e risolvere i sistemi iperstatici.

A fine Ottocento si cominciano a considerare strutture diverse dalle reticolari e Müller-Breslau [256, 257] sviluppa i metodi di Mohr e Castigliano e ne precisa l'uso per sistemi iperstatici generici. In ogni modo, sino all'introduzione del calcestruzzo armato e alla realizzazione di telai multipiano a nodi rigidi, le tecniche di soluzione dei telai riceveranno modesta attenzione.

1.2.1
I sistemi iperstatici

Nell'Ottocento la teoria delle strutture viene sviluppata dapprima dagli ingegneri, essendo finalizzata alle applicazioni e richiedendo metodi matematici semplici (equazioni differenziali ordinarie o equazioni algebriche). Del problema si occupano successivamente anche matematici e fisici, quando ci si rende conto che la statica dei corpi rigidi non è sufficiente per studiare le strutture oggi dette iperstatiche, ovvero le strutture soggette a vincoli sovrabbondanti. In questi casi alcune reazioni vincolari restano indeterminate.

La formulazione e la prima soluzione del problema si fa di solito risalire a Euler [156] che nel 1773 vuole calcolare le "pressioni" originate dall'appoggio di un corpo rigido su un piano orizzontale, in più di tre punti o su una superficie, per esempio un tavolo con più di tre gambe. Euler dichiara il problema non risolvibile con le leggi note della statica:

> Verum si pondus quattuor pedibus plano insistat, determinatio singularum pressionum non solum multo magis ardua deprehenditur, sed etiam prorsus incerta et lubrica videtur [156].[94] (D.1.36)

Asperità o differenze impercettibili negli appoggi influenzano la distribuzione delle pressioni: se una gamba è più corta delle altre, il peso grava solo su tre punti. Per riportarsi in una situazione teorica più definita, Euler immagina interposto tra il suolo e il corpo un panno leggermente cedevole:

> Ne autem perfectissima illa pedum aequalitas, qualem vix admittere licet, negotium facessat concipiamus planum sive solum cui pondus incumbit, non adeo esse durum, ut nullam plane impressione recipere posset, sed quasi panno esse obductum, cui pedes illi aliquantum se immergere queant [156].[95] (D.1.37)

Non è chiaro se Euler introduca l'artificio per eliminare le difficoltà matematiche o, come parrebbe naturale, se pensi che il panno modelli la realtà. Euler suggerisce che le pressioni p siano distribuite linearmente sulla base:[96]

> Sive pondus pluribus pedibus innitatur sive basi incumbat plana cuiscunque figurae, sit punctum M sive extremitas cuiuspiam pedis, sive elementum quodpiam basis pro quo pressio quaeritur. Concipiatur ibi perpendiculariter erecta linea $M\,\mu$ ipsis pressioni proportionalis, atque necesse est omnia ista puncta μ in quopiam plano terminari, hoc igitur principio stabilito, quemadmodum pro omnibus casibus pressionem in singulis basis punctu definiri oporteat, hic sum expositurus [156].[97] (D.1.38)

Date le pressioni $p = \alpha + \beta x + \gamma y$, con x, y coordinate degli appoggi, l'equilibrio alla traslazione verticale e alle rotazioni attorno a due assi orizzontali fornisce α, β, γ. La procedura si può generalizzare a più punti di appoggio, fino a un'intera superficie.

> Quaecumque fuerit figura basis $f\ g\ h\ k$, qua corpus quodpiam solo plano incumbit, investigare omnes pressiones, quas singula basis elementa substinet [156].[98] (D.1.39)

L'estrema laconicità nell'esporre il principio di distribuzione lineare delle pressioni non chiarisce se Euler introduca un legame elastico lineare in quanto i cedimenti dei punti di appoggio variano linearmente, o una legge della statica *ad hoc* per i contatti, valida indipendentemente dai materiali a contatto.

Si poneva così una questione teorica importante: si possono usare opportunamente le equazioni cardinali della statica per risolvere problemi di contatto? O in questo caso le equazioni non sono sufficienti e si deve formulare qualche nuovo principio? Il problema assumerà grande rilevanza anche in Italia e la sua storia è ben tracciata da Todhunter e Pearson, che tendono a banalizzare il problema:

---

[94] p. 290.
[95] p. 290.
[96] Un approccio simile si adopera modernamente per determinare le tensioni assiali nella pressoflessione deviata di un cilindro di Saint Venant.
[97] p. 292.
[98] p. 293.

For the history of science the problem is of value as showing how power is frequently wasted in the byways of paradox. I give a list, which I have formed, of the principal authorities for those who may wish to pursue the subject further.

Euler	De pressione ponderis in planum cui incumbit. Novi Commentarii Academiae Petropolitanae, T. XVIII, 1774, pp. 289-329. Von den Drucke eines mit einem Gewichte beschwerten Tisches auf eine Fläche (see our Art. 9.5), Hindenburgs Archiv der reinen Mathematik. Bd. I., s. 74. Leipzig, 1795.
D'Alembert	Opuscula, t. VIII Mem. 56 II, 1780, p. 36.
Fontana M.	Dinamica. Parte II.
Delanges	Memorie della Società Italiana, t. V, 1790, p. 107.
Paoli	Ibid. t. VII, 1792, p. 534.
Lorgna	Ibid. t. VII., 1794, p. 178.
Delanges	Ibid. t. VIII, Parte I, 1799, p. 60.
Malfatti	Ibid. t. VIII, Parte II, 1798, p. 319
Paoli	Ibid. t. IX, 1802, p. 92.
Navier	Bulletin de la Soc. philomat., 1825, p. 35 (see our Art. 282)
Anonym.	Annales de mathém. par Gergonne, t. XVI, 1826-7, p. 75.
Anonym.	Bulletin des sciences mathématiques, t. VII, 1827, p. 4.
Vène	Ibid. t. IX, 1828, p. 7.
Poisson	Mécanique, t. I, 1833, 270.
Fusinieri	Annali delle Scienze del Regno Lombardo-Veneto, t. I, 1832, pp. 298-304 (see our Art. 396).
Barilari	Intorno un Problema del Dottor A. Fusinieri, Pesaro, 1833.
Pagani	Mémoire de l'Acad. de Bruxelles, t. VIII, 1834, pp. 1-14 (see our Art. 396).
Saint Venant	1837-8 see our Art. 1572. 1843 see our Art. 1585.
Bertelli	Mem. dell'Accad. delle Scienze di Bologna, t. I. 1843-4, p. 433.
Pagnoli	Ibid., t. VI, 1852, p. 109.

Of these writers only Navier, Poisson and Saint Venant apply the theory of elasticity to the problem. Later researches of Dorna, Menabrea and Clapeyron will be referred to in their proper places in this History as they start from elastic principles [348].[99] (D.1.40)

Alla lista sopra riportata Todhunter e Pearson aggiungono anche Cotterill, Moseley e Mossotti, sul cui contributo torneremo successivamente; una ricostruzione dettagliata del percorso sopra indicato si trova in [27, 28].

---

[99] vol. II/1, p. 411.

1.2.2
Le prime soluzioni. Il metodo delle forze di Navier

Tra i tentativi di soluzione del problema degli appoggi sovrabbondanti, il primo successo sul piano sia teorico sia del risultato è di Navier. Egli nelle lezioni del 1824 (secondo Saint Venant già nel 1819) [264],[100] pubblicate nel 1826, affronta il caso di travi piane con un numero di vincoli esterni superiore a tre, non risolvibili con le sole equazioni della statica. Navier riconosce tra i primi che si trova soluzione solo se si ammette la deformabilità della trave:

> Quand une verge rigide chargée de poids est soutenue sur un nombre de points d'appui plus grand que 2, les efforts que chacun de ces points d'appui doit supporter sont indéterminés entre certaines limites. Ces limites peuvent toujours être fixées par les principes de la statique. Mais, si l'on suppose la verge élastique, l'indéetermination cesse entièrement. On considérera seulement ici une des questions de ce genre le plus simples qui puissent être proposées [262].[101] (D.1.41)

Per comprendere originalità e limiti della trattazione di Navier riportiamo solo il caso semplice della trave AMM′ della Figura 1.6, incastrata a un estremo, appoggiata all'altro e caricata da un peso Π nel punto intermedio M.

Senza molti commenti, Navier sostituisce l'appoggio in M′ con una forza verticale Π′ e scrive l'equazione della linea elastica; nel tratto AM ottiene:

$$\epsilon y = \Pi \left(\frac{ax^2}{2} - \frac{x^3}{2} \right) - \Pi' \left(\frac{a'x^2}{2} - \frac{x^3}{2} \right)$$

con ϵ la rigidezza della trave (in termini moderni il prodotto EI), a la distanza AB e a' la distanza AM'; l'ascissa x è misurata da A.

Per il tratto MM′, «en déterminant les constantes de manière que, pour $x = a$, les valeurs de $\frac{dy}{dx}$ et y soient égales à quelles qui seraient données par les équations

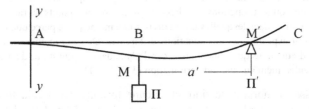

Figura 1.6 Trave con incastro e appoggio [262][102]

---

[100] p. cviii.
[101] p. 241.
[102] fig. 48, plate II.

précedentes» [262][103] trova:

$$\epsilon y = \Pi \left(\frac{ax^2}{2} - \frac{x^3}{6} \right) - \Pi' \left(\frac{a'x^2}{2} - \frac{x^3}{6} \right)$$

e, imponendo l'annullarsi di y per $x = a'$, ottiene la relazione che si trova anche nei moderni manuali di scienza delle costruzioni:

$$\Pi' = \Pi \frac{a^2(3a' - a)}{2a'^3}.$$

Sempre con l'equazione della linea elastica Navier risolve altri casi; di particolare interesse è la trave continua su tre appoggi, che rappresenta il modello di una trave da ponte. Navier considera una trave di sezione e materiale uniforme soggetta a due forze concentrate nelle due campate. La trave è modellata con un unico tronco, appoggiata agli estremi e caricata dalla reazione vincolare nel punto intermedio. La reazione dell'appoggio intermedio è ottenuta dopo avere determinato l'equazione della linea elastica e avere imposto che lo spostamento del punto corrispondente all'appoggio intermedio sia nullo.

L'approccio di Navier oggi è classificato come metodo delle forze, in cui le reazioni vincolari sono determinate imponendo le equazioni di congruenza. È probabile che Navier non abbia riconosciuto il metodo nella sua generalità, perché si è limitato a risolvere solo travi vincolate da vincoli esterni fissi. Del resto, non aveva a disposizione un metodo generale per il calcolo degli spostamenti di una struttura di forma qualsiasi e doveva limitarsi all'uso dell'equazione della linea elastica, supponendo le travi deformabili solo a flessione. Saint Venant si attribuirà il merito di avere esteso l'approccio di Navier a ogni tipo di struttura, almeno dal punto di vista teorico [264][104] e nel 1843 [313] delinea in modo molto chiaro e netto l'approccio del metodo delle forze:

> Cette méthode consiste à chercher les déplacements des points des pièces en laissant sous forme indéterminée les grandeurs, les bras de levier et les directions des forces dont nous parlons. Une fois les déplacements exprimés en fonctions de ces quantités cherchées, on pose les conditions définies qu'ils doivent remplir aux points d'appui on d'encastrement, ou aux jonctions des diverses pièces, ou aux points de raccordenient des diverses parties dans lesquelles il faut diviser une même pièce parce que les déplacements y sont exprimés par des équations différentes. De cette maniere, on arrive à avoir autant d'équations que d'inconnues, car il n'y a, dans les questions de mécanique physique, évidemment aucune indétermination [313].[105] (D.1.42)

In questa stessa memoria sono riportate alcune formule per il calcolo degli spostamenti di travi a semplice e doppia curvatura in funzione delle deformazioni. Saint Venant applicherà la metodologia e queste espressioni per l'analisi di strutture iperstatiche in due memorie dello stesso anno [313, 314].

In ogni modo Saint Venant non è in grado di delineare una procedura di applicazione semplice, anche se probabilmente gli sarebbe bastato approfondire il calcolo

---

[103] p. 235.
[104] p. ccxii.
[105] p. 953.

degli spostamenti nelle travature. Sta di fatto che gli ingegneri non erano in grado di calcolare neppure semplici strutture iperstatiche quali i tralicci e i telai a nodi fissi che cominciavano a essere usati nelle costruzioni.

Un discreto successo, almeno da un punto di vista pratico, si realizza qualche anno dopo per merito di Henry Bertot e Benoît Paul Emile Clapeyron che pervengono a una soluzione generale e semplice per le travi continue a più appoggi, nella forma di quella che oggi si chiama equazione dei tre momenti; per problemi di priorità tra i due rimandiamo alla letteratura (vedi per esempio [52]).[106] Nel seguito esponiamo solo alcuni passi dell'approccio seguito da Clapeyron:

> J'ai eu à m'occuper de cette question pour la première fois comme ingénieur à l'occasion de la reconstruction du pont d'Asnières, près Paris, détruit lors des événements de 1848. Les formules aux quelles je fus conduit furent appliquées plus tard aux grands ponts construits pour le chemin de fer du Midi, sur la Garonne, le Lot et le Tarn, dont le succès a parfaitement répondu à nos prévisions. C'est le résultat de ces recherches que j'ai l'honneur de soumettre au jugement de l'Académie.
>
> Dans ce premier Mémoire, dont voici le résumé, j'examine d'abord le cas d'une poutre droite posée sur deux appuis à ses extrémités, sa section est constante, elle supporte une charge répartie uniformément; on se donne en outre le moment des forces agissant aux deux extrémités au droit des appuis. On en conclut l'équation de la courbe élastique qu'affecte l'axe de la poutre, les conditions mécaniques auxquelles tous ses points sont soumis, et la partie du poids total supportée par chaque appui.
>
> La solution du problème général se trouve ainsi ramenée à la détermination des moments des forces tendant à produire la rupture de la poutre au droit de chacun des appuis sur lesquels elle repose. On y parvient en exprimant que les deux courbes élastiques correspondant à deux travées contigues sont tangentes l'une à l'autre sur l'appui intermédiaire, et que les moments y sont égaux [111].[107] (D.1.43)

Clapeyron segue Navier e fornisce il metodo per il calcolo di travi continue con lunghezze, carichi e rigidezze qualsiasi, assumendo come incognite i momenti di continuità sugli appoggi intermedi. La soluzione è data solo per travi a sezione e luce costante e quindi nelle equazioni di congruenza per le rotazioni di tratti adiacenti non compaiono le caratteristiche elastiche. L'equazione di Clapeyron per la congruenza del generico nodo è:

$$Q_0 + 4Q_1 + Q_2 = \frac{l^2}{4}(p_0 + p_1)$$

con Q_0, Q_1, Q_2 i momenti di continuità. Clapeyron commenta proponendo che

> Si l'on ajoute au quadruple d'un moment quelconque celui qui le précède ou celui qui le suit sur les deux appuis adjacents, on obtient une somme égale au produit du poids total des deux travées correspondantes par le quart de l'ouverture commune. Si les ouvertures sont inégales, la même relation subsiste, sauf de légères modifications dans les coefficients [111].[108] (D.1.44)

---

[106] pp. 405-406.
[107] p. 1077.
[108] p. 1078.

Clapeyron quasi nasconde le radici teoriche della sua formula, atteggiamento che ha contribuito in parte a far ritenere a molti ingegneri che le formule delle travi continue, come altri risultati ottenuti da Navier, rappresentino regole "pratiche" o formule derivate dalle sole leggi della statica.

1.2.3
Il metodo degli spostamenti

Nelle *Leçons* del 1826 [262] Navier, oltre al metodo delle forze riportato nel §1.2.2, presenta anche quello oggi chiamato degli spostamenti, con riferimento al sistema di tre aste concorrenti in un nodo cui è applicato un carico concentrato, illustrato nella Figura 1.7.

> Pour en donner un example, on supposera le poids Π supporté par les trois pièces inclinées AC, A′C, A″C contenues dans le même plan vertical, et l'on nommera $\alpha, \alpha', \alpha''$ les angles formés par la direction des trois pièces avec la corde verticale CΠ;
> p, p', p'' les efforts exercés, par suite de l'action du poids Π dans la direction de chacune des pièces;
> F, F', F'' les forces d'élasticité des trois pièces;[109]
> a la hauter du point C au-dessus de la ligne horizontale AA″;
> h, f les quantitités dont le point C se déplace horizontalment et verticalment, par l'effet de la compression simultanée des trois pièces.
> [...] Cela posé, les conditions de l'équilibre entre le poids Π et les trois pressions

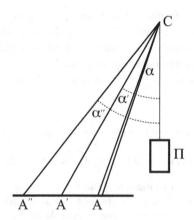

Figura 1.7 Travatura iperstatica di Navier [262][110]

---

[109] Si tratta delle rigidezze assiali, prodotto del modulo di elasticità longitudinale e dell'area trasversale delle aste, che, moltiplicate per la deformazione assiale, forniscono la forza nelle aste.
[110] p. 435.

exercées suivant les pièces donneront d'abord [262].[111]

$$p\cos\alpha + p'\cos\alpha' + p''\cos\alpha'' = \Pi$$
$$p\sin\alpha + p'\sin\alpha' + p''\sin\alpha'' = 0. \qquad \text{(D.1.45)}$$

Navier esegue un'analisi cinematica nell'ipotesi di piccoli spostamenti e determina le espressioni della variazione unitaria di lunghezza delle aste in funzione degli spostamenti orizzontale (h) e verticale (f) del nodo C:

$$\frac{f\cos^2\alpha - h'\sin\alpha\cos\alpha}{a}, \quad \frac{f\cos^2\alpha' - h'\sin\alpha'\cos\alpha'}{a}, \quad \frac{f\cos^2\alpha'' - h'\sin\alpha''\cos\alpha''}{a}.$$

On en conclut les trois équations

$$p = F\,\frac{f\cos^2\alpha - h'\sin\alpha\cos\alpha}{a};$$

$$p' = F'\,\frac{f\cos^2\alpha' - h'\sin\alpha'\cos\alpha'}{a};$$

$$p'' = F''\,\frac{f\cos^2\alpha'' - h'\sin\alpha''\alpha''}{a}$$

qui, réunies avec les deux précédentes, donneront les valeurs des déplacements h et f, et les efforts p, p' et p'' [262].[112] (D.1.46)

Si noti che non c'è la scrittura formale di due equazioni in funzione delle componenti f e h dello spostamento del punto C per sostituzione di p, p', p'' nelle equazioni di equilibrio: si parla solo di equazioni «réunies». Il metodo si presta però subito a una lettura in questi termini.

I due metodi di Navier, delle forze per le travi inflesse e degli spostamenti per le reticolari, indicano che verosimilmente egli non proponesse una procedura generale ma utilizzasse metodi *ad hoc*, benché di portata abbastanza ampia. Il metodo delle forze, come già detto, viene precisato e generalizzato da Saint Venant, mentre il metodo delle deformazioni da Poisson e Clebsch.

Nel suo testo di elasticità del 1862 Clebsch usa metodi simili a quelli di Navier, diversi per elementi inflessi (travi) e tesi o compressi (aste reticolari). Si tratta di metodi delle forze nel primo caso e degli spostamenti nel secondo. Ci limitiamo al metodo degli spostamenti, per cui il contributo di Clebsch è più rilevante; per il metodo delle forze rimandiamo alla bibliografia [107, 28].

Clebsch adotta come sistema elastico di riferimento una travatura reticolare di aste omogenee con sezione costante incernierate ai nodi soggetti a spostamenti piccoli; in questo modo gli è facile pervenire alla formula che esprime gli accorciamenti delle aste in funzione degli spostamenti dei nodi. Con i suoi simboli, la variazione ρ_{ik} della lunghezza r_{ik} dell'asta contenuta tra i nodi i e k, che subiscono spostamenti di componenti u_i, v_i, w_i e u_k, v_k, w_k, è:

$$\rho_{ik} = \frac{(x_i - x_k)(u_i - u_k) + (y_i - y_k)(v_i - v_k) + (z_i - z_k)(w_i - w_k)}{r_{ik}}.$$

---

[111] pp. 297-298.
[112] p. 298.

La forza elastica è proporzionale a essa secondo il modulo di elasticità E_{ik} e l'area q_{ik} della sezione dell'asta, diretta come r_{ik}:

Aus dieser Verlängerung entsteht eine elastische Kraft, mit welcher der Stab sich wieder zusammenzuziehen bestrebt ist; dieselbe ist im Punkte i gegen den Punkt k gerichtet und umgekehrt, ihre Grösse ist [...]

$$\frac{E_{ik}q_{ik}\rho_{ik}}{r_{ik}}$$

wenn E_{ik} den Elasticitäts modulus, q_{ik} den Querschnitt des betreffenden Stabes bezeichnet [112].[113] (D.1.47)

E nelle coordinate cui è riferito il sistema di aste ha componenti:

$$\frac{E_{ik}q_{ik}\rho_{ik}(x_k - x_i)}{r_{ik}^2}; \qquad \frac{E_{ik}q_{ik}\rho_{ik}(y_k - y_i)}{r_{ik}^2}; \qquad \frac{E_{ik}q_{ik}\rho_{ik}(z_k - z_i)}{r_{ik}^2}.$$

A questo punto Clebsch può scrivere le equazioni di equilibrio per ogni nodo i cui si suppone applicata una forza di componenti X_i, Y_i, Z_i:

Setzen wir nun die Gleichgewichtsbedingungen an, d. h. lassen wir die Summen entsprechender Componenten verschwinden, so ergeben sich die drei Gleichungen:

$$(56) \qquad \ldots \qquad \begin{cases} X_i + \sum_k \dfrac{E_{ik}q_{ik}\rho_{ik}(x_k - x_i)}{r_{ik}^2} = 0 \\[2mm] Y_i + \sum_k \dfrac{E_{ik}q_{ik}\rho_{ik}(y_k - y_i)}{r_{ik}^2} = 0 \\[2mm] Z_i + \sum_k \dfrac{E_{ik}q_{ik}\rho_{ik}(z_k - z_i)}{r_{ik}^2} = 0. \end{cases}$$

In diesen Gleichungen ist nichts unbekannt als die in den ρ vorkommenden Grossen u, v, w [112].[114] (D.1.48)

Clebsch conclude commentando il sistema delle equazioni di equilibrio di nodo, che dipendono solo dalle componenti u, v, w di spostamento degli n nodi, per un totale di $3n$ incognite. Queste equazioni sono linearmente dipendenti, poiché le forze esterne X_i, Y_i, Z_i sono soggette alle sei equazioni globali di bilancio, che non contengono le incognite. Per la determinazione univoca delle incognite la struttura deve essere soggetta a sei vincoli semplici indipendenti.

Vale la pena di segnalare il contributo di Poisson che nel suo *Traité de mécanique* del 1833 presenta un avanzamento rispetto a quanto proposto da Navier [292].[115] L'importanza del contributo di Poisson è dovuta alla grande diffusione del suo *Traité*, scritto in francese, lingua ben più nota in Europa del tedesco, in cui scriveva Clebsch.[116] Questo è vero in particolare per l'Italia ove, almeno fino al 1880, è documentato solo il riferimento a Poisson e non a Clebsch.

---

[113] p. 410.
[114] p. 411.
[115] vol. 2, pp. 402-404.
[116] Il testo di Clebsch ebbe vasta diffusione solo verso la fine dell'Ottocento, grazie alla traduzione in francese di Saint Venant [113].

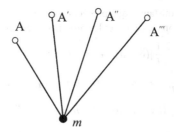

Figura 1.8 Il sistema di fili che reggono un punto materiale [292][117]

La trattazione di Poisson è meno ingegneristica e generale di quella di Clebsch, però contiene tutti gli ingredienti per un'immediata applicazione alle strutture reticolari. Poisson studia il moto di un punto materiale m sollecitato da una forza e vincolato per mezzo di fili elastici a un certo numero di punti fissi A, A', A'', A''' comunque disposti, come illustrato nella Figura 1.8. Alla fine della sua esposizione Poisson spiega come i suoi risultati possano essere adattati al caso dell'equilibrio. Per un ingegnere del tempo non era difficile riconoscere in m il nodo di una trave reticolare e nei fili elastici le aste che ivi concorrono, e quindi estendere il metodo di Poisson a un traliccio.

Nel seguito riportiamo la parte più rilevante dell'approccio di Poisson:

> Pour le faire voir, supposons, pour fixer les idées, que la force qui agit sur le point m soit la pesanteur, que nous représenterons par g. En prenant l'axe des z vertical et dirigé dans le sens de cette force, ses trois composantes seront $X = 0, Y = 0, Z = g$. Appelons ϵ, ϵ', ϵ'', ϵ''', les extensions que les quatre fils l, l', l'', l''', éprouveraient si le poids mg était suspendu verticalement à leur extrémité inférieure; soient ζ, ζ', ζ'', ζ''', les extensions de ces mêmes fils au bout du temps t, pendant le mouvement; leurs tensions au même instant auront pour valeurs (n 288)
>
> $$\frac{gm\zeta}{\epsilon}, \quad \frac{gm\zeta'}{\epsilon'}, \quad \frac{gm\zeta''}{\epsilon''}, \quad \frac{gm\zeta'''}{\epsilon'''}.$$
>
> Le mobile m n'étant plus assujetti à demeurer à des distances constantes de A, A', A'', A''', on devra supprimer les termes des équations (4), qui ont $\lambda, \lambda', \lambda'', \lambda'''$, pour facteurs, et qui provenaient de ces conditions; mais, d'un autre côté, il faudra joindre au poids de ce point materiel les quatre forces précédentes, dirigés de m vers A, de m vers A', de m vers A'', de m vers A'''; ce qui revient à substituer, dans les équations (4), les valeurs précédentes de L, L', L'', L''',[118] en y faisant, en même temps,
>
> $$\lambda = \frac{-gm\zeta}{\epsilon}, \quad \lambda' = \frac{gm\zeta'}{\epsilon'}, \quad \lambda'' = \frac{gm\zeta''}{\epsilon''}, \quad \lambda''' = \frac{gm\zeta'''}{\epsilon'''}.$$
>
> Au bout du temps t, soient aussi
>
> $$x = \alpha + u, \quad y = \beta + v, \quad z = \gamma + w$$

---

[117] vol. 2, fig. 28, plate 2.

[118] In precedenza Poisson aveva studiato il moto soggetto a vincoli fissi in cui L, L', L'', L''' erano le equazioni di vincolo e λ, λ', λ'', λ''' le reazioni vincolari.

α, β, γ, étant les mêmes constantes que précédentement, et u, v, w, des variables trés petites, dont nous négligerons les carré et les produits; il en résultera

$$\zeta = \frac{1}{l}\left[(\alpha - a)u + (\beta - b)v + (\gamma - c)w\right],$$

$$\zeta' = \frac{1}{l'}\left[(\alpha - a')u + (\beta - b')v + (\gamma - c')w\right],$$

$$\zeta'' = \frac{1}{l''}\left[(\alpha - a'')u + (\beta - b)v + (\gamma - c'')w\right],$$

$$\zeta'' = \frac{1}{l'''}\left[(\alpha - a''')u + (\beta - b)v + (\gamma - c''')w\right];$$

et, relativement à ces inconnues u, v, w, les équations (4) seront linéaires, et se réduiront à

$$\frac{d^2u}{dt^2} + g\left[\frac{(\alpha - a)\zeta}{l\epsilon} + \frac{(\alpha - a')\zeta'}{l'\epsilon'} + \frac{(\alpha - a'')\zeta''}{l''\epsilon''} + \frac{(\alpha - a''')\zeta'''}{l'''\epsilon'''}\right] = 0,$$

$$\frac{d^2v}{dt^2} + g\left[\frac{(\beta - b)\zeta}{l\epsilon} + \frac{(\beta - b')\zeta'}{l'\epsilon'} + \frac{(\beta - b'')\zeta''}{l''\epsilon''} + \frac{(\beta - b''')\zeta'''}{l'''\epsilon'''}\right] = 0,$$

$$\frac{d^2w}{dt^2} + g\left[\frac{(\gamma - c)\zeta}{l\epsilon} + \frac{(\gamma - c')\zeta'}{l'\epsilon'} + \frac{(\gamma - c'')\zeta''}{l''\epsilon''} + \frac{(\gamma - c''')\zeta'''}{l'''\epsilon'''}\right] = 0;$$

[...] Si l'on suppose nulles les quantités u, v, w, et q'on supprime en conséquence, les premiers termes des trois dernières des sept équations précédentes, les valeurs de u, v, w, ζ, ζ', ζ'', ζ''', qu'on déduira de ces sept équations, répondront à l'état d'équilibre du poids de m et des quatre fils de suspension [292].[119] (D.1.49)

I metodi di Clebsch, Poisson e Navier sfruttano la stessa idea meccanica: l'equilibrio al nodo delle forze elastiche, ottenute valutando la variazione di lunghezza delle aste in funzione degli spostamenti dei nodi. Le trattazioni di Poisson, e specialmente di Clebsch, sono più generali: invece di un caso specifico si riferiscono a un nodo generico (quindi a infiniti nodi); invece degli angoli delle aste usano le coordinate dei nodi.

Il metodo proposto per il calcolo delle travature reticolari, nonostante la semplicità e l'eleganza, non vide tuttavia ampio impiego. Il motivo è l'eccessivo numero di equazioni lineari che si devono risolvere anche per una struttura assai semplice: in una travatura reticolare media con 20 nodi si deve risolvere un sistema di 60 equazioni. I metodi delle forze, in cui le equazioni sono pari al numero di incognite iperstatiche, sono generalmente molto meno impegnativi, purché si trattino strutture con un numero ridotto di indeterminazioni statiche.

1.2.4
I metodi energetici

I primi metodi applicativi per l'analisi strutturale vengono dall'approccio energetico alla meccanica e derivano comunque, sebbene in modo un po' contorto, da tentativi

---

[119] vol. 2, pp. 402-404.

di risolvere il problema del corpo rigido con più di tre appoggi. Possiamo dire, a differenza di quanto pensavano Todhunter e Pearson, che il tempo impiegato in questi tentativi sia stato fruttuoso, portando allo sviluppo di metodi basati sulla minimizzazione delle energie potenziale e complementare elastica.

L'idea di potenziale in meccanica risale almeno a Lagrange, che nella *Méchanique Analitique* introduce la funzione $\Pi = \int P dp + Q dq + \cdots$, sottintendendo forze conservative [202].[120] Navier nel 1821 [263] utilizza il potenziale delle forze tra molecole nella forma $1/2f^2$, essendo f la variazione di distanza tra due molecole. Green e Gauss applicano il potenziale in campi diversi: il primo, in un lavoro del 1827 [178][121] sull'elettricità statica, usa il termine «potential function»; il secondo, in uno studio sulla capillarità, usa solo il termine «potential» [264].[122] Green tornerà sul potenziale nel 1839 [179] giustificandone l'esistenza per l'impossibilità del moto perpetuo. Il ricorso al potenziale delle forze molecolari nella teoria dell'elasticità si ha nella maggioranza degli stati europei, esclusa la Francia.

Il potenziale comincia ad assumere significato energetico, distinguendo il ruolo di funzione le cui derivate sono le componenti delle forze da quello di funzione la cui variazione fornisce il lavoro fatto contro o a favore delle forze; si introduce così la grandezza fisica oggi detta energia potenziale. La storia del concetto risale a Leibniz e a Johann Bernoulli, per passare ad Ampère e infine a William Thomson, che nel 1855 usa tra i primi il termine «énergie potentielle» per distinguerlo dall'«énergie actuelle» (energia cinetica) [343].[123] Thomson è il primo a dimostrare su basi termodinamiche l'esistenza dell'energia potenziale elastica per un sistema elastico lineare che si deformi isotermicamente [344].

Un contributo importante è di Clapeyron, che esprime il lavoro delle forze interne nella forma indicata come *teorema di Clapeyron* nel manuale di Lamé [206]:

Lorsqu'une force tire ou presse un corps solide, dont au moins trois points sont fixes, le produit de cette force par la projection, sur sa direction, du déplacement total qu'elle a fait subir à son point d'application, représente le double du travail effectué, depuis l'instant où le déplacement et la force étaient nuls, jusqu'à celui où le déplacement et la force ont atteint leurs valeurs finals. [. . .] M. Clapeyron a trouvé une autre expression du même travail, dans laquelle interviennent toutes les forces élastiques développées dans l'intérieur du corps solide. L'égalité de ces deux expressions constitue un théorème, ou plutôt un principe, analogue à celui des forces vives, et qui parait avoir une importance égale pour les applications. [. . .] on arrive facilement à l'équation

$$\sum (Xu + Yv + Zw)\varpi$$

$$(2) \qquad = \int\!\!\int\!\!\int dx\,dy\,dz \left\{ \begin{array}{l} N_1 \dfrac{du}{dx} + T_1 \left(\dfrac{dv}{dz} + \dfrac{dw}{dy} \right) \\[2mm] + N_2 \dfrac{dv}{dy} + T_2 \left(\dfrac{dw}{dx} + \dfrac{du}{dz} \right) \\[2mm] + N_3 \dfrac{dw}{dz} + T_3 \left(\dfrac{du}{dy} + \dfrac{dv}{dx} \right) \end{array} \right\}.$$

---

[120] p. 69.
[121] pp. 1-82.
[122] p. 784.
[123] p. 1197.

Le premier membre est la somme des produits des composantes des forces agissant sur la surface du solide, par les projections des déplacements subis par leur points d'application; c'est la première expression connue [...] du double du travail de la déformation;; le second membre en est donc une autre expression.

Lorsque le corps est homogène et d'élasticité constante, [...] au second membre de l'équation (2), cette parenthèse [...] peut se mettre sous la forme

$$
(4) \qquad \left\{ \begin{array}{c} 1 + \dfrac{\lambda}{\mu} \\ \dfrac{}{3\lambda + 2\mu} \left(N_1^2 + N_2^2 + N_3^2 \right) \\ - \dfrac{1}{\mu} \left(N_1 N_2 + N_2 N_3 + N_1 N_3 - T_1^2 - T_2^2 - T_3^2 \right) \end{array} \right\}.
$$

Posons, pour simplifier,

$$
(5) \qquad \left\{ \begin{array}{c} N_1 + N_2 + N_3 = F, \\ N_1 N_2 + N_2 N_3 + N_1 N_3 - T_1^2 - T_2^2 - T_3^2 = G, \end{array} \right.
$$

et rappelons la valeur du coefficient d'élasticité E, [...] l'équation (2) prend la forme

$$
(6) \qquad \sum (Xu + Yv + Zw)\varpi = \int \int \int \left(EF^2 - \frac{G}{\mu} \right) dx\, dy\, dz.
$$

C'est cette équation qui constitue le thèoréme de M. Clapeyron. Il faut remarquer que [...] F, G, et, par suite, la parenthèse $\left(EF^2 - \frac{G}{\mu} \right)$ conservent les mêmes valeurs numériques quand on change d'axes coordonnés. C'est-à-dire que cette parenthèse [...] représente le double du travail intérieur [...]; et la moitié du second membre de l'équation (6) est la somme des travaux de tous les éléments, ou le travail du volume total du corps. C'est ainsi que toutes les forces élastiques développées concourent à former la seconde expression du travail de la déformation [206].[124] (D.1.50)

Clapeyron pubblica le applicazioni del suo teorema qualche anno dopo [111], richiamandosi per la teoria al testo di Lamé [206].

Oggi si chiama teorema di Clapeyron un enunciato diverso dall'originale:

> Il lavoro compiuto dalle forze agenti staticamente su di un corpo elastico è indipendente dall'ordine col quale si applicano le forze e vale la metà della somma dei prodotti dei valori finali delle forze per i valori finali degli spostamenti dei loro punti di applicazione, valutati nella direzione delle forze [11].[125]

> Il lavoro compiuto dalle forze esterne (di volume e di superficie) sul corpo elastico durante la sua deformazione eguaglia il doppio dell'energia elastica accumulata nel corpo [28].[126]

In realtà Clapeyron non sembrerebbe vedere problemi circa la conservatività o l'uguaglianza tra il lavoro delle forze esterne e interne: probabilmente per lui gli enunciati precedenti sarebbero stati banali. L'importante da trovare è l'espressione del lavoro delle forze interne (in termini moderni, dell'energia di deformazione). Saint Venant presenta così il teorema di Clapeyron:

---

[124] pp. 79-83.
[125] p. 615.
[126] p. 715.

La théorème de M. Clapeyron, à proprement parler, en ce que le travail en question est esprimé, avec nos notation, par

$$\frac{1}{2}\left(p_{xx}\partial_x + p_{yy}\partial_y + p_{zz}\partial_z + p_{yz}g_{yz} + p_{zx}g_{zxx}p_{xy}g_{xy}\right).$$

Nous mettons 1/2 parce que ce travail est produit par des forces dont les intensités commencent par zero et croissent uniformément [264].[127] (D.1.51)

1.2.4.1
Applicazioni

Tra i primi tentativi di applicazione dei metodi energetici all'analisi strutturale vanno segnalati quelli di James Clerk Maxwell e Henry Cotterill, l'uno scienziato famoso, l'altro ingegnere professionista oggi poco conosciuto. Entrambi scrissero, più o meno nello stesso periodo, sulla prestigiosa rivista *Philosophical Magazine*, in generale non letta dagli ingegneri, nemmeno di lingua inglese. Maxwell sviluppò formule per il calcolo dei tralicci, Cotterill fu precursore di Castigliano, applicando il teorema di minimo dell'energia complementare a elementi semplici inflessi. Il loro contributo alla storia della scienza delle costruzioni può essere valutato in modo diverso a seconda se si voglia giudicare la qualità della loro opera oppure l'influenza di questa negli anni a seguire. Dal primo punto di vista non si può che affermarne l'eccellenza, dal secondo punto di vista si potrebbe invece dire che è stata irrilevante. È questo il problema dei *precursori*.[128]

Ma è solo con Menabrea e Castigliano che i metodi basati sul concetto di energia potenziale troveranno una diffusa applicazione presso gli ingegneri. Nel seguito illustriamo i contributi di Maxwell e Cotterill rinviando a un paragrafo successivo e al Capitolo 4 per una trattazione approfondita dei contributi di Menabrea e Castigliano.

James Clerk Maxwell e il metodo delle forze

Mentre Saint Venant proponeva la sua versione del metodo delle forze, Maxwell ne metteva a punto un'altra di tipo generale, fondata sul teorema di Clapeyron, che porta

---

[127] pp. cxcvii-cxcviii.

[128] Nella storia della scienza vi sono personaggi che precorrono i tempi, anticipando teorie. Alcuni sono precursori solo in apparenza e sembrano tali perché siamo estranei al clima culturale dell'epoca. Quando i precursori sono reali, la loro mancata affermazione dipende da ragioni contingenti, come lo scarso prestigio goduto o la pubblicazione di studi pionieristici in riviste non note a chi avrebbe potuto giovarsene. Per chi concepisce la storia delle scienza in senso cumulativo, i precursori disturbano il percorso lineare che si vuole individuare. Per gli altri, lo studio dei precursori ha interesse, seppure non centrale: la comprensione delle loro idee è utile per cogliere il clima culturale dell'epoca. Maxwell e Cotterill vanno considerati da questo secondo punto di vista. Assieme ai precursori vanno considerati anche i successori, che pervengono al risultato dopo la sua diffusione tra gli specialisti. Ciò deriva da condizioni di isolamento culturale; anche lo studio dei successori ha interesse per comprendere come le idee maturano in un dato clima culturale. Nell'ambito della storia della meccanica delle strutture, tra i successori riteniamo degni di essere citati Fränkel [166], che ritrovò i risultati di Menabrea e Castigliano, ed Engesser [154], che ritrovò i risultati di Crotti [137] (si veda il Capitolo 4) e introdusse il termine *lavoro complementare*. Engesser definì il lavoro complementare come differenza tra lavoro virtuale ed effettivo.

alle stesse equazioni risolventi ottenute successivamente da Otto Mohr (vedi *infra*) con il principio dei lavori virtuali.

Anche Maxwell assume come prototipo il traliccio; il suo obiettivo è determinare la forza delle aste ove esse siano sovrabbondanti. Egli dichiara che per la risoluzione del problema elastico occorre aggiungere alle equazioni di bilancio statico tante equazioni di compatibilità cinematica, relativa alle deformazioni elastiche, quante sono le indeterminazioni statiche. Per il calcolo delle deformazioni elastiche Maxwell formula i seguenti teoremi:

> *Theorem* – If *p* is the tension of the piece A due to a tension-unity between the points B and C, then an extension-unity taking place in A will bring B and C nearer by a distance *p* [114].[129]
> *Theorem* – The extension in BC due to unity of tension along DE, is always equal to the extension in DE due to unity of tension in BC [114].[130] (D.1.52)

La loro dimostrazione è basata sul teorema di Clapeyron, visto da Maxwell come una possibile formulazione del principio di conservazione dell'energia, andando quindi oltre le intenzioni di Clapeyron:

> The method is derived from the principle of Conservation of Energy, and is referred to in Lamé's Leçons sur l'Élasticité, Leçon 7me, as Clapeyron's Theorem [114].[131] (D.1.53)

Il secondo teorema di Maxwell, noto come *teorema di reciprocità* o *teorema di Maxwell*, viene oggi riformulato in modo più generale ed è considerato valido per tutti i sistemi (iper)elastici nella forma seguente:

> Lo spostamento di un punto *a* valutato in una direzione α, provocato da una forza unitaria agente in un punto *b* secondo una direzione β, è uguale allo spostamento di *b* valutato nella direzione β, provocato da una forza unitaria agente in *a* secondo la direzione α [11].[132]

Maxwell risolve, con l'aiuto del primo teorema, i problemi seguenti:

> *Problem* I – A tension *F* is applied between the points B and C of a frame which is simply stiff [isostatico]; to find the extension of the line joining D and E, all the pieces except A being inextensible, the extensibility of A being *e* [114].[133]
> *Problem* II – A tension *F* is applied between B and C; to find the extension between D and E, when the frame is not simply stiff [iperstatico], but has additional pieces *R*, *S*, *T*, &c., whose elasticities are known [114].[134] (D.1.54)

Lo scritto di Clerk Maxwell presenta difficoltà di comprensione per la mancanza di figure e l'uso di una simbologia non molto felice, comunque diversa dalla odierna. La Figura 1.9 è utile per comprendere sia il significato del primo teorema sia la formulazione e i risultati del primo problema.

---

[129] p. 296.
[130] p. 297.
[131] p. 294.
[132] p. 625.
[133] p. 296.
[134] p. 296.

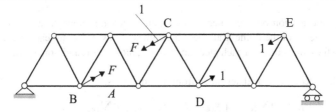

Figura 1.9 Spostamenti tra due punti in una trave reticolare isostatica

La soluzione del primo problema (determinare lo spostamento relativo tra i nodi D ed E della trave isostatica, immaginando che solo un'asta sia deformabile), è fornita da Maxwell nella forma:

$$u_{DE} = -Fepq$$

in cui il prodotto pF è la forza normale N nell'asta a dovuta alla forza F, q la forza normale N' in a dovuta a forze unitarie opposte applicate in D ed E. L'estensibilità e dell'asta è la quantità l/EA, chiamata "peso elastico" da Mohr, essendo l la lunghezza dell'elemento, E il modulo di elasticità longitudinale e A l'area della sezione trasversale dell'asta. Se tutte le aste sono deformabili, lo spostamento relativo tra D ed E è dato da:

$$u_{DE} = -\sum F(epq) = \sum_i \left(\frac{NN'}{EA}l\right)_i$$

in cui il membro più a destra è la formula che si scriverebbe attualmente.

Per la soluzione del secondo problema (vedi la Figura 1.10) Maxwell scrive:

1st. Select as many pieces of the frame as are sufficient to render all its points stiff. Call the remaining pieces $R, S, T, \&c.$
2nd. Find the tension on each piece due to unit of tension in the direction of the force proposed to be applied. Call this the value of p for each piece.
3rd. Find the tension on each piece, due to unit of tension in the direction of the displacement to be determined. Call this the value of q for each piece.

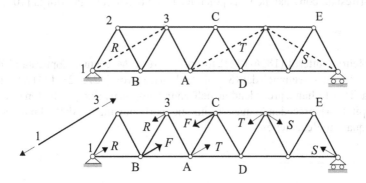

Figura 1.10 Spostamenti tra due punti in una trave reticolare iperstatica

4th. Find the tension on each piece due to unit of tension along R, S, T, &c., the additional pieces of the frame. Call these the values of r, s, t, &c. for each piece.

5th. Find the extensibility of each piece and call it e, those of the additional pieces being ρ, σ, τ, &c.

6th. R, S, T, &c. are to be determined from the equations:

$$R\rho + R\sum(er^2) + S(ers) + T\sum(ert) + F\sum(epr) = 0$$
$$S\sigma + R\sum(ers) + S(es^2) + T\sum(est) + F\sum(eps) = 0$$
$$T\tau + R\sum(ert) + S(est) + T\sum(et^2) + F\sum(ept) = 0$$

as many equations as there are quantities to be found.

7th. x, the extension required, is then found from the equation [114].[135] (D.1.55)

$$x = -F\sum(epq) - R\sum(erq) - S\sum(eqs) - T\sum(eqt).$$

Le equazioni di Maxwell del punto 6 esprimono la compatibilità cinematica (l'allungamento delle aste è pari alla variazione di distanza dei punti che le connettono) e attualmente si scriverebbero:

$$\sum_{i=1}^{n}\left(\frac{(N_0 + \sum_{j=1}^{m}X_j N_j)N_i}{EA}l\right)_i = -\left(\frac{X}{EA}l\right)_i$$

con n il numero totale di aste e m il numero di aste ridondanti.

Si noti che Maxwell non considera mai esplicitamente forze esterne applicate ai singoli nodi o spostamenti dei medesimi (come si assume nei manuali attuali di scienza delle costruzioni), ma forze opposte e spostamenti relativi tra i nodi. Per poter affrontare il caso di spostamenti dei singoli nodi introduce l'artificio di un'asta fittizia, di rigidezza eventualmente nulla, che collega il nodo di cui si vuole lo spostamento a un nodo ausiliario.

L'opera di Maxwell rimase sostanzialmente sconosciuta, con l'eccezione di una citazione in un lavoro del 1869 di Fleeming Jenkin [191], professore dell'università di Edimburgo, che applicò una variante della procedura di Maxwell per la soluzione di una travatura reticolare [107].[136] Dopo l'introduzione da parte di Mohr del metodo basato sui lavori virtuali, il lavoro di Maxwell fu riscoperto e taluni, per esempio Müller-Breslau, con qualche vena polemica ne evidenziarono la priorità [107].[137]

James H. Cotterill e il minimo dell'energia complementare elastica

James Henry Cotterill (1836-1922) fu professore di Meccanica applicata al Royal Naval College di Greenwich dal 1873 al 1897. In tre lavori [122, 123, 124] ricava sia il teorema di Castigliano, precedendolo nell'enunciato, sia il principio di Menabrea (vedi il Capitolo 4), precedendo quest'ultimo nel perfezionamento della dimostrazione dell' «équation d'élasticité».

---

[135] p. 298.
[136] pp. 81-83.
[137] cap. 10.

Come ogni precursore, Cotterill sviluppa un pensiero indipendente. Il suo riferimento non è Euler o Cournot, ma Henry Moseley, professore di filosofia naturale e astronomia presso il King's College di Londra,[138] il quale aveva introdotto il «Principle of least resistence» nello studio degli archi.[139]

Cotterill introduce formule per l'energia di deformazione elastica, cui si riferisce con il termine di «work done» o «energy expended in distorting», senza porsi il problema della conservatività delle azioni. Ammettendo la sola deformabilità flessionale riconosce che l'«energy expended in distorting» ha espressione:

$$U = \int \frac{M^2}{2EI} dx$$

ove il significato dei simboli è quello usuale. Per una trave di lunghezza $2c$ soggetta a un carico trasversale w e a due momenti concentrati M_1, M_2 alle estremità, supponendo l'equilibrio nella direzione trasversale e quindi di fatto considerando una trave appoggiata, l'«energy expended in distorting» assume la semplice forma quadratica:

$$U = \frac{c}{3EI} \left\{ M_1^2 + M_1 M_2 + M_2^2 - wc^2(M_1 + M_2) + \frac{2}{5} w^2 c^4 \right\} \quad (a)$$

con U espressa in funzione delle sole forze esterne.

La dimostrazione del teorema di Castigliano e del principio di Menabrea è molto semplice, con riferimento a un sistema strutturale qualsiasi di cui si possa esprimere l'energia potenziale elastica in funzione delle forze esterne (Cotterill applica però i suoi risultati solo a elementi inflessi). Dalla «law of conservation» [122][140] si può scrivere:

$$2U = \sum \{Xu + Yv + Zw\}$$

e differenziando si ottiene:

$$2\delta U = \sum \{X\delta u + \delta Yv + Z\delta w + \delta Xu + \delta Yv + \delta Zw\}$$

ma «$\sum \{X\delta u + Y\delta v + Z\delta w\}$ is the increment of energy expended, which by the law of conservation is equal to δU» [123],[141] quindi si ha:

$$\delta U = \sum \{X\delta u + \delta Yv + Z\delta w\}.$$

Allora, conclude Cotterill, valgono le equazioni:

$$\frac{dU}{dX} = u; \qquad \frac{dU}{dY} = v; \qquad \frac{dU}{dZ} = w \quad (b)$$

che esprimono il teorema di Castigliano.

---

[138] Questi fu autore del fortunato *The mechanical principles of engineering and architecture* [253]; si veda [347], pp. 212-214.

[139] Il principio di minima resistenza di Moseley è: «If there be a system of forces in equilibrium, among which are a given number of resistances, then is each of these a minimum, subject to the conditions imposed by the equilibrium of the whole» [251], [252], p. 178, [122], p. 299.

[140] p. 303.

[141] pp. 388-389.

Si noti che nei passaggi sopra riportati l'unico aspetto discutibile è l'ammissione d'esistenza del potenziale elastico: gli altri passaggi sono affatto rigorosi. Poiché l'energia potenziale elastica è espressa in funzione delle forze esterne, non si pone il problema di distinguere tra stati di sollecitazione equilibrati o di deformazione congruenti: gli stati sono sia equilibrati sia congruenti.

Nel caso di sistemi iperstatici l'energia potenziale elastica si può esprimere in funzione delle incognite iperstatiche. Se i vincoli sono fissi, indicando con X, Y, Z le forze iperstatiche, nelle (b) si ha $u = v = w = 0$, ovvero [122]:[142]

$$\frac{dU}{dX} = 0; \qquad \frac{dU}{dY} = 0; \qquad \frac{dU}{dZ} = 0.$$

Since, then, the change in U, consequent on any possible change in the resisting forces, is zero, U must be a minimum (the other hypoteses being easily seen to be inadmissible), and the principle is proved for a perfectly elastic body or system of bodies [122].[143] (D.1.56)

Le stesse considerazioni, continua Cotterill, valgono se X, Y, Z sono iperstatiche interne: in questo caso u, v, w rappresentano gli spostamenti relativi delle sezioni della trave che (in assenza di distorsioni) devono essere nulli.

Cotterill non si limita a enunciare la teoria ma ne fornisce anche applicazioni; tra di esse il caso di una trave incastrata agli estremi e soggetta a un carico uniformemente distribuito [122].[144] L'energia potenziale elastica in questo caso è data dalla (a), dove M_1, M_2 sono i momenti incogniti di estremità. L'imposizione del minimo di U rispetto a M_1 e M_2 porta al risultato classico $M_1 = M_2 = 1/3wc^2$. Un altro caso importante è quello dell'arco, per cui nell'espressione dell'energia potenziale elastica Cotterill tiene conto anche della deformabilità assiale [123]:[145]

$$\int \left\{ \frac{M^2}{2EI} + \frac{H^2}{2EA} \right\} ds$$

in cui H è la forza normale e s l'ascissa curvilinea.

1.2.5
Perfezionamento del metodo delle forze. Lévy e Mohr

Contemporaneamente al metodo energetico di Castigliano [68] per l'analisi dei sistemi iperstatici, vengono messi a punto altri metodi in Francia [215] e Germania [247]. Entrambi prendono le mosse, almeno idealmente, dal lavoro di Navier del 1826. È ormai chiaro che per risolvere i sistemi iperstatici occorre scrivere le equazioni di equilibrio, congruenza e legame costitutivo che, combinate in modo opportuno, forniscono i metodi di soluzione delle forze e degli spostamenti. Navier non compie una scelta precisa tra i due metodi, forse perchè all'epoca il problema non è maturo.

---

[142] p. 304.
[143] p. 305.
[144] pp. 301-302.
[145] p. 383.

Più decisa sarà la scelta di Poisson e Clebsch (spostamenti), già presentata, e quella di Lévy e Mohr (forze), cui è dedicato il seguente paragrafo.

Nel metodo delle forze la parte più complessa tecnicamente è la scrittura delle equazioni di congruenza, affrontata diversamente da Lévy e Mohr. Il primo usa la geometria e cerca di trovare un approccio generale, in parte riuscendovi per i sistemi reticolari. Mohr trasforma il problema geometrico in uno statico tramite il principio dei lavori virtuali; la sua procedura, concepita nel 1874 per i sistemi reticolari, si può generalizzare per ogni sistema strutturale.

1.2.5.1
L'equazione di congruenza "globale" di Lévy

Lévy propone un metodo generale di soluzione per i tralicci, nel 1873 [215], perfezionandolo nel 1874 [216], un po' diverso dai metodi classici delle forze. Riportiamo sotto l'essenza del metodo di Lévy:

> Voici d'abord la règle générale à laquelle je suis arrivé:
>
> Étant donné une figure (plane on non) formée par des barres articulées en leurs extrémités et aux points d'articulation desquelles est appliqué un système quelconque de forces les maintenant en équilibre, pour trouver les tensions développées dans les diverses barres on commence par écrire que chaque point d'articulation est séparément en équilibre sous l'action des forces extérieures qui y sont appliquées et des tensions des barres en nombre quelconque qui y aboutissent. Si l'on obtient ainsi autant d'équations distinctes qu'il y a de tensions inconnues, le problème est résolu par la Statique pure (1). Si l'on obtient k équations de trop peu, on peut être certain que la figure géométrique formée par les axes des barres contient k lignes surabondantes, c'est-à-dire k lignes de plus que le nombre strictement nécessaire pour la définir; que, par suite, entre les longueurs des lignes qui la composent, c'est-à-dire entre les longueurs des barres, il existe nécessairement k relations géométriques (c'est un problème de Géométrie élémentaire). Écrivez ces relations, différentiez-les en regardant toutes les longueurs qui y entrent comme variables; remplacez les différentielles par des lettres représentant les allongements élastiques des barres; remplacez à leur tour ces allongements élastiques par leurs expressions en fonction des tensions et des coefficients d'élasticité des barres (2); vous aurez ainsi k nouvelles équations auxquelles devront satisfaire ces tensions et qui, avec les équations déjà fournies par la Statique, formeront un total égal à celui des tensions à déterminer [215].[146] (D.1.57)

Per Lévy cioè in una struttura reticolare k volte iperstatica si possono scrivere k relazioni indipendenti tra le posizioni dei vertici. Basandosi su questo assunto egli può procedere nel modo seguente:

> Soient
>
> $$a_1, a_2, a_3, \cdots, a_m$$
>
> les longueurs des m barres à l'état naturel, c'est-à-dire lorsque aucune force n'agit sur elles.

---

[146] pp. 1060-1061.

Sous l'influence des forces appliquées aux divers points d'articulation, ces barres prendont des allongements

$$\alpha_1, \quad \alpha_2, \quad \alpha_3, \quad \cdots, \quad \alpha_m$$

ens sorte que leurs nouvelles loguers seront

$$a_1 + \alpha_1, \quad a_2 + \alpha_2, \quad a_3 + \alpha_3, \quad \cdots, \quad a_n + \alpha_m$$

puisque entre ces longueurs il existe k relations algébriques, soit

$$F(a_1 + \alpha_1, a_2 + \alpha_2, a_3 + \alpha_3, \cdots, a_n + \alpha_m)$$

une de ces relation [216].[147] (D.1.58)

Per piccoli spostamenti rispetto alla configurazione di riferimento si ha:

$$\frac{dF}{da_1}\alpha_1 + \frac{dF}{da_2}\alpha_2 + \cdots + \frac{dF}{da_n}\alpha_n = 0$$

mentre il legame elastico permette di scrivere:

$$\alpha_i = \frac{a_i t_i}{E_i S_i}$$

in cui t_i è la forza assiale, a_i la lunghezza, S_i la sezione trasversale e E_i il modulo di elasticità dell'asta i-esima. Sostituendo α_i nell'equazione di congruenza si ha:

$$\frac{dF}{da_1}a_1\frac{t_1}{E_1 S_1} + \frac{dF}{da_2}a_2\frac{t_2}{E_2 S_2} + \cdots + \frac{dF}{da_n}a_n\frac{t_n}{E_n S_n} = 0.$$

Lévy conclude:

Telles sont les k relations à joindre à celles fournies par la Statique pour définir les tensions t_i [216].[148] (D.1.59)

Le equazioni riportate subito sopra sono k equazioni di congruenza scritte in funzione delle forze; esse, aggiunte alle equazioni di nodo, consentono di risolvere il problema iperstatico. Si noti comunque che le forze, almeno in linea di principio, vengono calcolate tutte insieme, senza determinare prima le incognite iperstatiche come nei tradizionali metodi delle forze. Se il traliccio è una volta iperstatico esiste una sola equazione di congruenza che ha carattere globale, ovvero che si riferisce all'intero traliccio. Se il traliccio è più volte iperstatico le equazioni di congruenza, scritte scegliendo le aste sovrabbondanti, avranno di fatto un significato locale, relativo ai nodi collegati alla singola asta sovrabbondante.

Lévy presenta l'esempio di una struttura due volte iperstatica, illustrata nella Figura 1.11, per cui, dato il carico P, si vogliono determinare le forze assiali t_i, $i = 1,\ldots,4$ delle quattro aste. Per semplicità assume che i punti nei quali la struttura è vincolata al muro siano equidistanti a tra loro. Se β_i rappresenta la variazione di lunghezza delle singole aste, Lévy assume la seguente relazione:

$$(b_i + \beta_i)^2 + (b_{i+2} + \beta_{i+2})^2 = 2(b_{i+1} + \beta_{i+1})^2 + 2a^2$$

---

[147] pp. 207-208.
[148] p. 211.

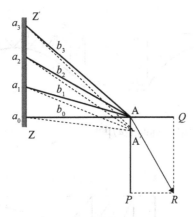

Figura 1.11 Travatura iperstatica di Lévy [216][149]

e, differenziando e trascurando i termini di secondo grado:

$$b_i\beta_i + b_{i+2}\beta_{i+2} = 2b_{i+1}\beta_{i+1}.$$

Per cui, sostituendo le relazioni di legame costitutivo:

$$\beta_i = \frac{b_i t_i}{E_i S_i}$$

si possono scrivere le due equazioni algebriche di congruenza ($i = 0, 1$), lineari e indipendenti:

$$b_i \frac{b_i t_i}{E_i S_i} + b_{i+2} \frac{b_{i+2} t_{i+2}}{E_{i+2} S_{i+2}} = 2b_{i+1} \frac{b_{i+2} t_{i+1}}{E_{i+1} S_{i+1}}$$

nelle forze assiali incognite t_i delle aste; il problema è così risolto [216].[150]

1.2.5.2
Mohr e il principio dei lavori virtuali
Mohr ha fornito contributi fondamentali alla teoria delle strutture, tra l'altro con alcuni articoli dallo stesso titolo apparsi tra il 1860 e il 1868 [245]. Nell'ultimo di questi è riportata la cosiddetta analogia di Mohr che vede la deformata elastica dell'asse delle travi come il diagramma dei momenti flettenti di travi fittizie opportunamente caricate e vincolate. Mohr adatterà questa procedura anche alle travature reticolari [249]. Interessante è l'uso che fa del centro di elasticità di Culmann [141] per semplificare l'analisi dei sistemi iperstatici [250].

---

[149] fig. b, plate XLIV.
[150] p. 213.

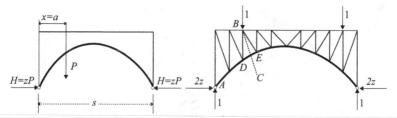

Figura 1.12 Travature reticolari di Mohr [247][151]

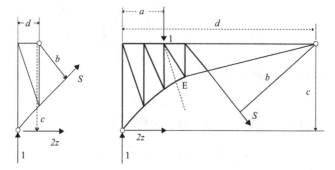

Figura 1.13 Forze nei correnti (a sinistra) e nelle diagonali (a destra) [247][152]

Il contributo più importante di Mohr alla meccanica delle strutture è però la proposta di un metodo delle forze che con qualche perfezionamento è usato ancora oggi nella didattica per la risoluzione di strutture iperstatiche [247] e consiste nell'individuare i vincoli sovrabbondanti (nelle strutture reticolari anche aste), sostituirli con le reazioni incognite e per ciascuno scrivere un'equazione di congruenza. La specificità del metodo di Mohr sta nel fatto che gli spostamenti che devono soddisfare le equazioni di congruenza sono calcolati con il principio dei lavori virtuali.

In un articolo del 1874 Mohr [247] pone le basi del metodo: considera l'arco reticolare incernierato al piede della Figura 1.12 (fig. 3 di Mohr), una volta iperstatico e soggetto al carico P, per cui si vuole determinare la spinta al piede $H = zP$, con z spinta per $P = 1$. Per semplicità Mohr considera l'arco caricato simmetricamente, per cui la spinta è doppia. Senza premesse in cui si descrive il metodo usato, Mohr analizza questa struttura per determinare le forze nelle aste dovute al carico P e alla spinta H.

Con riferimento alla Figura 1.13, per $P = 1$ (cioè una spinta $2z$) Mohr tramite l'equilibrio dei momenti ricava le forze S nei correnti e nelle diagonali [247]:[153]

$$S = \left(\pm 2z \frac{c}{b} \pm \frac{d}{b} \right) \tag{1.3}$$

---

[151] fig. 3 a sinistra, fig. 6 a destra, col. 223 segg.
[152] fig. 7 a sinistra, fig. 8 a destra, col. 223 segg.
[153] col. 225.

$$S = \left(\pm 2z\, \frac{c}{b} \pm \frac{a}{b} \right). \tag{1.4}$$

La (1.3) vale nei tratti compresi tra l'appoggio e il punto di applicazione del carico, la (1.4) nel tratto intermedio. I bracci b della forza S dell'asta, c della spinta H e a, d della forza P sono misurati a partire da un polo opportuno. Le aste nelle figure 1.8 sono un esempio ma le (1.3)-(1.4) sono generali.[154] Per semplicità Mohr introduce le quantità u, v, w:

Wir bezeichnen nun die von der Lage der Last unabhängigen Zahlen:

$$\pm \frac{c}{b} \quad \text{mit} \quad u$$

$$\pm \frac{d}{b} \quad \text{mit} \quad v$$

$$\text{und} \quad \pm \frac{1}{b} \quad \text{mit} \quad w$$

so daß für jeden Konstruktionstheil des Trägers zwischen $x = 0$ und $x = a$

$$S = (2zu + v) \quad \text{Tonnen} \tag{1.5}$$

und für jeden Konstruktionstheil zwischen $x = a$ und $x = 1/2$

$$S = (2zu + aw) \quad \text{Tonnen} \tag{1.6}$$

wird [247].[155] (D.1.60)

Mohr effettua l'analisi cinematica con l'obiettivo di scrivere un'equazione di congruenza. Le variazioni di lunghezza Δl delle aste si ottengono moltiplicando le forze S in ciascuna delle aste per il loro peso elastico r:

$$r = \frac{l}{EF}$$

con l lunghezza, E modulo elastico, F sezione trasversale dell'asta. Le variazioni di lunghezza delle aste le cui forze sono date dalle (1.5)-(1.6) valgono:

$$\Delta l = (2rzu + rv)$$

$$\Delta l = (2rzu + raw).$$

Con riferimento alla Figura 1.14, la variazione della luce iniziale s del traliccio si ottiene per sovrapposizione di effetti, considerando l'allungamento Δl di un'asta per volta: ciascuna contribuisce alla variazione Δs di luce. Sommando tutti i contributi, poiché la luce non può variare essendo fisse le cerniere al piede, Mohr ottiene l'equazione di compatibilità per risolvere il problema:

---

[154] La differenza tra aste interne ed esterne riguarda il contributo del carico $P = 1$, che per le aste interne dà luogo al momento $a \cdot 1 = a$, costante rispetto a qualunque polo.
[155] col. 226.

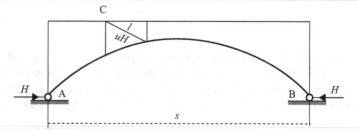

Figura 1.14 Determinazione delle forze nelle aste [247][156]

Man denke sich nun, der Träger sei so aufgestellt, daß die Auflager in horizontaler Richtung frei ausweichen können und daß die Längenänderungen der einzelnen Konstruktionstheile nicht gleichzeitig sondern nach einander eintreten. Jede Längenänderung Δl eines Konstruktionstheils wird alsdann eine bestimmte von der geometrischen Form des Trägers abhängige Veränderung Δs der Spannweite s zur Folge haben. Die Summe der vor allen Konstruktionstheilen herrührenden Werthe von Δs muß, da die Spannweite in Wirklichkeit ihre Größe nicht verändert, gleich Null sein. Da ferner die hier betrachtete Formveränderung des Trägers in Bezug auf die Trägermitte symmetrisch ist, so muß die Summe der Werthe von Δs auch für die Trägerhälfte gleich Null sein [247]:[157] (D.1.61)

$$\sum_{x=0}^{x=1/2} \Delta s = 0 . \tag{1.7}$$

La relazione tra le Δs e Δl associate alla singola asta è ottenuta con il principio dei lavori virtuali (che Mohr chiama delle velocità virtuali, «Prinzip der virtuellen Geschwindigkeit»), imponendo l'uguaglianza dei lavori fatti da un sistema di forze equilibrate con $H = 1$ negli spostamenti effettivi:

Man kann diese Bewegung auch hervorrufen durch einen Horizontalschub H (fig. 21) gegen die Auflager, welcher nach dem Obigen in den elastischen Stange CD die Spannung $u \cdot H$ erzeugt. Während die Kraft H den Weg Δs zurücklegt und sonach die mechanische Arbeit $-H \cdot \Delta s$ leistet[158], wird die wiederstehende Spannung $u \cdot H$ der Stange CD auf dem Wege Δl überwunden und dadurch die mechanische Arbeit $u \cdot H \cdot \Delta l$ absorbirt[159]. Nach dem Princip der virtuellen Geschwindigkeit sind diese Arbeiten gleich groß und demnach:

$$-H \cdot \Delta s = u \cdot H \cdot \Delta l$$

oder

$$-\Delta s = u \cdot \Delta l . \tag{1.8}$$

---

[156] fig. 21, col. 223 segg.

[157] col. 229-230.

[158] Wir haben im Obigen den Horizontalschub H das positive Vorzeichen beigelegt; die Verkürzung Δs der Spannweite hat das negative Vorzeichen; demnach ist $-H \cdot \Delta s$ eine positive Größe (Nota originale di Mohr).

[159] Die Größe $u \cdot H \cdot \Delta l$ ist immer positiv, weil Δl eine Verlängerung oder Verkürzung bezeichnet, je nachdem $u \cdot H$ eine Zug- oder eine Druckspannung ist. Die Größen Δl und $u \cdot H$ haben demnach in der hier vorliegenden Betrachtung dasselbe Vorzeichen (Nota originale di Mohr).

Durch Einsetzen der Werthe von Δl [...] ergibt sich

$$0 = 2z \sum_0^{s/2} ru^2 + \sum_0^a rvu + \sum_a^{s/2} rawu$$

oder [247][160] (D.1.62)

$$-z = \frac{\sum_0^a rvu + \sum_a^{1/2} rawu}{2\sum_0^{s/2} ru^2}. \tag{1.9}$$

Mohr ottiene la sua formula risolutiva, simile a quella odierna, seguendo un approccio geometrico e un controllo visivo dei risultati, documentato dall'uso esteso di figure. In quest'ottica la variazione complessiva Δs viene vista come sovrapposizione di cinematismi rigidi dovuti alla deformazione di una singola asta: nulla impedirebbe un'analisi completamente geometrica (senza l'uso dei lavori virtuali). La sua simbologia è diversa da quella moderna: la distinzione tra aste a destra e a sinistra del punto di applicazione del carico ha senso solo volendo mantenere il contatto con un esempio. Una relazione più generale sarebbe a esempio, poste v le forze nelle aste prodotte da $P = 1$:

$$-z = \frac{\sum rvu}{2\sum ru^2}$$

in cui la sommatoria è estesa a tutte le aste.

Mohr supererà in parte questi limiti in un lavoro successivo [248] dove tratta il traliccio più volte iperstatico illustrato nella Figura 1.15.

Il *traliccio* (Fachwerk) è definito come insieme di elementi incernierati soggetti solo a mutamenti di lunghezza, le cui configurazioni sono perciò identificate solo dalle coordinate dei nodi-cerniera. In funzione del numero di nodi ed elementi e dei vincoli al suolo, Mohr definisce il numero minimo di aste che formano un *traliccio staticamente determinato* (einfach, cioè semplice).

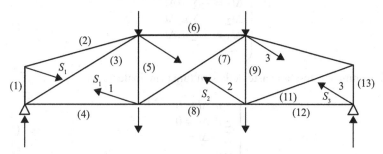

Figura 1.15 Traliccio più volte iperstatico [248][161]

---

[160] col. 231-232.
[161] fig. 3, col. 509 segg.

Per un traliccio staticamente determinato, Mohr determina gli spostamenti relativi tra due nodi interni o tra un nodo interno e un punto fisso esterno dovuti al carico P e alla deformata elastica conseguente. A questo scopo immagina di scollegare due nodi qualsivoglia, tagliando l'asta a che li unisce e rimpiazzandola con la forza $u \cdot P$ sopportata da quest'ultima. Il parametro u è adimensionale e, come nel lavoro precedente, varia da asta ad asta e può essere determinato univocamente per via algebrica o grafica:

> Die Bestimmung der genannten Auflagerreaktionen und Spannungen geschieht durch Rechnung oder auf graphischem Wege unter Anwendung sehr einfacher Methoden, die wir als bekannt voraussetzen dürfen [248].[162] (D.1.63)

Questo taglio fa sì che il traliccio diventi un meccanismo semplice (eine einfache Maschine) per cui si possono impiegare nuovamente i lavori virtuali, ottenendo:[163]

$$\Delta y = -u \cdot \Delta l \qquad (1.10)$$

in cui Δy è la variazione di lunghezza dell'asta a dovuta alla variazione di lunghezza Δl della generica asta. La variazione totale di lunghezza cercata è dunque data dalla somma di tutti i contributi delle aste:

$$\sum \Delta y = -\sum u \cdot \Delta l. \qquad (1.11)$$

Nei tralicci staticamente indeterminati si isola un traliccio semplice (struttura principale) composto dal numero minimo necessario di aste («notwendige Konstruktionsteile»). Si sostituiscono alle aste sovrabbondanti («überzählige Konstruktionstheile») le forze da loro sopportate, le incognite iperstatiche («unbekannte Spannungen») S_1, $S_2, S_3, \ldots$ Dette forze, insieme alle forze esterne, devono essere tali che le variazioni di lunghezza delle aste soppresse (soggette a forze $-S_1, -S_2, -S_3, \ldots$) siano uguali alla variazione della distanza dei nodi della struttura principale a cui erano collegate. Grazie alla sua equazione (1.10) Mohr esprime queste variazioni di lunghezza come:

$$\begin{cases} \Delta l_1 = -\sum u_1 \Delta l \\ \Delta l_2 = -\sum u_2 \Delta l \\ \Delta l_3 = -\sum u_3 \Delta l \\ \ldots \end{cases} \qquad (1.12)$$

in cui la somma è estesa alle aste della struttura principale. Ovvero:

$$\begin{cases} \sum u_1 \Delta l = 0 \\ \sum u_2 \Delta l = 0 \\ \sum u_3 \Delta l = 0 \\ \ldots \end{cases} \qquad (1.13)$$

---

[162] col. 512.
[163] La numerazione delle equazioni non corrisponde a quella dell'articolo di Mohr.

in cui la somma è estesa ora a tutte le aste, comprese quelle soppresse; in queste infatti è $u_1 = u_2 = u_3 = \cdots = -1$.

L'allungamento Δl della generica asta si può ottenere, per mezzo del legame costitutivo, dalla forza S che la sollecita. Essa è scritta in modo generale e indipendente dal tipo di struttura, per sovrapposizione degli effetti, in funzione delle incognite iperstatiche S_1, S_2, S_3:

$$S = \mathfrak{S} + u_1 S_1 + u_2 S_2 + u_3 S_3 + \cdots \qquad (1.14)$$

in cui u_1, u_2, u_3, ... sono le forze nelle aste indotte dai sistemi di azioni ($S_1 = 1$, $S_2 = S_3 = \cdots = 0$), ($S_1 = 0$, $S_2 = 1$, $S_3 = S_4 = \cdots = 0$), ecc.; $\mathfrak{S}$ è la forza dovuta ai carichi applicati. Ne segue il sistema risolutivo [248]:[164]

Indem man diese Werthe von Δl in die durch die Gleichungen 4) ausgedrückten Beziehungen zwischen den Längenänderungen der überzähligen und denjenigen der notwendigen Konstruktionstheile einführt, ergeben sich die Bedingungen:

$$\begin{cases} \sum u_1 \cdot S \cdot r = 0 \\ \sum u_2 \cdot S \cdot r = 0 \\ \sum u_3 \cdot S \cdot r = 0 \\ \cdots \end{cases} \qquad (1.15)$$

und wenn man den Werth von S nach Gleichung 6) einsetzt:

$$\begin{cases} 0 = \sum u_1 \cdot \mathfrak{S} \cdot r + S_1 \sum u_1^2 \cdot r + S_2 \sum u_1 \cdot u_2 \cdot r + S_3 \sum u_1 \cdot u_3 \cdot r + \cdots \\ 0 = \sum u_2 \cdot \mathfrak{S} \cdot r + S_1 \sum u_1 \cdot u_2 \cdot r + S_2 \sum u_2^2 \cdot r + S_3 \sum u_2 \cdot u_3 \cdot r + \cdots \\ 0 = \sum u_3 \cdot \mathfrak{S} \cdot r + S_1 \sum u_1 \cdot u_3 \cdot r + S_2 \sum u_2 \cdot u_3 \cdot r + S_3 \sum u_3^2 \cdot r + \cdots \\ \cdots \end{cases} \qquad (1.16)$$

Die Gleichungen 9) dienen zu Bestimmung der Spannungen der überzähligen Konstruktionstheile. (D.1.64)

Mohr prosegue considerando anche gli effetti delle coazioni termiche sul traliccio; dando per scontato che gli effetti del carico e del peso proprio ricadano nella trattazione precedente, scrive che per le forze T generate dalle coazioni termiche nelle aste deve valere una relazione analoga alla (1.14):

$$T = u_1 T_1 + u_2 T_2 + u_3 T_3 + \cdots \qquad (1.17)$$

in cui il termine dovuto al carico deve ovviamente essere nullo. La deformata termoelastica della singola asta vale:

$$\Delta l = l t \delta + T r \qquad (1.18)$$

in cui δ è il coefficiente di dilatazione termica del materiale delle aste, t è il valore del gradiente termico e r è il peso elastico della singola asta, definito in precedenza.

---

[164] col. 517-518.

Sostituendo le (1.17), (1.18) nelle condizioni di compatibilità (1.13), Mohr ottiene le equazioni per determinare le coazioni T_i:

$$\begin{cases} 0 = \sum u_1 \cdot l \cdot \delta \cdot t + T_1 \sum u_1^2 \cdot r + T_2 \sum u_1 \cdot u_2 \cdot r + T_3 \sum u_1 \cdot u_3 \cdot r + \cdots \\ 0 = \sum u_2 \cdot l \cdot \delta \cdot t + T_1 \sum u_1 \cdot u_2 \cdot r + T_2 \sum u_2^2 \cdot r + T_3 \sum u_2 \cdot u_3 \cdot r + \cdots \\ 0 = \sum u_3 \cdot l \cdot \delta \cdot t + T_1 \sum u_1 \cdot u_3 \cdot r + T_2 \sum u_2 \cdot u_3 \cdot r + T_3 \sum u_3^2 \cdot r + \cdots \\ \cdots \end{cases} \tag{1.19}$$

Mohr corrobora la trattazione presentando una serie di risultati numerici per tralicci di forma e funzione strutturale diversi: il traliccio appoggiato (Balkenfachwerk, traliccio-trave), quello incernierato (Bogenfachwerk, traliccio-arco) e quello continuo su più appoggi (kontinuierliches Fachwerk), nel seguito dell'articolo e nella sua conclusione nella stessa rivista [249].[165] In quest'ultimo lavoro Mohr mostra che per i tralicci continui su più appoggi le sue (1.18) si riconducono all'equazione dei tre momenti [249][166] («Clapeyron'sche Gleichung», equazione di Clapeyron). Il contributo più importante di questo articolo è la determinazione [249][167] per via grafica, tramite la costruzione di una figura simile a un poligono funicolare, degli spostamenti verticali dei nodi di un traliccio staticamente determinato. Una simile costruzione è anche alla base della già citata analogia di Mohr per le travi inflesse.

La materia viene inquadrata compiutamente da Müller-Breslau [256] che, tra i primi, chiarisce come il principio dei lavori virtuali si possa usare in due modi. Nel primo, già noto, tra le deformate compatibili si cerca quella che verifica l'equilibrio (metodo degli spostamenti); nel secondo tra le azioni bilanciate si cerca quella che verifica la congruenza (metodo delle forze). Nell'opera monumentale del 1887-1913 [257], tradotta anche in italiano [257], Müller-Breslau affronta sistemi più complessi dei reticolari e perfeziona la teoria delle linee di influenza.

Müller-Breslau attribuisce a Maxwell il metodo introdotto da Mohr, probabilmente con tono polemico, perché, se è vero che Maxwell scrive per primo qualcosa di simile al metodo di Mohr già nel 1864 [114], è anche vero che il primo a comprendere la portata del metodo e a introdurlo con forza tra gli ingegneri è stato Mohr, che verosimilmente perviene al risultato di Maxwell in modo autonomo. In ogni modo Müller-Breslau riconosce in parte il merito di Mohr:

> La prima deduzione delle equazioni e leggi di *Maxwell* seguendo la via più breve dell'utilizzazione del principio degli spostamenti virtuali si deve a *Mohr*. I suoi *Contributi alla teoria del traliccio* nel Zeitschrift des Architekten- und Ingenieur Vereins zu Hannover del 1874 e 1875 contengono le prime importanti applicazioni della teoria di *Maxwell*. *Mohr* rappresentò per primo anche la linea elastica dell'asta dritta e la linea di inflessione del traliccio con l'aiuto del poligono funicolare [257].[168]

---

[165] col. 17-38. L'articolo salta all'occhio rispetto ai precedenti con lo stesso titolo per la diversa veste tipografica: non si ha più il carattere "Fraktur", il gotico tipico della letteratura tedesca più tradizionale.
[166] col. 20-22.
[167] col. 22-29.
[168] Traduzione italiana del 1927, p. 534.

Tutti gli autori usano un insieme di tecniche grafiche, detto *statica grafica*, che assume allora rilevanza assai elevata, approfondita nel Capitolo 5.

1.2.6
Sviluppi alla fine dell'Ottocento

Gli studi di teoria delle strutture sino a fine Ottocento sono concentrati su travi continue, archi e tralicci isostatici e iperstatici. L'analisi di questi ultimi, strutture veramente complesse, richiedeva notevoli moli di calcoli, e gran parte degli sforzi degli ingegneri, in particolare tedeschi, era diretta a sviluppare procedure grafiche e analitiche per un calcolo più agevole che non utilizzando direttamente le equazioni della statica.

Nello stesso tempo, la migliore comprensione del comportamento delle strutture porta a vedere che il modello di traliccio con nodi-cerniera (idealizzazione dei tralicci reali in cui i nodi sono bullonati o saldati, quindi sostanzialmente rigidi) non è del tutto soddisfacente. Si deve così arricchire il modello di calcolo per tenere conto degli incastri di fatto esistenti alle giunture. Il problema viene risolto con procedure sia esatte sia approssimate, che vanno sotto il nome di *Teorie delle tensioni secondarie*, cui hanno contribuito tra gli altri Engesser, Winkler, Ritter, Müller-Breslau, Mohr [199].

I tralicci Vierendeel nell'industria alla fine dell'Ottocento e i telai in calcestruzzo armato nell'edilizia civile agli inizi del Novecento, entrambi a nodi rigidi, portano a una revisione completa dei metodi di calcolo. Si ha la graduale sostituzione dei metodi delle forze con quelli degli spostamenti. La Figura 1.16 porta una cronologia degli sviluppi della meccanica delle strutture.

1.3
Il contributo italiano

In Italia, a cavallo tra il secolo XVIII e il XIX, la situazione della meccanica teorica, come anche della scienza in generale, non è particolarmente brillante e le cose non migliorano durante la Restaurazione.[169] Sebbene non esista ancora una specializzazione spinta come si verifica oggi e gran parte degli scienziati si occupi di

---

[169] Una rassegna della situazione della matematica italiana agli inizi dell'Ottocento, insieme a una vasta bibliografia, si può trovare in [49]. All'inizio del libro, p. 23, viene riportato un deprimente commento del 1794 di Pietro Paoli, professore dello studio pisano: «fra tutti quelli che in Italia si danno allo studio delle matematiche, se qualche genio si esclude, [...] pochi altri si contano che giungono alla mediocrità [...] [la maggior parte] al primo leggere dei libri degli Euler, dei d'Alembert, dei Lagrange, si abbatte in difficoltà insormontabili».

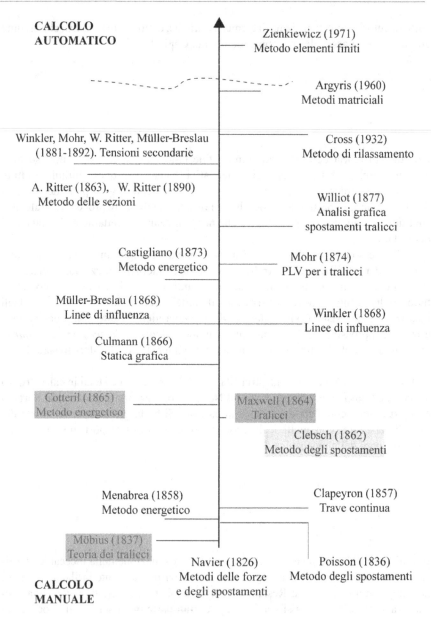

Figura 1.16 Cronologia della meccanica delle strutture, dagli inizi dell'Ottocento ai giorni nostri. Le caselle in grigio rappresentano i contributi dei precursori

matematica, meccanica, fisica teorica e sperimentale, cominciano ad affiorare i primi sintomi della differenziazione disciplinare. Le discipline meno differenziate tra loro sono la matematica e la meccanica, con l'astronomia. Dopo Lagrange, gli studiosi più interessanti in entrambi i settori sono Lorenzo Mascheroni[170] e Vittorio Fossombroni.[171]

Con la generazione immediatamente successiva la situazione non è molto più soddisfacente, seppure forse meno deprimente di quanto si dica spesso. Un esame della produzione dell'epoca mostra una carenza creativa molto preoccupante e un certo isolamento culturale, se si escludono alcuni contatti degli scienziati del Nord con la scuola francese. Le riviste più significative del periodo sono probabilmente le *Memorie di matematica e fisica* (Verona e Modena) e le *Memorie dell'Istituto nazionale italiano* (divenuto successivamente Reale istituto e poi Imperiale regio istituto del regno Lombardo-Veneto). Anche i lavori migliori in queste riviste rivelano un ritardo culturale notevole. Per esempio Girolamo Saladini,[172] matematico abbastanza quotato anche se anziano, in [321] si rifà a Vittorio Fossombroni e addirittura a Vincenzo Angiulli.[173] La sua "dimostrazione" dell'equazione delle velocità virtuali elude le difficoltà principali, tra cui quelle dovute alla presenza dei vincoli. Di livello analogo è una memoria dello stesso periodo di Michele Araldi [2][174] con le "dimostrazioni" della regola del parallelogramma delle forze e dell'equazione delle velocità virtuali. La prima è una rivisitazione della famosa dimostrazione di Daniel Bernoulli, la seconda utilizza ragionamenti che si possono trovare in lavori precedenti degli scienziati dell'École polytechnique. Antonio Maria Lorgna [217][175] e Paolo Delanges [147][176] pubblicano lavori di elasticità interessanti dal punto di vista delle applicazioni ma di modesto contenuto teorico.

La situazione italiana riflette quella internazionale, esasperandola. Dopo la sintesi di Lagrange la meccanica è a un bivio; in una fase di stanca si trova in particolare la statica, disciplina fondamentale per la tecnologia delle costruzioni. Il modello di corpo rigido usato dai meccanici settecenteschi ha esaurito il suo compito; con esso si

---

[170] Lorenzo Mascheroni (Bergamo 1750 - Parigi 1800). Matematico italiano; i suoi contributi più importanti riguardano l'analisi matematica, con studi legati al calcolo integrale e ai logaritmi naturali, la meccanica delle strutture con i suoi studi originali sul calcolo a rottura degli archi e la geometria, con la dimostrazione che i problemi risolubili con riga e compasso si possono risolvere solo con il compasso.

[171] Vittorio Fossombroni (Arezzo 1754 - Firenze 1844). Matematico, ingegnere, economista, uomo politico toscano. È importante il suo contributo allo sviluppo del principio dei lavori virtuali.

[172] Girolamo Saladini (Lucca 1740-1813). Matematico italiano allievo di Vincenzo Riccati, uno dei primi membri della Società dei XL.

[173] Vincenzo Angiulli (Ascoli Satriano 1747-1819). Matematico e uomo politico. Importante il suo *Discorso intorno agli equilibri* del 1770, dove sviluppa e precisa il contributo di Vincenzo Riccati al principio dei lavori virtuali.

[174] Michele Araldi (Modena 1740 - Milano 1813). Medico e matematico italiano. Storico della matematica e della fisica del suo tempo; scrisse le parti riguardanti la storia contemporanea della matematica nelle prefazioni delle Memorie dell'Istituto Italiano. Fu fra i primi membri dell'Istituto Lombardo Accademia di Scienze.

[175] Antonio Maria Lorgna, noto anche come Anton Maria Lorgna o Anton Mario Lorgna (Cerea 1735 - Verona 1796). Matematico, astronomo e ingegnere italiano. Nel 1782 aveva promosso la fondazione della Società italiana delle scienze, a cura della quale venivano pubblicate le *Memorie di matematica e fisica*. Essendo i primi soci fondatori in numero di quaranta, la società venne anche chiamata Accademia dei XL e opera ancora con questo nome.

[176] Paolo Delanges (1750 ca.-1810). Matematico italiano, allievo di Vincenzo Riccati. Nel 1803 fu nominato membro dell'Istituto Nazionale della Repubblica Italiana con sede a Bologna; è stato uno dei primi membri della Società dei XL.

possono risolvere nuovi problemi, tuttavia o troppo complessi (si pensi per esempio al problema degli n corpi) o non importanti. L'idraulica è in una situazione diversa, in quanto il modello di fluido indeformabile non ha ancora esaurito il suo ruolo. Nonostante la stasi degli aspetti più propriamente creativi, in Francia e nel resto dell'Europa è in corso un dibattito vivace ed estremamente interessante sui fondamenti, originato in gran parte dalla pubblicazione della *Mécanique analytique* di Lagrange nel 1788. In questa il fondamento della meccanica è il principio bernoulliano delle velocità virtuali, opportunamente generalizzato e integrato con il calcolo delle variazioni. L'Italia partecipa a questo dibattito con un contributo marginale, come testimoniano i lavori di Saladini e Araldi citati poco sopra.

La maggior parte degli studiosi italiani, in assenza di vena creativa, opera una critica e una ricerca di approcci rigorosi per i lavori della letteratura internazionale, rifacendosi non alle nuove istanze epistemologiche ma cercando di riportare il tutto nell'ambito di una tradizione settecentesca. Nonostante le resistenze e la mancanza di una conoscenza precisa degli sviluppi internazionali, la nuova matematica, e con essa la nuova meccanica, comincia a imporsi. Per molti matematici e meccanici italiani la modernità è rappresentata da Lagrange, che, avendo mantenuto contatti con il mondo scientifico italiano anche dopo la sua partenza da Torino, viene sentito italiano. Il richiamo al celebre compatriota è dunque importante al sorgere dei primi nazionalismi.

Il periodo successivo all'Unità d'Italia è caratterizzato dal risorgere degli studi scientifici, pubblicati in riviste prestigiose come gli *Annali di matematica pura e applicata* e il *Giornale di matematiche*, che si affiancano agli atti delle accademie scientifiche (tra queste l'Accademia delle scienze di Torino e quella dei Lincei) e a riviste di fisica matematica come il *Nuovo Cimento*. Questi studi raggiungono presto il livello della ricerca europea più avanzata, grazie anche all'impegno di scienziati che ricoprono alti incarichi politici, come senatori o segretari ministeriali del Regno. Questi, coinvolti in prima persona nelle guerre di indipendenza, continuano a impegnarsi nella ricostituzione del tessuto politico e sociale italiano che comprende anche la regolamentazione degli studi universitari.

Nel 1859 c'è la riforma Casati, che istituisce le Scuole di applicazione per gli ingegneri, prima a Torino e poi nelle principali città d'Italia. Come già avvenuto in Francia, Inghilterra e Germania, si consolida in Italia la tradizione di una trattatistica universitaria per fornire una preparazione adeguata alla futura classe dirigente. Il calcolo infinitesimale, la teoria dei determinanti, la geometria analitica, la meccanica razionale, la geometria descrittiva sono solo alcuni degli argomenti oggetto dei nuovi trattati universitari. Oltre a questi argomenti di carattere puramente matematico nelle nuove Scuole di applicazione per ingegneri riceveranno una grossa attenzione i trattati e le ricerche sulla teoria dell'elasticità, la meccanica del continuo, la meccanica delle strutture, la statica grafica.

1.3.1
I primi studi di teoria dell'elasticità

La scuola italiana non aveva partecipato al dibattito degli scienziati inglesi, francesi e tedeschi sulla teoria dell'elasticità all'inizio dell'Ottocento; di conseguenza, gli autori italiani della prima metà dell'Ottocento sono poco citati nella letteratura internazionale; Saint Venant nella sua *Historique* cita solo un lavoro sperimentale di Luigi Pacinotti e Giuseppe Peri [264][177] sulle travi in legno. Todhunter e Pearson in *A history of the theory of elasticity* citano pochissimi autori oltre Gabrio Piola, di cui discuteremo nel capitolo seguente:

- Michele Pagani, che si occupa del comportamento statico e dinamico delle membrane elastiche [270, 271], di teoria generale dell'elasticità [272] e infine di problemi staticamente indeterminati, in cui viene discusso il caso di corpi su più di tre appoggi [273, 274].
- Giuseppe Belli, con lavori di qualche interesse sulla natura delle forze intermolecolari [10], arriva alla conclusione che le forze non possono variare con la legge della gravitazione universale. Di Belli, Todhunter e Pearson concludono la loro presentazione, tutto considerato abbastanza lunga, con un giudizio neutro: «Probably no physicist nowadays attributes choesion to gravitation force; how far Belli's memoir may have assisted in forming a general opinion of this kind, we are unable to judge» [348].[178]
- Ottaviano Mossotti, con lavori sulla costituzione della materia [254], dove si propone di verificare matematicamente l'ipotesi di Franklin, che spiegava l'elettricità statica supponendo che le molecole dei corpi siano circondate da particelle di etere, che si respingono tra loro e sono attratte dalle molecole del corpo.
- Amedeo Avogadro nella monografia *Fisica de' corpi ponderabili* [4] mostra ottima conoscenza della letteratura internazionale dell'epoca sulla meccanica del continuo e presenta contributi originali sull'elasticità dei corpi cristallini. Todhunter e Pearson scrivono:

  > As a model of what a text-book should be it is difficult to conceive anything better than Avogadro's. It represents a complete picture of the state of mathematical and physical knowledge of our subject [la resistenza dei materiali e la teoria dell'elasticità] in 1837 [348].[179] (D.1.65)

- Gaspare Mainardi, con una memoria sull'equilibrio di una fune e di una trave, con una trattazione che non tiene in conto delle nuove teorie dell'elasticità, per cui «a brief notice of it will suffice» [348].[180]
- Ignazio Giulio, con risultati sperimentali [171, 172] di valore locale e limitato nel tempo secondo Todhunter e Pearson, perché si riferiscono all'acciaio particolare usato allora in Piemonte, e con uno studio di teoria dell'elasticità [173].

---

[177] p. ccxciii.
[178] vol. 1, p. 419.
[179] vol. 1, p. 460.
[180] vol. 1, p. 656.

– Pacinotti e Peri, citati anche da Saint Venant, riportano importanti ricerche sul comportamento sperimentale del legno. Il loro obiettivo è di verificare con quale esattezza le formule teoriche della flessione forniscono il modulo di elasticità longitudinale.

– Alessandro Dorna, che si occupa del problema della distribuzione delle "pressioni" nel caso di corpi con più di tre appoggi [151].

– Giovanni Cavalli, generale piemontese, con un lavoro di un certo interesse pratico per lo studio della resistenza degli affusti dei cannoni [90].

1.3.2
La meccanica del continuo

Sommariamente si può dire che nella prima metà dell'Ottocento solo Gabrio Piola fornì contributi rilevanti alla meccanica del continuo. La sua opera non fu conosciuta molto all'estero per il relativo isolamento degli scienziati italiani in generale e di Piola in particolare, essenzialmente dilettante (in senso elogiativo) nonostante la brillantezza. Questa valutazione trova riscontro nel giudizio degli studiosi italiani a cavallo del Novecento; Finzi e Somigliana scrivono nel 1939:

> Forse un unico nome, quello di Gabrio Piola, si può citare, come autore di ricerche che si connettono colla teoria generale fondata dal Navier [162].[181]

La figura di Gabrio Piola ha grande rilievo nella matematica e meccanica italiane agli inizi dell'Ottocento. Per sviluppare una teoria meccanica con matematica formalmente ineccepibile Piola rinuncia al rigore fisico: i principi assunti (la sovrapponibilità dei moti e i lavori virtuali) non sono giustificati in modo convincente. Ciò nonostante i suoi risultati, specie in meccanica del continuo, sono fondamentali. Piola prova che con l'approccio della meccanica analitica si possono ottenere gli stessi risultati forniti dalle teorie corpuscolari degli scienziati francesi. Egli non è sempre cosciente della rilevanza dei suoi sviluppi, come accade a quasi tutti gli innovatori, per esempio quando prova l'equivalenza del problema variazionale del lavoro virtuale con le equazioni indefinite di equilibrio (che nella letteratura internazionale viene detta teorema di Piola). In particolare, non si accorge di avere introdotto una grandezza fondamentale come la tensione lagrangiana (tensore di Piola-Kirchhoff). Piola è ora considerato uno dei fondatori dell'elasticità finita.

La situazione della teoria dell'elasticità in Italia cambiò molto nella seconda metà dell'Ottocento e si raggiunsero livelli sostanzialmente pari ai francesi e ai tedeschi. Il contributo più rilevante si deve a Enrico Betti e a Eugenio Beltrami, i maggiori matematici italiani nella prima parte della seconda metà dell'Ottocento, di cui per il momento ci limitiamo a brevi cenni, rinviando ogni approfondimento al capitolo successivo.

---

[181] p. 224.

Betti assumeva il potenziale come concetto fondamentale, come tutti i fisici matematici dell'epoca, uno dei cui compiti era di risolvere le equazioni di Poisson relative
al potenziale delle forze di gravità, elettriche e magnetiche per diverse distribuzioni
dei corpi attivi e delle condizioni al contorno. Nella sua monografia sull'elasticità
[38] Betti fa fortemente riferimento alla teoria del potenziale e, sulla scia di William
Thomson, anche a considerazioni termodinamiche. Betti deriva il potenziale come
integrale primo di forze di campo assegnate, presuppone l'esistenza di un'energia
potenziale elastica in funzione solo delle componenti della deformazione (infinitesima) e non fa intervenire affatto le tensioni, analogamente a Green e Thomson.
Interessanti sono le concezioni sostanzialmente positiviste di Betti sull'approccio
all'elasticità:

> [...] ogni mutazione di forma in ogni parte infinitesima di un corpo solido dà origine a
> forze che tendono a restituire a ciascuna parte infinitesima la sua forma primitiva. Qual
> è l'origine di queste forze? Qual è la legge con cui queste forze agiscono? È noto il
> concetto che domina nella Fisica relativamente alla costituzione dei corpi. Si riguardano
> composti di un numero infinitamente grande di punti materiali separati che si attraggono
> o si respingono secondo la retta che li unisce con una intensità che è funzione della
> loro distanza. Quando questa distanza ha un certo valore piccolissimo l'azione è nulla,
> è ripulsiva a distanze minori, attrattiva a distanze maggiori, nulla a distanze sensibili.
> Questo concetto non è in accordo con un altro che ha avuto origine dalla teorica del
> calorico, cioè che le parti infinitesime dei corpi non siano mai in quiete, ma siano animate
> da movimenti rapidissimi. Quindi tutte le teoriche fondate supponendo che le particelle
> dei corpi siano in quiete non possono più ammettersi, anche se rendessero conto degli
> altri fenomeni, il che non è. Il concetto dovrebbe modificarsi e riguardare invece un
> corpo come costituito di un numero infinito di sistemi di punti materiali in ciascuno dei
> quali esistono rapidissimi moti intorno a un centro [...]. Ma per sottoporre a calcolo
> i fenomeni che presenta un corpo solido quando è stato deformato, non è necessario
> fondarsi sopra questa ipotesi. Una legge generale della Natura dà il modo di fondare una
> teoria generale che permette il calcolo di tutti i fenomeni della elasticità. Questa legge
> generale è la seguente: Il lavoro meccanico che si fa per passare un corpo da uno a un
> altro stato senza perdita né acquisto finale di calore è indipendente dagli stati intermedi
> per i quali si fa passare il corpo stesso. Questo principio non è altro che quello della
> conservazione della forza [39].

Da qui il ricorso al potenziale elastico, che permette di sviluppare uno studio indipendente dalle ipotesi molecolari, superandone le difficoltà connesse.

Beltrami esprimeva un punto di vista analogo nelle *Lezioni sulla teoria della
elasticità* (manoscritte da Alfonso Sella), dettate negli ultimi anni della sua vita
all'università di Roma e conservate nella biblioteca del dipartimento di matematica
dell'università di Genova. Per «riconoscere di qual natura sono le forze interne [di
un corpo elastico] che fanno equilibrio alle esterne e a quali leggi sono sottoposte»,
Beltrami era costretto ad avanzare delle ipotesi sulla struttura della materia: «Questi
atomi li considereremo come punti o come corpiccioli?». La seconda ipotesi impli-
cava «risultati insufficienti» e gli atomi erano allora da considerarsi punti materiali.
Inoltre, se gli atomi «si attraessero e respingessero secondo forze radiali» le costanti
di Green del corpo elastico sarebbero riducibili a una sola costante. «Da qui infinite
polemiche», concludeva Beltrami. Ancora una volta, l'approccio continuista era vi-

sto come il modo di evitare le difficoltà sulla costituzione fisica dei corpi ed era per questo motivo da preferire alle ipotesi molecolari.

Un riferimento ancora più esplicito alla diatriba tra ipotesi molecolare e continuista si trova in [21] in cui Beltrami partiva da un'osservazione di Saint Venant. Questi, nell'edizione francese del trattato di Clebsch sulla teoria dell'elasticità attribuisce, per la ricerca della resistenza a rottura dei corpi elastici, un limite massimo alle deformazioni anziché alle tensioni. Beltrami criticava questo punto di vista in quanto «la vera misura del cimento a cui è messa la coesione di un corpo elastico» non si può dedurre né dalla sola dilatazione massima né dalla sola tensione massima ma deve risultare «dall'insieme di tutte le tensioni, o di tutte le dilatazioni che regnano nell'intorno d'ogni punto del corpo» [21].[182] Beltrami faceva allora ricorso al potenziale elastico che ha «l'insigne proprietà» di rappresentare l'energia del corpo elastico per unità di volume: per evitare la rottura si dovrà dunque imporre un limite massimo al valore assunto dal potenziale elastico e non a quello di una particolare tensione o dilatazione. A questa conclusione Beltrami perveniva sia in virtù del «significato dinamico del potenziale d'elasticità» sia mediante una dimostrazione analitica basata sulla forma quadratica definita positiva del potenziale. Nella nota conclusiva Beltrami osservava che il «compianto Castigliano» aveva già sollevato obiezioni molto simili:[183]

> Mi è grato il pensare che il dotto ingegnere, il quale aveva riconosciuta tutta l'importanza del concetto di potenziale elastico, avrebbe probabilmente approvata la mia proposta di fondare sovr'esso anche la deduzione delle condizioni anzidette [21].[184]

Il criterio di rottura basato sulla massima energia potenziale elastica proposto da Beltrami è stato lo spunto per lo sviluppo di criteri più precisi, che distinguono tra l'energia potenziale totale e l'energia potenziale distorcente, come per esempio il criterio di resistenza formulato da Von Mises nel 1913 [5].[185]

1.3.3
La meccanica delle strutture

Nel 1873 presso la Scuola di applicazione per ingegneri di Torino furono presentate davanti alla commissione di laurea due tesi di valore scientifico molto elevato, una di Valentino Cerruti [93], l'altra di Alberto Castigliano [68], di titolo e contenuti analoghi. Cerruti si attenne strettamente al tema, Castigliano cercò di allargarsi anche agli

---

[182] p. 181.
[183] Il richiamo a Castigliano non ci sembra del tutto corretto. Questi, infatti, nonostante lo sfondo energetista dovuto al grande rilievo dato all'energia potenziale elastica, era schierato nettamente sulle posizioni molecolari di Saint Venant. Nella sua *Théorie de l'équilibre des systèmes élastiques* Castigliano critica sì i criteri di resistenza basati sulla massima tensione o sulla massima deformazione, ma non suggerisce un criterio alternativo.
[184] p. 189.
[185] p. 149.

elementi inflessi. Cerruti si classificò primo, Castigliano secondo.[186] L'argomento delle tesi era d'attualità perché con lo sviluppo industriale dell'Europa e dell'Italia unificata si rendeva necessaria la progettazione di opere sempre più importanti e le travi reticolari erano certamente tra le tipologie più diffuse.

La Scuola di applicazione per ingegneri di Torino fu istituita con la riforma Casati del 1859 (vedi Capitolo 4) e sostituiva una vecchia istituzione del Regno di Sardegna; ebbe come principali promotori Prospero Richelmy (ingegnere), Carlo Ignazio Giulio (ingegnere), Ascanio Sobrero (medico e chimico) e Quintino Sella (uomo politico, ingegnere). Il relatore della tesi di Castigliano, Giovanni Curioni (vedi *infra*), fu professore straordinario di costruzioni presso questa scuola dal 1865. Curioni fu una persona intelligente e colta e si fece promotore del passaggio da una cultura tecnologica a una cultura scientifica per l'ingegnere. Non vi sono studi soddisfacenti sull'ambiente torinese, ma anche il solo esame delle tesi di Cerruti e Castigliano non lascia dubbi sull'elevato livello scientifico della Scuola di applicazione, cui deve essere stato fondamentale l'influenza di Menabrea (vedi *infra*). In particolare è inevitabile pensare che il suo approccio alla soluzione dei tralicci indeterminati fosse oggetto di discussione tra i docenti e gli studenti.

Nel seguito diamo solo un breve cenno al contributo dei due principali protagonisti del dibattito che si sviluppò nella scuola torinese, talvolta con toni anche aspri, Menabrea e Castigliano, perché a essi è dedicato l'intero Capitolo 4, per soffermarci sul contributo di Valentino Cerruti.

1.3.3.1
Luigi Federico Menabrea e Alberto Castigliano

Luigi Federico Menabrea (1809-1896) nel 1858 introdusse il principio del minimo lavoro:

> Lorsqu'un système élastique se met en équilibre sous l'action de forces extérieures, le travail développé par l'effet des tensions ou des compressions des liens qui unissent les divers points du système est un minimum [233].[187] (D.1.66)

Menabrea considerava un traliccio con aste ridondanti in cui le forze f_i nelle aste si ottengono imponendo il minimo dell'energia potenziale elastica dell'intero traliccio espressa in funzione delle f_i, con la condizione che sia soddisfatto l'equilibrio di tutte le parti. Successivamente ritornò sull'argomento perfezionando la dimostrazione [235, 238, 239]; nel frattempo il suo principio venne applicato nella progettazione [307].

---

[186] La graduatoria era fatta sulla media dei voti dei singoli esami (11 in due anni) alla quale si sommava il voto della dissertazione di laurea. Nel caso di Cerruti la media era 318/330 per gli 11 esami superati e 348/360 la media finale. La dissertazione era stata valutata 30/30. Alberto Castigliano ottenne la media di 313/330 e il voto di dissertazione 30/30. Il voto finale fu 343/360 (Notizie di archivio forniteci da Margherita Bongiovanni).

[187] p. 1056.

Un miglioramento fondamentale della tecnica di Menabrea si ebbe con Alberto Castigliano (1847-1884). Le sue idee sull'energia elastica, già presenti nella tesi di laurea, sono sviluppate in un'ampia monografia [69]. Questa rappresentò all'epoca un riferimento importante sia per gli ingegneri sia per gli studiosi interessati all'aspetto matematico della teoria dell'elasticità, come Betti e Beltrami. Dal punto di vista teorico Castigliano non aggiunse molto a Menabrea: dimostrò l'«équation d'élasticité» in modo più soddisfacente e ricavò un teorema (oggi chiamato con il suo nome) per cui la derivata parziale dell'energia potenziale elastica di una struttura rispetto a una delle azioni fornisce la componente di spostamento nella direzione della stessa. Castigliano colse meglio di Menabrea la rilevanza del principio del minimo lavoro e lo applicò anche a elementi inflessi. Gli ingegneri furono così in grado di calcolare travature comunque vincolate, con una mole di calcoli in genere non troppo grande e soprattutto con un approccio sistematico. Si individuano prima le reazioni sovrabbondanti, si scrive l'energia potenziale elastica della struttura in funzione delle stesse, infine uguagliando a zero le derivate dell'espressione ottenuta si ottiene un numero di equazioni pari a quello delle incognite. La metodologia di Castigliano, grazie anche alla pubblicazione della sua monografia in francese, venne conosciuta, apprezzata e applicata in tutta Europa.

1.3.3.2
I sistemi elastici articolati di Valentino Cerruti

La storia nel medio periodo ha ribaltato la classifica del 1873 mettendo al primo posto Castigliano, al secondo Cerruti. Se ciò corrisponde a qualche criterio di giustizia, va segnalato che si è esagerato e il contributo di Cerruti è finito ingiustamente nel dimenticatoio. Riteniamo quindi opportuno porre rimedio a questa situazione presentando un'ampia discussione de *I sistemi elastici articolati*.

La tesi di Cerruti considera due problematiche diverse ma non indipendenti: il progetto di sistemi articolati di uniforme resistenza e la soluzione del problema elastico con aste ridondanti. La trattazione di Cerruti è elegante, indice di intelligenza e di padronanza degli strumenti matematici, però l'esposizione non è precisa e nel testo vi sono numerosi refusi, specie nelle formule, come se Cerruti non avesse potuto dedicare sufficiente tempo alla sua tesi. Ciò sembra possibile perché dalla sua biografia risulta che in questo periodo Cerruti era impegnato in altre attività di ricerca.

Quasi come argomento a parte Cerruti studia per primo, nel § 4, il semplice traliccio isostatico illustrato nella Figura 1.17 e ottiene delle formule ricorsive per le forze nei correnti e nei montanti, che gli saranno utili in seguito per risolvere un traliccio con aste sovrabbondanti. Le formule consentono anche una descrizione semplice della distribuzione delle forze nelle varie aste, per esempio dove sono massime, quali sono in trazione e quali in compressione. Alla fine del paragrafo Cerruti passa al calcolo degli spostamenti dei nodi, anche essi forniti in modo ricorsivo.

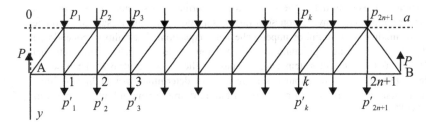

Figura 1.17 Traliccio isostatico di Cerruti

Strutture di uniforme resistenza

Alla fine del § 2 Cerruti introduce i sistemi di uniforme resistenza, definendoli come quelli in cui tutte le aste sono deformate allo stesso modo. Adotta cioè, alla Navier, la massima deformazione T come criterio di resistenza:

$$\frac{T_{ij}}{E_{ij}\,\sigma_{ij}} = \text{cost.} = T$$

dove T_{ij} è la tensione nell'asta congiungente i nodi i, j, E_{ij} il suo modulo di elasticità, σ_{ij} l'area della sua sezione trasversale.

I fondamenti teorici per le strutture di uniforme resistenza vengono posti essenzialmente nel § 6, ove Cerruti enuncia anche alcuni interessanti teoremi. Studia prima la possibilità di esistenza dell'uniforme resistenza individuandola nella solvibilità di quelle che lui chiama *equazioni di superficie*, intendendo ciò che noi oggi chiamiamo equazioni di vincolo esterno, o di contorno, che scrive come:

$$f_1 = 0, \quad f_2 = 0, \quad \ldots, \quad f_{m+6} = 0$$

in cui le f_i sono funzioni delle coordinate dei nodi esterni.

Il ragionamento di Cerruti è il seguente:

> [...] nelle equazioni (2) alle variazioni delle coordinate si sostituiscano le loro espressioni per mezzo degli allungamenti delle diverse aste; ed a questi poi le tensioni corrispondenti. Si introduca quindi la condizione di egual resistenza: dopo d'aver eliminato le sei variazioni che vi entrano ancora rimarranno m condizioni indipendenti dalle reazioni dei vincoli, che dovrebbero essere soddisfatte, perché il problema fosse possibile: ma non lo saranno generalmente potendo le funzioni si essere qualunque. Concludiamo dunque, che un sistema elastico articolato non si può ridurre ad essere di egual resistenza, se il numero delle equazioni di condizione sia superiore a sei [93].[188]

Cerruti conclude quindi:

> *Un sistema elastico articolato non si può ridurre ad essere di egual resistenza, se il numero delle equazioni di condizione sia superiore a 6 [= 6 + k].*
> Se il numero di tali equazioni non è superiore a sei, bisognerà vedere se le equazioni [28][189] reggano o no. Nel secondo caso potremo dire che è impossibile il de-

---

[188] p. 28.
[189] Sono quelle che impongono i vincoli interni.

terminare le sezioni delle diverse aste così da formare un sistema di egual resistenza: nel primo caso invece non solo questo sarà possibile, ma lo sarà in un numero di modi k volte infinito; imperocché nelle equazioni di equilibrio ponendo per
T_{ij} il suo valore ne seguiranno $3n - 6$ equazioni tra le aree delle sezioni rette delle $3n - 6 + k$ aste del sistema: ma intanto scegliendo ad arbitrio k di tali sezioni
le prefate equazioni ne daranno sempre in valor determinato per le $3n - 6$ altre, e
a ciascuna di tali sezioni si possono attribuire arbitrariamente infiniti valori diversi
[93].[190]

In sostanza se il numero di vincoli esterni è superiore a sei non c'è nessuna soluzione
al problema dell'uniforme resistenza. Se invece i vincoli esterni sono sei si hanno due
casi; nel primo, quando il numero delle aste non eccede $3n - 6$ (sistema isostatico),
c'è un unico sistema ugualmente resistente. Se il numero delle aste è $3n - 6 + k$,
allora, sotto certe condizioni dipendenti dalla topologia, si possono avere k infinità
di strutture diverse ugualmente resistenti «[$\cdots$] si possono dimostrare altre proprietà
molto curiose [$\cdots$]», tra cui il teorema: «Le variazioni di lunghezza dei diversi pezzi
sono indipendenti dal modo con cui si scelgono le k sezioni» [93].[191]

A questo punto Cerruti può enunciare un teorema che riguarda il lavoro di deformazione, in parte lo fa in omaggio a Menabrea, ma in parte perché funzionale alla
dimostrazione di un altro suo teorema:

Il lavoro delle forze esterne e quindi anche quello delle forze molecolari non dipendono
per nulla dal modo con cui viene fatta la scelta di quelle k sezioni [93].[192]

Da quest'ultima equazione ricava il seguente teorema, interessante anche da un punto
di vista tecnologico, valido quando si ha una struttura omogenea come materiale:

Il peso della materia impiegata sarà sempre lo stesso [93][193]

indipendentemente da come si scelgono le k sezioni.

Il problema elastico iperstatico

Il § 5 si apre con la seguente affermazione:

Nei casi ora accennati tutto l'artifizio della soluzione consiste nel far dipendere la
ricerca delle pressioni e delle tensioni incognite dalla ricerca di $3n - 6$ altre quantità
tante quante sono le equazioni di equilibrio fra loro indipendenti: cosa, che, come
vedremo, per la natura stessa della questione è sempre possibile. Né questo artifizio
è applicabile soltanto al mio problema, ma si a ben altre quistioni più generali, di cui
la mia non è che un caso particolarissimo: è noto infatti che la conoscenza delle forze
molecolari destate in un corpo dipende da quella di sei funzioni legate fra loro da tre
equazioni alle derivate parziali, equazioni che non sarebbero sufficienti a determinarle,
se le sei funzioni in discorso non si potessero esprimere mercé tre altre soltanto. La
natura poi di queste tre funzioni resta sempre determinata dal concetto che altri si fa

---

[190] pp. 28-29.
[191] p. 29.
[192] p. 29.
[193] p. 30.

sull'origine delle forze molecolari: nel caso delle forze elastiche queste tre funzioni sono gli spostamenti paralleli a tre assi di una molecola qualunque del corpo [93].[194]

Non ci sembra però che dalle pagine precedenti si desuma quanto Cerruti dichiara. La sua è piuttosto una dichiarazione di intenti; la ricerca della soluzione del problema elastico va fatta individuando tante incognite ausiliarie quante sono le equazioni di equilibrio. Queste possono essere gli spostamenti, ma non necessariamente. Cerruti ribadirà più avanti questa sua posizione.

Subito dopo Cerruti presenta due approcci. Il primo è il metodo delle deformazioni come sviluppato da Poisson nel 1833 [292], il secondo è il metodo delle forze come sviluppato da Lévy nel 1873 [215].

Si noti che Cerruti non cita Clebsch, al quale una parte della storiografia moderna attribuisce la paternità del metodo delle deformazioni; né cita Navier che lo aveva usato per primo nel 1826. La prima mancanza, che può sembrare grave, è dovuta verosimilmente alla difficoltà di leggere il testo di Clebsch, che verrà tradotto dal tedesco solo nel 1883. Del resto nemmeno Castigliano, che anche lui nella sua tesi parla del metodo delle deformazioni, cita Clebsch; è quindi probabile che il testo di Clebsch non fosse letto alla Scuola di applicazione di Torino. Il fatto che il testo di Clebsch fosse poco letto, non solo in Italia ma anche nel resto d'Europa, ridimensiona un po' l'immagine correntemente data di lui come fondatore del metodo delle deformazioni, e lo relega in parte tra i precursori, con il senso datogli *supra*. La seconda mancanza di Cerruti è meno chiara. Forse è dovuta alla maggiore chiarezza dell'esposizione di Poisson o alla maggiore notorietà del suo trattato. Da notare la citazione del lavoro di Lévy, uscito poco prima della seduta di laurea di Cerruti.

Dopo questi esempi Cerruti riporta delle considerazioni su come elaborare le varie equazioni a disposizione, di equilibrio, di congruenza, di legame costitutivo. Scrive per esempio a proposito di un traliccio con aste strettamente sufficienti per mantenere la forma:

Consideriamo il caso, in cui il sistema debba soddisfare a certe condizioni geometriche, il caso cioè in cui esista un certo numero di equazioni alla superficie, alle quali sieno obbligate le coordinate dei vertici del sistema (supporremo però che o non vi siano dei punti fissi, o, quando ve ne sono, si verifichino altresì le condizioni indicate nel no 3). Sieno $m + 6$ queste condizioni: quando $m = 0$ non si ha alcuna difficoltà e questo argomento venne già discusso nel citato no 3; se $m > 0$ le regole ivi enunziate non sono più sufficienti.

Ma intorno a ciò osserveremo che le equazioni alla superficie, dovendo sempre sussistere qualunque sia il valore che le coordinate vengano ad ottenere durante la deformazione, differenziate saranno pur soddisfatte sostituendo alle variazioni delle coordinate quelle effettive, che esse han subito sotto l'azione delle forze esterne. Ciò posto si ricavino con uno dei metodi precedenti le tensioni in funzione delle forze esterne e delle $m + 6$ reazioni dei vincoli: si esprimano le variazioni delle coordinate per mezzo di queste tensioni e si sostituiscano tali espressioni nelle $m + 6$ equazioni di condizione differenziate: avremo così $m + 6$ equazioni tra le reazioni dei vincoli e sei variazioni delle coordinate, imperocché per mezzo delle tensioni non si possono esprimere che i valori di $3n - 6$ delle variazioni, e nel nostro caso tutte quante le variazioni sono determinate

---

[194] p. 36.

e niuna arbitraria. Ma combinando le equazioni di equilibrio se ne ricavano sei tra le forze esterne e le reazioni dei vincoli che congiunte colle prime $m + 6$ fanno $m + 12$ equazioni tra $m + 6$ reazioni e sei variazioni di coordinate, tante cioè quante sono le incognite del problema.

Però si possono avere $m + 6$ equazioni tra le sole reazioni dei vincoli eliminando tra le prime $m + 6$ le sei variazioni delle coordinate [93].[195]

Nella sostanza Cerruti non riconosce una differenza di sostanza tra quelli che noi chiamiamo metodi delle forze e delle deformazioni; del resto all'epoca questa indifferenziazione era alquanto comune. Nel metodo delle deformazioni *à la Poisson* le equazioni sono quelle di equilibrio (pari a $3n - 6$, con n il numero dei nodi), i parametri indipendenti sono le componenti degli spostamenti dei nodi (anche essi pari a $3n - 6$). Nel metodo delle forze *à la Lévy* le equazioni sono quelle di equilibrio (pari a $3n - 6$) e quelle di congruenza (pari a $m - 3n + 6$, essendo m il numero delle aste). In questo secondo caso Cerruti ritiene di poter combinare le varie equazioni in modo da arrivare, come si preferisce, a $3n - 6$ equazioni tra paramenti indipendenti, o a $m - 3n + 6$, tanti quanti sono i vincoli sovrabbondanti, in particolare esterni, come nel brano sopra citato.

Nel § 8 considera un caso particolare cui applicare le sue idee per la soluzione del problema elastico iperstatico. Si tratta del parallelogramma senza vincoli esterni e con un'asta sovrabbondante della Figura 1.18.

La struttura è semplice, ma il metodo di soluzione, specie per quello che riguarda la scrittura delle equazioni di congruenza, è affatto generale, perché il parallelogramma della Figura 1.18 rappresenta una generica maglia di un generico traliccio. Qui probabilmente Cerruti offre il suo maggior contributo alla meccanica delle strutture. Si tratta della sistematizzazione dell'approccio di Lévy, ottenuto fornendo un preciso algoritmo per l'ottenimento delle equazioni di congruenza.

Il metodo di Lévy, come abbiamo già visto, è basato sulla possibilità che in un telaio con k aste ridondanti si possano scrivere k equazioni di congruenza, collegando

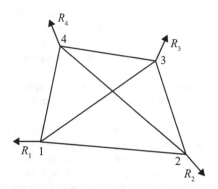

Figura 1.18 Parallelogramma con aste sovrabbondanti [93][196]

---

[195] pp. 26-27.
[196] p. 26.

le lunghezze di queste aste con tutte le altre:

$$F_j(l_1, l_2, \ldots, l_n) = 0, \, j = 1, 2, \ldots, k.$$

Queste equazioni valgono sia nella configurazione indeformata che in quella deformata, non appena si ammettano piccoli spostamenti. Si possono così considerare le variazioni:

$$\frac{\partial F_j}{\partial l_1} dl_1 + \frac{\partial F_j}{\partial l_2} dl_2 + \cdots + \frac{\partial F_j}{\partial l_n} dl_n = 0. \tag{1.20}$$

Esprimendo la variazione di lunghezza ∂l_j in funzione delle forze delle aste si ottengono k equazioni di compatibilità in funzione delle forze, che aggiunte a quelle di equilibrio forniscono la soluzione del problema elastico.

La parte più debole dell'approccio di Lévy è l'assenza di una procedura sistematica per determinare l'espressione delle funzioni F_j. Cerruti interviene su questo aspetto, utilizzando un risultato di Cayley, senza fornirne la fonte precisa. Secondo Cayley, nel parallelogramma della Figura 1.19 con una sola sta sovrabbondante, le funzioni F_j della (1.20) si riducono a una sola F, fornita dalla seguente relazione:

$$F = \det\left(l_{hk}^2\right), \quad h, k = 0, 1, 2, \ldots, 5$$

dove $l_{00} = 0$, $l_{h0} = l_{0k} = 1$, $l_{hh} = 0$, $l_{hk} = -l_{kh}$ sono le lunghezze delle aste tra i nodi h e k.

Nel paragrafo §9 Cerruti torna alla trave che aveva studiato nel §3 aggiungendo però le aste in senso contrario; secondo quanto illustrato dalla Figura 1.19, pervenendo a una struttura che ha anche interesse applicativo.

Scrive le equazioni di equilibrio tagliando prima con un piano verticale tra i nodi $n+1$ e $n+2$. Poi taglia tra i nodi $n-1$ e n e ottiene un'altra equazione di equilibrio. Infine scrive l'equilibrio della porzione di trave tra i nodi n e $n+1$. Ancora, impone la condizione di simmetria e scrive le equazioni di equilibrio dei nodi $n, n+1, n', n'+1$, e altre, pervenendo a un sistema in cui si hanno dieci incognite e nove equazioni di equilibrio.

Esse ci permetteranno dunque di ricavare nove delle tensioni in funzione della decima. Dopo ciò, facendo uso dei risultati già ottenuti, si passerà a trovar le tensioni dei diversi pezzi del rettangolo precedente, e così via di mano in mano sino a che si sia giunto

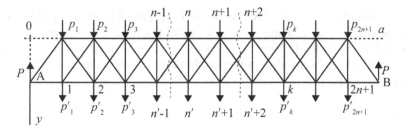

Figura 1.19 Traliccio con aste ridondanti

all'appoggio. Tutte le tensioni si potranno esprimere mediante quella decima, che era rimasta indeterminata nel calcolo relativo al primo rettangolo, ma il cui valore si potrà trovare poi al termine dell'operazione. Sostituendo quindi il suo valore così trovato nelle espressioni precedenti, tutte le tensioni dei diversi pezzi diverranno conosciute [93].[197]

Nel § 10 Cerruti ripropone esattamente il metodo usato da Poisson nel *Traité* riscrivendolo in modo più pulito, ma sostanzialmente senza aggiungere nulla di originale, senza nemmeno soffermarsi troppo sul fatto che sta determinando gli spostamenti. Interessanti sono invece le conclusioni che ribadiscono il suo obiettivo: la ricerca di tante equazioni quante sono le incognite.

> Questo esempio serve a far vedere con quanta semplicità si possa sciogliere il problema della distribuzione delle tensioni, facendolo dipendere dalla ricerca di tante quantità soltanto quante sono le equazioni di equilibrio [93].[198]

Nel § 12 considera il solido di Saint Venant e fa vedere come in generale, con i campi di spostamento considerati di solito, non possono essere soddisfatte le equazioni del problema elastico:

> Si potrebbe dimandare quale sia il motivo pel quale coi metodi precedenti il problema della distribuzione delle tensioni e delle pressioni in un sistema elastico articolato si sia potuto risolvere ed in modo abbastanza spedito con tutto il rigore della teoria matematica dell'elasticità, mentre tanti altri problemi rimangono ancora insoluti per le troppe difficoltà che presentano. Ciò è dovuto al fatto, che nel caso ora considerato sono conosciute le leggi degli spostamenti dei diversi punti del sistema; imperocché questo è il problema generale della teoria dell'elasticità: date le forze, che sollecitano un corpo, trovare gli spostamenti paralleli a tre assi, che fanno subire ad una molecola qualunque di essa. Quando tali spostamenti sieno conosciuti, come si è accennato al no 8, sarà facilissimo trovare l'espressione delle forze elastiche provocate in ogni suo punto. Ma tutta la difficoltà versa appunto nel trovare la legge di questi spostamenti. La natura dei sistemi qualche volta indica a priori quale sia questa legge: un esempio l'abbiamo nei sistemi elastici articolati: in questi casi altro più non resta a fare, che a trovare la loro grandezza, conoscendo le forze estrinseche. Ma non saranno mai le ipotesi che ci guideranno alla verace conoscenza degli spostamenti; d'altronde quando sembra probabile un certo modo di deformazione, è agevole verificare se esso sia o no possibile; basta provare, se con una tale supposizione le equazioni dell'equilibrio interno restino soddisfatte. Io dico questo, perché le teorie sulla resistenza dei materiali, come sono ordinariamente esposte, riposano su una ipotesi particolare intorno alla legge degli spostamenti; ipotesi che non è quasi mai verificata, come ora procurerò di dimostrare [93].[199]

Nel § 13 affronta un problema ben conosciuto, l'appoggio di un piano rigido pesante su un numero indefinito di appoggi elastici, problema la cui soluzione era già stata data da Euler e anche da Menabrea. Cerruti la tratta in modo elegante, ma non originale in quanto, senza dirlo, riprende abbastanza pedissequamente quanto già fatto da Cayley [91].[200]

---

[197] p. 23.
[198] p. 47.
[199] pp. 50-51.
[200] pp. 405-406.

Gabrio Piola e la meccanica del continuo

2

Sulla scia degli scienziati francesi un numero rilevante di studiosi italiani dei primi anni dell'Ottocento si dedicò alla meccanica del continuo e alla teoria dell'elasticità. I risultati più significativi in questo settore sono quelli ottenuti da Gabrio Piola che, con Ottaviano Fabrizio Mossotti, fu tra i matematici più importanti degli anni '30. In meccanica Piola fu influenzato da Cauchy che incontrò nel soggiorno italiano di questi nel biennio 1831-33; altrettanto non si può dire per la matematica per la quale Piola ebbe come riferimento Lagrange, Poisson e Fourier. Nel suo lavoro del 1833, *La meccanica de' corpi naturalmente estesi trattata con il calcolo delle variazioni*, Piola introdusse le componenti del tensore della tensione semplicemente come moltiplicatori indeterminati che appaiono nell'applicazione del principio dei lavori virtuali per lo studio dell'equilibrio all'interno dei continui. Questo approccio di Piola è ancora largamente usato nei moderni trattati di meccanica del continuo.

2.1
Introduzione

Abbiamo commentato nel Capitolo 1 come il livello scientifico in Italia alla fine del secolo XVIII lasciasse alquanto a desiderare; ciò riguardava ovviamente anche la meccanica. Abbiamo già accennato a Vittorio Fossombroni che pubblicò una monografia [165] ben accolta anche in Francia,[1] a Michele Araldi [2] e Girolamo Saladini [321] e ai loro tentativi di dimostrazione rigorosa dell'equazione dei lavori virtuali dei primi anni dell'Ottocento. Gregorio Fontana nel 1802 pubblicò lavori di meccanica ancora legati alla meccanica del Settecento [164], Pietro Ferroni nel 1803 presentò la sua visione dei principi della meccanica [160]. Nel periodo napoleonico, dal 1796 al 1814, si assistette a un sostanziale rinnovamento del sistema educativo italiano con la creazione di istituti e accademie. In particolare a Bologna fu fondato l'Istituto nazionale, come trasformazione del preesistente Istituto bolognese, e uno

---

[1] Per esempio, Prony nelle sue lezioni all'École Polytechnique [295] la raccomandava agli studenti.

Capecchi D., Ruta G.: La scienza delle costruzioni in Italia nell'Ottocento.
© Springer-Verlag Italia 2011

dei membri più attivi fu Brunacci il quale innovò l'insegnamento della matematica e di conseguenza della meccanica [276].

Vincenzo Brunacci (1768-1818) fu uno dei principali sostenitori delle idee di Lagrange. Iniziò i suoi studi matematici con gli scolopi a Firenze. Passò poi a Pisa dove si laureò in medicina nel 1788, facendo la conoscenza di Pietro Paoli (1759-1838) con cui proseguì gli studi di matematica. Nel 1790 fu nominato professore di matematica nautica nella scuola marina di Livorno. Nel 1798 pubblicò la sua prima opera rilevante, il *Calcolo integrale delle equazioni lineari* [54]. Aderì con convinzione alle istanze riformatrici dei francesi. Fu membro dell'Istituto nazionale e più volte rettore dell'università di Pavia; con la restaurazione fu esule a Parigi. Nel 1800 tornò a Pisa, nel 1801 divenne professore di *Matematica sublime* a Pavia. Nel 1802 pubblicò l'*Analisi derivata ossia l'analisi dedotta da un sol principio* [55].

Assieme al purismo, molto in voga all'epoca presso i matematici, Brunacci accettava la visione di Lagrange nella *Théorie des fonctions analytiques* circa la riduzione del calcolo differenziale a procedure algebriche [203][2] rigettando come poco rigoroso il concetto settecentesco di infinitesimo in analisi e in meccanica [55]. Brunacci trasmise queste idee agli allievi, tra cui Ottaviano Fabrizio Mossotti (1791-1863), Antonio Bordoni (1788-1860) e Gabrio Piola (1794-1850), i più brillanti matematici italiani della prima metà del XIX secolo.

Come esempio dello spirito che animava la scuola di Brunacci, si possono considerare le note di Bordoni [45] alla monografia di idraulica di Giuseppe Venturoli [357]. In queste note le dimostrazioni di Venturoli, originariamente sviluppate usando gli infinitesimi, vengono riottenute da Bordoni e Piola adoperando le funzioni derivate secondo Lagrange. Le idee di Lagrange erano così profondamente radicate che gli allievi di Brunacci trovarono difficile accettare le concezioni "moderne" di Cauchy, con il quale vennero in contatto durante il suo esilio volontario in Italia dal 1830 al 1833.[3]

Bordoni raccolse a Pavia presso la locale università l'eredità di Brunacci, Mossotti dopo varie peripezie si stabilì all'università di Pisa, Piola seguì un percoso più privato. Brunacci si viene così a trovare all'apice di una genealogia in cui si ritrovano tutti i maggiori matematici italiani, in modo più o meno diretto. A Pisa (Mossotti, Betti, Dini, Arzelà, Volterra, Ricci Curbastro, Enriques, ecc.); a Pavia (Bordoni, Codazzi, Cremona, Beltrami, Casorati e in qualche modo Brioschi che fu allievo di Piola) [276].

Sebbene sia senza dubbio uno dei più brillanti meccanici del XIX secolo, si conosce poco della vita e dell'opera scientifica di Gabrio Piola.[4] Il suo nome tuttavia è ben noto dal momento che nella maggior parte dei manuali di meccanica del continuo esso è associato a due tensori che forniscono la tensione in un punto di un corpo soggetto a deformazioni finite.

Il conte Gabrio Piola Daverio nacque a Milano il 15 luglio 1794 in una famiglia ricca e nobile; venne istruito inizialmente in casa, poi frequentò un liceo locale.

---

[2] Qui Lagrange definisce la derivata di una funzione reale di variabile reale come il fattore che moltiplica l'incremento primo della variabile nello sviluppo in serie di Taylor della funzione.

[3] Per alcune delle concezioni dei matematici italiani cfr. [48], pp. 15-29.

[4] Per una biografia e un elenco analitico delle sue pubblicazioni, cfr. [227, 161]; presso il Politecnico di Milano c'è un fondo Piola.

Mostrò presto ottime attitudini alla matematica e alla fisica e studiò matematica all'università di Pavia, dove fu allievo di Vincenzo Brunacci. Ottenne il titolo di dottore in matematica il 24 giugno 1816. Nel 1818 curò un'edizione degli *Elementi di geometria e algebra* di Brunacci [56]. Nel 1820 fu nominato allievo della Specola di Brera, pubblicando *Sulla teorica dei cannocchiali* [277]. Nel 1824 partecipò al concorso bandito nel 1822 dal Regio istituto lombardo sul tema:

> Si dimanda un'applicazione de' principi contenuti nella Meccanica analitica dell'immortale Lagrange ai principali problemi meccanici e idraulici, dalla quale apparisca la mirabile utilità e speditezza dei metodi lagrangiani [161][5]

vincendolo con un lungo articolo sulle applicazioni della meccanica lagrangiana [279] e guadagnando anche 1500 lire. Nel 1824 ricevette l'offerta della cattedra di Matematica applicata presso l'università di Pavia, che rifiutò per motivi familiari, così come rifiutò un'offerta successiva presso l'università di Roma.[6]

Nonostante la rinuncia alla carriera accademica, Piola dedicò molto del suo tempo alla didattica della matematica e insieme a Paolo Frisiani tenne regolari lezioni presso la sua casa. Tra i suoi allievi vi furono Francesco Brioschi, più tardi professore di Meccanica razionale a Pavia e fondatore del politecnico di Milano, e Placido Tardy (1816-1914), professore di matematica all'università di Messina. Insegnò religione per ventiquattro anni in una parrocchia milanese.

Fu presidente del Regio istituto lombardo, eletto membro nel 1828 della Società italiana delle scienze (Accademia dei XL), socio corrispondente della Nuova accademia pontificia dei Lincei (come risulta da un verbale della stessa del 1849). Dal 1825 appartenne anche all'Accademia romana di religione cattolica. Partecipò ai congressi degli scienziati italiani che cominciarono a tenersi con cadenza annuale dal 1839. In particolare nel VII Congresso tenutosi a Genova nel 1846, Piola si classificò secondo nell'elezione a presidente del convegno, di poco, dietro a Giovanni Battista Amici (1786-1863) e prima di Ottaviano Mossotti [161]. In matematica dette contributi su differenze finite e calcolo integrale, mentre in meccanica si interessò principalmente di corpi estesi e fluidi. Fu anche editore di una rivista, *Opuscoli matematici e fisici di diversi autori*, di cui uscirono solo due volumi. Tra l'altro, tale rivista fu il mezzo di diffusione delle teorie matematiche di Cauchy in Italia, contenendo alcuni dei suoi lavori fondamentali tradotti in italiano [48].[7]

Persona di alta cultura, Piola si dedicò anche alla storia, alla letteratura e alla filosofia. Importanti sono le sue commemorazioni di Vincenzo Brunacci e di Bonaventura Cavalieri [282]. Quest'ultima in particolare è un saggio ben scritto e ben documentato, ancora utile agli studiosi moderni di Cavalieri. Le sue concezioni epistemologiche sulla scienza in generale e sulla matematica in particolare, sono contenute nelle *Lettere scientifiche di Evasio ad Uranio* [278], un testo che ha ancora oggi un certo successo editoriale. Qui le verità della fede vengono confrontate con quelle della scienza, evidenziando un possibile accordo.

---

[5] p. 67.
[6] Su quest'ultima offerta non c'è documentazione certa.
[7] pp. 28-29.

Fu amico di Antonio Rosmini, il massimo esponente dello spiritualismo cattolico italiano; fu un tradizionalista e fervente cattolico come Cauchy, uno dei motivi per cui quest'ultimo tenne Piola come punto di riferimento tra gli scienziati italiani durante la sua permanenza italiana dal 1830 al 1833. [8] Morì nel 1850 a Giussano della Brianza presso Milano. [9]

2.2
I principi della meccanica di Piola

Tra gli allievi di Brunacci, Piola è forse il più interessato alla meccanica. Nei suoi lavori pone molta cura nel compito di evitare l'uso degli infinitesimi e di riformulare il principio dei lavori virtuali rispetto al modo proposto da Lagrange. Per ragioni ancora non ben chiarite dagli storici della scienza, in Italia c'è una certa riluttanza ad accettare l'idea di forza come concetto primitivo (come proposto da Newton e Euler). L'approccio preferito rimane quello di d'Alembert per il quale la forza è un concetto derivato, $f = ma$ è solo una definizione e la dinamica precede la statica (che ne diventa un caso particolare). Questo dice, tra gli altri, Giambattista Magistrini (1777-1849), cui Piola fa riferimento [279]:[10]

> Gli elementi della prima [statica] non possono essere che una particolare determinazione degli elementi della seconda [dinamica], e le formole di questa non si potrebbero aver per buone e generali se il caso non comprendessero dell'equilibrio con tutti gli accidenti che a esso appartengono. La pratica stessa dei ragionamenti che impiegasi nel premettere la statica alla dinamica ci fa sentire questa verità coll'irregolarità e con la contraddizione [...]. Perciocché vedesi costretta a mettere in campo il ripiego di certo meccanico movimento infinitesimale [220].[11]

La visione epistemologica di Piola si trova nell'articolo, pubblicato nel 1825, con cui vince il premio del Regio istituto lombardo di scienze nel 1824 [279] e si mantiene praticamente inalterata nei lavori successivi. La metafisica nell'opera di Piola è la medesima che si trova in Lagrange: tutta la meccanica può essere espressa per mezzo del calcolo differenziale. Non occorre, né tantomeno è opportuno, ricorrere ad altre branche della matematica che usano l'intuito (per esempio la geometria euclidea) in quanto possono indurre in errore. Piola crede che esista in meccanica una «equazione suprema» non disquisibile, che chiama *equazione generalissima*, strumento chiave delle sue trattazioni. Questa coincide con quella che oggi chiameremmo equazione dei lavori virtuali, basata sull'approccio lagrangiano del calcolo delle variazioni. Tuttavia, una tale equazione non può essere considerata evidente *per sé*; persino Lagrange esprime dubbi in materia:

---

[8] Dopo qualche reticenza Piola comincerà ad apprezzare le nuove concezioni matematiche di Cauchy, senza tuttavia arrivare a condividerle appieno. Per un breve inciso sulla religiosità comune a Cauchy e Piola, cfr. [48], nota (40) a p. 29.

[9] Parte delle considerazioni riportate in questo capitolo sono ricavate da [64].

[10] pp. IX-X.

[11] p. 450.

[...] il faut convenir qu'il n'est pas assez evident par lui-même pour être érigé en principle primitif [202].[12] (D.2.1)

In accordo con l'epistemologia del suo tempo, ancora vincolata al requisito di evidenza dei principi delle scienze, Piola non può assumere esplicitamente l'equazione dei lavori virtuali come principio ma si sente obbligato a derivarla da principi primi assolutamente evidenti, anche solo in senso puramente empirico, ovvero sperimentabili nella vita quotidiana. In questo senso Piola abbandona la posizione di d'Alembert [1][13] secondo cui la meccanica è una scienza puramente razionale, come la geometria, e si ricollega all'epistemologia "empirista" di Newton e di Lazare Carnot, sebbene non accetti l'idea newtoniana di forza quale concetto fondante:

> È dunque necessario abbandonare alquanto le nostre pretese, e, seguendo il gran precetto di Newton, cercare nella natura que' principi con che spiegare gli altri fenomeni naturali [...]. Queste riflessioni persuadono che sarebbe un cattivo filosofo chi si ostinasse a volere conoscere la verità del principio fondamentale della meccanica in quella maniera che gli riesce manifesta l'evidenza degli assiomi. [...] Ma se il principio fondamentale della meccanica non può essere evidente, dovrà essere non di meno una verità facile a intendersi e a persuadersi [279].[14]

Il principio "primo" empirico introdotto da Piola è la sovrapposizione dei moti: il moto dovuto alle azioni di due cause è la somma (nel senso attuale di somma vettoriale) dei singoli moti dovuti a ciascuna causa.[15] Assieme alla definizione di forza di d'Alembert, un tale principio conduce alla proprietà di sovrapposizione delle forze. Tuttavia, questi due assunti non sono sufficienti a studiare la meccanica dei corpi estesi e occorre introdurre l'idea di massa. Piola segue l'abitudine dell'epoca, identificando massa e quantità di materia; in particolare, ritiene che i corpi siano formati da molecole piccolissime uguali tra loro. Queste possono essere ordinate nello spazio in molti modi differenti, costituendo corpi con densità apparenti diverse; la risposta meccanica di un corpo dipenderebbe così solo dal numero di molecole che contiene. Piola rigetta l'idea di infinitesimo in matematica, però accetta che le molecole siano degli infinitesimi in senso fisico, ovvero abbiano dimensioni tali da non essere percepite dai nostri sensi:

> Io, educato da Brunacci alla scuola di Lagrange, ho sempre impugnato l'infinitesimo metafisico, ritenendo che per l'analisi e la geometria (se si vogliono conseguire idee chiare) vi si deve sempre sostituire l'indeterminato piccolo quanto fa bisogno: ma ammetto ciò che potrebbe chiamarsi l'infinitesimo fisico, di cui è chiarissima l'idea. Non è uno zero assoluto, è anzi tal grandezza che per altri esseri potrebbe riuscire apprezzabile, ma è uno zero relativamente alla portata dei nostri sensi [283].[16]

Piola "dimostra" il principio dei lavori virtuali convinto di aver eliminato tutte le incertezze matematiche e meccaniche che trova ancora nella formulazione di Lagrange.

---

[12] p. 23. Per le discussioni sullo stato logico ed epistemologico del principio dei lavori virtuali agli inizi dell'Ottocento cfr. [63].
[13] p. XXIX.
[14] p. XVI.
[15] Lo stesso principio, espresso con un linguaggio simile, si trova anche in [255].
[16] p. 14.

Nella sua dimostrazione Piola non ha bisogno di usare il concetto per lui oscuro dell'infinitesimo del XVIII secolo, ma solo il calcolo delle variazioni stabilito con rigore da Lagrange [202].

Per un sistema di punti materiali liberi, sulla base dei suoi principi della meccanica, riesce facilmente a dimostrare l'equazione dei lavori virtuali nella forma $\delta L = 0$, in cui δL è la variazione prima del lavoro di tutte le forze attive (inerzia inclusa). Per un sistema vincolato perviene alla seguente espressione dell'*equazione generalissima*:

$$\delta L + \lambda \delta C = 0 \tag{2.1}$$

in cui δC è la variazione prima delle equazioni di vincolo e λ è un moltiplicatore di Lagrange. In questo modo, gli spostamenti virtuali da considerare sono liberi da vincoli e non necessitano essere infinitesimi.

In realtà vi è un punto debole nel ragionamento di Piola, ovvero assumere senza provare, l'annullarsi del lavoro delle reazioni vincolari [63]. In ogni caso, anche se Piola fosse stato cosciente di questa debolezza di ragionamento, probabilmente non se ne sarebbe preoccupato troppo. In effetti, dai suoi lavori traspare come egli sia sicuro della correttezza dell'equazione generalissima e che la sua dimostrazione rigorosa sia quasi solo un esercizio di stile, che non può intaccare lo sviluppo della teoria meccanica.

Per mezzo dell'equazione generalissima, l'indiscussa equazione generale del moto, la strategia empirista e positivista di Piola si può applicare in maniera convincente e interessante alla meccanica dei corpi estesi. Nei suoi lavori, Piola critica l'introduzione di ipotesi non verificabili sulla costituzione dei corpi, quali quelle dei meccanici francesi circa i corpuscoli che si scambiano forze centrali. Piola afferma che ci si dovrebbe limitare a fenomeni certi ed evidenti, come per esempio che in un atto di moto rigido la forma di un corpo rimane invariata, per definizione. Solo dopo aver descritto un modello e ricavato equazioni basati esclusivamente sull'osservazione dei fenomeni fisici, dice Piola, può essere ragionevole un'analisi più approfondita usando l'indiscussa equazione dei lavori virtuali:

> Ecco il maggiore vantaggio del sistema della Meccanica Analitica. Esso ci fa mettere in equazione i fatti di cui abbiamo le idee chiare senza obbligarci a considerare le cagioni di cui abbiamo idee oscure [...]. L'azione delle forze attive o passive (secondo una nota distinzione di Lagrange) è qualche volta tale che possiamo farcene un concetto, ma il più sovente rimane [...] tutto il dubbio che il magistero della natura sia ben diverso [...]. Ma nella M. A. si contemplano gli effetti delle forze interne e non le forze stesse, vale a dire le equazioni di condizione che devono essere soddisfatte [...] e in tal modo, saltate tutte le difficoltà intorno alle azioni delle forze, si hanno le stesse equazioni sicure ed esatte che si avrebbero da una perspicua cognizione di dette azioni [280].[17]

L'approccio di Piola alla meccanica è sorprendentemente moderno e può essere ritrovato inalterato in molti manuali moderni di meccanica razionale, come per esempio in quello di Lanczos:

> It frequently happens that certain kinematical conditions exist between the particles of a moving system which can be stated *a priori*. For example, the particles of a solid

---

body may move as if the body were 'rigid' [...]. Such kinematical conditions do not actually exist on a *a priori* grounds. They are maintained by strong forces. It is of great advantage, however, that the analytical treatment does not require the knowledge of these forces, but can take the given kinematical conditions for granted. We can develop the dynamical equations of a rigid body without knowing what forces produce the rigidity of the body [208].[18] (D.2.2)

2.3
Gli scritti di meccanica del continuo

I lavori di Piola di meccanica del continuo riguardano l'idraulica e la meccanica dei corpi solidi estesi, questi ultimi pubblicati negli anni 1825, 1833, 1836, 1848, 1856 [279, 280, 281, 283, 284]. L'articolo del 1825 è ampiamente descrittivo mentre i tre successivi sono molto più densi di significato e per questo motivo si descriveranno con qualche dettaglio. Il lavoro del 1856 [284], pubblicato postumo a cura di Francesco Brioschi, rappresenta una revisione matura del lavoro del 1848. Gli articoli presentano un'esposizione sistematica della statica e della dinamica di continui mono, bi e tridimensionali. Di particolare interesse sono le parti che riguardano le equazioni di bilancio meccanico.

Come di abitudine nella fisica matematica del XIX secolo, i lavori di Piola contengono numerosi sviluppi matematici, spesso scritti per esteso. Per compattezza e solo allo scopo di brevità di notazione, si è scelto di riportarli nella forma compatta dell'algebra multilineare, che Piola non poteva conoscere.[19]

Il primo degli articoli da noi esaminati, quello del 1833, verrà considerato a fondo: pur essendo breve rispetto agli altri due, contiene tutti gli elementi indispensabili e i risultati interessanti dal punto di vista meccanico presenti anche negli altri, che ne costituiscono il naturale completamento e la logica maturazione.

Prima di entrare nel dettaglio dell'articolo ne riportiamo per esteso l'introduzione, che mette in luce in modo netto le posizioni epistemologiche e metodologiche di Piola adottate nella meccanica del continuo durante tutta la sua vita.

La meccanica de' corpi estesi secondo le tre dimensioni, solidi e fluidi di ogni sorta è stata recentemente promossa mediante le ricerche di due insigni geometri francesi, Poisson e Cauchy, i quali trattarono problemi assai difficili per l'addietro non toccati. Il secondo di essi ne' suoi Esercizi di Matematica diede alcune soluzioni in doppio, cioè nell'ipotesi della materia continua, e nell'ipotesi della materia considerata come l'aggregato di molecole distinte a piccolissime distanze: il primo invece, credendo che la supposizione della materia continua non basti a rendere ragione di tutti i fenomeni della natura, si attenne di preferenza all'altra supposizione, bramando rifare con essa

---

[18] pp. 4-5.
[19] L'idea precisa di matrice e il relativo simbolismo si trovano in A. Cayley, *A memoir on the theory of matrices* [92]. La disposizione di dati numerici in tabella deriva dalla teoria dei determinanti, nota a Cauchy, che già dal 1811 adopera una notazione a due indici, cfr. Kline, *Mathematical thought from ancient to modern times* [196] al capitolo 33.

da capo tutta la Meccanica. Prima dei sullodati geometri, Lagrange avea trattati vari problemi relativi alla meccanica de' solidi e de' fluidi, creando una nuova scienza per queste come per tutte le altre quistioni di equilibrio e di moto: intendo parlare della Meccanica Analitica, opera cui anche oggidì si danno molte lodi, e viene chiamata la vera meccanica filosofica ma che nel fatto si riguarda poco più che un oggetto di erudizione. Avendo io avuta nella mia prima giovinezza particolare occasione di fare su quest'opera uno studio pertinace, erami formata un'idea così elevata della generalità e della forza de' suoi metodi, che giunsi a riputarli, in confronto dei metodi antecedentemente usati, un prodigio di invenzione non minore di quello del calcolo differenziale e integrale in confronto dell'analisi cartesiana: e pensai e scrissi essere impossibile che per l'innanzi ogni ricerca di meccanica razionale non si facesse per questa via. Esaminate in seguito le recenti memorie, e avendo notato come in esse non si faccia uso (se non forse qualche rara volta in maniera secondaria) dell'analisi che tanto mi avea colpito, credetti d'essermi ingannato, che cioè le nuove questioni di meccanica non si potessero assoggettare ai metodi della Meccanica Analitica. Provai però a convincermene anche per mezzo di un esperimento: e allora fu molta la mia sorpresa nell'accorgermi che in quella vece esse vi si accomodano egregiamente, e ne ricevono molta chiarezza: un andamento di dimostrazione che accontenta lo spirito: conferma in alcuni luoghi: cangiamento in alcuni altri: e quel che è più, aggiunta di nuovi teoremi. Ecco il motivo che mi determinò a pubblicare una serie di Memorie sull'enunciato argomento, per tentare di ridurre alla mia opinione qualche lettore: ma innanzi alle prove di fatto pensai mettere alcune riflessioni generali dirette a indicare, per quanto almeno è della mia capacità, il profondo di quella sapienza che trovasi nella maggior opera del sommo Geometra italiano.

I. La generalità dei metodi è ragione assai forte per indurci a preferirli ad altri più particolari. Nessuno leggerebbe di presente uno scritto in cui si proponesse di tirare le tangenti alle curve con alcuno dei metodi che precedettero il leibniziano, né farebbe buona accoglienza alla quadratura di uno spazio piano curvilineo conchiusa dietro ragionamenti simili a quelli con cui Archimede quadrò la parabola. Ora l'aver trovato nel calcolo delle variazioni quel punto altissimo in cui si uniscono tutte le questioni di meccanica, e possono in conseguenza essere tutte trattate di una maniera uniforme, è forse qualche cosa di meno grande che l'aver trovata la prima questione geometrica solubile in generale per mezzo della derivata, e la seconda per mezzo della primitiva dell'ordinata che riguardisi come funzione dell'ascissa?

II. Il metodo della M. A. non risulta (se ben si esamina) dalla traduzione in analisi di un solo e semplice principio meccanico, ver. gr. del principio del parallelogrammo, o del principio di D'Alembert: è un metodo che può dirsi l'elaborato di tutti i principi successivamente scoperti nella meditazione delle leggi della natura, e che però colla riunita potenza di tutti si fa strada alla soluzione de' problemi. È noto che un principio meccanico di massimo o minimo trovato da Eulero dietro la considerazione delle cause finali e sviluppato nel secondo supplemento al suo libro *Methodus inveniendi lineas curvas ecc.*, è quello da cui prese Lagrange le prime mosse per l'invenzione del suo metodo fondato sul calcolo delle variazioni.

III. Una questione di meccanica presenta sovente varie parti: i punti alle superficie dei corpi abbisognano di considerazioni particolari che non hanno egualmente luogo per quelli che sono nell'interno de' corpi stessi: e anche per linee individuate in queste superfici e per punti in queste linee possono darsi particolari circostanze. Con metodi meno generali le indicate diverse parti sono discusse successivamente: ma la M. A. le abbraccia tutte a una volta, perché nella sua *equazione generalissima*, dietro un principio noto nel calcolo delle variazioni, si fanno separatamente nulle quantità opportunamente disposte sotto integrali triplicati, duplicati, e semplici: il che distribuisce in varie masse tutte le equazioni dietro le quali si analizza il moto o l'equilibrio compiutamente.

IV. All'utilità di darci il problema svolto e anatomizzato, per così dire, in tutti i particolari un'altra se ne aggiunge non meno importante, quella di farci vedere l'indipendenza in cui rimangono alcune delle indicate equazioni dai cambiamenti introdotti in alcune altre. Se, per esempio, si vogliono trasportare dal caso dell'equilibrio a quello del moto i teoremi fra le pressioni alle superfici dei corpi, si sente il bisogno di una dimostrazione. La M. A. vi supplisce colla semplice osservazione che il passaggio dall'equilibrio al moto introduce mutazione nella sola quantità sottoposta all'integrale triplicato, non alterando quelle che stanno sotto i duplicati, e che quindi le equazioni dedotte da questi ultimi restano le stesse. Come mai dopo veduta questa gran luce potremo ancora adattarci a' ripieghi che in qualche parte sono in urto colla natura della questione?

V. Ecco il maggior vantaggio del sistema della Meccanica Analitica. Esso ci fa mettere in equazione *fatti* di cui abbiamo idee chiare senza obbligarci a considerare le cagioni di cui abbiamo idee oscure: fatti certi invece di cagioni a esprimere l'azione delle quali si formano ipotesi dubbie e non troppo persuadenti. È desso un sistema che abbisogna appunto di quelle sole cognizioni a cui arriva la mente umana con sicurezza, e si astiene o può astenersi dal pronunciare appunto dove non pare possibile mettere un fondo sodo ai nostri ragionamenti. Un sistema che assume pochi dati invece di un gran numero di elementi; un sistema in cui colla stessa fiducia si seguono i più vicini e i più lontani svolgimenti di calcolo, perché non vi si fanno da principio ommissioni di quantità insensibili, che lasciano qualche sospetto di errore non egualmente insensibile nel progresso. Convincersi di tutte queste proposizioni è il frutto di lungo studio sulla M. A. Soggiungerò qualche parola a schiarimento di alcuna di esse.

VI. L'azione delle forze interne attive o passive (secondo una nota distinzione di Lagrange) è qualche volta tale che possiamo farcene un concetto, ma il più sovente rimane alla corta nostra veduta torbida così da lasciarci tutto il dubbio che il magistero della natura sia ben diverso da quelle immagini manchevoli colle quali ci sforziamo di rappresentarcelo. Per un esempio: se trattisi del moto di un punto obbligato a stare sopra una superficie, possiamo rappresentarci con chiarezza la resistenza della superficie siccome una forza che opera normalmente alla superficie stessa, e stabilire con questa sola considerazione le equazioni generali del moto. Se trattasi invece di quelle forze che mantengono la continuità nelle masse in moto, io confesso che, almeno per me, il loro modo d'agire è sì inviluppato, che non posso accontentarmi alle maniere con cui vorrei immaginarmelo. Quando pertanto dietro alcuna di queste maniere io volessi stabilire le equazioni del movimento, non potrei attaccare fede ai risultati del mio calcolo: e molto più se facessi altresì delle supposizioni secondarie, e parecchie di quelle ommissioni accennate più sopra. Ma nella M. A. si contemplano gli effetti delle forze interne e non le forze stesse, vale a dire le equazioni di condizione che debbono essere soddisfatte, o certe funzioni che dalle forze sono fatte variare: questi effetti sono chiari anche nel secondo caso, e in tal modo, saltate tutte le difficoltà intorno alle azioni delle forze, si hanno le stesse equazioni sicure ed esatte che si avrebbero da una perspicua cognizione di esse azioni. Ecco il gran passo: si può poi, se si vuole, rivestire della rappresentazione delle forze i coefficienti indeterminati introdotti in maniera strumentale, e allora, determinati questi coefficienti a posteriori mediante le equazioni meccaniche, acquistare delle cognizioni intorno alle forze stesse. Seguendo un tal metodo nel primo dei due casi sopraccennati il risultato del calcolo si trova perfettamente d'accordo colla rappresentazione che ci eravamo fatta intorno all'intervento della forza passiva, e ciò non può che riuscire di molta soddisfazione. Nel secondo caso poi il risultato è d'accordo con quel tanto che vedevamo a priori: ed è poi un gran conforto il sapere ch'esso è sicuramente giusto anche dove i ragionamenti a priori erano deboli, anche dove entrando essenzialmente l'infinito non potevamo vedere al di là di poche congruenze, anche dove la punta della nostra intelligenza non poteva direttamente in nessuna guisa penetrare.

VII. Insisto su queste idee perché ne consegue, di qualunque valore esser possa, la mia opinione intorno a quella Meccanica fisica che si vuole adesso far sorgere a lato della Meccanica Analitica. Applaudo a questa nuova scienza: ma invece di vederla sorgere a lato della M. A., bramerei vedervela sorgere sopra: e mi spiego. Quando le equazioni dell'equilibrio e del moto siano stabilite dietro principi inconcussi, sarà lecito il far delle ipotesi sulla costituzione interna dei corpi in modo di avere altrimenti le stesse equazioni; e allora quelle ipotesi, se non con sicurezza, almeno con probabilità potranno essere ricevute. Ciò anche servirà per determinare in qualche maniera certe quantità sulle quali l'analisi lagrangiana non pronuncia. Supponendo quindi i corpi come quelle ipotesi danno, potranno dedursi altre ed altre conseguenze che non avranno maggiore probabilità della ipotesi originaria: ma se poi in questo cammino ci sarà dato di avere altri punti di confronto colla natura nei quali non ci troviamo fuori di strada, l'ipotesi primaria acquisterà sempre maggiore consistenza. Non vorrei io però una meccanica fisica di cui le prime equazioni ragionate sopra supposizioni alquanto incerte non ottenessero se noti una lontana conferma, scendendo dal generale al particolare, per qualche corrispondenza con fenomeni osservati. La buona filosofia fatta esperta dalle aberrazioni di molti fra que' pensatori che fabbricarono sistemi intorno alle cose naturali, deduce dalla moltiplicità stessa e contrarietà delle loro opinioni, che non è retto quel metodo di filosofare il quale, senza sufficiente appoggio nel suo principio, ne ha uno soltanto nel suo fine. Se queste riflessioni sono giuste, ognun vede quanto interessi rimettere in credito e in pratica lo studio della M. A. la quale è la sola che a stabilire l'equazioni fondamentali abbisogna di pochi dati la cui verità non è disputabile.

VIII. Resta a sciogliere qualche difficoltà: la M. A. non è scienza al tutto perfetta: essa presenta alcuni passi mancanti e meno veri: essa conduce qualche volta a calcoli intrattabili. Gli ammiratori di Lagrange non vorranno pienamente ammettere queste asserzioni: ma quand'anche si ammettano, esse null'altro provano se non che a Lagrange come a Leibnitz mancò il tempo a riconoscere per intero la vastità di quel concepimento che si era formato nella sua mente, e riconosciutala, informarne altri a tutto agio. Leibnitz lasciò molto a fare ai suoi successori i quali compierono l'edificio di cui egli avea gettati i fondamenti ed erette molte parti: e i Rolle, i Lagny, i Nieuventyt che non vollero portar pietre a questo edificio certamente la sbagliarono. Tocca ai geometri successori di Lagrange a perfezionare la grand'opera ch'egli fondò e portò a tanta altezza: a rettificarne qualche luogo in cui egli pagò un lieve tributo all'umanità senza conseguenze che intacchino la sostanza del metodo, a spianarne qualche altro ove sono certe asprezze, a supplire alcune parti che tuttora si desiderano. E quanto alla malagevolezza e complicazione dei calcoli diremo: nulla è la fatica di un lungo calcolo, quando nel seguirlo sappiamo a non dubitarne che siamo molti uniti colla verità e colla verità giungeremo al fine: è gioja, è godimento in questa fatica sostenuta dall'aspettativa di un largo profitto. I grandi perfezionamenti poi introdotti nella scienza del calcolo dopo la morte di Lagrange valgono a superare alcune difficoltà a cui egli stesso erasi arrestato: ciò che rimane è un invito prezioso onde promuovere anche l'analisi col doppio scopo dell'invenzione e dell'applicazione.

Premesse queste riflessioni generali per fissare l'attenzione dei leggitori sull'eccellenza del metodo lagrangiano a cui intendo di attenermi: farò un brevissimo cenno di quella disposizione che penso dare alle seguenti memorie. Comincerò da una sui corpi solidi rigidi nella quale si vedrà chiaro il modo con cui le nuove ricerche si attaccano alla M. A., e si troverà preparata l'analisi fondamentale che servir deve anche per quanto avrò a dire in appresso. Passerò nella seguente a parlare dei corpi estesi in generale: e quindi le teoriche saranno successivamente sviluppate secondo la concatenazione più naturale [279].[20]

2.3.1
1833. Meccanica de' corpi naturalmente estesi

Il primo articolo di Piola sulla meccanica del continuo, *La meccanica de' corpi naturalmente estesi trattata col calcolo delle variazioni*, risale al 1833. Il titolo è in effetti ambiguo dal momento che all'epoca di Piola il termine *estesi* sottintendeva entrambi gli aggettivi *rigido* e *deformabile*, mentre Piola in questo lavoro studia solo corpi rigidi, qualificandoli come *solidi* (sulla scia di quanto già fatto da Euler e Lagrange). Piola manterrà tale ambiguità per tutto l'articolo, dal momento che userà una notazione estendibile ai corpi deformabili. Ciò deriva dall'intenzione, dichiarata ma non portata a termine, di studiare i corpi deformabili in una seconda parte.[21]

Piola inizia l'articolo caratterizzando i moti rigidi sia globalmente sia localmente. I punti materiali del corpo sono etichettati da due sistemi di coordinate cartesiane. Il primo si riferisce ad assi chiamati a, b, c (come fatto da Lagrange [204][22]) rigidamente connessi col corpo e mobili nello spazio. Il secondo si riferisce ad assi chiamati x, y, z fissi nello spazio ambiente e rispetto ai quali si descrive il moto, secondo quanto illustrato nella Figura 2.1. Denoteremo queste quantità con le liste a_i e x_i, $i = 1, 2, 3$, rispettivamente, o, in breve, **a** e **x**, rispettivamente.

Tra le **x** e le **a** sussiste la condizione di rigidità, espressa, ove il pedice 0 indichi un punto del corpo scelto ad arbitrio, da:

$$\mathbf{x} = \mathbf{x}_0 + \mathbf{Q}(\mathbf{a} - \mathbf{a}_0) \tag{2.2}$$

in cui $\mathbf{Q}$ è la matrice di rotazione dagli assi a_i agli assi x_i con coefficienti i coseni direttori tra gli assi a_i e x_i, che quindi soddisfa le condizioni di ortogonalità:

$$\mathbf{Q}^\top \mathbf{Q} = \mathbf{Q}\mathbf{Q}^\top = \mathbf{I}, \qquad \mathbf{Q}^\top = \mathbf{Q}^{-1}. \tag{2.3}$$

---

[20] pp. 201-206.

[21] In effetti, il titolo dell'articolo contiene la dicitura «Memoria prima», come se l'autore avesse pianificato una serie di articoli. Piola parla altresì, per esempio a p. 227, di una «successiva memoria», sebbene una tale memoria non sia mai apparsa nella rivista.

[22] In Oeuvres, cit., tome XII, sect. XI, art. 4.

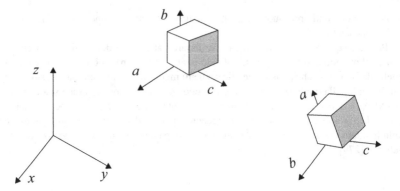

Figura 2.1 Sistema locale e globale di coordinate

Piola dimostra [279][23] che solamente sei delle equazioni scalari risultanti dalla (2.3) rappresentano condizioni indipendenti sui coefficienti di **Q**. Nota altresì che nel moto rigido descritto dalle (2.2) le derivate parziali delle coordinate attuali rispetto a quelle invariabili, raccolte nel gradiente del moto **F**, coincidono con i coseni direttori raccolti in **Q**, ossia:

$$\mathbf{F} = \mathrm{Grad}\,\mathbf{x} = \frac{\partial \mathbf{x}}{\partial \mathbf{a}} = \mathbf{Q}. \tag{2.4}$$

Così per il moto rigido il gradiente **F** è ortogonale, ovvero soddisfa la relazione:

$$\mathbf{F}^{-1} = \mathbf{F}^{\top}.$$

L'operatore differenziale gradiente qui e nel seguito si indicherà con l'iniziale maiuscola (Grad) o minuscola (grad) a seconda che le derivate siano operate rispetto ad **a** o **x**, rispettivamente. Una notazione simile varrà anche per gli integrali definiti valutati nelle configurazioni di riferimento o attuale, rispettivamente.

Come per il titolo con il termine *estesi*, nel seguito dell'articolo Piola mantiene una certa ambiguità anche nelle sue espressioni, dal momento che non opera una distinzione chiara tra quando **F** è il gradiente di un moto rigido, e quindi **F** = **Q** ovvero $\mathbf{F}^{-1} = \mathbf{F}^{\top}$, e quando invece è il gradiente di un moto generico.

A partire dalle (2.3) e (2.4) Piola ottiene le «equazioni di condizione»[24] che esprimono le condizioni locali di rigidezza. Tali condizioni legano **x** e **a** in forma differenziale ed equivalgono a:

$$\mathbf{C} = \mathbf{F}^{\top}\mathbf{F} = \mathbf{I}, \qquad \mathbf{B} = \mathbf{F}\mathbf{F}^{\top} = \mathbf{I}. \tag{2.5}$$

Per la simmetria di **B** e **C** queste relazioni forniscono due insiemi di sei condizioni scalari di vincolo indipendenti. Si noti che sebbene per il moto rigido **B** e **C** siano uguali tra loro e uguali alla matrice unitaria **I**, l'uguaglianza è raggiunta con passaggi

---

[23] *Nota I*[A] in Appendice, pp. 228-230.
[24] Ovvero le equazioni di vincolo; una terminologia simile a quella di Piola è ancora presente, per esempio, in [348].

algebrici diversi e quindi i coefficienti corrispondenti di **B** e **C** sono formalmente diversi tra loro; di conseguenza nei calcoli non è indifferente l'uso di **B** o **C**, potendosi avere passaggi algebrici più o meno complicati.[25]

Le variazioni prime delle (2.5) rappresentano condizioni variazionali locali del vincolo di rigidezza:

$$\delta \mathbf{C} = (\delta \mathbf{F}^\top)\mathbf{F} + \mathbf{F}^\top(\delta \mathbf{F}) = \mathbf{0}, \qquad \delta \mathbf{B} = (\delta \mathbf{F})\mathbf{F}^\top + \mathbf{F}(\delta \mathbf{F}^\top) = \mathbf{0} \qquad (2.6)$$

e forniscono quantità adatte a essere inserite nell'*equazione generalissima* per ottenere le equazioni di bilancio meccanico locale.

Piola cerca poi di capire se ci possano essere meno di sei condizioni scalari indipendenti che esprimano il vincolo di rigidità locale: avanza quindi l'ipotesi che tale numero minimo sia tre e che le altre tre condizioni rendano il problema meccanico indeterminato. Dal punto di vista contemporaneo, accettiamo che un corpo rigido tridimensionale sia staticamente indeterminato per vincoli interni; dalla lettura dell'articolo sembra, tuttavia, che un tale fatto disturbi Piola, che avanza alcune affermazioni piuttosto oscure sull'argomento.[26]

A questo punto Piola inizia a usare le tecniche della meccanica analitica e scrive i «momenti delle forze acceleratrici», ovvero il lavoro virtuale delle densità di massa delle interazioni a distanza **f** (che includono sia le forze di volume sia quelle di inerzia), come un integrale sulla massa del corpo $\mathscr{B}$:

$$\int_{\mathscr{B}} [\mathbf{f} \cdot (\delta \mathbf{x})] dm \qquad (2.7)$$

in cui dm è l'elemento di massa del corpo. Piola riduce poi la (2.7) a un integrale di volume («integrale triplicato») definito sul dominio κ delle coordinate invariabili a_i:

$$\int_\kappa \rho J[\mathbf{f} \cdot (\delta \mathbf{x})] dV \qquad (2.8)$$

dove $dV = da_1 da_2 da_3$ è l'elemento di volume in κ, che può essere interpretata come una configurazione di riferimento, ρ è la densità di massa nella configurazione attuale χ e $J = \det \mathbf{F}$.

---

[25] Nella prima edizione della *MécaniqueAnalytique* (1788) Lagrange studia la statica e la dinamica di fluidi elastici incompressibili. Questo caso viene sviluppato da Lagrange con una notazione apparentemente inutilmente generale, ma che permette all'autore di estendere facilmente lo studio ai fluidi compressibili. Piola sembra seguire questa strada quando inizia a parlare con notazioni ampiamente generali di corpi in moto rigido, per poi dichiarare di voler estendere lo studio ai corpi in moto deformativo. Lagrange introduce l'idea di vincolo locale in idrostatica, per esempio cfr. [204], in Oeuvres, tome XI, sect. VII, art. 13, e lo esprime nella forma $dV = cost.$, in cui dV è un infinitesimo di volume nel senso del XVIII secolo (infinito attuale). Lagrange ottiene poi le equazioni di condizione per gli spostamenti virtuali compatibili con tale vincolo; con i suoi simboli, [204], in Oeuvres, tome XI, sect. VII, art. 11:

$$\delta dV = dV \left(\frac{d\delta x}{dx} + \frac{d\delta y}{dy} + \frac{d\delta z}{dz} \right).$$

Tale risultato era stato ottenuto per primo da Euler usando le velocità invece che le variazioni, si veda [152], p. 290, [350], p. 101. Sebbene Piola non possa accettare la procedura di Lagrange, basata sull'infinito attuale, può ben accettarne la conclusione: le equazioni locali di vincolo devono essere in forma differenziale.

[26] Ciò è messo in evidenza anche in [348], vol I, art. 762, p. 420.

In ciò Piola segue Lagrange che aveva introdotto una configurazione di riferimento diversa da quella attuale nei suoi studi di idrodinamica [204]. Poiché il problema differenziale per la dinamica è in generale più complesso di quello per la statica, Lagrange aveva provato a semplificarlo riportando le equazioni alla configurazione iniziale in cui le coordinate di un elemento fluido sono a, b, c. Tutte le quantità presenti nelle equazioni di bilancio devono allora essere funzioni di a, b, c. In particolare ciò viene fatto per l'elemento di volume:

$$dx\,dy\,dz = J\,da\,db\,dc$$

dove lo jacobiano J, denominato «sestinomio» da Piola, è il coefficiente che rende possibile invertire le espressioni dei due elementi di volume:

> Il est bon de remarquer que cette valeur de $Dx\,Dy\,Dz$ est celle qu'on doit employer dans les intégrals triples relatives à x, y, z, lorsqu'on veut y substituer, à la place des variables x, y, z, des fonctions données d'autres variables a, b, c [203].[27] (D.2.3)

Lagrange riconosce che per i fluidi incompressibili deve essere $J = 1$; ciò nonostante, non semplifica mai tale fattore, così come fa Piola.

Piola continua la sua analisi osservando che la variazione $\delta\mathbf{x}$ nella (2.8) deve essere soggetta al vincolo di rigidità, di cui tiene conto introducendo moltiplicatori di Lagrange opportuni. Poiché le condizioni globali di rigidità sono le sei espresse dalle (2.2), si ottengono sei equazioni globali di bilancio. Per ottenere le equazioni locali di bilancio, Piola afferma di voler utilizzare le condizioni locali di rigidità espresse dalle (2.5) e (2.6); in particolare senza ulteriori precisazioni, dice di voler partire dalla matrice $\mathbf{B}$ e dalle sue variazioni, verosimilmente per la maggiore semplicità dei calcoli rispetto a quelli che si avrebbero partendo dalla matrice $\mathbf{C}$.

Aggiungendo il termine contenente la variazione prima di $\mathbf{B}$ alla (2.8) ne risulta il problema variazionale incondizionato:

$$\int_\kappa \rho J[\mathbf{f} \cdot (\delta\mathbf{x})]dV + \int_\kappa [\mathbf{T} \cdot (\delta\mathbf{B})]dV = 0 \qquad (2.9)$$

in cui $\mathbf{T}$ è una matrice simmetrica di moltiplicatori di Lagrange, ciascuno associato a una delle componenti scalari di $\mathbf{B}$. I coefficienti di $\mathbf{T}$ sono denotati da Piola in modo da riprodurre la notazione di Cauchy [83][28] per le componenti della tensione. Per ottenere espressioni in cui la variazione $\delta\mathbf{x}$ non sia oggetto di derivazione, Piola applica l'integrazione per parti, affermando di seguire regole di calcolo delle variazioni [203].[29]

Il problema variazionale (2.9) porta a due sistemi di integrali definiti, uno su κ e l'altro sul suo contorno. Piola si limita a studiare il primo, dicendo che tratterà del secondo in una memoria successiva, e ottiene:

$$\mathrm{Div}\,(\mathbf{TF}) + \rho J\mathbf{f} = \mathbf{0}\ . \qquad (2.10)$$

---

[27] pp. 284-285.

[28] La notazione di cui si parla si trova già alla pagina 108. Vedi anche la Tabella 2.1 del presente testo.

[29] sect. IV, artt. 14 e 15.

Senza fornire alcun commento su questo risultato, Piola procede a dimostrare che esso si può ridurre alla forma delle equazioni locali di bilancio di Cauchy e Poisson.[30] A questo scopo introduce un teorema che permette di trasformare operatori differenziali rispetto alle variabili spaziali **a** in operatori differenziali rispetto alle variabili spaziali **x** [279].[31] In particolare trova che vale:

$$\text{Div}[\mathbf{T}(J\mathbf{F}^{-\top})] = J \operatorname{div} \mathbf{T}. \tag{2.11}$$

Si noti che la tale relazione è affatto generale, mentre Piola ne limita il campo di validità assumendo implicitamente:

$$J\mathbf{F}^{-\top} = \mathbf{F} \tag{2.12}$$

che è vera solo se $\mathbf{F} = \mathbf{Q}$.

Sostituendo le (2.11) e (2.12) nella (2.10) Piola ricava:

$$\operatorname{div} \mathbf{T} + \rho\mathbf{f} = \mathbf{0} \tag{2.13}$$

e commenta così il risultato ottenuto:

> Osservisi la perfetta coincidenza di questo risultato con quello ottenuto dai due celebri geometri citati dal principio dell'introduzione [Cauchy e Poisson] dietro ragionamenti affatto diversi e nei due casi dell'equilibrio e del moto trattati separatamente. Raccomando di notare che nella mia analisi le A, B, C, D, E, F [i coefficienti di **T**] non sono pressioni che si esercitino sopra diversi piani, ma sono coefficienti, cui nel seguito attaccherò io pure una rappresentazione di forze secondo mi sembrerà più naturale: sono funzioni delle x, y, z, t di forma ancora incognita, ma di cui sappiamo che non cambia passando dall'una all'altra parte del corpo. Mi si può obbiettare che queste equazioni [...] sono state trovate coi metodi della M.A. nel solo caso dei sistemi solidi rigidi, laddove quelle dei due chiarissimi francesi si riferiscono anche a' solidi elastici e variabili. Rispondo che nella seguente memoria farò vedere come esse si generalizzano ad abbracciare tutti i casi contemplati dai citati Autori senza dipartirsi dagli andamenti analitici insegnati da Lagrange [279].[32]

Piola non si accontenta di questo risultato e afferma che per estenderlo al caso generale di corpi deformabili, in cui $\mathbf{B} \neq \mathbf{C}$ è opportuno studiare il problema variazionale che si ottiene usando la variazione di **C** riportata nella (2.6):

$$\int_{\kappa} \rho J[\mathbf{f} \cdot (\delta\mathbf{x})] dV + \int_{\kappa} [\mathbf{P}_2 \cdot (\delta\mathbf{C})] dV = 0 \tag{2.14}$$

dove $\mathbf{P}_2$ è un'altra matrice simmetrica i cui coefficienti sono moltiplicatori di Lagrange, ciascuno associato a uno dei coefficienti di **C** e differenti dai moltiplicatori presenti in **T**. Piola non spiega perché sia convinto che questa procedura sia quella

---

[30] Piola si riferisce evidentemente alle equazioni che si ritrovano per esempio in [83, 86, 289, 290, 291]. Il modello di sostanza è, come abbiamo visto nel Capitolo 1, continuo nei lavori di Cauchy e discreto in quelli di Poisson.
[31] *Nota III*[A] in Appendice, pp. 234-236.
[32] p. 220.

conveniente, così come non aveva spiegato per quale motivo avesse scelto di partire da **B** nel caso del moto rigido, dove **B** = **C**.

Per mezzo di integrazioni per parti e, nuovamente, non considerando il contributo degli integrali di superficie ricava:

$$\text{Div}\,(\mathbf{FP}_2) + \rho J\mathbf{f} = \mathbf{0}\ . \tag{2.15}$$

Ancora una volta Piola non commenta il risultato ma dice di voler nuovamente applicare la regola di trasformazione (2.11). A questo scopo introduce nuove quantità che sono i coefficienti di un'altra matrice simmetrica **S** tale che:

$$\mathbf{S}J\mathbf{F}^{-\top} = \mathbf{FP}_2 \qquad \left(J\mathbf{S} = \mathbf{FP}_2\mathbf{F}^{\top},\quad \mathbf{P}_2 = J\mathbf{F}^{-1}\mathbf{SF}^{-\top}\right)\ . \tag{2.16}$$

Dopo alcuni passaggi ottiene:

$$\text{div}\,\mathbf{S} + \rho\mathbf{f} = \mathbf{0} \tag{2.17}$$

formalmente equivalente alla (2.13), come a Piola preme rimarcare, ovvero equivalente ai risultati dei meccanici francesi.

La seguente Tabella 2.1 confronta alcune delle nostre notazioni con le corrispondenti della *Meccanica de' corpi naturalmente estesi* in modo che si possa comprendere lo spirito con cui abbiamo accorciato le intere espressioni.

2.3.2
1836. *Nuova analisi*

La memoria *Nuova analisi per tutte le questioni della meccanica molecolare* appare nel 1836. In apparenza potrebbe sembrare per Piola il passaggio da un modello continuo "antico" a uno corpuscolare "moderno". In effetti, questo era quanto proposto da Poisson:

> Lagrange est allé aussi loin qu'on puisse le concevoir, lorsqu'il a remplacé les liens physiques des corps par des équations entre les coordonnées de leurs différents points: c'est là ce qui constitue la *Mécanique analytique*; mais à côté de cette admirable conception, on pourrait maintenant élever la *Mécanique physique*, dont le principe unique serait de ramener tout aux actions moléculaires, qui transmettent d'un point à un autre l'action des forces données, et sont l'intermédiaire de leur équilibre [289].[33] (D.2.4)

> L'usage que Lagrange a fait de ce calcul [il calcolo delle variazioni] dans la *Mécanique Analytique* ne convient réellement qu'à des masses continues; et l'analyse d'après laquelle on étend les résultats trouvés de cette manière aux corps de la nature, doit être rejetè comme insuffisante [289].[34] (D.2.5)

---

[33] p. 361.
[34] p. 400.

Tabella 2.1 Qualche confronto tra la nostra notazione compatta e quella di Piola [64]

Equazioni nostre	Equazioni di Piola
$\mathbf{x} = \mathbf{x}_0 + \mathbf{Q}(\mathbf{a} - \mathbf{a}_0)$	$x = f + \alpha_1 a + \beta_1 b + \gamma_1 c$ $y = g + \alpha_2 a + \beta_2 b + \gamma_2 c$ $z = h + \alpha_3 a + \beta_3 b + \gamma_3 c$
$\mathbf{F}^\top \mathbf{F} = \mathbf{I}$	$(\frac{dx}{da})^2 + (\frac{dy}{da})^2 + (\frac{dz}{da})^2 = 1$ $(\frac{dx}{db})^2 + (\frac{dy}{db})^2 + (\frac{dz}{db})^2 = 1$ $(\frac{dx}{dc})^2 + (\frac{dy}{dc})^2 + (\frac{dz}{dc})^2 = 1$ $(\frac{dx}{da})(\frac{dx}{db}) + (\frac{dy}{da})(\frac{dy}{db}) + (\frac{dz}{da})(\frac{dz}{db}) = 0$ $(\frac{dx}{da})(\frac{dx}{dc}) + (\frac{dy}{da})(\frac{dy}{dc}) + (\frac{dz}{da})(\frac{dz}{dc}) = 0$ $(\frac{dx}{db})(\frac{dx}{dc}) + (\frac{dy}{db})(\frac{dy}{dc}) + (\frac{dz}{db})(\frac{dz}{dc}) = 0$
$\int_\kappa \rho J [\mathbf{f} \cdot (\delta \mathbf{x})] dV$	$Sda Sdb Sdc \cdot \Gamma H \left\{ \left[\left(\frac{d^2 x}{dt^2} \right) - X \right] \delta x + \left[\left(\frac{d^2 y}{dt^2} \right) - Y \right] \delta y \right.$ $\left. + \left[\left(\frac{d^2 z}{dt^2} \right) - Z \right] \delta z \right\}$
matrice $\mathbf{T}$	$\begin{pmatrix} A & F & E \\ F & B & D \\ E & D & C \end{pmatrix}$
$\mathrm{div}\mathbf{T} + \rho\mathbf{f} = 0$	$\Gamma \left[X - \left(\frac{d^2 x}{dt^2} \right) \right] + \left(\frac{dA}{dx} \right) + \left(\frac{dF}{dy} \right) + \left(\frac{dE}{dz} \right) = 0$ $\Gamma \left[Y - \left(\frac{d^2 y}{dt^2} \right) \right] + \left(\frac{dF}{dx} \right) + \left(\frac{dB}{dy} \right) + \left(\frac{dD}{dz} \right) = 0$ $\Gamma \left[Z - \left(\frac{d^2 z}{dt^2} \right) \right] + \left(\frac{dE}{dx} \right) + \left(\frac{dD}{dy} \right) + \left(\frac{dC}{dz} \right) = 0$

In realtà, la *Nuova analisi* non è altro che una digressione temporanea nel percorso scientifico di Piola, più subita che intimamente accettata, e unicamente proposta allo scopo di riaffermare la validità dell'insegnamento di Lagrange anche rispetto alle "moderne" proposte di modello di materia:

[. . . il] Sig. Poisson [. . .] vorrebbe ridurre tutto alle sole azioni molecolari. Io mi conformo a questo voto non ammettendo appunto oltre le forze esterne, che un'azione reciproca di attrazione e repulsione [. . .]. Non è già che io creda da abbandonarsi l'altra maniera usata da Lagrange, ché anzi io sono d'avviso che eziandio con essa si possano vantaggiosamente trattare molte moderne questioni, ed ho già pubblicato un saggio di un mio lavoro che può in parte provare questa mia asserzione [281].[35]

Si guadagnarono alcuni nuovi teoremi, ma si perdette gran parte dei vantaggi e delle bellezze di un'analisi elaborata con lungo studio dai nostri maestri [281].[36]

[...] mostrare come si sostenga ancora in gran parte l'analisi di D'Alembert, di Eulero e di Lagrange supponendo coi moderni la materia discontinua: conservare il tesoro di scienza trasmessoci dai nostri predecessori, e nondimeno progredire coi lumi del nostro secolo [281].[37]

E così, pressoché tutte le procedure matematiche contenute in questa memoria derivano dal tentativo di mettere d'accordo i risultati ottenuti dal modello fisico e matematico di sostanza discreta con il modello puramente matematico di sostanza continua. In effetti, Piola non è soddisfatto della procedura di Lagrange che, interpretando le molecole come infinitesimi di volume, trasforma le somme di infiniti termini direttamente in integrali definiti. Di conseguenza, volendo riottenere rigorosamente i risultati di Poisson, sente il bisogno di una matematica più precisa di quella di Lagrange in questo ambito. Todhunter e Pearson forniscono un commento lungo, accurato e dettagliato di tutti gli interessanti aspetti matematici delle prime due sezioni di questa lunghissima memoria [348],[38] con i risultati ottenuti da Piola nell'ambito del calcolo alle differenze finite.

Sempre allo scopo di procedere col massimo rigore, Piola introduce un concetto assai originale, che continuerà a usare anche nei lavori successivi: la *configurazione di riferimento* del corpo. Ancora etichettata dalle coordinate **a**, è una disposizione regolare a reticolo affatto immaginaria, cui Piola attribuisce il significato intuitivo di:

[...] disposizione ideale antecedente allo stato vero nella quale la materia del corpo stesso era contenuta in un parallelepipedo [...] e tutte le *a* non diversificano fra loro che di aumenti eguali ad α, le *b* di aumenti eguali a β, le *c* di aumenti eguali a γ [281].[39]

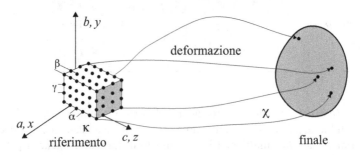

Figura 2.2 Introduzione della configurazione di riferimento

L'uso di questa matrice regolare permette a Piola di scrivere sommatorie in cui le differenze spaziali sono uniformi, talché

> [... fatta salva] l'irregolarità voluta dalla discontinuità della materia, [...] ottengo una regolarità [...] necessaria pel meccanismo del calcolo quale è adoperato da Lagrange nella Meccanica analitica [281].[40]

Piola può allora applicare a tali sommatorie i teoremi che legano sommatoria («integrale finito definito») e integrale definito («integrale continuo definito»). Per mezzo dei teoremi che ha provato nelle prime due sezioni della *Nuova analisi* Piola è in grado di fornire le espressioni delle forze intermolecolari tramite un'opportuna espansione in serie di una funzione di forza non lineare dipendente dalla distanza intermolecolare. Così, ancora con il principio dei lavori virtuali ma senza più necessità di introdurre equazioni di vincolo sulla posizione attuale **x**, Piola ottiene ancora le equazioni locali di bilancio meccanico nella forma:

$$\mathrm{Div}\,\mathbf{P}_1 + \mathbf{f} = \mathbf{0}\;. \tag{2.18}$$

La (2.18) è simile alla (2.15) eccetto per l'assenza di ρJ, la densità di massa nella configurazione di riferimento, supposta uniforme e unitaria. Ciascuno dei coefficienti di $\mathbf{P}_1$ è una funzione non lineare delle derivate successive delle **x** rispetto alle **a**.

Piola trasforma quindi le equazioni locali di bilancio spostandole nella configurazione attuale tramite il suo teorema di trasporto (2.11), presentato nella *Meccanica de' corpi naturalmente estesi*, ottenendo:

$$\mathrm{div}\,\mathbf{T} + \rho\mathbf{f} = \mathbf{0} \tag{2.19}$$

dove ρ è la densità di massa in **x**, $\mathbf{T} = \rho\mathbf{P}_1\mathbf{F}^{\top}$ con **T** simmetrica. In questo modo, fa notare Piola, la (2.19) è simile alla corrispondente equazione ottenuta da Poisson [289],[41] [290].[42] Da notare che Piola sembra attribuire tutta la paternità del modello molecolare a Poisson, tralasciando volutamente i contributi di Cauchy. Questo atteggiamento non è chiaro, visti i rapporti di conoscenza personale e di stima di Piola per Cauchy. Dalmedico [145][43] riporta tra l'altro una lettera di Cauchy a Piola in cui il francese critica il modello continuo e il ricorso al calcolo delle variazioni da parte dell'italiano.

Piola continua introducendo nelle equazioni locali di bilancio i risultati delle sue assunzioni sulle forze intermolecolari. Come postulato da Poisson [289][44] anch'egli prescrive che la forza intermolecolare sia trascurabile a distanze sensibili:

> [...] l'espressione dell'azione molecolare può avere un valore sensibile pei punti estremamente vicini [...], l'azione molecolare è insensibile per distanze sensibili [279].[45]

---

[40] p. 161.
[41] p. 387.
[42] pp. 578-579.
[43] p. 291.
[44] p. 369.
[45] p. 248.

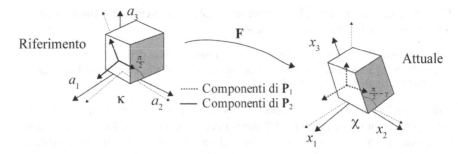

Figura 2.3 Le componenti delle matrici $\mathbf{P}_1$ e $\mathbf{P}_2$

[...] il raggio della sfera di attività dell'azione molecolare, quantunque si estenda a un numero grandissimo di molecole, deve ancora considerarsi una quantità insensibile [279].[46]

Sotto questa ipotesi Piola può applicare una procedura che modernamente viene detta di localizzazione: sviluppa in serie di potenze la legge di azione molecolare e ne trascura i termini di ordine superiore al primo. Poi introduce sei quantità coefficienti di una matrice simmetrica $\mathbf{P}_2$ tale che:

$$\mathbf{P}_1 = \mathbf{F}\mathbf{P}_2, \qquad \mathbf{P}_2 = J\mathbf{F}^{-1}\mathbf{T}\mathbf{F}^{-\top} . \tag{2.20}$$

Abbiamo già fatto notare come nella *Meccanica de' corpi naturalmente estesi* Piola non scriva alcun commento sul significato della sua equazione (2.15) e sui coefficienti che vi compaiono. Nella *Nuova analisi* Piola fornisce invece, sotto l'ipotesi di localizzazione, un'interpretazione fisica per i coefficienti di $\mathbf{P}_1$. Piola dice infatti esplicitamente che queste sono funzioni di **a** che rappresentano le componenti della tensione su piani per un punto **x** corrispondenti a piani passanti per **a** nello stato ideale.

2.3.3
1848. Intorno alle equazioni fondamentali

L'articolo *Intorno alle equazioni fondamentali* [283], presentato nel 1845 e pubblicato nel 1848, contiene una revisione profonda della *Meccanica de' corpi naturalmente estesi*. Piola vuole eliminare incertezze ed errori che egli stesso ammette essere presenti nei lavori precedenti. In effetti, nei dodici anni intercorsi dalla pubblicazione della *Meccanica de' corpi naturalmente estesi* si assiste a una sua forte maturazione in matematica e meccanica, conseguente al consolidamento anche a livello internazionale delle due discipline. In matematica, i contributi di Cauchy alla teoria una

---

[46] p. 253.

dell'integrazione rendono meno problematico il passaggio dal discreto al continuo; in meccanica, Cauchy e Saint Venant hanno chiaramente introdotto l'idea di deformazione. Le differenze principali tra *Intorno alle equazioni fondamentali* e *Meccanica de' corpi naturalmente estesi* sono: la dimostrazione della validità delle equazioni locali di bilancio anche nel caso dei corpi deformabili; lo studio dei termini che appaiono negli integrali di superficie dopo l'applicazione delle tecniche del calcolo delle variazioni; la particolarizzazione delle espressioni anche ai continui bi e monodimensionali.

Piola inizia l'articolo riaffermando la superiorità dell'approccio lagrangiano rispetto agli altri, quasi scusandosi per essersene parzialmente discostato nella *Nuova analisi*, nonché facendo ammenda per le sue ingenuità precedenti:

> Scrissi più volte non parermi necessario il creare una nuova Meccanica, dipartendoci dai luminosi metodi della Meccanica analitica di Lagrange [...]. Però mi stettero e mi stanno anche attualmente contro autorità ben rispettabili, davanti alle quali io dovrei darmi per vinto [...]. Ma [...] credetti convenisse [...riunire] in questa Memoria i miei pensieri sull'argomento [...]. Perocché non dissimulo accorgermi ora che ne' precedenti miei scritti alcune idee non furono esposte con sufficiente maturità: ve ne ha qualcuna troppo spinta, ve ne ha qualch'altra troppo timorosa: certe parti di quelle scritture potevano essere ommesse, [...] a più forte ragione quelle altre che [...] non mi sentirei più di ripetere [283].[47]

Replica a Poisson, che dichiarava troppo astratti i metodi di Lagrange:

> Spero mettere in chiaro nella seguente Memoria che l'unico motivo pel quale la Meccanica Analitica parve restar addietro nella trattazione di alcuni problemi, fu che Lagrange nello scrivere dell'equilibrio e del moto di un corpo solido, non è disceso fino ad assegnare le equazioni spettanti a un solo punto qualunque di esso. Se questo avesse fatto, e lo potea benissimo senza uscire dai metodi insegnati nel suo libro, sarebbe giunto prontamente alle stesse equazioni cui arrivarono con molta fatica i Geometri francesi del nostro tempo, e che ora servono di base alle nuove teoriche. Però quello ch'egli non fece [...] può esser fatto da altri [283].[48]

Nella prima sezione Piola richiama alcune nozioni preliminari, tra cui quella della disposizione ideale con densità di massa uniforme e unitaria facendo dipendere la posizione attuale $\mathbf{x}$ dalla posizione nello stato ideale $\mathbf{a}$, $\mathbf{x} = \mathbf{x}(\mathbf{a})$. Per corpi con densità di massa non uniforme Piola esprime la densità di massa nella configurazione attuale tramite lo Jacobiano J della trasformazione $\mathbf{x}(\mathbf{a})$, così da poter scrivere l'equazione di continuità. In questi passaggi, come egli stesso fa notare, Piola adopera teorie aggiornate di limiti e integrali, che si rifanno ai trattati "moderni" di Lacroix [200][49] e Bordoni [44][50] piuttosto che al "superato" Lagrange; per esempio, passando dal discreto al continuo in una dimensione:

---

[47] pp. 1-2.
[48] p. 4.
[49] vol. 2, p. 97.
[50] vol. 2, p. 489.

Abbiamo un teorema di analisi[51] che ci somministra il mezzo di passare da un integrale finito [cioè una sommatoria] definito a un integrale continuo [ovvero un integrale nel senso abituale] parimenti definito [283].[52]

I casi bi e tridimensionali sono ridotti al monodimensionale.

La seconda sezione dell'articolo è dedicata all'estensione dell'equazione dei lavori virtuali dal discreto al continuo per corpi tri, bi e monodimensionali. Per i primi, Piola ottiene l'equazione dei lavori virtuali nello stato ideale:

$$\int_\kappa [\mathbf{f} \cdot (\delta\mathbf{x})]dV + \int_\kappa [\mathbf{P}_2 \cdot (\delta\mathbf{L})]dV + \Omega = 0 \qquad (2.21)$$

in cui la densità non appare in quanto supposta uniforme e unitaria, $\mathbf{P}_2$ è una matrice simmetrica di moltiplicatori di Lagrange, $\mathbf{L}$ è una matrice simmetrica di equazioni di vincolo e Ω rappresenta il contributo delle forze al contorno.

Nella terza sezione, Piola vuol ricavare il bilancio locale per corpi rigidi, adoperando equazioni di vincolo imposti da $\mathbf{C}$ nella (2.5), ma che sono più generali di quelle ottenute nella *Meccanica de'corpi naturalmente estesi* in quanto qui non è più sottintesa l'identità $\mathbf{F} = \mathbf{Q}$. Con gli stessi mezzi della *Meccanica de'corpi naturalmente estesi*, sebbene usati con maggiore pulizia e rigore, Piola ricava le equazioni locali di bilancio nello stato ideale equivalenti alle (2.15). Subito dopo egli aggiunge che tali equazioni sono per lui prive di significato, in quanto lo stato ideale non rappresenta alcuna configurazione reale del corpo, mentre invece

[. . .] si vorrebbero tramutare queste equazioni [. . .] in altre che non contenessero traccia delle a, b, c e non constassero che di quantità spettanti allo stato reale del corpo [283].[53]

Così, tramite il suo teorema di trasporto, espresso dalla (2.11), Piola ricava le equazioni locali di bilancio nella configurazione attuale, con la forma espressa dalla (2.17).

Nella quarta sezione, Piola ricava le equazioni locali di bilancio per i corpi deformabili. Inizia affermando che, poiché non è possibile fornire in questo caso equazioni di vincolo, ricorrerà a un artificio, che consiste nell'introduzione di una configurazione intermedia χ_p tra quella di riferimento κ e quella attuale χ, su cui sono fissate delle coordinate $\mathbf{p}$. In questo modo il cammino da $\mathbf{a}$ a $\mathbf{x}$ si decompone in un cammino da $\mathbf{a}$ a $\mathbf{p}$ e da $\mathbf{p}$ a $\mathbf{x}$; questo secondo passo è supposto rigido. La densità di massa ρ in χ_p è la stessa che in χ e Piola può scrivere la (2.21) in χ_p per mezzo della trasformazione $\mathbf{p} = \mathbf{p}(\mathbf{a})$:

$$\int_{\chi_p} \rho[\mathbf{f}^* \cdot (\delta\mathbf{x})]dV_p + \int_{\chi_p} [\mathbf{T}^* \cdot (\delta\mathbf{L}^*)]dV_p + \Omega^* = 0 \qquad (2.22)$$

---

[51] Il teorema cui Piola si riferisce si trova per esempio in [200], nella forma:

$$\int u\,dx = h\sum u + \alpha h^2 \sum \frac{du}{dx} + \beta h^3 \sum \frac{d^2u}{dx^2} + \dots,$$

dove $\alpha, \beta, \dots$ sono coefficienti numerici e h è una quantità piccola che rappresenta il passo di discretizzazione.

[52] p. 42.

[53] p. 63.

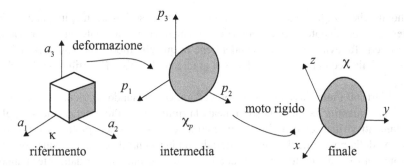

Figura 2.4 Introduzione della configurazione intermedia

dove $\mathbf{f}^*$ è la densità in volume delle forze a distanza viste in χ_p, $\mathbf{T}^*$ è una matrice simmetrica di moltiplicatori di Lagrange, diversa da $\mathbf{P}_2$, la matrice delle equazioni di vincolo $\mathbf{L}^*$ si riferisce alla trasformazione $\mathbf{x}(\mathbf{p})$ e Ω^* rappresenta il contributo delle azioni di superficie viste in χ_p. Questo stratagemma riduce così l'equazione dei lavori virtuali in cui le equazioni di vincolo sono incognite in una in cui queste ultime sono note. In effetti, dal momento che il moto da $\mathbf{p}$ a $\mathbf{x}$ è rigido, le equazioni di vincolo sono quelle imposte da $\mathbf{C}$ nelle (2.5) con $\mathbf{F} = \mathbf{Q}$, essendo $\mathbf{Q}$ la matrice di rotazione dagli assi p_i agli assi x_i, e con le derivate fatte rispetto a $\mathbf{p}$. Le equazioni locali di bilancio in χ_p sono:

$$\operatorname{div}\mathbf{T}^* + \rho\mathbf{f}^* = \mathbf{0} \qquad (2.23)$$

e vengono trasportate in χ per mezzo del solito teorema (2.11), ottenendo

$$\operatorname{div}\mathbf{T} + \rho\mathbf{f} = \mathbf{0}, \qquad \mathbf{T} = \mathbf{Q}\mathbf{T}^*\mathbf{Q}^\top . \qquad (2.24)$$

Piola fornisce un'interpretazione degli integrali di superficie che derivano dall'applicazione del calcolo delle variazioni in termini delle forze superficiali (che chiama *pressioni*) al contorno, nonché prova sempre per mezzo del calcolo delle variazioni una relazione che egli riconosce riflettere il teorema di rappresentazione della tensione dovuto a Cauchy:

$$\mathbf{T}(\mathbf{x})\mathbf{n} = \mathbf{t}(\mathbf{x}, \mathbf{n}) \qquad (2.25)$$

dove $\mathbf{t}$ è il vettore della tensione in $\mathbf{x}$ su una faccia di normale unitaria $\mathbf{n}$ in χ. Piola dimostra che quanto vale per $\mathbf{T}$ vale similmente per $\mathbf{T}^*$, così che i coefficienti di $\mathbf{T}$ o $\mathbf{T}^*$ indifferentemente esprimono l'effetto delle forze locali interne in $\mathbf{p}$ o sul corrispondente $\mathbf{x}$:

[...] le mentovate sei quantità in ambi i casi sono le espressioni analitiche contenenti l'effetto complessivo di tutte le azioni interne sopra il punto generico (p,q,r) ovvero (x,y,z) [283].[54]

---

[54] p. 101.

Da notare che il ragionamento di Piola non è del tutto soddisfacente, in quanto egli pretende ancora di poter scrivere equazioni di vincolo per punti materiali che in realtà sono liberi. Tuttavia, non è da escludere che in qualche modo egli voglia rifarsi al teorema della decomposizione polare del gradiente del moto **F**, attribuito a Cauchy [351].[55]

Nell'art. 60 Piola riassume la sua procedura, cominciando da alcune considerazioni sulle quantità δx. Si è già sottolineata la riluttanza di Piola nel considerare gli spostamenti virtuali quali infinitesimi, e come egli li consideri piuttosto variazioni prime della posizione dei punti materiali soddisfacenti determinate equazioni di vincolo. Ora Piola caratterizza esplicitamente gli spostamenti virtuali, affermando che coincidono con la variazione delle coordinate del medesimo punto riferite a due differenti sistemi cartesiani ruotati l'un l'altro di una quantità piccolissima variabile da punto a punto:

> [...] tal principio sta nel riferimento simultaneo di un qualunque sistema a due terne di assi ortogonali: esso può adoperarsi in due maniere e in entrambe produce grandiosi effetti. Si adopera in una prima maniera [...] a fine di dimostrare il principio delle velocità virtuali, e anche gli altri della conservazione del moto del centro di gravità, e delle aree. Invece di concepire in tal caso le $\delta x, \delta y, \delta z$ dei diversi punti del sistema come velocità virtuali o spazietti infinitesimi descritti in virtù di quel moto fittizio (il quale fu poi altresì detto dopo Carnot un moto geometrico),[56] è assai più naturale e non ha nulla di misterioso il ravvisarle quali aumenti che prendono le coordinate degli anzidetti punti quando il sistema si riferisce ad altri tre assi ortogonali vicinissimi ai primi, come se questi si fossero di pochissimo spostati. [...] allora si capisce chiaro come gli aumenti delle coordinate abbiano luogo senza alterazioni nelle azioni reciproche delle parti del sistema le une sulle altre [283].[57]

Così gli spostamenti virtuali considerati non alterano le forze interne e le equazioni di vincolo nel moto rigido da **p** a **x** possono essere pensate come equazioni di trasformazione di sistemi di coordinate:

> Il riferimento simultaneo del sistema a due terne di assi ortogonali giuoca poi efficacemente in un'altra maniera [...]. Qui s'intende parlare di quel metodo che lascia alle $\delta x, \delta y, \delta z$ tutta la loro generalità e tratta le equazioni di condizione, introducendo moltiplicatori indeterminati. In tal caso la contemplazione delle due terne di assi giova per l'impianto delle dette equazioni di condizione, che altrimenti non si saprebbero assegnare in generale [...]. Un tal punto di vista parmi sfuggito a Lagrange e ad altri

---

[55] p. 111.

[56] Lazare Carnot aveva pubblicato alla fine del Settecento un saggio sulle macchine viste come "scatole nere" con un ingresso e un'uscita quantificate dal lavoro speso e prodotto. Alla base della sua meccanica pone il concetto di lavoro (in realtà potenza) e trasmette questa visione al figlio Sadi. Al fine di introdurre trasformazioni elementari operate dalle macchine, Lazare Carnot introduce l'idea di «mouvement géométrique»:

> [...] si un système de corps part d'une position donnée, avec un mouvement [velocità] arbitraire, mais tel qu'il eût été possible aussi de lui en faire prendre un autre tout-à-fait égal et directement opposé; chacun de ces mouvements sera nommé mouvement géométrique ([67], pp. 23-24). (D.2.6)

[57] p. 110.

Geometri: a esso si riferisce quanto nella presente Memoria può essere più meritevole di attenzione [283].[58]

Le ultime sezioni di *Intorno alle equazioni fondamentali* sono dedicate al moto dei fluidi e alla riformulazione delle espressioni per le forze intermolecolari. Infine i risultati sono estesi ai continui bi e monodimensionali.

Piola muore nel 1850 e nel 1856 Francesco Brioschi, suo allievo e all'epoca professore di Meccanica razionale a Pavia, cura l'edizione postuma del suo ultimo lavoro, *Di un principio controverso* [284]. Questo articolo viene presentato da Brioschi quale completamento naturale e ripensamento di *Intorno alle equazioni fondamentali*. Infatti nel lavoro del 1848 Piola dichiara che la tecnica lagrangiana di anteporre moltiplicatori indeterminati nelle variazioni prime delle equazioni di vincolo contiene ancora qualcosa di poco chiaro e non dimostrato.

In *Di un principio controverso* Piola si sente obbligato a superare queste difficoltà. Nel primo capitolo della memoria dimostra che la variazione prima delle equazioni di vincolo nel moto rigido da χ_p a χ può essere ottenuta semplicemente spostando di una quantità piccolissima il sistema di coordinate attaccato alla configurazione attuale. È evidente come Piola abbia oramai superata la sua originale diffidenza verso gli infinitesimi. Con questa procedura di pensare alla configurazione intermedia come in realtà a una semplice operazione di cambiamento di assi cartesiani, Piola ottiene due risultati. In primo luogo infatti chiarisce in modo pressoché definitivo quanto aveva inizialmente presentato anche alla fine di *Intorno alle equazioni fondamentali*; in secondo luogo supera la difficoltà insita nella definizione della configurazione intermedia χ_p, che in principio è affatto fittizia, per cui potrebbe essere privo di significato operare derivate rispetto a **p**.

A partire da questa dimostrazione Piola riottiene nel resto dell'articolo le equazioni locali di bilancio, estende i risultati a continui bi e monodimensionali, reinterpreta i moltiplicatori di Lagrange come espressioni di forze interne e fornisce una rappresentazione molecolare per queste ultime. In più fornisce un'interpretazione chiara e moderna dei coefficienti di **C** come misure di deformazione, richiama le proprietà dell'ellissoide delle deformazioni finite, ritrova il teorema di Cauchy sulla tensione e scrive equazioni costitutive elastiche localizzate e linearizzate per continui tri, bi e monodimensionali.

Questo lavoro rappresenta dunque il naturale completamento del percorso scientifico di Gabrio Piola, anche se rimane molto poco conosciuto (forse perché pubblicato postumo). Tuttavia, molto dell'approccio contemporaneo alla meccanica si può ritrovare in esso e alcuni notevoli spunti di modernità sono realmente sorprendenti. Nel seguito cercheremo di mettere meglio in evidenza alcuni di questi aspetti.

---

[58] p. 111.

2.3.4
Il principio di solidificazione e le forze generalizzate

Di sicuro uno dei contributi più rilevanti di Piola alla meccanica del continuo è il modo in cui introduce le componenti delle forze interne. Queste non sono concepite secondo una visione meccanicistica come forze scambiate tra molecole o particelle ultime componenti la materia, ma piuttosto come moltiplicatori indeterminati di Lagrange di opportune equazioni di vincolo. Questo approccio, presente in tutti i suoi lavori, è reso particolarmente chiaro in quelli del 1848 e 1856.

Trattando dell'equilibrio dei corpi deformabili, Piola potrebbe seguire le procedure di Lagrange, che tratta i corpi deformabili come fossero rigidi adoperando ciò che Poinsot aveva chiamato *principe de solidification* [287]. Il principio di solidificazione fu usato anche da Stevin nei suoi studi sull'equilibrio dei fluidi *De beghinselen des waterwichts* e da Euler per trattare l'idrostatica nella *Scientia Navalis* [61].[59] Cauchy lo usa in *Recherches sur l'équilibre et le mouvement intérieur des corps solides ou fluides, élastiques ou non élastiques* [80],[60] per introdurre l'idea di tensione in un solido. Successivamente, il principio viene adoperato per studiare sistemi di corpi rigidi o deformabili. Lagrange lo adopera per provare l'equazione dei lavori virtuali [204].[61] Modernamente è più spesso derivato da quest'ultima, per esempio:

> Il n'est pas malaisé de déduire du Principe des vitesses virtuelles et de la généralisation thermodynamique de ce principe la conséquence suivant: Si un système est en équilibre lorsqu'il est assujetti à de certains liaisons, il demeura en équilibre lorsqu'on l'assujettira non seulement à ces liaisons mais encore à des nouvelles liaisons compatibles avec les premiè res [153].[62] (D.2.7)

Secondo il principio di solidificazione, le forze, attive, interne in un corpo deformabile sono equivalenti alle forze, passive, ottenute trattando il corpo deformabile come se fosse irrigidito nella configurazione deformata, scegliendo un'opportuna espressione dei vincoli di rigidità. Ecco ciò che dice Lagrange sull'argomento:

> On ajoutera donc cette intégrale $SF\delta ds$ à l'intégrale $SX\delta x + Y\delta y + Z\delta z$, qui exprime la somme des momens de toutes les forces extérieures qui agissent sur le fil [...], & égalent le tout à zéro, on aura l'équation générale de l'équilibre du fil à ressort. Or il est visible que cette équation sera de la même forme que celle [...] pour le cas d'un fil inextensible, & qu'en y changeant F en λ, les deux équations deviendront même identiques. On aura donc dans le cas présent les mêmes équations particulieres pour l'équilibre du fil qu'on a trouvées dans le cas de l'art. 31, en mettant seulement dans celle-ci F à la place de λ [204].[63] (D.2.8)

In altre parole, Lagrange afferma che con l'introduzione della variazione prima dei vincoli interni le forze elastiche interne possono essere considerate alla stregua di reazioni vincolari. Piola non ne è convinto:

---

[59] pp. 17-18.
[60] pp. 9-13.
[61] sect. II, art. 1.
[62] pp. 36-37.
[63] p. 100.

[Lagrange] nella sua M. A. [...] adottò un principio generale (§ 9. della Sez. II^a, e 6. della IV^a),[64] mediante il quale l'espressione analitica dell'effetto di forze interne attive riesce affatto analoga a quella che risulta per le passive quando si hanno equazioni di condizione: il che si ottiene assumendo dei coefficienti indeterminati e moltiplicando con essi le variate di quelle stesse funzioni che rimangono costanti per corpi rigidi, o inestensibili, o liquidi. Se ci conformassimo a un tal metodo, potremmo a dirittura generalizzare i risultamenti ai quali siamo giunti nel capitolo precedente: io però preferisco astenermene, giacché la mia ammirazione pel grande Geometra non m'impedisce di riconoscere come in quel principio rimanga tuttavia alcun che di oscuro e di non dimostrato [283].[65]

Il rigetto da parte di Piola dell'uso lagrangiano del principio di solidificazione discende da due fattori. Il primo è che tale principio appare intuitivo ma non deriva da una procedura formalizzata, cosa che Piola non può accettare per via della formazione "rigorosa" e "formale" della scuola di Brunacci; il secondo è che tale uso richiede la definizione di azione interna e deformazione, che Piola non vuole dare, almeno non in *Intorno alle equazioni fondamentali*. Solo nel lavoro del 1856 riesce a formalizzare una nuova via di dimostrazione, però a condizione di adottare di fatto l'uso lagrangiano del principio di solidificazione, riconoscendo esplicitamente il ruolo dei coefficienti di **C** nella (2.5) quali rappresentativi di deformazioni. Inoltre, la sua sfiducia nei confronti degli infinitesimi appare ammorbidita dalla rigorosa definizione di differenziale data da Cauchy, sebbene egli non la adotti esplicitamente. In effetti, nelle sue considerazioni metriche egli evita di usare l'elemento di lunghezza ds ma preferisce considerare la quantità $s' = \sqrt{x'^2 + y'^2 + z'^2}$, che chiama *elemento di arco*, ove l'apice sta a indicare la derivata rispetto a un parametro scalare nella configurazione ideale.

Nel caso tridimensionale (articoli 29 e 33) Piola sviluppa considerazioni geometriche che riflettono in parte i lavori di Cauchy [88] pur mantenendo una certa originalità. Per gli elementi di arco che nello stato ideale hanno in un dato punto P tangente caratterizzata dai coseni direttori $\alpha_1, \alpha_2, \alpha_3$, il quadrato dell'elemento di arco s' nella configurazione attuale è dato da:

$$(s')^2 = \sum_{i,j} C_{ij} \, \alpha_i \alpha_j \qquad (2.26)$$

dove i C_{ij} sono i coefficienti di **C** nella (2.5) valutati nel punto P; i C_{ii} coincidono con il coefficiente ε che Cauchy chiama la *dilatation linéaire* [88][66] ed espressioni analoghe sono ottenute per i coseni degli angoli tra due curve.

La critica di Piola all'approccio lagrangiano adesso diviene mirata e circostanziata e non è limitata solo alla denuncia di aspetti oscuri e non dimostrati rigorosamente:

Infatti molte possono essere contemporaneamente le espressioni di quantità che le forze interne di un sistema tendono a far variare; quali di esse prenderemo, quali ommetteremo? Chi ci assicura che adoperando parecchie di tali funzioni soggette a mutamenti per

---

[64] La citazione di Piola non è del tutto corretta, in quanto in queste sezioni Lagrange parla di vincoli in generale.
[65] p. 76.
[66] p. 304.

l'azione delle forze interne, non facciamo ripetizioni inutili, esprimendo per mezzo di alcune un effetto già scritto con altre? E non potrebbe invece accadere che ommettessimo di quelle necessarie a introdursi affinché l'effetto complessivo delle forze interne venga espresso totalmente? [284].[67]

Piola tuttavia ritiene di aver fornito la risposta a queste domande negli sviluppi degli ultimi suo lavori:

> Circa la questione: *quali* sono le funzioni fatte variare dalle forze interne che si debbono usare a preferenza di altre, ho dimostrato che sono que' trinomj alle derivate [...] [ovvero i coefficienti della matrice **C** nella (2.5)]. Relativamente all'altra questione: *quante* poi debbano essere tali funzioni [...] ho risposto quante ce ne vogliono per risalire alle variate di que' trinomj poste uguali a zero [284].[68]

A questo punto Piola può scrivere senza alcun dubbio residuo la (2.21) anche per i corpi deformabili, in cui δL non rappresenta tanto la variazione di equazioni di vincolo quanto la variazione prima della deformazione, data da δC. Ciò mette in nuova luce anche il ruolo dei moltiplicatori indeterminati, non limitandosi all'uso fattone da Lagrange [204][69] ma concependo azioni interne molto generali e anticipando gli approcci moderni alla meccanica del continuo con struttura quali quelli dei Cosserat [120], [121]. In effetti, è evidente come, trattando continui monodimensionali, Piola introduca la torsione della linea d'asse come misura di deformazione e definisca l'azione interna duale come il corrispondente moltiplicatore di Lagrange:

> Il concetto che Lagrange voleva ci formassimo delle forze, e che esponemmo nel prologo, è più generale di quello universalmente ammesso. S'intende facilmente da tutti essere la forza una causa che mediante la sua azione altera la grandezza di certe quantità. Nel caso più ovvio, avvicinando un corpo o un punto materiale ad un altro, cambia distanze, ossia fa variare lunghezze di linee rette: ma può invece far variare un angolo, una densità, ecc. In questi altri casi il modo di agire delle forze ci riesce oscuro, mentre ci par chiaro nel primo: ma forse la ragione di ciò è estrinseca alla natura delle forze. Per verità anche in quel primo caso non si capisce come faccia la forza a infondere la sua azione nel corpo sì da diminuirne od accrescerne la distanza da un altro corpo: nondimeno noi vediamo continuamente il fatto: l'osservazione giornaliera sopisce in noi la voglia di cercarne più in là. Se però sottilmente esaminando si trova che qui pure il modo di agire delle forze è misterioso, nessuna meraviglia ch'esso ci appaja oscuro negli altri casi. Voler ridurre in ogni caso, l'azione delle forze a quella che diminuisce una distanza, è impiccolire un concetto più vasto, è un non voler riconoscere che una classe particolare di forze. Generalmente parlando, a qual punto possono essere spinte le nostre cognizioni intorno alle cause che sottoponiamo a misura? forse a comprenderne l'intima natura, e il vero modo con cui agiscono? [...] Radunato tutto quanto vi è d'incognito nella unità di misura della stessa specie, noi diciamo di conoscere la quantità, lorché possiamo assegnarne i rapporti colla detta unità assunta originariamente arbitraria. Ora eziandio quando si concepiscono le forze alla maniera più generale

---

[67] p. 391.
[68] p. 421.
[69] sect. V.

di Lagrange, cioè siccome cause che fanno variare quantità talvolta diverse dalle linee, concorrono i dati necessari a poter dire che sappiamo misurarle: si ha tutto ciò che ragionevolmente ci è lecito di pretendere: se pare che ci manchi l'immagine con che rivestirne il concetto, è perché vogliamo colorirla come nel caso particolare delle forze che agiscono lungo le rette: un fondo incognito rimane sempre tanto in questi casi più generali, come in quello sì comune [284].[70]

2.3.5
I tensori della tensione e il teorema di Piola

L'influenza di Piola si sente nello sviluppo della meccanica fino ai giorni nostri. Infatti si trovano rimandi a Piola in alcune importanti monografie di inizio Novecento [258],[71] [188][72] in cui la trattazione della meccanica coincide sostanzialmente con quella contemporanea. È inoltre abituale nella meccanica contemporanea attribuire a Piola:

a) due tensori di tensione (applicati alla normale unitaria a una faccia nella configurazione di riferimento, uno fornisce la tensione attuale e l'altro la tensione attuale riportato nella configurazione di riferimento) [353],[73] [352],[74] [221],[75] [183],[76] [350];[77]

b) un teorema sulla derivazione delle equazioni di bilancio dall'equazione dei lavori virtuali (più esattamente, della potenza virtuale) [258],[78] [188],[79] [353],[80] [352],[81] [221],[82] [350].[83]

I lavori di Piola contengono molti spunti interessanti dal punto di vista contemporaneo. Innanzitutto, le coordinate a_i sono per lui fondamentali e nella *Meccanica de' corpi naturalmente estesi* Piola le dichiara indipendenti dal tempo. Così, sebbene non sia mai affermato esplicitamente, appare chiaro che queste coordinate forniscono una descrizione referenziale del moto rispetto a una configurazione di riferimento κ. Nella *Nuova analisi* Piola fa un notevole passo avanti: l'introduzione dello stato ideale e la posizione delle **a** in esso coincide con il fissare una configurazione di riferimento nel senso di Truesdell [350],[84] una forma utile per i calcoli, ma che in

---

[70] pp. 456-457.
[71] p. 23.
[72] p. 620.
[73] pp. 553-554.
[74] pp. 124-125.
[75] pp. 220-224.
[76] pp. 178-180.
[77] p. 185.
[78] p. 23.
[79] p. 620.
[80] pp. 595-600.
[81] pp. 124-125.
[82] pp. 246-248.
[83] p. 185.
[84] p. 96.

linea di principio non coincide con alcuna delle forme che il corpo ha assunto o assumerà. Piola non sembra cogliere in pieno l'importanza di una tale formulazione, oggi alla base di molte trattazioni della meccanica, e appare affrettarsi a concentrarsi solo sulla configurazione attuale χ, come avevano fatto i meccanici francesi suoi contemporanei e come messo in evidenza con la citazione al paragrafo 2.3.3: χ è il solo stato "reale" del corpo.

Un altro punto interessante è la definizione implicita, trattando equazioni di vincolo, di quelli che oggi vanno sotto il nome di tensori destro (C) e sinistro (B) di deformazione di Cauchy-Green. Come noto, C fornisce la metrica nella configurazione attuale rispetto a quella di riferimento, mentre B^{-1} opera di converso. Quando Piola impone che la metrica sia l'identità I, ciò equivale a imporre una metrica invariata lungo il moto. Tra le misure di deformazione adoperate ai tempi nostri vi sono i tensori destro e sinistro di Green-Saint-Venant,

$$M = \frac{1}{2}(C - I), \qquad N = \frac{1}{2}(B^{-1} - I) \tag{2.27}$$

e la condizione locale di rigidità di Piola espressa da C e B nella (2.5) equivale all'annullarsi di M e N nella (2.27), caratteristica di un moto rigido.

All'inizio della sua opera Piola non appare interessato a definire una misura di deformazione, mantenendo una certa ambiguità, ma col passare del tempo cambia approccio e lo rende chiaro e formalizzato in *Di un principio controverso*. L'ambiguità che nel suo primo lavoro Piola mantiene nei confronti del generico gradiente di moto F e il gradiente di un moto rigido Q fa inoltre sì che alcune delle sue equazioni non siano sempre "impeccabili". Infatti in un moto rigido la (2.5) implica che $C = B(= I)$, mentre in generale $C \neq B$ per la non commutatività del prodotto tra tensori. Nella *Meccanica de' corpi naturalmente estesi* Piola non distingue le equazioni di vincolo in termini di B o C e i suoi moltiplicatori di Lagrange si interpretano come componenti di tensione in χ; poiché comunque è B^{-1} e non B a fornire una metrica, le equazioni locali di bilancio che derivano dall'uso di B non hanno significato fisico, dal momento che $F \neq Q$. Piola si corregge già nell'ultima parte della *Meccanica de' corpi naturalmente estesi* e nei lavori successivi non mostra mai gli stessi dubbi, adoperando solamente C. Appare comunque evidente che ragionamenti metrici veri e propri sulla deformazione siano presenti solo in *Di un principio controverso*, per cui appare come se Piola prima di ciò intuisse, più che provare logicamente, che fosse corretto dal suo punto di vista usare C.

Un lettore contemporaneo vede nei moltiplicatori di Lagrange elencati in P_2 e in $P_1 = FP_2$ rispettivamente le componenti dei così detti secondo e primo tensore della tensione di Piola; la matrice S nella (2.16) è equivalente alla matrice T nella (2.19) e coincide con la matrice del tensore di tensione di Cauchy. Nella *Meccanica de' corpi naturalmente estesi* Piola non fornisce alcuna interpretazione meccanica per queste quantità e per le equazioni di bilancio (2.15). Inoltre, i coefficienti di S non sono introdotti come una matrice di moltiplicatori di Lagrange (come dovrebbe essere per il loro significato di componenti della tensione), bensì come mero artificio matematico per poter applicare il suo teorema di trasporto (2.11). Il fatto che nello stesso articolo Piola tralasci di studiare e fornire l'interpretazione anche dei termini che derivano dagli integrali di superficie fa sì che molti dei risultati che possono facilmente risultare dal suo approccio rimangono in qualche modo nascosti. Anche su questi aspetti l'atteggiamento di Piola cambia nei lavori successivi: dal trattamento delle forze intermolecolari appare evidente che le componenti di $\mathbf{P}_1$ hanno il significato di forze interne e che le equazioni che si ottengono in termini di essi sono locali di bilancio. Piola osserva che

> Le equazioni generali del moto di un punto qualunque (x,y,z) del corpo sono le (56) [le nostre (2.18)] ove le L_1, L_2, ecc. [i coefficienti di $\mathbf{P}_1$] [...] si riducono a dipendere [...] [dal]la sola incognita $\psi(S)$ relativa all'azione molecolare. Ben è vero, che [...] le trovate equazioni si rapportano a quella composizione delle x,y,z in a,b,c che è ignota anzi inassegnabile; ma passiamo ora a vedere in qual modo, fermato il vantaggio di formole ottenute rigorosamente, si sormonta in quanto agli effetti l'accennata difficoltà [281].[85]

Poiché lo stato ideale è virtuale, le equazioni devono essere trasportate nella configurazione attuale reale. Notevole come nella *Nuova analisi* Piola introduca una configurazione intermedia, quella assunta dal corpo all'istante iniziale, ma invece di generalizzare le sue equazioni a questa configurazione iniziale si concentra ancora su quella attuale, ricavando equazioni locali di bilancio nella forma di Cauchy in termini dei coefficienti di $\mathbf{P}_2$, espressioni di azioni molecolari. Le espressioni fornite da Piola (le nostre (2.20)) sono quelle presenti e accettate nella moderna meccanica del continuo [353],[86] [352],[87] [221],[88] [183],[89] così come l'interpretazione delle componenti di $\mathbf{P}_1$ in termini di azioni di contatto.

È molto interessante notare anche che, sebbene le condizioni locali di rigidezza non possano essere usate per ottenere le equazioni di bilancio per corpi deformabili (per cui non sono scrivibili equazioni di vincolo), Piola non le usi direttamente ma usi piuttosto le loro variazioni prime. Queste quantità si interpreterebbero oggi come funzioni delle velocità di deformazione virtuale ed espressioni come la (2.21) si leggerebbero: la potenza meccanica totale spesa su un atto di moto rigido svanisce. Un tale approccio, ancora incerto nella *Meccanica de' corpi naturalmente estesi*, viene invece molto chiaramente espresso in *Intorno alle equazioni fondamentali* e soprattutto in *Di un principio controverso*, dove Piola chiaramente afferma che il suo è un procedimento originale e potente, così come gli viene riconosciuto negli anni successivi in alcune monografie [258],[90] [188],[91] tanto da attribuirgli il nome di *teorema di Piola* [353],[92] [221],[93] [351].[94]

In queste monografie si riconosce a Piola il merito di aver ricavato le equazioni locali di bilancio solo per via geometrica, grazie al ben accetto principio d'annulla-

---

[85] p. 202.
[86] pp. 553-554.
[87] pp. 124-125.
[88] pp. 224-225.
[89] pp. 178-180.
[90] pp. 23-24.
[91] p. 620.
[92] pp. 596-597.
[93] pp. 246-248.
[94] p. 185.

mento della potenza spesa sugli atti di moto rigido. In particolare, Hellinger pone l'attenzione sul fatto che:

> [... es gibt] eine andere Auffassung des Prinzipes der virtuellen Verrückungen, die von vornherein nur die eigentlichen *Kräfte*, die Massenkräfte X, Y, Z und die Flachenkräfte $\bar{X}, \bar{Y}, \bar{Z}$ als gegeben betrachtet; es ist die folgende leichte Fortbildung der Formulierung von *G. Piola*: *Für das Gleichgewicht ist notwendig, dass die virtuelle Arbeit der angeführten Kräfte*
>
> $$\int\int\limits_{(V)}\int (X\delta x + Y\delta y + Z\delta z)dV + \int\int\limits_{(S)}(\bar{X}\delta x + \bar{Y}\delta y + \bar{Z}\delta z)dS.$$
>
> *verschwindet für alle* [... starren Bewegungen] *des ganzen Bereiches V* [... so dass] die *Komponenten der Spannungsdyade als Lagrangesche Faktoren gewisser Starrheitsbedingungen* erweisen [188].[95] (D.2.9)

Di sicuro la trattazione che si trova in *Di un principio controverso* è rigorosa, moderna e completa, tuttavia il provincialismo dell'ambiente italiano dell'epoca e la pubblicazione postuma hanno reso quasi sconosciuto questo articolo, di cui non si trova citazione in nessuna delle monografie precedentemente riportate.

2.3.6
I tensori della tensione di Piola-Kirchhoff

Il nome di Piola è associato ai tensori della tensione riportati nella configurazione di riferimento da Truesdell e Toupin, i quali tuttavia aggiungono al nome di Piola quello di Kirchhoff. Quest'ultimo infatti era ben conscio di aver introdotto nei suoi lavori una nuova idea (la tensione riportata nella configurazione di riferimento, non confondibile con quella attuale per deformazioni finite), tuttavia la sua trattazione matematica non è precisa come quella di Piola. La complementarità delle due trattazioni giustifica la giustapposizione dei nomi di Piola e Kirchhoff.

Kirchhoff presenta la sua idea in un lavoro del 1852 [194][96] in cui studia l'equilibrio elastico in presenza di spostamenti finiti, dichiarandosi ispirato da Saint Venant [315]. Quest'ultimo aveva formulato una definizione chiara di deformazione finita, attualmente detta di Green-Saint Venant, e aveva fornito spunti su come ricavare le equazioni di bilancio per spostamenti non infinitesimi, affermando che

> [...] lorsque les pressions sont prises sur les planes légèrement obliques dans lesquels se sont changés les trois plans matériels primitivement rectangulaires et parallèles aux coordonnées, on a, pour les six composantes, les mêmes expressions, en fonction des dilatations et des glissements [le componenti del tensore di Green-Saint-Venant], que lorsque les déplacements sont très petits [315].[97] (D.2.10)

---

[95] p. 620.
[96] pp. 762-773.
[97] p. 261.

Questa conclusione appare molto poco chiara ed è probabilmente la causa delle incertezze di Kirchhoff. Non è chiaro se Kirchhoff segua di proposito un ragionamento approssimato o se i suoi siano errori veri e propri. Secondo Todhunter e Pearson [348][98] Kirchhoff si accorge della debolezza dell'articolo in questione e non lo vuole ripubblicare nelle sue *Gesammelte Abhandlungen*. Queste sono le parole di Kirchhoff (alcuni refusi evidenti sono stati emendati):

> Ich werde die Coordinaten eines Punktes nach der Formänderung ξ, η, ζ nennen, die Coordinaten desselben Punktes vor derselben, x, y, z. Im natürlichen Zustande des Körpers denke ich mich durch den Punkt (x, y, z) drei Ebenen gelegt, parallel den Coordinaten-Ebenen; die Theile dieser Ebenen, welche unendlich nahe an den genannten Punkte liegen, gehen bei der Formänderung in Ebenen über, die mit den Coordinaten-Ebenen schiefe, endliche Winkel bilden, mit einander aber Winkel, die unendlich wenig von 90° verschieden sind. Die Drucke, die diese Ebenen nach der Formänderung auszuhalten haben, denke ich mich in Componenten nach den Coordinaten-Axen zerlegt, und nenne diese Componenten: $\mathbf{X}_x, \mathbf{Y}_x, \mathbf{Z}_x, \mathbf{X}_y, \mathbf{Y}_y, \mathbf{Z}_y, \mathbf{X}_z, \mathbf{Y}_z, \mathbf{Z}_z$, in der Art, dass z. B. $\mathbf{Y}_x$ die y Componente des Druckes ist, den die Ebene auszuhalten hat, die von der Formänderung senkrecht zur x Axe war. Diese neun Drucke sind im Allgemeinem schief gegen die Ebenen gerichtet, gegen die sie wirken, und es sind nicht drei von ihnen drei anderen gleich, wie es bei unendlich kleinen Verschiebung der Fall ist. Stellt man die Bedingungen dafür auf, dass ein Theil des Körpers sich im Gleichgewichte befindet, der vor der Formänderung ein unendlich kleines Parallelepipedum ist, dessen Kanten parallel den Coordinaten-Axen sind, und die Längen dx, dy, dz haben, so kommt man zu den Gleichungen:
>
> $$\left. \begin{aligned} \rho\mathbf{X} &= \frac{\partial \mathbf{X}_x}{\partial x} + \frac{\partial \mathbf{X}_y}{\partial y} + \frac{\partial \mathbf{X}_z}{\partial z} \\ \rho\mathbf{Y} &= \frac{\partial \mathbf{Y}_x}{\partial x} + \frac{\partial \mathbf{Y}_y}{\partial y} + \frac{\partial \mathbf{Y}_z}{\partial z} \\ \rho\mathbf{Z} &= \frac{\partial \mathbf{Z}_x}{\partial x} + \frac{\partial \mathbf{Z}_y}{\partial y} + \frac{\partial \mathbf{Z}_z}{\partial z} \end{aligned} \right\} \dots \qquad 1)$$
>
> wenn man mit ρ die Dichtigkeit des Körpers, mit $\mathbf{X}, \mathbf{Y}, \mathbf{Z}$ die Componenten der beschleunigenden Kraft bezeichnet, die auf den Körper im Punkte (ξ, η, ζ) wirkt. Man kommt zu diesen Gleichungen, indem man benützt, dass die Winkel und die Kanten des Parallelepipedums sich nur unendlich wenig geändert haben, übrigens aber dieselben Betrachtungen anstellt, durch die man bei unendlich kleinen Verschiebungen diese Gleichungen beweist [194].[99] (D.2.11)

Le equazioni 1) di Kirchhoff riportate sopra non appaiono coerenti con quanto visto in precedenza. Sebbene abbiano forma simile alle (2.15) e (2.18), non sono coincidenti con esse per due motivi. Il primo è che non sono fornite informazioni sul cambiamento di metrica durante la deformazione (in particolare sul cambiamento d'area) tra le configurazioni di riferimento e attuale; di conseguenza, non è detto che le $\mathbf{X}_x, \mathbf{Y}_x, \dots$ coincidano con le componenti del primo tensore della tensione di Piola. Il secondo è che non viene specificato dove sia misurata la densità ρ; se si trattasse della densità di massa per unità di volume nella configurazione attuale, come sembrerebbe dalle parole di Kirchhoff, ciò sarebbe incoerente con le (2.15), dal

---

[98] vol. II-2, art. 1244, p. 50.
[99] pp. 762-763.

momento che la densità dev'essere calcolata rispetto al volume nella configurazione di riferimento. È ben strana una tale imprecisione in un fisico matematico esperto come Kirchhoff, probabilmente indotto in queste incoerenze dal fatto di trattare spostamenti finiti e piccole deformazioni, come suggerito da Saint-Venant:

> [...] les distances mutuelles de points très-rapprochées ne varient que dans une petite proportion [315].[100] (D.2.12)

È lecito dunque supporre che Kirchhoff consideri il corpo come quasi indeformato, così che aree e volumi rimangano pressoché invariati. In tal caso si possono ricavare le equazioni locali di bilancio nella configurazione attuale e proiettarle nella configurazione di riferimento tramite procedure abituali. Se ρ è la densità nella configurazione di riferimento, ciò dovrebbe portare alle 1) di Kirchhoff.

Appare quindi che le trattazioni di Piola e Kirchhoff siano in qualche modo speculari: Piola introduce in modo formalmente ineccepibile i suoi tensori della tensione come mero artificio matematico per lo sviluppo della procedura variazionale, senza curarsi dell'interpretazione fisica. Di contro, Kirchhoff ha ben chiara la necessità di trattare componenti di tensione distinte da quelle di Cauchy in spostamenti finiti (poi introduce anche quantità analoghe al secondo tensore di Piola allo scopo di ottenere relazioni costitutive), ma è sorprendentemente lacunoso sugli sviluppi matematici.

Il lavoro di Piola sembra essere stato dimenticato dopo la sua morte anche in Italia, visto che non se ne trova traccia nel manuale di Cesaro [103], in alcuni dei lavori più importanti di Signorini [323],[101] [324],[102] nel manuale di Grioli [182]. In più, le equazioni locali di bilancio riportate nella configurazione di riferimento vengono chiamate "di Kirchhoff" da Signorini [325, 326] e attribuite a Boussinesq [50][103] dallo stesso Signorini [324], da Brillouin [53] e da Truesdell e Toupin [353]. Neanche il notissimo manuale di Love [218] cita Piola.

La riscoperta del meccanico italiano è probabilmente dovuta a Truesdell, profondo conoscitore della storia della meccanica, della lingua italiana e della scuola tedesca di meccanica per via di Walter Noll. Di certo Piola fu una figura brillante per la sua epoca, limitato dal provincialismo e dall'isolamento anche politico della scuola italiana, ma di grandi intuiti e potenti risultati, che trasmise ai suoi pochi allievi, Francesco Brioschi tra tutti.

---

[100] p. 261.
[101] vol. 12, pp. 312-316.
[102] pp. 411-416.
[103] eqq. (2.3) e (2.3*bis*) in § I, pp. 513-517.

Betti, Beltrami e le loro scuole

3

La fase di formazione del Regno di Italia rappresentò un momento di ripresa degli studi matematici. L'unità politica facilitò l'inserimento dei matematici italiani nel contesto della ricerca europea, in particolare in quella tedesca, grazie anche a un celebre viaggio intrapreso nel 1858 da alcuni giovani matematici tra cui Francesco Brioschi, Enrico Betti e Felice Casorati in Germania (e in Francia). In pochi anni si assistè allo sviluppo di alcune scuole che manterranno il loro ruolo anche nel Novecento. Tra queste scuole quelle promosse da Enrico Betti ed Eugenio Beltrami sono senza dubbio le più importanti. Nel presente capitolo presentiamo brevemente il contributo dei due capiscuola e dei loro principali allievi.

3.1
Enrico Betti

Enrico Betti (Pistoia 1823 – Soiana [Pisa] 1892) perse il padre da bambino e fu istruito dalla madre. Studiò all'università di Pisa e fu allievo di Ottaviano Mossotti, professore di fisica matematica con interessi in idrodinamica, capillarità, ottica. Si laureò nel 1846, quando Leopoldo di Toscana istituì a Pisa «una Scuola Normale Teorica e Pratica, che serva alla formazione di abili, e idonei Maestri» [47]. [1]

Oltre a Mossotti, erano professori allo studio pisano l'astronomo Giovanni Battista Amici, Pietro Obici, che insegnava le applicazioni della matematica alla meccanica e all'idraulica, il direttore del gabinetto di fisica tecnologica Luigi Pacinotti, il futuro ministro della Pubblica Istruzione e professore di fisica Carlo Matteucci, Guglielmo Libri, divenuto professore emerito e personalità di rilievo internazionale, Gaetano Giorgini, sopraintendente agli studi del Granducato e apprezzato matematico. Le loro

---

[1] p. 230. In realtà vi fu già una prima fondazione della Scuola Normale per opera di Napoleone, nel 1813, sul modello delle *Écoles* francesi.

Capecchi D., Ruta G.: La scienza delle costruzioni in Italia nell'Ottocento.
© Springer-Verlag Italia 2011

idee dovettero influenzare il pensiero di Betti e, certamente, il suo stretto legame con Mossotti ne indirizzò le ricerche iniziali verso la fisica matematica.[2]

L'influenza di Mossotti si fece sentire anche nella vita politica di Betti: nel 1848 troviamo Betti a Curtatone e Montanara nel battaglione universitario comandato proprio da Mossotti. Dopo l'Unità d'Italia, Betti continuò l'impegno politico, un fatto comune ad altri matematici del periodo del Risorgimento come Beltrami, Brioschi, Cremona e Casorati.

Nel 1849 Betti lasciò Pisa e andò a insegnare nel liceo di Pistoia. Il relativo isolamento che ne seguì determinò il carattere originale delle sue prime ricerche sulle soluzioni per radicali delle equazioni algebriche. Benché i lavori di Galois sulla teoria delle equazioni algebriche risalissero agli anni '20, ancora a metà dell'Ottocento essi stentavano ad affermarsi perfino negli ambienti francesi: «La prima effettiva ripresa delle idee di Galois fu opera di Betti, nel corso del 1850» [47].[3] Nel 1852 Betti diventò professore di algebra superiore al liceo di Firenze e nel 1857 professore di algebra all'università di Pisa.

In questo periodo Betti, con Brioschi e Casorati, intraprese un lungo viaggio nelle università di Göttingen, Berlino e Parigi, dando inizio all'internazionalizzazione della matematica italiana. I tre incontrarono Dirichlet, Dedekind e Riemann a Göttingen; Weierstrass, Kronecker e Kummer a Berlino; Hermite e Bertrand a Parigi. Fu Riemann[4] a esercitare la maggiore influenza su Betti, chiamato nel 1859 alla cattedra di analisi superiore, disciplina su cui rivolse i suoi interessi scientifici. All'epoca non molti matematici conoscevano i lavori di Riemann sull'analisi complessa, mentre Betti ne abbracciava i contenuti e ne condivideva l'approccio, diffondendone le idee in Italia.

Betti applicò le nuove idee alle funzioni ellittiche e alla teoria delle funzioni di variabile complessa. In un articolo del 1871 [36] Betti presentava il risultato delle conversazioni con Riemann introducendo nuovi, fondamentali concetti in topologia algebrica. L'idea Riemanniana di connessione per le superfici veniva estesa alle varietà n-dimensionali e Betti definiva differenti tipi di connessione, caratterizzati da numeri che diventeranno noti come *numeri di Betti*.

L'ammirazione per Riemann si concretizzò con la proposta a questi, nel 1863, della cattedra di geodesia, vacante dopo la morte di Mossotti. Riemann rifiutò per l'incapacità di tenere lezioni a causa di una salute precaria (sarebbe morto prema-

---

[2] Testimoniato da una lettera del 25 agosto 1847 di Mossotti che, da Viareggio, dissuade Betti dal perseguire il suo iniziale interesse per la geometria descrittiva (in [47], p. 231).

[3] p. 233.

[4] Georg Friedrich Bernhard Riemann (Breselenz 1826 – Selasca 1866) è stato un matematico e fisico tedesco. Crebbe in condizioni di indigenza che ostacolarono i suoi studi giovanili. Trasferitosi a Lüneburg per studiare diventò amico del suo istruttore Schmalfuss; ebbe così libero accesso alla sua biblioteca riservata e poté leggere i libri di Gauss e Legendre. Lasciata Lüneburg Riemann, dopo un anno passato all'università di Göttingen, nel 1847 si trasferì a Berlino. Qui fu in contatto con alcuni tra i matematici tedeschi più in vista dell'epoca, e fu allievo tra l'altro di Jacobi e Dirichlet. Ritornò a Göttingen per rifinire il suo lavoro di laurea; la sua prima tesi risale al 1851 e riguarda una nuova teoria sulle funzioni di variabile complessa, ramo della matematica nascente in quel periodo che grazie al suo contributo ricevette un notevole impulso. Nel 1854 lesse, per la sua abilitazione all'insegnamento, la sua seconda tesi, intitolata *Über die Hypothesen, welche der Geometrie zu Grunde liegen*, pubblicata postuma nel 1867 con la quale introdusse i concetti di varietà e di curvatura di una varietà, in spazi non euclidei.

turamente nel 1866).[5] Betti propose allora la cattedra a Beltrami il quale dapprima rifiutò ma, dopo un consulto con Cremona, cambiò idea e accettò il trasferimento da Bologna a Pisa.

Riemann soggiornò per studio a Pisa dal 1863 al 1865, anche per migliorare la propria salute. La contemporanea presenza di Beltrami e Riemann ebbe forte influenza su Betti che riorientò i propri interessi verso la fisica matematica [341].[6] Nel 1863 Betti assunse con Felici la direzione del *Nuovo Cimento* dove iniziò a pubblicare i suoi articoli sulla teoria del potenziale [32].

Nel 1865 Betti divenne direttore della Scuola Normale e lo rimase fino alla morte a eccezione del biennio 1874-76, in cui, impegnato come segretario generale presso il Ministero della Pubblica Istruzione, fu sostituito da Ulisse Dini. Dal 1862 Betti fu deputato e in seguito senatore del Regno. Come docente e direttore della Scuola Normale, Betti formò numerosi studiosi: Tedone, Padova e Somigliana (elasticità), Dini (analisi), Ricci-Curbastro (fondatore del calcolo tensoriale) e Vito Volterra (fisica-matematica).[7]

3.1.1
Il contributo di Betti alla teoria dell'elasticità

Betti indagò soprattutto le frontiere della fisica dell'epoca, magnetismo ed elettrodinamica, ma trattò anche di meccanica classica. Di seguito sono riportati i suoi lavori principali nel campo, ristampati nelle *Opere* [31]:

- *Sopra la determinazione analitica dell'efflusso dei liquidi per una piccolissima apertura*, Annali scienze matematiche e fisiche, 1850.
- *Sopra la teoria della capillarità*, Annali delle università toscane, 1866.
- *Teoria della capillarità*, Nuovo Cimento, 1867.
- *Teoria della elasticità*, Nuovo Cimento, 1872-1873.
- *Sopra le equazioni di equilibrio dei corpi elastici*, Annali di matematica pura e applicata, 1874.
- *Sopra il moto di un numero qualsiasi di punti*, Atti Accademia Lincei, 1876-77.
- *Sopra il moto di un ellissoide fluido eterogeneo*, Atti Accademia Lincei, 1880-81.
- *Sopra il moto dei fluidi elastici*, Nuovo Cimento, 1883.
- *Sopra la entropia di un sistema Newtoniano in moto stabile* (Nota I).
- *Sopra la entropia di un sistema Newtoniano in moto stabile* (Nota II), Atti Accademia Lincei, 1888.

Nei primi lavori Betti mostra una concezione meccanicistica della fisica in cui la forza, non l'energia, è la grandezza caratteristica e il cui fondamento è il principio dei lavori virtuali, che Betti chiama *principio di Lagrange*. Nel lavoro sulla capillarità

---

[5] La proposta di Betti e il rifiuto di Riemann sono documentati in alcune lettere riportate in [47].
[6] pp. 283-290.
[7] La biografia di Betti è tratta da [150]. Maggiori dettagli sugli aspetti scientifici del lavoro di Betti si trovano in [65].

del 1867 [34] considera i corpi composti da particelle che si respingono a brevissi-
ma distanza, si attraggono a breve distanza e non interagiscono di fatto a distanze
"sensibili". Queste forze molecolari ammettono potenziale in quanto dipendono solo dalla distanza mutua delle particelle. Il potenziale fornisce con le sue derivate le
componenti delle forze e con la sua variazione il lavoro virtuale (cfr. [34], p. 161).
Dopo avere criticato le assunzioni di alcuni suoi predecessori, Betti dichiara:

> Delle ipotesi delle forze molecolari io conservo soltanto la prima parte, cioè ammetto
> soltanto che gli elementi dei corpi agiscano gli uni sugli altri nel senso della retta che li
> unisce e proporzionalmente al prodotto delle loro masse; il che porta a ammettere che
> le forze di coesione e di aderenza abbiano funzioni potenziali [34].[8]

Nelle prime pagine delle memorie del 1863-64 sulle forze newtoniane, Betti manifesta la sua "ideologia" newtoniana:

> Le forze che agiscono secondo la legge di Newton sono quelle che emanano da ciascuno
> negli elementi infinitesimi di una data materia e che tendono a avvicinare oppure a
> allontanare tra loro questi elementi, in ragione diretta delle loro masse e in ragione
> inversa dei quadrati delle loro distanze [32].[9]

In questi lavori Betti introduce il potenziale solo su basi matematiche, come funzione
primitiva da cui ricavare le forze, e senza assegnargli alcun ruolo fisico privilegiato.
Il potenziale (non l'energia potenziale) è una grandezza definita che permette una
trattazione compatta della meccanica, portando a equazioni differenziali oggetto di
studio "regolare" da parte dei matematici dell'epoca. Betti cambia atteggiamento
nella seconda memoria sulla capillarità [34] e parlando delle forze tra le molecole di
fluido scrive:

> Un'altra proprietà hanno queste forze che si deduce dal [...] [principio] fondamen-
> tale della Fisica moderna: il principio della conservazione delle forze; e che consiste
> nell'avere esse una funzione potenziale [34].[10]

Questa svolta sarà definitiva e radicale nella *Teoria della elasticità* del 1872, nella
quale non si farà mai menzione delle forze interne, arrivando persino a evitare l'introduzione delle tensioni, a costo di appesantire la trattazione. La scelta di Betti però
non si colloca ancora nettamente entro il movimento energetista allora nascente sulla
scia dei lavori di Helmholtz e Rankine e della termodinamica teorica. Infatti, le forze
delle quali può dare una caratterizzazione non dubbia, come molte forze esterne,
sono impiegate da Betti direttamente senza la mediazione del potenziale.

La difficoltà di Betti nell'esplicitare la natura delle forze interne riflette in qualche
modo quella di Piola, vista nel Capitolo 2, anche se il modo di risolverla è diverso.
Piola si basa sul principio dei lavori virtuali e sui moltiplicatori di Lagrange: considera
liberi i vari punti dei continui, per poi imporre equazioni differenziali di compatibilità;

---

[8] p. 163.
[9] p. 45.
[10] Edizione delle Opere, p. 179. Si noti la terminologia di Helmholtz e non quella di Lord Kelvin; è da
chiedersi quanto sia fondamentale il cambiamento di linguaggio. Da un punto di vista fisico-matematico,
i lavori del '66 e del '67 non sono molto diversi tra loro.

Tabella 3.1 Qualche confronto tra la nostra notazione compatta e quella di Betti

Equazioni nostre	Equazioni di Betti
$d\mathbf{x}\,d\delta\mathbf{x}$	$dx\delta dx + dy\delta dy + dz\delta dz$
$\rho\mathbf{b} = \mathrm{div}\,\mathbf{T}$	$\rho X = \dfrac{d}{dx}\dfrac{dP}{da} + \dfrac{d}{dy}\dfrac{dP}{2dh} + \dfrac{d}{dz}\dfrac{dP}{2dg}$ $\rho Y = \dfrac{d}{dx}\dfrac{dP}{2dh} + \dfrac{d}{dy}\dfrac{dP}{db} + \dfrac{d}{dz}\dfrac{dP}{2df}$ $\rho Z = \dfrac{d}{dx}\dfrac{dP}{2dg} + \dfrac{d}{dy}\dfrac{dP}{2df} + \dfrac{d}{dz}\dfrac{dP}{dc} \cdot$
matrice $\mathbf{T}$	$\begin{pmatrix} A & F & E \\ F & B & D \\ E & D & C \end{pmatrix} ; \quad \begin{pmatrix} \dfrac{dP}{da} & \dfrac{dP}{2dh} & \dfrac{dP}{2dg} \\ \dfrac{dP}{2dh} & \dfrac{dP}{db} & \dfrac{dP}{2df} \\ \dfrac{dP}{2dg} & \dfrac{dP}{2df} & \dfrac{dP}{dc} \end{pmatrix}$
$\int_\sigma \mathbf{p}' \cdot \mathbf{u}''\, d\sigma = \int_\sigma \mathbf{p}'' \cdot \mathbf{u}'\, d\sigma$	$\int_\sigma (L'u'' + M'v'' + N'w'')\, d\sigma =$ $\int_\sigma (L''u' + M''v' + N''w')\, d\sigma$

le tensioni sono definite come i moltiplicatori di Lagrange di queste ultime [64]. Betti fa invece riferimento a un potenziale, senza mai dare un nome alle sue derivate parziali (che per noi sono le tensioni).

Quando Betti scrive *Teoria della elasticità*, la teoria dell'elasticità è ormai una scienza matura con principi noti, sebbene non condivisi universalmente. La trattazione si sviluppa quindi nella forma dei manuali scientifici moderni e non in quella dei lavori di ricerca, seguendo l'approccio assiomatico, nel quale all'inizio si dichiarano i principi e poi si sviluppano le applicazioni. I capisaldi di Betti sono da un lato la deformazione e il potenziale elastico, dall'altro il principio dei lavori virtuali. Anche se il concetto di tensione non compare, ciò non crea problemi, dato l'interesse di Betti verso la teoria del potenziale che lo conduce a un approccio simile a quello di Green. Questi vedeva la teoria dell'elasticità in funzione dello studio della propagazione di onde luminose nell'etere, dove il concetto di tensione è inessenziale. Diverso era il punto di vista della scuola francese dove la teoria dell'elasticità era sviluppata anche in vista delle sue applicazioni alla meccanica delle costruzioni.

Il libro di Betti si divide in undici capitoli; nel primo si introduce la deformazione infinitesima, nel secondo l'energia potenziale elastica come forma quadratica delle componenti della deformazione. Nel capitolo terzo si ottengono le equazioni di equilibrio dei corpi solidi elastici omogenei con l'uso del principio dei lavori virtuali. Il capitolo quarto affronta la soluzione del problema elastico, decomponendo le forze esterne attive in un campo irrotazionale e in uno solenoidale. Il capitolo quinto presenta il problema elastico per i continui isotropi. Nel capitolo sesto è riportato il celebre teorema di reciprocità, limitatamente al caso in cui agiscano solo forze di superficie. Nel capitolo settimo viene studiato il problema della deformazione di una sfera sotto l'azione della gravità. Il capitolo ottavo riguarda le deformazioni di un corpo elastico isotropo soggetto a forze superficiali. Il capitolo nono riguarda ancora il corpo elastico isotropo soggetto a forze superficiali; stavolta si studiano le rotazioni locali. Il capitolo decimo è relativo alla deformazione di un corpo elastico isotropo sotto l'azione di forze qualsiasi. Il capitolo undicesimo affronta lo studio di un solido cilindrico isotropo elastico omogeneo (solido di Saint Venant). Il capitolo dodicesimo considera infine gli effetti delle dilatazioni termiche per un corpo elastico omogeneo e isotropo.

Come abbiamo fatto per Piola nel capitolo precedente per riferire sul lavoro di Betti useremo una notazione moderna. Essa è comunque strutturata in modo tale che esplicitando in termini scalari le operazioni tra vettori, tensori e matrici si ritrovino le relazioni di Betti. Nella Tabella 3.1 riportiamo un confronto tra la nostra notazione vettoriale compatta e quella scalare di Betti.

3.1.2
I principi della teoria dell'elasticità

3.1.2.1
La deformazione infinitesima

La scuola francese considerava lo spostamento dei punti di un corpo come funzione continua ma dotata di significato solo in corrispondenza dei posti occupati dalle molecole; la deformazione era definita considerando prima l'intuizione geometrica, poi l'analisi [85, 316]. Betti si discosta da questo approccio, ignora la natura corpuscolare dei corpi modellandoli come continui matematici e segue un approccio puramente analitico. Fa uso strumentale, data la loro comodità, degli infinitesimi (deprecati dai puristi del primo Ottocento), abbandonando tranquillamente il rigorismo matematico della scuola italiana portato avanti da Piola e Bordoni, perché ormai si sa che, volendo, si possono riscrivere tutti i passaggi "poco rigorosi" sviluppati con l'impiego degli infinitesimi con una matematica "rigorosa".

La deformazione è definita come variazione di lunghezza dell'elemento lineare:

$$ds^2 = d\mathbf{x} \cdot d\mathbf{x} \tag{3.1}$$

dove $\mathbf{x} = (x, y, z)$ sono le coordinate attuali del generico punto P del continuo, funzioni delle coordinate ξ, η, ζ che P ha nella configurazione di riferimento. Betti ammette che «le variazioni degli elementi lineari e gli elementi stessi siano quantità talmente piccole che si possono trascurare le potenze di ordine superiore rispetto a quelle di ordine inferiore» [38].[11] La variazione che Betti fa di ds^2 opera quindi su funzioni di ξ, η, ζ:

$$ds\,\delta ds = d\mathbf{x} \cdot \delta(d\mathbf{x}) = d\mathbf{x} \cdot d(\delta\mathbf{x}). \tag{3.2}$$

Ciò per la permutabilità degli operatori d e δ. La variazione $\delta\mathbf{x}$ coincide con il vettore spostamento $\mathbf{u} = [u(\xi, \eta, \zeta), v(\xi, \eta, \zeta), w(\xi, \eta, \zeta)]$ e la (3.2), divisa per ds^2, si presenta in forma estesa come:

$$\frac{\delta ds}{ds} = \frac{du}{dx}\left(\frac{dx}{ds}\right)^2 + \frac{dv}{dy}\left(\frac{dy}{ds}\right)^2 + \frac{dw}{dz}\left(\frac{dz}{ds}\right)^2.$$

Per piccole deformazioni la variazione δds approssima la differenza Δds e di conseguenza il rapporto $\delta ds/ds$ approssima la variazione relativa di lunghezza dell'elemento ds nella direzione di $d\mathbf{x}$. Per individuare le componenti della deformazione basta assumere valori opportuni di dx, dy, dz. Per esempio si pone $dy = dz = 0$ per ottenere la deformazione lungo x: $\delta ds/ds = du/dx$. Le stesse considerazioni valgono per le altre direzioni. Con qualche altro passaggio Betti ottiene anche le espressioni degli scorrimenti angolari, cioè delle variazioni dell'angolo di incidenza di segmenti che nella configurazione iniziale sono ortogonali.

Le deformazioni, infinitesime perché hanno significato fisico solo per piccoli spostamenti, sono indicate da Betti sulla scia di Thomson [345]:[12]

Betti			Thomson		
$\dfrac{du}{dx} = a$	$\dfrac{dv}{dz} + \dfrac{dw}{dy} = 2f$		$\dfrac{du}{dx} = f$	$\dfrac{dv}{dz} + \dfrac{dw}{dy} = a$	
$\dfrac{dv}{dy} = b$	$\dfrac{dw}{dx} + \dfrac{du}{dz} = 2g$		$\dfrac{dv}{dy} = g$	$\dfrac{dw}{dx} + \dfrac{du}{dz} = b$	
$\dfrac{dw}{dz} = c$	$\dfrac{du}{dy} + \dfrac{dv}{dx} = 2h$		$\dfrac{dw}{dz} = h$	$\dfrac{du}{dy} + \dfrac{dv}{dx} = c\,.$	

Qui u, v, w sono le componenti di spostamento lungo x, y, z rispettivamente. La Figura 3.1 illustra il significato geometrico dei coefficienti a, b, c, f, g, h.

Betti definisce gli scorrimenti angolari privilegiando gli aspetti matematici rispetto a quelli fisici: infatti $2f$, $2g$, $2h$ rappresentano la variazione dell'angolo retto, mentre f, g, h sono quelle che oggi si chiamano componenti del tensore della deformazione (insieme ad a, b, c). L'uso di f, g, h è generalmente conveniente nei passaggi matematici che per la loro natura richiedono l'uso essenziale del tensore della deformazione.

Infine Betti prova che le componenti a, b, c, f, g, h della deformazione definiscono univocamente il campo degli spostamenti a meno di un moto rigido.

---

[11] p. 3. D'ora innanzi le citazioni sulla *Teoria della elasticità* di Betti si riferiscono all'estratto edito da Soldaini nel 1874.
[12] p. 391.

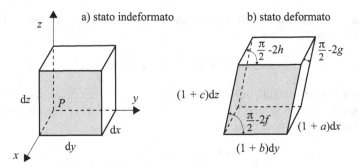

Figura 3.1 Significato geometrico delle componenti della deformazione secondo Betti

3.1.2.2
Il potenziale delle forze elastiche

Il concetto di potenziale fa parte integrante della fisica matematica di Betti sin dalle sue prime opere. Come già accennato, nei primi lavori [34] Betti introduce il potenziale come funzione primitiva delle forze senza attribuirle un particolare *status* di grandezza fisica. Egli cambia presto approccio e *forza* comincerà ad assumere un significato ambiguo indicando sia la forza newtoniana sia l'energia potenziale, (termo-)meccanica, magnetica o elettrica.

Betti pubblica solamente lavori di termologia e propagazione del calore, ma dimostra comunque di conoscere bene la termodinamica, entrata nella fisica matematica grazie all'opera di Thomson, proprio nella *Teoria della elasticità*. Qui, grazie al primo e al secondo principio, dà un significato fisico al suo potenziale, oggi compreso sotto il nome di energia potenziale.

La teoria termodinamica è sviluppata per processi termici omogenei, anche se c'è coscienza che in un corpo reale i processi sono generalmente eterogenei. Betti, seguendo con Thomson l'approccio corrente per trattare la termodinamica con il calcolo differenziale, considera il continuo S diviso in elementi infinitesimi, ciascuno dei quali è trattato come fosse omogeneo. L'energia potenziale è così data dalla somma delle energie potenziali di tutti gli infinitesimi, quindi da un integrale. Più precisamente, se P esprime l'energia potenziale di un elemento infinitesimo, l'energia potenziale Φ del continuo è:

$$\Phi = \int_S P \, dS. \tag{3.3}$$

Betti suppone che l'energia potenziale sia funzione delle deformazioni infinitesime, seguendo Green [179]. Assume poi lo stato naturale, considerato in equilibrio stabile, come configurazione di riferimento da cui misurare le deformazioni; così, nello sviluppo in serie di P, può trascurare i termini del primo ordine per l'equilibrio. Trascura anche i termini di ordine superiore al secondo per la piccolezza delle deformazioni, ottenendo la forma quadratica:

$$P = \sum_{i=1}^{6} \sum_{j=1}^{6} A_{ij} x_i x_j \qquad (3.4)$$

ove x_α, $\alpha = 1, 2, \ldots, 6$ rappresenta la generica componente della deformazione. Per la stabilità dell'equilibrio la forma quadratica deve essere definita negativa (ricordiamo che il potenziale è l'opposto dell'energia potenziale). Analogamente a Green [179] Betti perviene per un corpo isotropo all'espressione:

$$P = A\Theta^2 + B\Lambda^2 . \qquad (3.5)$$

Qui, denotato **E** il tensore della deformazione infinitesima, i due invarianti:

$$\Theta = a + b + c, \qquad \Lambda^2 = a^2 + b^2 + c^2 + 2f^2 + 2g^2 + 2h^2$$

sono rispettivamente la traccia di **E** e di **E**^{2}.

Nonostante l'evidente richiamo a Green nello sviluppo del potenziale, le costanti A e B non sono quelle che Green usa per l'elasticità dei corpi isotropi ma sono connesse alle costanti di Lamé $\tilde{\lambda}$ e $\tilde{\mu}$ [179]:[13]

$$A = -\frac{\tilde{\lambda}}{2} \qquad B = -\tilde{\mu} . \qquad (3.6)$$

3.1.2.3
Il principio dei lavori virtuali

Il terzo capitolo della *Teoria della elasticità* si apre con il brano:

> Per determinare le relazioni che debbono esistere tra le forze che agiscono sopra un corpo solido elastico omogeneo, e le deformazioni degli elementi dello stesso, affinché si abbia equilibrio, ci varremo del seguente principio di *Lagrange*: affinché un sistema, i cui moti virtuali siano invertibili, sia in equilibrio è necessario e sufficiente che il lavoro meccanico fatto dalle forze in un moto virtuale qualunque, sia uguale a zero [38].[14]

Betti non considera dunque le equazioni di equilibrio come relazioni tra forze esterne e interne, ma tra forze esterne e deformazioni-spostamenti. Perciò usa il principio dei lavori virtuali («il principio di Lagrange»), in quanto così può esprimere il lavoro virtuale delle forze interne senza farle intervenire direttamente. Vale la pena notare il modo con cui viene enunciato il principio di Lagrange: non c'è nessuna remora del fisico sulla sua validità, vi è solo l'interesse del matematico che vuole precisare se il lavoro è negativo o nullo. Ammettendo vincoli bilaterali il lavoro può essere uguagliato a zero.

---

[13] p. 253. La tilde si appone per distinguere queste costanti dalle λ e μ di Betti; si veda *infra*, alla (3.13).
[14] p. 20.

L'equazione di bilancio dei lavori virtuali derivata da Betti è:

$$\delta\Phi + \int_S \rho\mathbf{b}\cdot\mathbf{u}\,dS + \int_\sigma \mathbf{p}\cdot\mathbf{u}\,d\sigma = 0\,. \tag{3.7}$$

In essa ρ è la massa specifica, $\mathbf{b} = (X, Y, Z)$ il vettore delle forze per unità di massa («forze acceleratrici») nel volume S e $\mathbf{p} = (L, M, N)$ il vettore delle forze unitarie sulla superficie σ di contorno di S. Passare dall'equazione variazionale (3-7) alle equazioni di equilibrio è semplice per Betti; inoltre passaggi analoghi erano già stati fatti da Navier, Green, Thomson e Clebsch.

In questo punto della *Teoria della elasticità* Betti, senza specificare la forma dell'energia potenziale, si limita a ottenere le equazioni locali di bilancio e al contorno, che scriviamo in forma compatta come [38]:[15]

$$\begin{cases} \rho\mathbf{b} = \operatorname{div}\mathbf{T} & \text{in } S \\ \mathbf{p} = -\mathbf{T}\mathbf{n} & \text{in } \sigma \end{cases} \qquad \mathbf{T} = \begin{pmatrix} \dfrac{dP}{da} & \dfrac{dP}{2dh} & \dfrac{dP}{2dg} \\[2mm] \dfrac{dP}{2dh} & \dfrac{dP}{db} & \dfrac{dP}{2df} \\[2mm] \dfrac{dP}{2dg} & \dfrac{dP}{2df} & \dfrac{dP}{dc} \end{pmatrix}\,. \tag{3.8}$$

In $\mathbf{T}$, che raccoglie le derivate della funzione potenziale, oggi riconosciamo la rappresentazione per componenti del tensore della tensione; $\mathbf{n} = (\alpha, \beta, \gamma)$ è il versore normale a σ. Il segno dei secondi membri delle equazioni di contorno e di campo è contrario rispetto a quello che si trova nei moderni manuali di meccanica del continuo perché Betti orienta la normale $\mathbf{n}$ verso l'interno, anziché verso l'esterno come oggi.

3.1.3
Il teorema del lavoro mutuo

La formulazione del teorema del lavoro mutuo è forse il contributo più noto di Betti in elasticità:

> Se in un corpo elastico omogeneo, due sistemi di spostamenti fanno rispettivamente equilibrio a due sistemi di forze, la somma dei prodotti delle componenti delle forze del primo sistema per le corrispondenti componenti degli spostamenti degli stessi punti nel secondo sistema è uguale alla somma dei prodotti delle componenti delle forze del secondo sistema per le componenti degli spostamenti nei medesimi punti del primo [38].[16]

Viene presentato e dimostrato, in assenza di forze di volume, nella *Teoria della elasticità*. La dimostrazione, relativamente semplice, parte dalle equazioni di equilibrio scritte per i due sistemi di forze e spostamenti di cui all'enunciato. Betti ripercorre

---

[15] p. 22.
[16] p. 40.

all'inverso i passaggi con cui aveva ottenuto le equazioni di equilibrio tramite il principio dei lavori virtuali e perviene all'espressione:

$$\int_\sigma \mathbf{p}' \cdot \mathbf{u}'' \, d\sigma = \int_\sigma \mathbf{p}'' \cdot \mathbf{u}' \, d\sigma \qquad (3.9)$$

ove **u** è il campo di spostamenti associato alle forze di superficie **p** agenti, **p** e **u** sono cioè soluzioni del problema elastico. Gli apici indicano forze e spostamenti di due problemi elastici distinti, sempre sullo stesso continuo.

Betti ritorna sul teorema nel 1874 [37] estendendo il teorema anche al caso di forze di massa **b**, dandogli così l'espressione con cui è noto oggi:

$$\int_\sigma \mathbf{p}' \cdot \mathbf{u}'' \, d\sigma + \int_S \rho\mathbf{b}' \cdot \mathbf{u}'' \, dS = \int_\sigma \mathbf{p}'' \cdot \mathbf{u}' \, d\sigma + \int_S \rho\mathbf{b}'' \cdot \mathbf{u}' \, dS. \qquad (3.10)$$

Indica anche il ruolo che attribuisce al suo teorema:

> In questa memoria dimostro un teorema che, nella teorica delle forze elastiche dei corpi solidi, tiene il luogo che il teorema di Green ha nella teorica delle forze che agiscono secondo la legge di Newton, e quanto alle applicazioni mi limito a dedurne formule analoghe a quella di Green per le funzioni potenziali [37].[17]

Il teorema di Green cui si richiama Betti ha l'espressione:

$$\int_\sigma v \frac{\partial u}{\partial n} d\sigma = \int_\sigma u \frac{\partial v}{\partial n} d\sigma \qquad (3.11)$$

in cui u e v sono funzioni che soddisfano l'equazione di Laplace e rappresentano il potenziale di forze centrali in una porzione S di spazio omogeneo e isotropo priva di sorgenti, delimitata dalla superficie σ di normale n.[18] Per ottenere la (3.11) Green era partito dal problema ellittico di Dirichlet, definito dall'equazione armonica del potenziale e dalle condizioni al contorno:

$$\triangle v = 0 \quad \text{in } S, \qquad\qquad v = \overline{v} \quad \text{su } \sigma. \qquad (3.12)$$

In essa $\triangle$ è l'operatore di Laplace e $\overline{v}$ una funzione assegnata.

Betti nel lavoro del 1874 parte invece dalle equazioni di campo del problema elastico di un continuo omogeneo e isotropo:[19]

$$(\lambda + 2\mu) \operatorname{grad} \operatorname{div} \mathbf{u} + \mu \triangle \mathbf{u} + \rho\mathbf{b} = \mathbf{0},$$
$$[2\mu \mathbf{E} + 2\lambda (\operatorname{tr}\mathbf{E}) \mathbf{I}] \mathbf{n} + \mathbf{p} = 0. \qquad (3.13)$$

---

[17] p. 379.

[18] In [178] Green ricava un teorema più generale della (3.11), che oggi va sotto il nome di seconda identità di Green:

$$\int_\sigma v \frac{\partial u}{\partial n} d\sigma + \int_S u \triangle v \, dS = \int_\sigma u \frac{\partial v}{\partial n} d\sigma + \int_S v \triangle u \, dS.$$

Le funzioni u e v sono qualsiasi, dotate delle necessarie condizioni di regolarità ([178], p. 23, par. 3, equazione non numerata); imponendo che u e v siano armoniche si ottiene la (3.11), non esplicitata da Green.

[19] [38], eqq. (32)-(33), cap. 5.

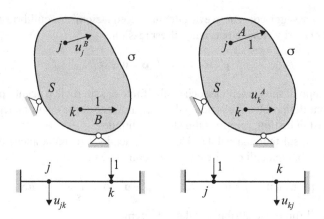

Figura 3.2 Il teorema di reciprocità di Maxwell-Betti

Nella (3.13) λ e μ non sono le costanti di Lamé, abitualmente denotate con gli stessi simboli, ma le costanti A e B della (3.5) cambiate di segno.

L'analogia tra le (3.9) e (3.11) parte da come entrambe sono ottenute: si moltiplicano le equazioni di campo per arbitrari campi di spostamento e si integra per parti, in modo da ridurre l'ordine massimo delle derivate. Lo scopo è ricondurre la soluzione di equazioni differenziali a una formula di quadratura per mezzo di funzioni particolari (dette oggi di Green).[20]

Il teorema del lavoro mutuo di Betti viene oggi spesso usato nelle presentazioni didattiche della Scienza delle costruzioni per derivare il teorema di reciprocità di Maxwell. Allo scopo il teorema di Betti viene reinterpretato nella forma seguente:

Il lavoro indiretto che un sistema di forze A) [f_A, cui corrisponde un sistema di spostamenti u_A], già applicato a un corpo elastico durante l'applicazione di un sistema di forze B) [f_B, cui corrisponde un sistema di spostamenti u_B], è uguale al lavoro indiretto che compirebbe il sistema B) se fosse già applicato allo stesso corpo elastico durante l'applicazione del sistema A) [11].[21]

In formule:

$$\sum_i f_A^i \cdot u_B^i = \sum_i f_B^i \cdot u_A^i \ .$$

---

[20] La formula integrale di Green fornisce la funzione v, soluzione della (3.12), in un punto P interno a S a partire dalla conoscenza di v su σ; sulla base della (3.11) è data da:

$$v = \frac{1}{4\pi} \int_\sigma \bar{v} \frac{\partial}{\partial n} \left(v' + \frac{1}{r} \right) d\sigma \ .$$

Qui r è la distanza di P dai punti Q di σ e la funzione $v'(P,Q)$, talvolta detta "di Green" (G. Green, *An Essay on the application...*, cit., p. 29.), soddisfa l'equazione di Laplace ed è tale che $u = (v' + 1/r)$ si annulli su σ. Più frequentemente, ci si riferisce come funzione di Green all'intera espressione u. Tra gli autori che individuano in v' la funzione di Green vanno segnalati Betti, Lipschitz e Carl Neumann. Green sembra privilegiare l'uso della funzione u (si veda [178], p. 31, § 5, eq. 5).
[21] vol. 1, p. 622.

Se si ammette che il teorema di Betti così enunciato valga anche per sistemi di aste reticolari e forze concentrate e se si considerano per f_A ed f_B due sole forze unitarie applicate rispettivamente in j e in k (vedi la Figura 3.2), si ottiene:

$$1^j \cdot u_B^j = 1^k \cdot u_A^k \ .$$

Questo è proprio il teorema di Maxwell, non appena lo si reinterpreti come:

Lo spostamento di un punto a valutato in una direzione α, provocato da una forza unitaria agente in un punto b secondo una direzione β, è uguale allo spostamento di b valutato nella direzione β, provocato da una forza unitaria agente in a secondo la direzione α [11].[22]

Le considerazioni di cui sopra hanno il solo scopo di motivare l'associazione tra i teoremi di Maxwell e di Betti. Questa associazione non era, e non c'era nessun motivo dovesse essere, evidente ai due studiosi che si muovevano spinti da motivazioni differenti. Betti voleva trovare un possibile metodo di soluzione delle sue equazioni differenziali; Maxwell era mosso da considerazioni di carattere più fisico e voleva far luce su certe proprietà dei legami elastici.

3.1.4
Il calcolo degli spostamenti

Betti affronta in due fasi, trattate in tre capitoli distinti, la quadratura delle equazioni (3.13), ovvero la determinazione degli spostamenti dovuti a forze assegnate. Dapprima calcola la variazione percentuale di volume, o dilatazione, unitaria Θ (capitolo 8) e la rotazione infinitesima locale $\mathbf{w} = (\phi_1, \phi_2, \phi_3)$ (capitolo 9):

$$\operatorname{rot} \mathbf{u} = \mathbf{w} \ , \qquad\qquad \operatorname{div} \mathbf{u} = \Theta \ .$$

Da queste ricava poi il campo di spostamenti $\mathbf{u} = (u, v, w)$ (capitolo 10).

3.1.4.1
Dilatazione unitaria e rotazioni infinitesime

Nella *Teoria della elasticità* Θ viene calcolata nel caso in cui agiscano solo forze di superficie, mentre nel lavoro del 1874 sono considerate anche forze di volume, senza particolari difficoltà. Nella *Teoria della elasticità* Betti utilizza il teorema di reciprocità (3-9) e (3-10), considerando per $\mathbf{u}' = (u', v', w')$, $\mathbf{p}' = (L', M', N')$ i valori veri e per $\mathbf{u}'' = (u'', v'', w'')$, $\mathbf{p}'' = (L'', M'', N'')$ funzioni ausiliarie opportune, in particolare:

$$\mathbf{u}'' = \operatorname{grad} \frac{1}{r} + \mathbf{z} \ .$$

---

[22] vol. 1, p. 625.

Qui r è la distanza dal generico punto Q del continuo, da cui dipendono $\mathbf{u}'$, $\mathbf{p}'$, $\mathbf{u}''$, $\mathbf{p}''$, al punto P in cui si vuole calcolare lo spostamento, che per il momento è assunto fisso. Il campo $\mathbf{z} = (\xi, \eta, \zeta)$ dipende dalle coordinate x, y, z di Q ed è tale che $\mathbf{u}''$ soddisfi il bilancio locale [38].[23] Non dovendo soddisfare anche le equazioni al contorno, $\mathbf{z}$ risulta in un primo momento indeterminato. Betti specificherà condizioni su $\mathbf{z}$ solo alla fine dei suoi sviluppi analitici, assumendo $\mathbf{z} = 0$ e $\mathbf{z}$ tale che le tensioni dovute a $\mathbf{u}''$ si annullino sul contorno σ.

Per applicare il teorema di reciprocità Betti considera il continuo reale S cui venga sottratta una sfera S' infinitesima di superficie σ' e raggio «piccolo quanto si vuole», centrata in P. Indicando con $\mathbf{t}'$ e $\mathbf{t}''$ le «tensioni» dovute a $\mathbf{u}'$ e $\mathbf{u}''$ e con $\mathbf{p}'$ e $\mathbf{p}''$ le forze esterne al variare di Q su σ, si ha [38]:[24]

$$\int_{\sigma'} \mathbf{t}' \cdot \mathbf{u}'' \, d\sigma' + \int_{\sigma'} \mathbf{t}'' \cdot \mathbf{u}' \, d\sigma' = -\int_{\sigma} \mathbf{p}' \cdot \mathbf{u}'' \, d\sigma - \int_{\sigma} \mathbf{t}'' \cdot \mathbf{u}' \, d\sigma \,.$$

Qui Betti "deve" introdurre esplicitamente le tensioni $\mathbf{t}'$, $\mathbf{t}''$; è vero che lo fa in modo indiretto, considerandole come forze superficiali esterne tali da soddisfare le condizioni al contorno, ma questo è solo un artificio retorico.

Poiché S' è una sfera infinitesima, se $\mathbf{u}'$ e $\mathbf{z}$ sono regolari, gli integrali a sinistra della relazione precedente possono essere risolti in forma chiusa:

$$\int_{\sigma'} \mathbf{t}' \cdot \mathbf{u}'' \, d\sigma' + \int_{\sigma'} \mathbf{t}'' \cdot \mathbf{u}' \, d\sigma' = 8\pi(\lambda + \mu)\Theta$$

che con la relazione precedente fornisce:

$$\Theta = -\frac{1}{8\pi(\lambda + \mu)} \left(\int_{\sigma} \mathbf{p}' \cdot \mathbf{u}'' \, d\sigma + \int_{\sigma} \mathbf{t}'' \cdot \mathbf{u}' \, d\sigma \right) \,.$$

Scegliendo $\mathbf{z}$ tale che $\mathbf{p}'' = 0$, Betti ottiene la seguente espressione riportata in notazione estesa:[25]

$$\Theta = -\frac{1}{8\pi(\lambda + \mu)} \int_{\sigma'} \left[L' \left(\frac{d\frac{1}{r}}{dx} + \xi \right) + M' \left(\frac{d\frac{1}{r}}{dy} + \eta \right) + N' \left(\frac{d\frac{1}{r}}{dz} + \zeta \right) \right] d\sigma'$$

che fornisce la dilatazione unitaria in funzione delle forze di superficie.

Betti ammette che l'espressione trovata per Θ non è semplice: «La determinazione delle funzioni ξ, η, ζ che corrispondono alle funzioni di Green nella determinazione delle funzioni potenziali, offre in generale molte difficoltà» [38].[26] In alternativa,

---

[23] eq. (43), cap. 8.
[24] eq. (35), cap. 6.
[25] [38], p. 61; [37], p. 385.
[26] p. 63.

assume $\mathbf{z} = 0$, in modo tale che Θ sia data da:

$$
\begin{aligned}
\Theta = -\frac{1}{8\pi(\lambda+\mu)} \Bigg\{ & \int_{\sigma_1} \left[L_1' \frac{d\frac{1}{r}}{dx} + M_1' \frac{d\frac{1}{r}}{dy} + N_1' \frac{d\frac{1}{r}}{dz} \right. \\
& \left. + 2\mu \left(u_1' \frac{d}{dp_1} \frac{d\frac{1}{r}}{dx} + v_1' \frac{d}{dp_1} \frac{d\frac{1}{r}}{dy} + w_1' \frac{d}{dp_1} \frac{d\frac{1}{r}}{dz} \right) \right] d\sigma_1 \\
& \int_{\sigma_2} \left[L_2' \frac{d\frac{1}{r}}{dx} + M_2' \frac{d\frac{1}{r}}{dy} + N_2' \frac{d\frac{1}{r}}{dz} \right. \\
& \left. + 2\mu \left(u_2' \frac{d}{dp_2} \frac{d\frac{1}{r}}{dx} + v_2' \frac{d}{dp_2} \frac{d\frac{1}{r}}{dy} + w_2' \frac{d}{dp_2} \frac{d\frac{1}{r}}{dz} \right) \right] d\sigma_2 \Bigg\}.
\end{aligned}
\tag{3.14}
$$

L'espressione di Θ [38][27] è autoreferenziale: la determinazione di $\Theta = \mathrm{div}\,\mathbf{u}'$ richiede la conoscenza delle componenti di $\mathbf{u}'$, presenti a destra nella (3.14). Betti elimina tale autoreferenzialità utilizzando un continuo composto da due sfere concentriche e suoi risultati precedenti [35].

Il calcolo delle rotazioni infinitesime ϕ_1, ϕ_2, ϕ_3 è analogo a quello di Θ, con diverse funzioni ξ, η, ζ che «corrispondono alle funzioni di Green».[28] Imposte nulle sul contorno σ le tensioni associate a $\mathbf{u}''$, Betti ottiene [38]:[29]

$$
\phi_1 = \frac{du'}{dy} - \frac{dv'}{dx} = -\frac{1}{4\pi\mu} \int_\sigma \left[L' \left(\frac{d\frac{1}{r}}{dy} + \xi \right) - M' \left(\frac{d\frac{1}{r}}{dx} - \eta \right) \right] d\sigma.
$$

Si hanno espressioni analoghe per ϕ_2 e ϕ_3.

3.1.4.2
Gli spostamenti

Betti mostra che, noti Θ, ϕ_1, ϕ_2, ϕ_3, la determinazione del campo degli spostamenti $\mathbf{u}$ si riduce alla soluzione di un problema di Neumann per l'equazione di Poisson, cioè a un problema di potenziale. Infatti le equazioni indefinite di equilibrio possono essere riscritte nella forma [38]:[30]

$$
\Delta^2 f = F; \qquad f = u, v, w; \qquad F = -\frac{2\lambda+\mu}{\mu} \frac{d\Theta}{dq}, \qquad q = x, y, z; \tag{3.15}
$$

---

[27] eq. (48), cap. 8.
[28] I passaggi di Betti contengono molti refusi, in parte eliminati nell'edizione delle *Opere*, curata da Tedone.
[29] pp. 79-80.
[30] eq. (56), cap. 10.

le cui condizioni al contorno in termini di $\partial f/\partial p$, con p normale a σ, dipendono solo da Θ, $\mathbf{w}$ [38].[31] Inoltre f deve soddisfare la relazione:

$$\int_\sigma \frac{df}{dp}\, d\sigma = -\int_S F\, dS.$$

Per il calcolo dello spostamento quindi una soluzione «esiste ed è determinata a meno di una costante quando i valori di df/dp siano continui come nel caso che consideriamo» [38].[32]

3.1.5
Il problema di Saint Venant

Nel capitolo 11 Betti affronta la risoluzione del problema che Clebsch aveva chiamato "di Saint Venant" [112]. Stranamente, visti i rapporti di Betti con Riemann e la comunità scientifica tedesca e soprattutto data la celebrità del trattato di Clebsch, Betti non fa alcun riferimento a Saint Venant. Il caso esaminato, tuttavia, è lo stesso che in [316, 317, 113]: il problema elastostatico lineare per il cilindro retto della Figura 3.3 sollecitato solo alle basi ω_1 e ω_2 dalle azioni di contatto regolari $\mathbf{t}_1 = (L_1, M_1, N_1)$ e $\mathbf{t}_2 = (L_2, M_2, N_2)$. Il cilindro è riferito a un sistema di coordinate cartesiane con origine nel centro di area di ω_1, asse z ortogonale a ω_1 e coincidente con l'asse del cilindro, secondo quanto illustrato nella Figura 3.1.

Betti inizia col considerare un qualunque campo di spostamenti, che denoteremo $\mathbf{u}' = (u', v', w')$, che soddisfi le equazioni di campo del problema elastostatico lineare per il cilindro sotto l'ipotesi di assenza di azioni di volume. La formula di reciprocità

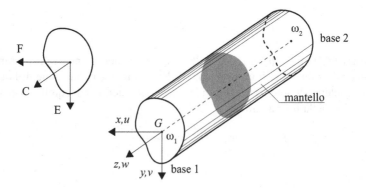

Figura 3.3 Il solido di Saint Venant

---

[31] p. 81.
[32] p. 83.

si scrive in notazione assoluta nella forma [38]:[33]

$$\int_{\omega_1} (\mathbf{t}_1 \cdot \mathbf{u}'_1)\, d\omega_1 + \int_{\omega_2} (\mathbf{t}_2 \cdot \mathbf{u}'_2)\, d\omega_2 =$$
$$= \int_{\omega_1} (\mathbf{t}'_1 \cdot \mathbf{u}_1)\, d\omega_1 + \int_{\omega_2} (\mathbf{t}'_2 \cdot \mathbf{u}_2)\, d\omega_2 + \int_{\sigma} (\mathbf{t}'_0 \cdot \mathbf{u}_0)\, d\sigma \qquad (3.16)$$

ove σ è la superficie laterale del cilindro, $\mathbf{u}$ il campo di spostamenti che fanno equilibrio alle azioni di contatto $\mathbf{t}$, $\mathbf{t}'$ il campo di azioni di contatto dovuto agli spostamenti $\mathbf{u}'$. I pedici indicano i valori assunti dai campi indicati sulle due basi (1 e 2) e sulla superficie laterale del cilindro (0), rispettivamente.

Per utilizzare la (3.16) Betti deve caratterizzare il campo $\mathbf{u}'$, che assume il ruolo di campo di spostamenti "virtuale"; scrive le equazioni locali di bilancio e le condizioni al contorno per le azioni $\mathbf{t}'_i$, $i = 0,1,2$, in funzione di $\mathbf{u}'$.[34] Tra tutti i campi $\mathbf{u}'$ che rispettino le condizioni di equilibrio locali e al contorno, Betti sceglie quello per cui lo stato di sforzo associato abbia componenti identicamente nulle nel piano della sezione del cilindro ($z =$cost.).

Questa condizione, assieme alle conseguenze che essa implica sulle equazioni locali di bilancio, in notazione semi-compatta si legge [38]:[35]

$$\mathbf{T} = \begin{pmatrix} 0 & 0 & G \\ 0 & 0 & F \\ G & F & C \end{pmatrix}, \quad \frac{\partial(G,F)}{\partial z} = 0, \quad \mathrm{div}(G,F,C) = 0 \qquad (3.17)$$

ove C, F, G sono i simboli usati da Cauchy per indicare alcune delle componenti della tensione.

Betti sceglie cioè $\mathbf{u}'$ tale che gli sforzi corrispondenti abbiano solo componenti parallele alle generatrici del cilindro. Imponendo l'equilibrio locale ottiene che gli sforzi tangenziali sulla sezione sono indipendenti dall'ascissa assiale. L'unica equazione che rimane da soddisfare per l'equilibrio è quella ottenuta dalla proiezione dell'equazione locale lungo l'asse. Betti richiede anche che lo stato di sforzo soddisfi alla condizione di mantello scarico [38]:[36]

$$\mathbf{t}' \cdot \mathbf{n} = 0 \quad \text{su } \sigma. \qquad (3.18)$$

Usa per la tensione, cfr. la (3.17), una notazione simile alla prima di Cauchy e adottata anche da Piola in [280] quarant'anni prima. All'epoca di Betti erano già in uso notazioni a due indici, presenti nei lavori tardi di Cauchy, in Clebsch, Saint Venant, Kirchhoff, Thomson e Tait, che si rifacevano alla teoria dei determinanti

---

[33] eq. (59), cap. 10.

[34] Ciò viene fatto in tutti i gruppi di equazioni non numerate tra le (59) e le (60) del cap. 10: il primo gruppo rappresenta la relazione elastica lineare omogenea e isotropa tra componenti dello sforzo e derivate parziali delle componenti dello spostamento; il secondo gruppo esprime le equazioni locali di bilancio statico; il terzo gruppo caratterizza le componenti della normale (interna, secondo la convenzione ottocentesca) alla superficie esterna del cilindro; il quarto gruppo esprime le condizioni al contorno specializzate sulle componenti della normale appena caratterizzate.

[35] eqq. (60)-(62), cap. 10.

[36] Seconda equazione non numerata dopo la (62), p. 86.

[348]. D'altronde Betti non era interessato direttamente allo stato di sforzo, essendo il potenziale elastico a fondamento della sua trattazione.

La prima delle (3.17) [38] [37] coincide con l'ipotesi base del metodo semi-inverso di Saint Venant: si cercano le distribuzioni di tensioni sulle basi che generano spostamenti compatibili e sforzi bilanciati nella forma (3.17).

Betti caratterizza **u**′ in modo che assomigli alla soluzione del problema, lasciando libere solo le forze superficiali sulle basi associate a esso. D'altra parte introduce l'ipotesi (3.17) come libera scelta del campo "virtuale" di spostamenti-tensioni che compare nella formula di reciprocità. Di conseguenza, i risultati di Betti potrebbero essere più generali di quelli di Saint Venant, in quanto non si postula che la soluzione "vera" sia caratterizzata dall'annullarsi delle componenti dello sforzo parallele al piano della sezione.

Nel seguito del capitolo, Betti ricalca Clebsch e Saint Venant [113];[38] d'altronde, volendo solo determinare gli ingredienti "virtuali" da introdurre nella (3.16), usa tecnicismi di integrazione per sistemi di equazioni differenziali lineari a derivate parziali simili ad altri in letteratura. Con l'aiuto di elementi di analisi complessa, Betti trova le componenti del campo **u**′:

$$
\begin{aligned}
u' &= h + kz + \frac{az^2}{2} + \frac{bz^3}{6} + (c + ez)x - (c' + e'z)y \\
&\quad + \tau\left((a + bz)\frac{x^2 - y^2}{2} + (a' + b'z)xy \right) \\
v' &= h' + k'z + \frac{a'z^2}{2} + \frac{b'z^3}{6} + (c + ez)y + (c' + e'z)x \\
&\quad + \tau\left((a' + b'z)\frac{y^2 - x^2}{2} + (a + bz)xy \right) \\
w' &= -\frac{cz + \frac{ez^2}{2}}{\tau} - \left(az + \frac{bz^2}{2} \right)x + \left(a'z + \frac{b'z^2}{2} \right)y \\
&\quad + \frac{e}{\tau}(x^2 + y^2) + bxy^2 + b'yx^2 + U
\end{aligned}
\tag{3.19}
$$

in cui τ è il coefficiente di Poisson e $U(x, y)$ è soluzione di un problema armonico con condizioni al contorno di tipo Neumann, definito sulla sezione del cilindro. Le (3.19), fatte le dovute identificazioni, coincidono con le soluzioni fornite da Clebsch e Saint Venant, anche se Betti non rimarca questo fatto.

I campi di spostamento "virtuale" u', v', w' dipendono dalle costanti di integrazione $a, a', b, b', c, c', e, e', h, h', k, k'$, sul cui significato fisico Betti non avanza alcuna interpretazione e di cui solo *sei*, in numero cioè pari alle componenti delle azioni risultanti sulle basi, vengono sfruttate.

Betti ottiene dapprima [38][39] le medie sulla sezione, semplice e pesata con la posizione x, y, z, della differenza di spostamento assiale tra le basi del cilindro in funzione delle azioni di contatto sulle basi. Questa dipendenza non è banale da esplicitare; Betti esamina allora il caso semplice (coincidente con uno dei casi di Saint

---

[37] eq. (62), cap. 10.
[38] Una trattazione in notazione assoluta si trova per esempio in [309].
[39] eqq. (67)-(69), cap 10.

Venant) in cui la distribuzione delle azioni di contatto è opposta sulle basi [38] [40] in modo che per ogni punto di $\omega_1 \equiv \omega_2$ si abbia:

$$L_1 + L_2 = 0, \quad M_1 + M_2 = 0, \quad N_1 + N_2 = 0 . \tag{3.20}$$

Ricava allora [38] [41] che le medie sono direttamente proporzionali alle risultanti sulle estremità del cilindro. In particolare, dalla media semplice ottiene l'allungamento del cilindro, la variazione dell'area della sezione e il coefficiente di contrazione laterale. Commenta anche i risultati delle medie pesate, ma non vi è alcun significato applicativo per esse.

Betti scompone il campo U presente nella (3.19-3) in tre addendi, soluzioni di problemi armonici con condizioni al contorno di tipo Neumann sulla sezione del cilindro. Ciascun addendo è proporzionale a una delle costanti e', b, b', identificabili con le curvature torsionale e di flessione non uniforme per l'asse del cilindro. Betti considera solo sezioni con due assi di simmetria, per le quali svaniscono gli integrali di area pesati con le potenze dispari delle coordinate: ottiene così le equazioni per le componenti torcente [42] e flettenti della coppia risultante sulle basi.[43] Non commenta tali risultati in generale, ma solo le soluzioni particolari per cilindri con sezioni ellittiche (per cui esiste soluzione in forma chiusa degli addendi di U). Per la flessione non uniforme trova l'espressione della *freccia di flessione*, che particolarizza alle sezioni circolari.[44]

Betti non sembra preoccuparsi del fatto di non presentare una soluzione completa (manca, per esempio, l'analisi della flessione uniforme). Ha applicato lucidamente la formula di reciprocità, che lo ha condotto ad alcune soluzioni di interesse tecnico, e ciò probabilmente gli basta.

3.2
Eugenio Beltrami

Eugenio Beltrami (Cremona 1836 – Roma 1900) frequentò le scuole secondarie a Cremona e studiò all'università di Pavia dal 1853 al 1856. Qui ebbe come insegnante Francesco Brioschi, da poco professore di Matematica applicata, senza però riuscire a concludere gli studi per ristrettezze finanziarie e per l'espulsione dal Collegio Ghislieri dovuta alle sue simpatie verso il movimento risorgimentale. La perdita del posto nel collegio rese insostenibile la sua posizione di studente, già precaria per la morte del nonno e per la latitanza del padre, emigrato in quanto antiaustriaco. Trovò un lavoro di segretario della direzione delle Ferrovie Lombardo-Venete a Verona, ma dopo qualche tempo fu licenziato per motivi politici dal governo austriaco. Riprese

---

[40] p. 91.
[41] p. 91.
[42] eq. (70), cap. 10.
[43] eqq. (71)-(72), cap. 10.
[44] Ultima equazione del cap.10, p. 91.

comunque il posto a Milano, dove si era trasferito il responsabile del suo ufficio, quando questa città venne sottratta agli austriaci.

A Milano frequentò l'Osservatorio di Brera e, su suggerimento di Brioschi, riprese a studiare matematica. Per un'idea della preparazione di Beltrami nelle matematiche è illuminante quanto scriveva a un amico nel dicembre del 1860:

> Il corso universitario, io l'ho compiuto (parte per leggerezza, parte per quell'indolenza che accompagna ordinariamente il malanimo cagionato dalle frequenti avversità casalinghe) seguendo il malvezzo di studiare quel tanto che basti per passare gli esami. Perdetti poi due anni in occupazioni affatto aliene dalle mie tendenze.[45] Dopo questa dura prova, formai decisamente il proposito di rifarmi a studiare la matematica, e (questa è la sola cosa di cui sinceramente mi lodo) tolsi a studiare con tutta diligenza una dopo l'altra l'aritmetica, l'algebra, la geometria, la trigonometria, l'algebra superiore e il calcolo, come avrebbe fatto uno che avesse percorso tutt'altra Facoltà, che la matematica [...] Ecco la mia suppellettile scientifica: sento che è molto scarsa. Sopratutto mi sta assai sul cuore d'essere *tamquam tabula rasa* delle dottrine spettanti al calcolo delle variazioni, ai lavori di Jacobi e di Abel, alle ricerche di Gauss sulle superficie, ecc. [13].[46]

Nonostante la scarsa preparazione di partenza, Beltrami riuscì a recuperare velocemente; nel 1862 pubblicò il suo primo articolo e Brioschi riuscì a farlo nominare, senza concorso, professore straordinario di Algebra e Geometria analitica dell'università di Bologna. In ciò fu favorito dal fatto che nel 1861, con la costituzione del Regno d'Italia, vi furono molte iniziative per il potenziamento del mondo universitario. Nel 1864 gli fu offerta la cattedra di Geodesia all'università di Pisa da Enrico Betti. Beltrami non era molto convinto, come dice in questa lettera a Cremona, ma accettò dopo consiglio di quest'ultimo:

> Io sarei determinato di rifiutare l'offerta fattami dal Betti, per più ragioni. Prima di tutto per la necessità di mutare l'indirizzo dei miei studi, il che porta sempre con sé degli inconvenienti e dei perditempi, tanto più che parlandomi il Betti di studi preparatori da farsi in un Osservatorio, pare che le materie da trattarsi nella nuova cattedra non debbano essere puramente teoriche. In secondo luogo la cattedra di introduzione al calcolo mi piace di più e per la natura dell'argomento che ne forma l'oggetto, e per la maggior latitudine che lascia nella scelta degli studi. Finalmente mi spiacerebbe occupare un posto che l'opinione pubblica amerebbe meglio probabilmente affidare a un distinto cultore di studi affini, voglio dire al Codazzi; e che, anche prescindendo da ciò, potrebbe essere ambito da professori più provetti di me e già benemeriti dell'insegnamento. Quanto al vantaggio pecuniario che potrei avere dalla nomina a professore ordinario, esso non è che momentaneo, in quanto che io ho a sperare lo stesso risultato dopo un tirocinio più o meno lungo anche e nel posto che occupo adesso, e senza abbandonare l'università in cui ti ho a collega. Comunque sia, non ho voluto rispondere al Betti prima d'aver chiesto il tuo consiglio, che ti prego volermi far conoscere liberissimamente [13].[47]

A Pisa strinse amicizia con Betti e conobbe Bernhard Riemann. Nel 1866 ritornò a Bologna sulla cattedra di Meccanica razionale (sembra che la moglie non tollerasse

---

[45] Allude al suo lavoro a Verona.
[46] Tomo 1, p. XI.
[47] Tomo 1, p. XIII.

il clima di Pisa). Nel 1873 venne chiamato sulla cattedra di Meccanica razionale dell'università di Roma, da poco capitale. Qui Beltrami non si trovò benissimo (la moglie non gradiva il clima nemmeno di questa città) così dal 1876 si trasferì a Pavia per occupare la cattedra di Fisica matematica. Nel 1891 ritornò a Roma per le ultime attività di insegnamento.

Beltrami ha svolto un ruolo importante nella ricerca, nella didattica e anche nell'organizzazione della matematica italiana. Nel 1898 divenne presidente dell'Accademia dei Lincei succedendo a Brioschi; nel 1899 divenne senatore [150].

Beltrami, essenzialmente autodidatta, a Pisa si indirizzò allo studio delle superfici, ispirandosi a Gauss [14, 15], Lobacevskij, Riemann e Cremona. Oltre che di matematica pura, specie geometria, si occupò di fisica matematica, in particolare teoria del potenziale ed elettromagnetismo; sono interessanti anche alcuni studi di ottica e termodinamica. In questo ambito ricercò le modifiche da apportare ad alcune leggi fisiche affinché rimanessero valide anche in uno spazio a curvatura negativa, generalizzando l'operatore di Laplace.

Le tecniche differenziali di Beltrami hanno influenzato la nascita del calcolo tensoriale, fornendo basi per le idee sviluppate successivamente da Gregorio Ricci-Curbastro e Tullio Levi-Civita. Alcuni degli ultimi lavori riguardano l'interpretazione meccanica delle equazioni di Maxwell. È importante il contributo di Beltrami alla storia della matematica: nel 1889 mise in luce il lavoro di Girolamo Saccheri del 1773 sulle rette parallele e ne confrontò i risultati con quelli di Borelli, Wallis, Clavius, Bolyai e Lobacevskij.

Gli scritti di Beltrami su teoria dell'elasticità e meccanica del continuo sono relativamente pochi ma di notevole interesse: quasi tutti riguardano l'analisi di deformazioni e tensioni nell'etere per spiegare i fenomeni elettromagnetici [340]. In questo senso Beltrami si innesta sulla scia "energetista" iniziata da Green e portata avanti in Italia da Piola e Betti, per cui, in assenza di informazioni certe sulla natura delle forze interne ai corpi (nonché sulla natura dei corpi stessi e sulla loro modellizzazione fisico-matematica), conviene riferirsi al principio certo che in fenomeni non dissipativi tutte le azioni sono ascrivibili a un potenziale. Questo principio, suffragato dalla sempre più razionalizzata termodinamica, offriva strumenti potenti di analisi anche allo studio dei fenomeni elettrici e magnetici, propagantesi per contatto nell'etere luminifero. Inoltre, la riduzione delle forze al loro potenziale permetteva l'uso di una matematica nuova e foriera di risultati, quale la nuova analisi di Riemann. Non è dunque un caso se anche Beltrami, come Betti, si rivolgesse allo studio degli argomenti più innovativi della fisica matematica del tempo, visti come la naturale generalizzazione della teoria ordinaria dell'elasticità.

I lavori di Beltrami di meccanica riediti nelle *Opere* sono elencati di seguito:

- *Ricerche sulla cinematica dei fluidi*, Memorie dell'Accademia delle Scienze dell'Istituto di Bologna, s. 3, t. 1, 1872; t. 2, 1871; t. 3, 1873; t. 5, 1874.

- *Sulle equazioni generali dell'elasticità*, Annali di Matematica pura e applicata, s. 2, t. X, 1880-82.

- *Sull'equilibrio delle superficie flessibili e inestensibili*, Memorie dell'Accademia delle Scienze dell'Istituto di Bologna, s. 4, t. 3, 1882, 1866.

- *Sulla rappresentazione delle forze newtoniane per mezzo di forze elastiche*, Rendiconti del R. Istituto Lombardo, s. 2, t. 17, 1884.
- *Sull'uso delle coordinate curvilinee nelle teorie del potenziale e dell'elasticità*, Memorie dell'Accademia delle Scienze dell'Istituto di Bologna, s. 4, t. 6, 1884.
- *Sulle condizioni di resistenza dei corpi elastici*, Rendiconti del R. Istituto Lombardo, s. 2, t. 18, 1885.
- *Sull'interpretazione meccanica delle formole di Maxwell*, Memorie dell'Accademia delle Scienze dell'Istituto di Bologna, s. 4, t. 7, 1886.
- *Sur la théorie de la dèformation infiniment petite d'un milieu*, Comptes Rendus, t. 108, 1889.
- *Note fisico matematiche (lettera al prof. Ernesto Cesaro)*, Rendiconti del Circolo matematico di Palermo, t. 3, 1889.
- *Intorno al mezzo elastico di Green. Nota I e II*, Rendiconti del R. Istituto Lombardo, s. 2, t. 1, 1892.
- *Osservazioni alla nota del Prof. Morera*, Rendiconti R. Accademia Lincei, s. 5, t. 1, 1892, 1 semestre.

3.2.1
La geometria non euclidea

Nella seconda metà dell'Ottocento i fisici e i matematici si chiedevano se lo spazio fisico fosse euclideo o meno. I matematici cercavano nuove frontiere per la geometria, i fisici una spiegazione esauriente dei fenomeni elettromagnetici. In effetti quando si tratta dello spazio fisico senza limiti, con l'ambiguità che si determina nel concetto di linea retta, il V postulato della geometria euclidea, che ha la formulazione tradizionale

> *Se una retta incontra altre due rette formando da una parte angoli interni la cui somma è minore di due retti, allora le due rette si incontrano se sono prolungate indefinitamente*[48]

può essere messo in dubbio e revocato.

Per il V postulato furono cercate dimostrazioni sin prima di Euclide; il postulato sembrava evidente, ma a un livello inferiore rispetto agli altri quattro postulati, e si pensava quindi che potesse (e dovesse) essere dimostrato a partire da questi.[49] Alla fine del 1700 ci si convinse che il V postulato fosse logicamente indipendente, e quindi non dimostrabile, dagli altri. Questa convinzione, sostenuta da Gauss, derivava

---

[48] Si noti invece che l'enunciato apparentemente simile a questo, secondo cui se le due rette formano angoli interni la cui somma è uguale a due retti non si incontrano, è dimostrabile sulla base degli altri assiomi della geometria euclidea.

[49] I primi quattro postulati della geometria euclidea sono: 1) si può tracciare una retta da un punto qualsiasi a un punto qualsiasi; 2) si può prolungare indefinitamente una linea retta; 3) si può descrivere un cerchio con un centro qualsiasi e con un raggio qualsiasi; 4) tutti gli angoli retti sono uguali. Accanto ai cinque postulati vi sono poi le cinque nozioni comuni: 1) cose uguali a una medesima cosa sono uguali anche tra loro; 2) se cose uguali vengono aggiunte a cose uguali, gli interi sono uguali; 3) se cose uguali vengono sottratte da cose uguali, i resti sono uguali; 4) cose che coincidono l'una con l'altra sono uguali l'una all'altra; 5) l'intero è maggiore della parte.

dai tentativi infruttuosi di dimostrazione di Saccheri (1667-1733) e Lambert (1728-1777). Essa venne resa esplicita dai fondatori della geometria non euclidea, Gauss (1777-1855), che però non pubblicò molto sull'argomento, e soprattutto il russo Lobacevskij (1793-1856) e l'ungherese Bolyai (1802-1860).

Lobacevskij, il più noto tra gli ultimi due, basa la sua geometria sui concetti intuitivi ed empirici di corpo, contatto tra corpi e sezione di un corpo in due parti. Questi concetti sono considerati come primitivi e sono acquisibili per mezzo dei sensi. Sulla base di questi concetti Lobacevskij riesce a giustificare tutti i postulati tranne il V. Ne conclude che esso è ingiustificato sulla base dell'esperienza e quindi in qualche modo arbitrario e forse "non vero". L'unico modo di eliminare l'arbitrarietà del V postulato consiste nell'accettarlo per convenzione o nel costruire una nuova geometria secondo cui l'angolo di parallelismo [50] è compreso tra $\pi/2$ e 0; questa geometria è detta iperbolica.

La costruzione della geometria non euclidea e le domande che i suoi fondatori si ponevano sulla sua adeguatezza a cogliere la realtà del mondo fisico originava discussioni sulla completezza della geometria euclidea. Dal punto di vista della concezione della scienza aristotelica questo è sicuramente un duro colpo, veniva minata la certezza dell'intuizione: se l'intuizione può fallire allora non si può fondare una scienza solo su principi (considerati veri dall'intuizione). Lobacevskij è probabilmente turbato da tali dubbi e, anche se ritiene assolutamente certi i primi quattro postulati della geometria euclidea, qualcosa si doveva essere incrinato anche in lui. Infatti almeno in una delle sue opere più importanti rinuncia completamente al modello aristotelico di tipo assiomatico, basato su principi, fossero anche quelli "realmente certi", adottando un approccio per ipotesi [110].

La geometria non euclidea rappresentò per molti anni un aspetto marginale della matematica, finché non fu integrata nella matematica di Riemann. La geometria di Riemann è non euclidea in senso più ampio di stabilire quante sono le rette parallele per un punto, come avanzato da Lobacevskij o da Boylai. Secondo Riemann la geometria non dovrebbe neppure trattare di spazi tridimensionali, ma di insiemi di n-ple ordinate. Tra le principali regole in qualsiasi geometria, per Riemann vi è quella che fornisce la distanza di due punti vicini. Nella geometria euclidea questa distanza è data da $ds^2 = dx^2 + dy^2 + dz^2$; una generalizzazione di questa misura per spazi non euclidei è espressa dalla formula $ds = \sum_{ij} g_{ij} dx_i dx_j$ $(i = j = 1, 2, \ldots, n)$. Nella geometria di Riemann la somma degli angoli di un triangolo poteva essere diversa da π.

Beltrami ha dato contributi teorici, sia a livello tecnico che di filosofia della matematica, applicando l'idea di spazi non euclidei in diversi ambiti. Come Riemann, e differentemente da molti suoi predecessori, Beltrami non si è limitato a considerare il caso di coordinate curvilinee che definiscono la posizione di un punto in uno spazio euclideo, ma si è posto il problema se lo spazio reale, dove si propagano i fenomeni elettrici e magnetici, sia o meno euclideo. Tradusse in italiano il lavoro di Gauss sulla rappresentazione conforme e affrontò il problema della rappresentazione

---

[50] L'angolo di parallelismo α è l'angolo che forma una retta s con la perpendicolare p alla retta r tale che tutte le rette che formano con p un angolo maggiore di α non incontrano r. Nella geometria euclidea l'angolo di parallelismo è $\pi/2$.

della geodetica di una superficie mediante un segmento rettilineo sul piano: scoprì che ciò era possibile solo per superfici a curvatura costante. Esaminando superfici a curvatura negativa, nel 1868 ottenne il suo risultato più famoso: nell'articolo *Saggio di interpretazione della geometria non euclidea* [16] fornì una concreta realizzazione della geometria non euclidea di Lobacevskij e Bolyai e la collegò alla geometria di Riemann. La realizzazione concreta si serve di una pseudosfera, superficie generata per rivoluzione intorno al suo asintoto di una trattrice. Beltrami non segnalava esplicitamente di aver provato la consistenza della geometria non euclidea ovvero l'indipendenza del postulato delle rette parallele; piuttosto sottolineava che Bolyai e Lobacevskij avevano sviluppato la teoria delle geodetiche sulle superfici di curvatura negativa.

3.2.2
Sulle equazioni generali della elasticità

Il primo scritto sistematico di Beltrami sulla teoria dell'elasticità è del 1882 [17] e riguarda la formulazione delle equazioni dell'equilibrio elastico in uno spazio con curvatura costante in cui è posizionato un continuo di volume S e superficie σ. Egli prende le mosse dalle equazioni dell'elasticità ottenute da Lamé [207][51] in coordinate curvilinee e da alcuni successivi lavori di Carl Neumann e Borchardt [43, 265]. Questi ultimi semplificavano i calcoli di Lamé con l'utilizzo del potenziale elastico in coordinate curvilinee, ottenendo le equazioni di equilibrio per mezzo della variazione del suo integrale sul volume occupato dal corpo elastico. Secondo Beltrami, però, il loro approccio, sebbene portasse a risultati corretti, era migliorabile ed era possibile mettere in evidenza nuovi aspetti di un certo interesse. I tre, Lamé, Carl Neumann, Borchardt, partivano o dalle equazioni dell'equilibrio elastico (Lamé) o dal potenziale elastico (Borchardt e Carl Neumann) in coordinate cartesiane, il che presupponeva uno spazio euclideo. Beltrami invece dimostrava direttamente le equazioni dell'equilibrio elastico senza ipotesi preliminari sulla natura dello spazio.

Come Carl Neumann e Borchardt, Beltrami usa un approccio puramente analitico, partendo dal bilancio dei lavori virtuali delle forze esterne e interne. L'idea centrale risiede nelle definizioni di metrica e, da questa, di deformazione infinitesima, la quale in metrica euclidea si riduce a quella tradizionale:

Siano q_1, q_2, q_3 le coordinate curvilinee d'un punto qualunque in uno spazio a tre dimensioni e sia:[52]

$$ds^2 = Q_1^2 dq_1^2 + Q_2^2 dq_2^2 + Q_3^2 dq_3^2$$

l'espressione del quadrato d'un elemento lineare qualunque, in questo spazio.

---

[51] p. 290.
[52] Beltrami non è esplicito, ma Q_1, Q_2, Q_3 in generale dipendono da q_1, q_2, q_3.

[...] dunque, ponendo

$$\delta\theta_1 = \frac{\partial\delta q_1}{\partial q_1} + \frac{\delta Q_1}{Q_1}, \qquad \delta\omega_1 = \frac{Q_2}{Q_3}\frac{\partial\delta q_2}{\partial q_3} + \frac{Q_3}{Q_2}\frac{\partial\delta q_3}{q_2},$$

$$\delta\theta_2 = \frac{\partial\delta q_2}{\partial q_2} + \frac{\delta Q_2}{Q_2}, \qquad \delta\omega_2 = \frac{Q_3}{Q_1}\frac{\partial\delta q_3}{\partial q_1} + \frac{Q_1}{Q_3}\frac{\partial\delta q_1}{q_3},$$

$$\delta\theta_3 = \frac{\partial\delta q_3}{\partial q_3} + \frac{\delta Q_3}{Q_3}, \qquad \delta\omega_3 = \frac{Q_1}{Q_2}\frac{\partial\delta q_1}{\partial q_2} + \frac{Q_2}{Q_1}\frac{\partial\delta q_2}{q_1}$$

si può scrivere

$$\frac{\delta ds}{ds} = \lambda_1^2\delta\theta_1 + \lambda_2^2\delta\theta_2 + \lambda_3^2\delta\theta_3 + \lambda_2\lambda_3\delta\omega_1 + \lambda_3\lambda_1\delta\omega_2 + \lambda_1\lambda_2\delta\omega_3$$

dove le tre quantità $\lambda_1, \lambda_2, \lambda_3$, definite da

$$\lambda_i = \frac{Q_i dQ_i}{ds}$$

sono i coseni direttori degli angoli che l'elemento lineare ds fa con le tre coordinate q_1, q_2, q_3 [17].[53]

In sostanza Beltrami esprime la variazione di lunghezza dell'elemento infinitesimo ds in funzione delle grandezze $\delta\theta_1, \delta\theta_2, \delta\theta_3, \delta\omega_1, \delta\omega_2, \delta\omega_3$ che sceglie come candidate della deformazione. Si noti che le coordinate curvilinee q_1, q_2, q_3 sono implicitamente assunte ortogonali perché in ds mancano i contributi dei prodotti $dq_1 dq_3$, $dq_2 dq_3$, $dq_1 dq_2$. Nello spazio euclideo si ha $Q_1 = Q_2 = Q_3 = 1$ e le grandezze scelte da Beltrami per caratterizzare la deformazione coincidono con le componenti del tensore **E** della deformazione infinitesima.

Beltrami definisce poi il lavoro virtuale delle forze interne:

$$\int (\Theta_1\delta\theta_1 + \Theta_2\delta\theta_2 + \Theta_3\delta\theta_3 + \Omega_1\delta\omega_1 + \Omega_2\delta\omega_2 + \Omega_3\Delta\omega_3)dS.$$

Qui $\Theta_1, \Theta_2, \Theta_3, \Omega_1, \Omega_2, \Omega_3$ sono coefficienti di natura non precisata, «giacché la variazione dell'elemento lineare dipende dalle sei quantità $\delta\theta_1, \delta\theta_2, \delta\theta_3, \delta\omega_1, \delta\omega_2, \delta\omega_3$. I sei moltiplicatori $(\Theta_1, \Theta_2, \Theta_3, \Omega_1, \Omega_2, \Omega_3)$ sono funzioni di q_1, q_2, q_3, delle quali per ora non occorre indagare il significato» [17],[54] ma che poi diverranno azioni interne. Beltrami esprime il bilancio del lavoro virtuale compiuto dalle forze esterne di volume F_i e di superficie ϕ_i e dalle forze interne:

$$\int (F_1 Q_1\delta q_1 + F_2 Q_2\delta q_2 + F_3 Q_3\delta q_3)dS +$$

$$\int (\phi_1 Q_1\delta q_1 + \phi_2 Q_2\delta q_2 + \phi_3 Q_3\delta q_3)d\sigma +$$

$$\int (\Theta_1\delta\theta_1 + \Theta_2\delta\theta_2 + \Theta_3\delta\theta_3 + \Omega_1\delta\omega_1 + \Omega_2\delta\omega_2 + \Omega_3\Delta\omega_3)dS = 0.$$

Dopo avere laboriosamente sviluppato l'integrale delle forze interne in funzione delle componenti dello spostamento q_1, q_2, q_3, dà significato geometrico e meccanico

---

[53] pp. 384-385.
[54] p. 386.

alle sue grandezze riconoscendo, come abbiamo accennato, le componenti delle deformazioni infinitesime dello spazio curvilineo nelle grandezze $\delta\theta_1, \delta\theta_2, \delta\theta_3, \delta\omega_1,$ $\delta\omega_2, \delta\omega_3$ e le componenti della tensione nei coefficienti $\Theta_1, \Theta_2, \Theta_3, \Omega_1, \Omega_2, \Omega_3.$ Ottiene tre equazioni locali di equilibrio e tre equazioni al contorno le quali «coincidono con quelle che Lamé dedusse dalla trasformazione delle analoghe equazioni in coordinate curvilinee».[55]

Il risultato comunque che Beltrami considera importante e che rappresenta il contributo principale del suo articolo è l'aver mostrato l'indipendenza delle equazioni da lui ottenute dal V postulato di Euclide:

> Ma quello che più importa di osservare, e che risulta all'evidenza dal processo qui tenuto per stabilire quelle equazioni, è che lo spazio al quale esse si riferiscono non è definito da altro che dall'espressione (1) dell'elemento lineare, senz'alcuna condizione per le funzioni Q_1, Q_2, Q_3. Quindi le equazioni (4), (4$_a$) posseggono una molto maggiore generalità che non le analoghe in coordinate cartesiane e, in particolare giova subito notare che esse sono indipendenti dal postulato d'Euclide [17].[56]

Fin qui Beltrami non ha avanzato alcuna ipotesi sulla natura delle forze interne, ovvero sul legame costitutivo. Nel seguito assume dapprima forze interne conservative con potenziale Π funzione delle componenti della deformazione, poi considera corpi isotropi, per i quali il potenziale vale:

$$\Pi = -\frac{1}{2}\left(A\theta^2 + B\overline{\omega}\right),$$

$$\theta = \theta_1 + \theta_2 + \theta_3, \qquad \overline{\omega} = \omega_1^2 + \omega_2^2 + \omega_3^2 - 4(\theta_1\theta_2 + \theta_1\theta_3 + \theta_2\theta_3).$$

Beltrami considera spazi curvilinei a curvatura costante, ove l'isotropia è definita dai due coefficienti A, B indipendenti da q_1, q_2, q_3. Sotto questa condizione ottiene equazioni locali di bilancio relativamente semplici:

$$\frac{A}{Q_1}\frac{\partial\theta}{\partial q_1} + \frac{B}{Q_2 Q_3}\left[\frac{\partial(Q_2\theta_2)}{\partial q_3} - \frac{\partial(Q_3\theta_3)}{\partial q_2}\right] + 4\alpha B Q_1 x_1 + F_1 = 0,$$

$$\frac{A}{Q_2}\frac{\partial\theta}{\partial q_2} + \frac{B}{Q_3 Q_1}\left[\frac{\partial(Q_3\theta_3)}{\partial q_1} - \frac{\partial(Q_1\theta_1)}{\partial q_3}\right] + 4\alpha B Q_2 x_2 + F_2 = 0,$$

$$\frac{A}{Q_3}\frac{\partial\theta}{\partial q_3} + \frac{B}{Q_1 Q_2}\left[\frac{\partial(Q_1\theta_1)}{\partial q_2} - \frac{\partial(Q_2\theta_2)}{\partial q_1}\right] + 4\alpha B Q_3 x_3 + F_3 = 0.$$

Qui α è la curvatura dello spazio e $x_i = \delta q_i (i = 1, 2, 3)$ sono le componenti di spostamento [17].[57] Per $\alpha = 0, Q_1 = Q_2 = Q_3 = 1$ si ritrovano le equazioni di Navier, Cauchy e Poisson.

---

[55] Nota di Beltrami: *Leçons sur les coordonnées curvilignes*, Paris, 1859, p. 272.
[56] p. 389.
[57] p. 398.

Se la rotazione e la dilatazione cubica svaniscono, Beltrami in uno spazio con curvatura costante positiva riscontra l'esistenza di una deformazione elastica che ha una certa "analogia" con quella della teoria di Maxwell [117]:

> Si ottiene così una deformazione, priva tanto di rotazione quanto di dilatazione, nella quale la forza e lo spostamento hanno in ogni punto la stessa (o la opposta) direzione e le grandezze costantemente proporzionali. Tale risultato, che non ha riscontro nello spazio euclideo, presenta una singolare analogia con certi concetti moderni sull'azione dei mezzi dielettrici [17].[58]

Tramite l'equilibrio in spazi a curvatura costante Beltrami interpreta azioni elettromagnetiche (tensioni dell'etere intorno a una corrente, onde sferiche) mediante l'azione di contatto delle particelle di etere. Pragmaticamente, suppone lo spazio a curvatura positiva, negativa o nulla a seconda del fenomeno; i calcoli dello sforzo cui l'etere è sottoposto selezionano la curvatura corretta.

3.2.3
Lavori sulla teoria elettromagnetica di Maxwell

Tra il 1884 e il 1886 Beltrami pubblicò tre lavori sulla teoria elettromagnetica di Maxwell, trattando ampiamente gli sforzi nell'etere [19, 20, 22]. Nel capitolo V del *Treatise on electricity and magnetism*, Maxwell descrive l'interazione tra due sistemi elettrici come se nell'etere compreso tra i due si producesse uno stato di sforzo costituito da una tensione lungo le linee di forza combinata con una uguale pressione nelle direzioni perpendicolari a queste linee. Indicando con p_{ij} lo sforzo in direzione i agente su una superficie di orientazione j e con E il campo elettrico, le equazioni di Maxwell in uno spazio euclideo sono:

$$p_{xx} = \frac{1}{4\pi}E_x^2 - \frac{1}{8\pi}(E_x^2 + E_y^2 + E_z^2) \qquad p_{yz} = p_{zy} = \frac{1}{4\pi}E_yE_z$$

$$p_{yy} = \frac{1}{4\pi}E_y^2 - \frac{1}{8\pi}(E_x^2 + E_y^2 + E_z^2) \qquad p_{xy} = p_{yx} = \frac{1}{4\pi}E_xE_y$$

$$p_{zz} = \frac{1}{4\pi}E_z^2 - \frac{1}{8\pi}(E_x^2 + E_y^2 + E_z^2) \qquad p_{xz} = p_{zx} = \frac{1}{4\pi}E_xE_z \,.$$

Beltrami le riottiene in [19] con una procedura più semplice di quella di Maxwell. L'approccio è "energetico": la variazione del potenziale totale rispetto alle deformazioni fornisce le tensioni. I potenziali sono newtoniani, ovvero le forze nello spazio sono dovute a una distribuzione di masse in un volume S di superficie σ. Le equazioni

---

[58] p. 403.

di Maxwell appaiono con notazione diversa:

$$X_x = -\frac{1}{4\pi}\left(\frac{\partial V}{\partial x}\right)^2 - \frac{1}{8\pi}\Delta_1 V \qquad Y_z = Z_y = -\frac{1}{4\pi}\frac{\partial V}{\partial y}\frac{\partial V}{\partial z}$$

$$Y_y = -\frac{1}{4\pi}\left(\frac{\partial V}{\partial y}\right)^2 - \frac{1}{8\pi}\Delta_1 V \qquad Z_x = X_z = -\frac{1}{4\pi}\frac{\partial V}{\partial z}\frac{\partial V}{\partial x}$$

$$Z_z = -\frac{1}{4\pi}\left(\frac{\partial V}{\partial z}\right)^2 - \frac{1}{8\pi}\Delta_1 V \qquad X_y = Y_x = -\frac{1}{4\pi}\frac{\partial V}{\partial y}\frac{\partial V}{\partial x} \; .$$

Beltrami le estende a coordinate curvilinee generiche in un altro lavoro del 1884 [20] ancora a partire dalla metrica:

$$ds^2 = \sum_{hk} Q_{hk} dq_h dq_k , \qquad (Q_{hk} = Q_{kh}) \; .$$

Qui Q_{hk} sono funzioni delle coordinate curvilinee q_1, q_2, q_3.

Definita la deformazione come in [18], variando il potenziale totale, funzione del potenziale V, rispetto alle componenti di deformazione ottiene le componenti di tensione e perviene alle equazioni [20]:[59]

$$\phi_{hk} = -\frac{\sqrt{Q_{hh}Q_{kk}}}{4\pi} V_h V_k + \frac{P_{hk}\sqrt{Q_{hh}Q_{kk}}}{8\pi}\Delta_1 V \qquad (h,k = 1,2,3)$$

in cui ϕ_{hk} sono le componenti della tensione, P_{hk} è l'aggiunto di Q_{hk} e

$$V_h = \sum_n P_{hk}\frac{\partial V}{q_h} \; .$$

Nel caso di coordinate curvilinee ortogonali ottiene:

$$Q_{23} = Q_{13} = Q_{12} = 0, \qquad\qquad P_{23} = P_{13} = P_{12} = 0,$$

$$P_{11}Q_{11} = P_{22}Q_{22} = P_{33}Q_{33} = 1, \qquad\qquad V_h = \frac{1}{Q_{hh}}\frac{\partial V}{\partial q_h} ,$$

$$\phi_{hh} = -\frac{1}{4\pi Q_h^2}\left(\frac{\partial V}{\partial q_h}\right)^2 + \frac{1}{8\pi}\Delta_1 V, \qquad (Q_h = Q_{hh})$$

$$\phi_{hk} = -\frac{1}{4\pi Q_h Q_k}\frac{\partial V}{\partial q_h}\frac{\partial V}{\partial q_k} \quad (h \neq k, \; Q_h = Q_{hh}) \; .$$

In [22] Beltrami opera in coordinate ortogonali allo scopo di verificare se il campo di tensione ϕ_{hk} può ricavarsi per deformazione dell'etere elastico, ovvero se esiste un materiale elastico isotropo che opportunamente deformato fornisca le componenti ϕ_{hk}. Segue i seguenti passi:

---

[59] p. 170.

a) Introduce le componenti della deformazione infinitesima:

$$\alpha = \frac{\partial u}{\partial x} \qquad \lambda = \frac{\partial w}{\partial y} + \frac{\partial v}{\partial z}$$

$$\beta = \frac{\partial v}{\partial y} \qquad \mu = \frac{\partial u}{\partial z} + \frac{\partial w}{\partial x} \qquad \text{(i)}$$

$$\gamma = \frac{\partial w}{\partial z} \qquad \nu = \frac{\partial v}{\partial x} + \frac{\partial u}{\partial y} \ .$$

b) Introduce il potenziale per un generico mezzo elastico isotropo:

$$\Phi = \frac{1}{2} \left[A\theta^2 + B(\lambda^2 + \mu^2 + \nu^2 - 4\beta\gamma - 4\gamma\alpha - 4\alpha\beta) \right] , \qquad \theta = \alpha + \beta + \gamma \ .$$

c) Deriva il potenziale elastico e ottiene le componenti della tensione:

$$X_x = 2B(\beta + \gamma) - A\theta, \quad Y_z = -B\lambda$$
$$Y_y = 2B(\gamma + \alpha) - A\theta, \quad Z_x = -B\mu$$
$$Z_z = 2B(\alpha + \beta) - A\theta, \quad Y_z = -B\nu \ .$$

d) Risolve le equazioni costitutive rispetto alle deformazioni:

$$\alpha = \frac{1}{2B} \left(\frac{A - 2B}{3A - 4B} P - X_x \right), \quad \lambda = -\frac{1}{B} = Y_z,$$

$$\beta = \frac{1}{2B} \left(\frac{A - 2B}{3A - 4B} P - Y_y \right), \quad \mu = -\frac{1}{B} = Z_x, \quad P = -(X_x + Y_y + Z_z) \ .$$

$$\gamma = \frac{1}{2B} \left(\frac{A - 2B}{3A - 4B} P - Z_z \right), \quad \nu = -\frac{1}{B} = X_y,$$

e) Sostituisce le tensioni fornite dalle equazioni di Maxwell nelle relazioni precedenti, ottenendo le componenti della deformazione in funzione del potenziale newtoniano V in una forma ancora abbastanza semplice:

$$\alpha = \frac{1}{8\pi B} \left[\left(\frac{\partial V}{\partial x} \right)^2 - \frac{A - B}{3A - 4B} \Delta_1 V \right], \qquad \lambda = \frac{1}{4\pi B} \frac{\partial V}{\partial y} \frac{\partial V}{\partial z},$$

$$\beta = \frac{1}{8\pi B} \left[\left(\frac{\partial V}{\partial y} \right)^2 - \frac{A - B}{3A - 4B} \Delta_1 V \right], \qquad \mu = \frac{1}{4\pi B} \frac{\partial V}{\partial z} \frac{\partial V}{\partial x},$$

$$\gamma = \frac{1}{8\pi B} \left[\left(\frac{\partial V}{\partial z} \right)^2 - \frac{A - B}{3A - 4B} \Delta_1 V \right], \qquad \nu = \frac{1}{4\pi B} \frac{\partial V}{\partial x} \frac{\partial V}{\partial y} \ .$$

«Tali sono dunque i valori delle sei componenti di deformazione di un mezzo iso-tropo, cui corrispondono le sei componenti di pressione che risultano dalla teoria

di Maxwell» [22].[60] Ma, continua Beltrami, «affinché a un *dato* sistema di componenti di deformazione $\alpha, \beta, \gamma, \ \lambda, \mu, \nu$ corrisponda effettivamente un sistema di
componenti di spostamento u, v, w, ossia, in altri termini, affinché un *dato* sistema
di funzioni rappresenti una deformazione *possibile*, è necessario e sufficiente[61] che
siano identicamente soddisfatte le sei equazioni» [22]:[62]

$$
\begin{aligned}
\frac{\partial^2 \beta}{\partial z^2} + \frac{\partial^2 \gamma}{\partial y^2} = \frac{\partial^2 \nu}{\partial y \partial z} \quad & \frac{\partial^2 \alpha}{\partial y \partial z} = \frac{1}{2} \frac{\partial}{\partial x} \left(\frac{\partial \mu}{\partial y} + \frac{\partial \lambda}{\partial z} - \frac{\partial \nu}{\partial x} \right) \\
\frac{\partial^2 \gamma}{\partial x^2} + \frac{\partial^2 \alpha}{\partial z^2} = \frac{\partial^2 \mu}{\partial x \partial z} \quad & \frac{\partial^2 \beta}{\partial x \partial z} = \frac{1}{2} \frac{\partial}{\partial y} \left(\frac{\partial \nu}{\partial x} + \frac{\partial \lambda}{\partial z} - \frac{\partial \mu}{\partial y} \right). \\
\frac{\partial^2 \beta}{\partial x^2} + \frac{\partial^2 \alpha}{\partial y^2} = \frac{\partial^2 \lambda}{\partial x \partial y} \quad & \frac{\partial^2 \gamma}{\partial y \partial x} = \frac{1}{2} \frac{\partial}{\partial z} \left(\frac{\partial \nu}{\partial x} + \frac{\partial \mu}{\partial y} - \frac{\partial \lambda}{\partial z} \right)
\end{aligned}
\tag{3.21}
$$

Queste oggi sono dette equazioni esplicite di congruenza, su cui torneremo successivamente.

Sotto le condizioni (3.21) Beltrami deduce un potenziale newtoniano che o è ir-
realistico o richiede che le costanti A, B di isotropia di Green abbiano valori «incon-
ciliabili» con l'equilibrio stabile del mezzo elastico (p. es. $A = 0, B > 0$). Conclude
che «non è generalmente possibile riprodurre il sistema delle pressioni definite dalle
formole di Maxwell mediante le deformazioni di un mezzo isotropo» [22].[63]

Questa conclusione negativa aveva solo mostrato «la necessità di indagare per
altre vie» l'interpretazione meccanica della teoria di Maxwell, che Beltrami non
pose mai in dubbio. Ad analoghe conclusioni giungeva qualche anno dopo anche
Cesaro, partendo da presupposti esclusivamente fisici.

L'intento di comprendere la natura dello spazio fisico di Beltrami e di alcuni suoi
"allievi" condusse così a risultati interessanti. Inoltre, l'idea stessa che lo spazio
fisico potesse avere una curvatura non nulla e il fatto che molti matematici si av-
venturassero nel tentativo di estendere risultati della fisica matematica alle varietà
riemanniane rendeva, tra l'altro, urgente l'elaborazione di un formalismo matematico
che esprimesse le equazioni della fisica matematica indipendentemente dal sistema
di coordinate scelto. Questi presupposti si rivelarono fondamentali per la nascita
del calcolo tensoriale di Ricci-Curbastro che, in quest'ottica, può considerarsi come la risposta più naturale a problematiche di natura fisica nate quasi un secolo
prima.

---

[60] p. 194.
[61] Per la dimostrazione della sufficienza di queste equazioni, veggasi la nota in fine della presente *Memoria*
(Nota originale di Beltrami).
[62] p. 195.
[63] p. 192.

3.2.4
Le equazioni di congruenza

In una nota a chiusura del lavoro sull'interpretazione meccanica delle formule di Maxwell, Beltrami dimostra che (3.21), necessarie affinché sei funzioni α, β, γ, λ, μ, ν rappresentino una deformazione compatibile, sono anche sufficienti. Le equazioni esplicite di congruenza (3.21) erano già state dedotte come necessarie per la compatibilità da Saint Venant [264] [64] e da Kirchhoff [195] e compaiono anche nel testo di Castigliano del 1879 [69] ove sono considerate un risultato noto per quel che riguarda la loro necessità: «Così affinché sei funzioni di x, y, z possano rappresentare le tre dilatazioni e i tre scorrimenti, bisogna che esse soddisfino tanto alle equazioni (26) [le prime tre (3.21)] che alle equazioni (27) [le seconde tre (3.21)]» [69]. [65]

Per la brevità e l'importanza, riportiamo per esteso la nota di Beltrami che prova la sufficienza delle (3.21) per la congruenza di un continuo monoconnesso:

Delle sei equazioni di condizione per le quantità $\alpha, \beta, \gamma, \lambda, \mu, \nu$ che sono citate nel § I, si dimostra ordinariamente la necessità, non già la sufficienza. Stimo perciò opportuno, stante l'importanza di queste equazioni rispetto allo scopo del presente lavoro, di aggiungere una deduzione delle medesime, la quale stabilisca chiaramente la proprietà loro di costituire le condizioni non solo necessarie, ma eziandio sufficienti, per l'esistenza delle tre componenti di spostamento u, v, w.

Si rammenti, dalla teoria generale delle deformazioni d'un mezzo continuo che, insieme colle citate componenti $\alpha, \beta, \gamma, \lambda, \mu, \nu$ intervengono altresì, con ufficio non meno essenziale, le tre quantità p, q, r definite dalle equazioni:

$$\frac{\partial w}{\partial y} - \frac{\partial v}{\partial z} = 2p, \qquad \frac{\partial u}{\partial z} - \frac{\partial w}{\partial z} = 2q, \qquad \frac{\partial v}{\partial x} - \frac{\partial u}{\partial y} = 2r \qquad \text{(a)}$$

e rappresentanti le *componenti di rotazione* della particella circostante al punto (x, y, z). Ora dal sistema delle nove equazioni che si ottengono combinando le sei equazioni (2) del § I [66] colle precedenti tre (a), si possono ricavare i valori di tutte le derivate prime delle tre componenti di spostamento u, v, w, e questi valori sono i seguenti:

$$\frac{\partial u}{\partial x} = \alpha, \qquad \frac{\partial u}{\partial y} = \frac{\nu}{2} - r, \qquad \frac{\partial u}{\partial z} = \frac{\mu}{2} + q,$$

$$\frac{\partial v}{\partial x} = \frac{\nu}{2} + r, \qquad \frac{\partial v}{\partial y} = \beta, \qquad \frac{\partial v}{\partial z} = \frac{\lambda}{2} - p, \qquad \text{(b)}$$

$$\frac{\partial w}{\partial x} = \frac{\mu}{2} - q, \qquad \frac{\partial w}{\partial y} = \frac{\lambda}{2} + p, \qquad \frac{\partial w}{\partial z} = \gamma.$$

Consideriamo le prime tre di queste equazioni, che forniscono i valori delle derivate prime della funzione u. Affinché, supposte date le quantità che entrano nei loro secondi membri, esista una funzione u soddisfacente a queste tre equazioni, è necessario e sufficiente che sieno soddisfatte tre note relazioni, le quali possono essere scritte come

---

[64] Appendice III.
[65] p. 75.
[66] Si tratta delle equazioni implicite di congruenza.

segue:

$$-\frac{\partial q}{\partial y} - \frac{\partial r}{\partial z} = \frac{1}{2}\left(\frac{\partial \mu}{\partial y} - \frac{\partial \nu}{\partial z}\right), \quad \frac{\partial q}{\partial x} = \frac{\partial \alpha}{\partial z} - \frac{1}{2}\frac{\partial \mu}{\partial x}, \quad \frac{\partial r}{\partial x} = \frac{1}{2}\frac{\partial \nu}{\partial x} - \frac{\partial \alpha}{\partial y}.$$

Da queste si deducono, colla permutazione ciclica, le due terne analoghe di condizioni necessarie e sufficienti per l'esistenza delle altre due funzioni v e w. Ma, eseguendo dapprima questa permutazione sulla sola prima delle tre precedenti condizioni, e sommando poscia membro a membro le tre equazioni così ottenute, si trova[67]

$$\frac{\partial p}{\partial x} + \frac{\partial q}{\partial y} + \frac{\partial r}{\partial z} = 0$$

talché la prima delle dianzi trovate tre condizioni può scriversi più semplicemente così:

$$\frac{\partial p}{\partial x} = \frac{1}{2}\left(\frac{\partial \mu}{\partial x} - \frac{\partial \nu}{\partial z}\right).$$

Per tal modo si ottiene il seguente sistema di relazioni differenziali fra le nove funzioni $\alpha, \beta, \gamma, \lambda, \mu, \nu, p, q, r$:

$$\frac{\partial p}{\partial x} = \frac{1}{2}\left(\frac{\partial \mu}{\partial x} - \frac{\partial \nu}{\partial z}\right) \quad \frac{\partial p}{\partial y} = \frac{1}{2}\frac{\partial \lambda}{\partial y} - \frac{\partial \beta}{\partial z} \quad \frac{\partial p}{\partial z} = \frac{\partial \gamma}{\partial y} - \frac{1}{2}\frac{\partial \lambda}{\partial z}$$

$$\frac{\partial q}{\partial x} = \frac{\partial \alpha}{\partial z} - \frac{1}{2}\frac{\partial \mu}{\partial x} \quad \frac{\partial q}{\partial y} = \frac{1}{2}\left(\frac{\partial \nu}{\partial z} - \frac{\partial \lambda}{\partial x}\right) \quad \frac{\partial q}{\partial z} = \frac{1}{2}\frac{\partial \mu}{\partial z} - \frac{\partial \gamma}{\partial x} \qquad \text{(c)}$$

$$\frac{\partial r}{\partial x} = \frac{1}{2}\frac{\partial \nu}{\partial x} - \frac{\partial \alpha}{\partial y} \quad \frac{\partial r}{\partial y} = \frac{\partial \beta}{\partial x} - \frac{1}{2}\frac{\partial \nu}{\partial y} \quad \frac{\partial r}{\partial z} = \frac{1}{2}\left(\frac{\partial \lambda}{\partial x} - \frac{\partial \mu}{\partial y}\right).$$

Questo sistema d'equazioni contiene le condizioni necessarie e sufficienti per l'esistenza di tre funzioni u, v, w soddisfacenti alle nove condizioni (b), ossia alle sei equazioni (2) del § 2 e alle tre equazioni (a) di questa Nota.

Ciò posto, consideriamo come date soltanto le *sei componenti di deformazione*, $\alpha, \beta, \gamma, \lambda, \mu, \nu$. Se esistono tre funzioni u, v, w soddisfacenti alle equazioni (2) del § I, esistono certamente anche le tre funzioni p, q, r definite dalle equazioni (a) di questa Nota. Poiché dunque le derivate di queste tre ultime funzioni sono legate alle $\alpha, \beta, \gamma, \lambda, \mu, \nu$ dalle nove equazioni (c), bisogna che sieno soddisfatte le condizioni di integrabilità che risultano da queste ultime nove equazioni e che si riducono alle sei seguenti:

$$\frac{\partial^2 \beta}{\partial z^2} + \frac{\partial^2 \gamma}{\partial y^2} = \frac{\partial^2 \nu}{\partial y \partial z} \quad \frac{\partial^2 \alpha}{\partial y \partial z} = \frac{1}{2}\frac{\partial}{\partial x}\left(\frac{\partial \mu}{\partial y} + \frac{\partial \alpha}{\partial z} - \frac{\partial \nu}{\partial x}\right)$$

$$\frac{\partial^2 \gamma}{\partial x^2} + \frac{\partial^2 \alpha}{\partial z^2} = \frac{\partial^2 \mu}{\partial x \partial z} \quad \frac{\partial^2 \beta}{\partial x \partial z} = \frac{1}{2}\frac{\partial}{\partial y}\left(\frac{\partial \nu}{\partial x} + \frac{\partial \lambda}{\partial z} - \frac{\partial \mu}{\partial y}\right) \qquad \text{(d)}$$

$$\frac{\partial^2 \beta}{\partial x^2} + \frac{\partial^2 \alpha}{\partial y^2} = \frac{\partial^2 \lambda}{\partial x \partial y} \quad \frac{\partial^2 \gamma}{\partial y \partial x} = \frac{1}{2}\frac{\partial}{\partial z}\left(\frac{\partial \nu}{\partial x} + \frac{\partial \mu}{\partial y} - \frac{\partial \lambda}{\partial z}\right)$$

le quali sono appunto quelle citate nel § I. Quando queste condizioni sono soddisfatte, esistono indubbiamente tre funzioni p, q, r soddisfacenti alle nove equazioni (c); ma si è già veduto che se queste nove equazioni son soddisfatte da nove funzioni $\alpha, \beta, \gamma, \lambda, \mu, \nu, p, q, r$ esistono tre funzioni u, v, w soddisfacenti alle condizioni (2) del § I eq. (a) della presente Nota: dunque le sei condizioni (d), evidentemente necessarie per

---

[67] Questa relazione notissima risulta già dalle formule di definizione (a), ma, per lo scopo attuale, era necessario far constare che essa è inclusa nelle nove condizioni d'integrabilità di cui qui è parola (Nota originale di Beltrami).

l'esistenza di tre funzioni u, v, w soddisfacenti alle sole equazioni (2) del § I, sono anche sufficienti [22].[68]

Beltrami riconsidera le condizioni di congruenza in un articolo sui *Comptes Rendus* [24] e in una lettera a Cesaro [23] in cui fornisce una nuova dimostrazione della sufficienza delle (3.21). Nel lavoro sui *Comptes Rendus* Beltrami sfrutta la derivabilità delle (3.21) dalla variazione di un integrale triplo «così come si fa molto utilmente in vari casi, per esempio per l'equazione classica del potenziale». Nella lettera a Cesaro usa l'integrazione diretta:

> È però utile osservare che la sufficienza delle equazioni in discorso può essere stabilita in un modo del quale non può immaginarsi il più perentorio, cioè coll'integrazione diretta, la quale riesce facilissimamente come segue [23].[69]

È interessante la congettura di Beltrami sull'arbitrarietà di assegnazione delle componenti della deformazione per avere ancora compatibilità:

> Per trattare i problemi del genere di quello che porta il nome di SAINT VENANT, giova poter disporre arbitrariamente di alcune delle sei componenti di deformazione. Esaminando questo punto alquanto più da vicino ho potuto convincermi che si possono assumere a arbitrio tre delle quantità a, b, e, f, g, h, purché non sieno quelle che si trovano già associate fra loro in una delle tre equazioni di condizione formanti la prima delle due terne testé ricordate. Per conseguenza, delle 20 terne che si possono formare colle sei componenti suddette, sono 17 quelle per una delle quali si può, in un determinato problema, fissare a arbitrio la forma di tutte tre le funzioni che la compongono [23].[70]

3.2.5
Le equazioni di Beltrami-Michell

In una nota del 1892 [25] Beltrami, a partire dalle equazioni di congruenza (3.21), deduce le condizioni sulle componenti di tensione di un corpo elastico perché questo sia in equilibrio in assenza di forze esterne:

> Le sei componenti di pressione $p_{xx}, p_{yy}, \dots$ sono necessariamente soggette a certe condizioni, quando corrispondono a forze interne generate per pura deformazione; giacché esse devono in tal caso potersi esprimere, in un modo del tutto determinato (e dipendente dalla natura del corpo), per mezzo dello spostamento [25].[71]

Nel caso di un corpo isotropo, Beltrami dimostra che le componenti della tensione che corrispondono a componenti della deformazione compatibili secondo le (3.21) e sono autoequilibrate soddisfano le seguenti equazioni differenziali alle derivate

---

[68] pp. 221-223 (Nota originale di Beltrami).
[69] p. 327.
[70] p. 329.
[71] p. 511.

parziali del secondo ordine:

$$\frac{\partial^2 P}{\partial x^2} + C\Delta_2 X_x = 0, \quad \frac{\partial^2 P}{\partial y^2} + C\Delta_2 Y_y = 0, \quad \frac{\partial^2 P}{\partial z^2} + C\Delta_2 Z_z = 0,$$

$$\frac{\partial^2 P}{\partial y \partial z} + C\Delta_2 Y_z = 0, \quad \frac{\partial^2 P}{\partial z \partial x} + C\Delta_2 Z_x = 0, \quad \frac{\partial^2 P}{\partial x \partial y} + C\Delta_2 X_y = 0$$

dove Δ_2 è l'operatore di Laplace, X_x, Y_y, Z_z sono le «componenti di pressione», $P = X_x + Y_y + Z_z$ e C è una costante. Beltrami conclude commentando:

> Queste ultime condizioni suppongono l'assenza di ogni forza esterna. Tralascio per brevità, di riportare le condizioni analoghe per il caso in cui questa forza esista e abbia le componenti X, Y, Z [25].[72]

La generalizzazione delle equazioni di Beltrami in presenza di forze di volume non uniformi spetta a J. H. Michell che in un lavoro del 1900 ottiene le equazioni di compatibilità in termini di tensioni e forze esterne, riportate in notazione moderna:[73]

$$\operatorname{div}\operatorname{grad}\mathbf{T} + \frac{1}{1+\nu}\operatorname{grad}\operatorname{grad}(\operatorname{tr}\mathbf{T}) = -\left[\operatorname{grad}\mathbf{b} + \operatorname{grad}^\top\mathbf{b} + \frac{\nu}{1+\nu}(\operatorname{div}\mathbf{b})\mathbf{I}\right].$$

Qui $\mathbf{T}$ è il tensore della tensione, $\mathbf{b}$ è il vettore delle azioni esterne di volume, grad e div sono gradiente e divergenza nello spazio ambiente, tr è la traccia di un tensore, $^\top$ indica trasposizione, $\mathbf{I}$ è il tensore identico, ν è il coefficiente di Poisson. Le componenti scalari indipendenti di questa equazione, oggi detta di Beltrami-Michell per render conto a entrambi gli autori, sono sei.[74]

3.2.6
Lavori di meccanica delle strutture

Beltrami studia l'elasticità principalmente per rispondere a problemi di elettromagnetismo. Vi sono però almeno due lavori dedicati alla meccanica strutturale, uno di resistenza dei materiali e l'altro sulle membrane.

3.2.6.1
La memoria sulla resistenza dei materiali

Ai tempi di Beltrami erano diffusi due criteri di verifica dei corpi elastici soggetti a uno stato tridimensionale di tensione; essi sono ricordati brevemente all'inizio della sua memoria *Sulle condizioni di resistenza dei corpi elastici* del 1885 [21]. Si trattava di limitare o i valori massimi della tensione oppure quelli della deformazione. Beltrami

---

[72] p. 512.
[73] In notazione indiciale, p. es. [5], vol. 1, pp. 92-93.
[74] Tutti i tensori che compaiono sono infatti simmetrici con sei componenti indipendenti.

propone un criterio in cui si tiene conto di entrambe le quantità, suggerendo di porre un limite alla densità dell'energia elastica di deformazione. Essa per i materiali elastici lineari è una forma quadratica definita positiva e limitare il suo valore pone dei limiti sia alle tensioni sia alle deformazioni. Nel seguito riportiamo per esteso la memoria sulla resistenza dei materiali, di notevole rilevanza meccanica:

Nella versione francese della *Teoria dell'elasticità* di CLEBSCH, riveduta e commentata dall'illustre De Saint Venant, il quale ha recato con tale pubblicazione un nuovo e segnalato servigio agli studiosi di quell'importantissima teoria, si trova riassunto, in una Nota finale al § 31 (pp. 252-282), il metodo già da lungo tempo proposto dallo stesso De Saint Venant per la ricerca dei limiti di resistenza dei corpi elastici. Questo metodo differisce da quello generalmente seguito, e accettato anche da CLEBSCH, per il principio sul quale esso si fonda e che consiste nell'assegnare un limite massimo alle dilatazioni anziché alle tensioni.

Per giustificare questo nuovo principio, De Saint Venant cita in particolare il caso semplicissimo d'un parallelepipedo rettangolo stirato, con una stessa forza unitaria, secondo uno, o secondo due, o secondo tutte tre le direzioni dei suoi assi di figura; e osserva che, mentre la tensione massima è, per ipotesi, la stessa in tutti tre i casi, la dilatazione massima è maggiore nel primo che nel secondo, e è parimente maggiore nel secondo che nel terzo, donde sembra ovvio il concludere che il pericolo di disgregazione sia maggiore nel primo caso che nel secondo e nel terzo.

Ora tale conclusione non mi pare così legittima come per avventura potrebbe credersi a prima giunta. Lo stiramento di un corpo nel senso che diremo longitudinale è accompagnato, come è notissimo, da una contrazione in ogni senso trasversale, contrazione che è parzialmente impedita, o anche mutata in dilatazione, quando il corpo è sottoposto contemporaneamente a stiramenti trasversali; ne segue che la coesione molecolare è indebolita, nel senso longitudinale, più nel primo caso che nel secondo, ma è anche rinforzata, nel senso trasversale, più in quello che in questo, cosicché non è facile, né forse possibile, decidere a priori circa la prevalenza dell'un effetto sull'altro. Ma se non si può formulare alcuna precisa conclusione intorno a ciò, parmi tuttavia potersi ammettere come evidente, in base appunto all'esempio molto opportunamente addotto da De Saint Venant, che la vera misura del cimento a cui è messa la coesione di un corpo elastico non debba essere desunta né dalla sola tensione massima, né dalla sola dilatazione massima, ma debba risultare, in un qualche modo, dall'insieme di tutte le tensioni, o di tutte le dilatazioni che regnano nell'intorno di ogni punto del corpo.

Ora queste tensioni e queste dilatazioni, rappresentate le une le altre da sei componenti distinte, sono tra loro legate da relazioni lineari, le quali esprimonsi che le sei componenti di tensione sono le derivate, rispetto alle sei componenti di deformazione, di un'unica funzione quadratica formata con queste seconde componenti; oppure che le sei componenti di deformazione sono le derivate rispetto alle sei componenti di tensione di un'analoga funzione formata con queste ultime componenti. Quest'unica funzione che ha l'identico valore sotto le due diverse forme che essa prende nell'uno e nell'altro caso è il cosiddetto potenziale di elasticità e ha l'insigne proprietà di rappresentare l'energia riferita all'unità di volume che il corpo elastico possiede nell'intorno del punto che si considera, energia la quale è equivalente sia al lavoro che l'unità di volume del corpo può svolgere nel restituirsi dallo stato attuale allo stato naturale, sia al lavoro che hanno dovuto svolgere le forze esterne per condurre la detta unità di volume dallo stato naturale all'attuale suo stato di coazione elastica.

Dietro ciò mi pare evidente che la vera misura del cimento a cui è messa, in ogni punto del corpo, la coesione molecolare debba essere data dal valore che assume in quel punto il potenziale unitario d'elasticità e che a questo valore, anziché a quello di una tensione o di una dilatazione, si debba prescrivere un limite massimo, per preservare il corpo dal pericolo di disgregazione, limite naturalmente diverso, come nelle ordinarie teorie, secondo che si tratti di disgregazione prossima o di remota.

Questa conclusione, giustificata già di per se stessa dal significato dinamico del potenziale d'elasticità, è resa ancor più manifestamente plausibile da una proprietà analitica di questo potenziale, la quale deve certamente dipendere anch'essa dal suddetto significato, benché non ci sia ancora nota la dimostrazione rigorosa di tale dipendenza.

Voglio alludere alla proprietà che ha il detto potenziale d'essere una funzione quadratica essenzialmente positiva cioè una funzione che non si annulla se non quando tutte le sue sei variabili sieno nulle, e che si mantiene maggiore di zero per ogni altra sestupla di valori reali di queste variabili. In virtù di questa proprietà non si può imporre un limite al valore del potenziale d'elasticità senza imporre al tempo stesso un limite a quello di ciascuna componente, sia di tensione, sia di deformazione, cosicché l'uso del detto potenziale come misura della resistenza elastica non contraddice intrinsecamente ai criteri desunti sia dalla considerazione delle sole tensioni, sia da quella delle sole deformazioni. Praticamente poi il criterio desunto dal potenziale ha il grande vantaggio di non esigere la risoluzione preliminare di alcuna equazione e di ridursi alla discussione d'una formola che non può mai presentare ambiguità di segni.

[...] P.S. Dopo avere scritto quanto precede ho riconosciuto con piacere che le obbiezioni da me sollevate contro i modi fin qui usati di stabilire le condizioni di coesione erano state formulate, quasi negli stessi termini, dal compianto ing. Castigliano, alle p. 128 e sg. della Théorie de l'équilibre des systèmes élastiques. Mi è grato il pensare che il dotto ingegnere, il quale aveva riconosciuto tutta l'importanza del concetto di potenziale elastico, avrebbe probabilmente approvata la mia proposta di fondare sovr'esso anche la deduzione delle condizioni anzidette [21].[75]

Il criterio di resistenza proposto da Beltrami ebbe un buon successo almeno in Italia; fu per esempio accolto da Crotti nella sua *Teoria dell'elasticità* [137]. Nella prefazione Crotti sottolinea «l'accettazione del principio di recente proposto dall'illustre prof. Beltrami nella misura del cimento limite a cui è sottoposta la materia» che ha «il pregio della grande sua semplicità e speditezza, che ne fanno un prezioso acquisto per la scienza pratica».

In realtà il criterio di Beltrami è poco adatto per i materiali da costruzione, in particolare per l'acciaio, per il quale furono proposti criteri che limitavano la massima energia di distorsione (Hencky - Huber - Von Mises). Per un resoconto sulla storia dei criteri di resistenza e per i commenti sulla validità del criterio di Beltrami si rimanda alla letteratura [7].

---

[75] pp. 704-714.

3.2.6.2
L'equilibrio delle membrane

Beltrami nel 1882 [18] studia membrane indeformabili nel proprio piano traendo spunto da un lavoro di Lecornu[76] e con l'intenzione di chiarire il problema, già esaminato da Lagrange, Poisson e Mossotti [18].[77] Beltrami mostra che l'ipotesi (di Mossotti) di tensioni normali uguali in tutte le direzioni è inconsistente; scrive poi le equazioni di equilibrio in coordinate cartesiane e curvilinee.

Beltrami considera una membrana σ di contorno s, di equazioni parametriche $x = x(u,v)$, $y = y(u,v)$, $z = z(u,v)$ nelle coordinate curvilinee u,v. Se X,Y,Z e X_s,Y_s,Z_s sono le densità di forze esterne rispettivamente in σ e s, se $\delta x, \delta y, \delta z$ sono spostamenti virtuali definiti da «funzioni monodrome, continue e finite nelle variabili u,v», il lavoro virtuale delle forze esterne è [18]:[78]

$$\int (X\delta x + Y\delta y + Z\delta z)\, d\sigma + \int (X_s\,\delta x + Y_s\,\delta y + Z_s\,\delta z)\, ds\,.$$

L'elemento di superficie $d\sigma$ è vincolato a mantenersi rigido nel piano. Beltrami impone la condizione di rigidità partendo dalla metrica dell'«elemento lineare uscente dal punto (u,v) e corrispondente agli incrementi du, dv» [18]:[79]

$$ds^2 = E\,du^2 + 2F\,du\,dv + G\,dv^2$$

con i coefficienti E, F, G che hanno la seguente espressione:

$$E = \left(\frac{\partial x}{\partial u}\right)^2 + \left(\frac{\partial y}{\partial u}\right)^2 + \left(\frac{\partial z}{\partial u}\right)^2$$

$$F = \frac{\partial x}{\partial u}\frac{\partial x}{\partial v} + \frac{\partial y}{\partial u}\frac{\partial y}{\partial v} + \frac{\partial z}{\partial u}\frac{\partial z}{\partial v} \qquad . \qquad (1)$$

$$G = \left(\frac{\partial x}{\partial v}\right)^2 + \left(\frac{\partial y}{\partial v}\right)^2 + \left(\frac{\partial z}{\partial v}\right)^2$$

Ecco come Beltrami tiene conto del vincolo di rigidità nei lavori virtuali:

Le variazioni $\delta x, \delta y, \delta z$ sono funzioni monodrome delle variabili u,v. Per l'inestensibilità della superficie, queste variazioni devono soddisfare alle tre condizioni:

$$\delta E = 0, \qquad \delta F = 0, \qquad \delta G = 0, \qquad (2)$$

---

[76] Journal de l'École Polytecnique, cahier XLVIII (1880), p. 1 (Nota originale di Beltrami).
[77] pp. 420-421.
[78] p. 427.
[79] p. 425.

dove

$$\frac{1}{2}\delta E = \sum \frac{\partial x}{\partial u}\frac{\partial \delta x}{\partial u},$$

$$\delta F = \sum \left(\frac{\partial x}{\partial u}\frac{\partial \delta x}{\partial v} + \frac{\partial x}{\partial v}\frac{\partial \delta x}{\partial u} \right), \quad (2_a)$$

$$\frac{1}{2}\delta G = \sum \frac{\partial x}{\partial v}\frac{\partial \delta x}{\partial v}.$$

In virtù del principio di LAGRANGE l'equazione generale dell'equilibrio è dunque la seguente:

$$\int (X\delta x + Y\delta y + Z\delta z)\,d\sigma + \int (X_s\,\delta x + Y_s\,\delta y + Z_s\,\delta z)\,ds$$

$$+ \frac{1}{2}\int (\lambda\delta E + 2\mu\delta F + \nu\delta G)\,\frac{d\sigma}{H} = 0$$

dove λ, μ, ν sono tre moltiplicatori, funzioni di u e di v (il divisore $2H$ è stato introdotto, nell'ultimo integrale, per comodo dei calcoli successivi) [18].[80]

Trasformando gli integrali di superficie con le formule di Green [18][81] Beltrami perviene alle equazioni indefinite e di contorno per la membrana, che vengono trasformate considerando le forze di superficie U, V, W e di contorno U_s, V_s, W_s nelle direzioni delle coordinate curvilinee u, v e nella direzione w a esse ortogonale. Riportiamo solo le equazioni trasformate al contorno:

$$U_s = \frac{\sqrt{E}}{H}\left[\lambda\left(E\frac{\partial u}{\partial n} + F\frac{\partial v}{\partial n}\right) + \mu\left(F\frac{\partial u}{\partial n} + G\frac{\partial v}{\partial n}\right)\right],$$

$$V_s = \frac{\sqrt{G}}{H}\left[\mu\left(E\frac{\partial u}{\partial n} + F\frac{\partial v}{\partial n}\right) + \nu\left(F\frac{\partial u}{\partial n} + G\frac{\partial v}{\partial n}\right)\right], \qquad H^2 = EG - F^2.$$

$$W_s = 0,$$

Nel § 6 Beltrami associa un significato meccanico ai moltiplicatori di Lagrange λ, μ, ν; trova infatti le espressioni:

$$T_{su} = \sqrt{E}\left(\lambda\frac{\partial v}{\partial s} - \mu\frac{\partial u}{\partial s}\right), \qquad T_{sv} = \sqrt{G}\left(\mu\frac{\partial v}{\partial s} - \nu\frac{\partial u}{\partial s}\right).$$

Qui T_{su} e T_{sv} sono forze per unità di lunghezza su un generico elemento nelle direzioni individuate rispettivamente da $\frac{\partial v}{\partial s}, \frac{\partial u}{\partial s}$. Ottiene poi:

$$T_{uu} = -\mu, \qquad T_{uv} = -\nu\sqrt{\frac{G}{E}}, \qquad T_{vu} = -\lambda\sqrt{\frac{G}{E}}, \qquad T_{vv} = -\mu.$$

I moltiplicatori di Lagrange, a meno di un fattore di scala, sono cioè le tensioni, normali e tangenziali; queste ultime, denotate T_{uu} e T_{vv}, sono uguali tra loro e pari a $-\mu$, rispettando la proprietà di reciprocità.

---

[80] p. 427.
[81] p. 429; Beltrami si riferisce a [15].

Nei paragrafi conclusivi, Beltrami trova risultati di un certo interesse:

> Un pezzo qualunque di superficie flessibile e inestensibile è mantenuto in equilibrio da una forza normale dovunque alla superficie stessa e proporzionale alla curvatura media locale.[82] La tensione costante del contorno si trasmette equabilmente in ogni punto della superficie [18].[83]

> Un pezzo qualunque di superficie flessibile e inestensibile è mantenuto in equilibrio da una tensione costante e normale lungo il contorno e da una forza normale dovunque alla superficie stessa e proporzionale alla misura di curvatura locale [secondo Gauss], e da una tensione lungo il contorno, diretta secondo la tangente conjugata al contorno stesso e avente la componente normale proporzionale alla curvatura del contorno. Le linee normali sono le linee di curvatura della superficie, quelle di tensione tangenziale sono le linee asintotiche della superficie stessa [18].[84]

3.3
Gli allievi

3.3.1
La scuola pisana

Nel 1865 Betti divenne direttore della Scuola Normale di Pisa dove ebbe numerosi allievi, grazie all'ambiente particolarmente stimolante dell'ateneo pisano di quegli anni. Qui ci soffermeremo sugli studenti di Betti che dettero contributi alla teoria dell'elasticità, alcuni di loro fino ai primi anni del Novecento.

Quando Betti divenne direttore della Scuola Normale, la contemporanea presenza di Riemann e Beltrami concorreva a rendere l'università di Pisa una delle principali in Italia, spesso presa a modello dagli altri atenei. In effetti i «bravi giovani» matematici che studiavano a Pisa in quegli anni erano molti; tra questi ricordiamo [85] Padova (1866), Bertini (1867), Ascoli (1868), Arzelà (1869), oltre a Dini (laureato nel 1864), che sarebbe divenuto uno dei migliori analisti italiani.

A partire circa dalla metà degli anni '60, Betti cambiò indirizzo di studi, dall'algebra alla fisica matematica; ecco così valenti allievi che studiarono con Betti le teorie del potenziale e dell'elasticità: Ricci-Curbastro (1876), che si laureò con Betti discutendo una tesi sulla teoria delle equazioni di Maxwell; Somigliana, alla Normale dal 1879 al 1881; Volterra (1882), che divenne subito assistente di Betti; Tedone, normalista nel biennio 1890-92.

Un allievo di seconda generazione fu Giuseppe Lauricella, che si dedicò fin dalla tesi allo studio dell'equilibrio dei corpi elastici e ottenne notevoli risultati. Nel 1907

---

[82] La curvatura media è $\frac{1}{2}\left(\frac{1}{R_1} + \frac{1}{R_2}\right)$, con R_1, R_2 raggi di curvatura nelle direzioni u, v.
[83] p. 450.
[84] p. 453.
[85] Tra parentesi è riportato l'anno di inizio degli studi.

partecipò con successo al premio internazionale Vaillant, indetto dall'*Académie des Sciences* di Parigi, sull'equilibrio di piastre elastiche incastrate. Si trattava, cioè, di risolvere un problema di Dirichlet generalizzato alle funzioni biarmoniche con dati valori al contorno. Lauricella condivise il premio con Boggio, Korn e Hadamard (che da solo ne ebbe i tre quarti). Nella memoria vincitrice, pubblicata nel 1909 nella prestigiosa rivista *Acta Mathematica* [211], Lauricella usava la teoria delle equazioni integrali per risolvere il problema. Egli fu in effetti tra i primi in Italia a comprendere l'importanza della teoria di Fredholm e ad applicarla con successo alla fisica matematica.

Sembra comunque difficile distinguere tra le ricerche sulla teoria del potenziale e quelle relative alla teoria dell'elasticità, almeno in questo periodo. Del resto, ciò lascia intravedere una linea di percorso iniziata proprio con l'opera di Betti, il quale aveva applicato con successo i metodi della teoria del potenziale allo studio di problemi fisici relativi principalmente alla teoria dell'elasticità e al calore. Riportiamo a questo proposito le parole di Volterra:

> I concetti e i metodi fondamentali di Green e di Gauss avevano aperto la via maestra per la integrazione generale della equazione di Laplace, base della teoria del potenziale; scopo del Betti fu di trasportare gli stessi metodi, prima nel campo della scienza dell'equilibrio elastico, poi in quella del calore. Coi lavori di Betti [...] si inaugura una nuova e lunga serie di ricerche schiettamente italiane sulla integrazione delle equazioni dell'elasticità, tanto che può dirsi che, se Galileo per il primo adombrò i problemi dell'equilibrio dei corpi elastici, fu merito dei geometri italiani, a più di due secoli di distanza, di aver largamente contribuito a svolgere la teoria generale di quelle equazioni nelle quali Navier aveva rappresentato e, per dir così, racchiuso tutto il meccanismo del fenomeno [372].[86]

Un altro allievo di Betti, Tedone, così scrive circa l'influenza di Betti, in particolare del teorema di reciprocità, sullo sviluppo della teoria dell'elasticità:

> La Memoria, veramente mirabile, del Betti sulle equazioni della elasticità gettò su queste un fascio di luce nuova, inattesa, e preparò, specialmente in Italia, una fioritura di lavori quale poche altre memorie possono vantarsi di aver prodotto. Il suo teorema di reciprocità dovette sembrare una rivelazione. Con mezzi semplicissimi dava già una folla di risultati e permetteva di penetrare addentro nelle proprietà analitiche delle equazioni di cui si tratta [342].[87]

Su questa scia troviamo studiosi di elasticità estranei all'ambiente pisano, come Valentino Cerruti (Crocemosso di Biella 1850 - 1909). Ancora studente, pubblicò articoli di geometria analitica sul *Giornale di matematiche* di Battaglini. Nel 1873 si laureò in ingegneria civile con la tesi *Sistemi elastici articolati* [93]. Subito dopo si trasferì a Roma come precettore dei figli di Quintino Sella, di cui fu amico carissimo. Nel 1873 divenne assistente di idraulica nella Scuola di applicazione per gli ingegneri di Roma; nell'ottobre 1874 venne incaricato dell'insegnamento di fisica tecnica. Nell'ottobre 1877 fu nominato professore straordinario di meccanica razionale, ordinario nel maggio 1881.

---

[86] p. 58.
[87] p. 43.

Nel 1888 Cerruti divenne rettore dell'università di Roma. Propose subito la co-struzione di una città universitaria presso Castro Pretorio, ma il progetto fu rinviato per la crisi edilizia. Si mostrò preoccupato di impedire che all'università penetras-sero fermenti sovversivi e il 14 febbraio 1889 denunciò al ministro della Pubblica Istruzione il contenuto a suo dire "rivoluzionario" delle lezioni di storia di Antonio Labriola.

Scaduto l'incarico di rettore nell'ottobre 1892, fu preside della facoltà di scienze nell'anno accademico 1897-98 e ancora rettore dal 1900 al 1903. Dal 1889 fu con-sulente dell'edizione nazionale delle Opere di Galileo, diretta da Antonio Favaro. Nel 1901 fu eletto senatore e come tale fu relatore della legge per il Politecnico di Torino. Nel 1903 divenne direttore della scuola di ingegneria di Roma, succedendo a Luigi Cremona: in quel periodo curò la sistemazione della biblioteca della scuola. Fu socio della Società italiana dei XL, corrispondente dell'Istituto lombardo di scien-ze e lettere, socio dell'Accademia Leopoldina-Carolina di Halle, socio nazionale dell'Accademia dei Lincei dal 1890 [150, 327].

Dopo la tesi, Cerruti scrisse un articolo sul teorema di Menabrea [94], mettendo in luce quelle che a suo parere erano le debolezze della dimostrazione. Su questo articolo e su Menabrea torneremo nel Capitolo 4. In seguito Cerruti effettuò ricer-che di dinamica sui moti di piccola ampiezza di sistemi ostacolati da resistenze del mezzo [95, 96]. In un lavoro fondamentale del 1880 [97] generalizzò il teorema di re-ciprocità di Betti e le sue conseguenze dal campo statico a quello dinamico, trovando gli integrali particolari dotati di singolarità caratteristiche nello spazio e nel tempo e giunse alle formule risolutive. Per una svista commise un errore di calcolo senza il quale avrebbe ottenuto, due anni prima di Kirchhoff, l'espressione matematica del principio di Huygens; Somigliana rilevò in seguito tale priorità.

Cerruti diede forma più semplice ai risultati di Betti sul calcolo dei campi di spostamento dei continui elastici tridimensionali e ridusse il numero delle funzioni ausiliarie da assegnarsi preventivamente. Applicò sistematicamente tali risultati ai suoli isotropi, agli strati, alle sfere, agli involucri sferici, perciò questo metodo è noto con il suo nome associato a quello di Betti. Cerruti si occupò anche del calcolo della deformazione di un corpo indefinito limitato da un piano, nei due casi principali in cui fossero dati gli spostamenti dei punti del piano limite o le forze applicate ai singoli elementi del piano [98]. In una memoria del 1890 Cerruti studiò il caso in cui per i punti delle superfici limiti sono assegnate le forze invece degli spostamenti [99].

L'allievo più illustre di Betti fu Vito Volterra (Ancona 1860 – Roma 1940). Ma-tematico di fama internazionale, trascorse l'infanzia a Torino, poi a Firenze, dove studiò presso la Scuola tecnica Dante Alighieri e l'Istituto tecnico Galileo Galilei. Nel 1878 si iscrisse alla facoltà di Scienze matematiche fisiche e naturali dell'uni-versità di Pisa e nel 1879 entrò come interno alla Scuola Normale, dove fu allievo di Betti. A pochi mesi dalla laurea partecipò a un concorso per la cattedra di Meccanica razionale dell'università di Pisa, risultò primo e, a soli 23 anni, divenne docente. Nel 1887 venne promosso ordinario e, per i suoi lavori di analisi matematica, ricevet-te la medaglia per le matematiche della società dei XL. Nel 1892 venne incaricato dell'insegnamento di Fisica matematica e diventò preside della facoltà di scienze.

Nel 1893 lasciò Pisa e si trasferì all'università di Torino alla cattedra di Meccanica superiore.

Divenne membro del consiglio direttivo del Circolo matematico di Palermo, socio nazionale della società dei XL e dell'Accademia delle scienze di Torino, consigliere della Società italiana di fisica, socio corrispondente delle accademie di Modena e di Bologna, socio corrispondente dell'Istituto lombardo. Nel 1899 ricevette la nomina a socio nazionale dell'Accademia dei Lincei. Nel 1900 venne chiamato presso la facoltà di scienze dell'università di Roma e nel 1907 ne divenne preside. Fin dal settembre 1914 fu fautore dell'intervento italiano a fianco delle potenze dell'Intesa, e dopo l'entrata in guerra dell'Italia chiese di essere arruolato. La richiesta venne accolta con la nomina a tenente di complemento del Genio, ruolo che lo portò più volte in zona di guerra, dove guadagnò sul campo la promozione a capitano. Volterra non si interessò solamente di problemi di cooperazione tecnico-scientifica, ma fu partecipe e promotore anche di iniziative di cooperazione intellettuale tra i paesi alleati.

Nel 1925, superando i contrasti con Benedetto Croce sul tema del valore della scienza, Volterra espresse pubblicamente il suo dissenso verso il regime firmando il *Manifesto Croce* degli intellettuali antifascisti; aderì all'Unione nazionale delle forze liberali e democratiche promossa da Giovanni Amendola e si schierò con il gruppo di senatori che sostenevano la battaglia di opposizione. Nel 1926 cominciò a subire pressioni per ottenerne le dimissioni dalla presidenza dell'Accademia dei Lincei, ma fu convinto dai soci a mantenere la sua posizione. Nel 1931, però, il governo estese ai professori universitari l'obbligo del giuramento di fedeltà al regime. Vito Volterra, a differenza di molti suoi illustri colleghi che con le parole avevano manifestato avversione al regime, rifiutò il giuramento, inviando al rettore dell'università di Roma, Francisci, una concisa e secca lettera di conferma delle sue posizioni politiche antifasciste:

> Ill.mo Signor Rettore
> della R. università di Roma
> Sono note le mie idee politiche per quanto esse risultino esclusivamente dalla mia condotta nell'ambito parlamentare, la quale è tuttavia insindacabile in forza dell'articolo 51 dello Statuto fondamentale del Regno. La S.V. comprenderà quindi come io non possa in coscienza aderire all'invito da lei rivoltomi con lettera 18 corrente relativo al giuramento dei professori.
> Con osservanza della S.V.
> Vito Volterra

Solo dodici professori universitari in Italia ebbero l'"arroganza" di dire no al regime; il commento amaro di Gaetano Salvemini dall'esilio fu «nessuno di coloro che in passato s'era vantato di essere socialista aveva sacrificato lo stipendio alle convinzioni così baldanzosamente esibite in tempi di bonaccia».

Il mancato giuramento comportò l'espulsione di Volterra dall'università, nel gennaio del 1932, per «incompatibilità con le generali direttive politiche del governo» e fornì al regime la giustificazione per estrometterlo ufficialmente anche da ogni carica accademica. Volterra provò a ribellarsi, ma subì più di una ritorsione. Schedato come oppositore, venne sottoposto alla vigilanza della polizia, sia in Italia sia all'estero. I suoi movimenti erano oggetto di restrizioni e fu sottoposto a molteplici vessazioni. Tuttavia, nonostante l'ordine di ignorare la sua figura e la sua attività, non gli venne a mancare la solidarietà di amici ed estimatori e rimase un punto di riferimento non solo per l'attività scientifica, ma per la stessa vita accademica nella quale pure non occupava, in Italia, nessuna posizione formale. Volterra reagì con straordinaria vitalità alla situazione di emarginazione nella quale il regime lo aveva posto. Ottenne significative attestazioni di stima con la presidenza onoraria del Consiglio internazionale per l'esplorazione scientifica del Mediterraneo.

Volterra morì l'11 ottobre 1940 e nessuna istituzione scientifica italiana poté commemorarlo. La sola commemorazione ufficiale cui la famiglia poté assistere fu fatta da Carlo Somigliana nell'Accademia pontificia. La figura del grande matematico venne ricordata nel resto del mondo con varie iniziative dalle molte e importanti istituzioni scientifiche di cui aveva fatto parte. L'Italia avrebbe invece dovuto attendere la fine della guerra: la commossa rievocazione di Guido Castelnuovo apriva l'Adunanza generale del 17 ottobre 1946 e inaugurava l'attività della ricostituita Accademia dei Lincei.

Volterra fu anche instancabile organizzatore scientifico e culturale: fu fondatore e primo presidente della Società Italiana di Fisica nel 1897, dell'Ufficio Invenzioni e ricerche nel 1917, del Consiglio nazionale delle Ricerche nel 1919 (che, tuttavia, cominciò a essere operativo soltanto nel 1924). I suoi interessi spaziavano ben oltre quelli scientifici, abbracciando la cultura umanistica e storica in particolare, dando così chiara dimostrazione di quanto sia arbitraria la separazione fra le cosiddette due culture, l'umanistica e la scientifica.

È veramente arduo dare un'idea, seppur sommaria, dell'opera di Vito Volterra, essendosi essa diramata in molteplici direzioni: ricerca scientifica in svariati campi e un'intensa attività organizzativa di iniziative culturali svolta nell'ambito non soltanto delle numerose discipline scientifiche da lui coltivate, ma anche di altre assai lontane da quelle. Le sue numerose pubblicazioni riguardano la meccanica terrestre, la meccanica razionale, la teoria delle equazioni differenziali e delle equazioni integrali, l'analisi funzionale, l'elettrodinamica, la teoria dell'elasticità, la biomatematica e l'economia.

Tra il 1900 e il 1906 studiò i lavori dell'inglese Karl Pearson sull'impiego del calcolo delle probabilità in biologia; nel 1926 pubblicò due scritti sull'applicazione della matematica in questo campo, *Variazioni e fluttuazioni del numero d'individui in specie animali conviventi* e *Fluctuations in the abundance of a species considered mathematically*, che gli valsero da parte di Guido Castelnuovo il riconoscimento di creatore della *teoria matematica della lotta per la vita*. Volterra operò applicazioni pionieristiche della matematica all'economia, già iniziate dall'ingegnere ed economista Vilfredo Pareto [150].

Il suo contributo alla teoria dell'elasticità si colloca sulla scia di Betti, riguardando le teorie dei fenomeni elastici ereditari e delle distorsioni. I fisici avevano da tempo messo in luce l'esistenza di fenomeni costitutivi isteretici, per cui la deformazione di un corpo non dipende soltanto dalla forza attuale ma anche da tutti i cicli di carico-scarico cui il corpo è stato soggetto. Boltzmann in una serie di articoli apparsi tra il 1874 e il 1878 [40] aveva considerato corpi elastici dotati di memoria, cioè tali che le loro deformazioni dipendono anche dalla storia precedente le azioni che li sollecitano al presente. A partire dal 1909 Volterra poneva le basi analitiche di una teoria ereditaria dell'elasticità, che tenesse conto anche del passato [373].

Volterra stabiliva le equazioni di equilibrio nell'ipotesi che l'ereditarietà fosse rappresentata da integrali del tempo lineari nelle componenti di deformazione (*eredità lineare*). Invece delle equazioni a derivate parziali della fisica matematica otteneva equazioni integrali o integro-differenziali, per le quali stabiliva una teoria generale di integrazione. Volterra le integrava nel caso di una sfera isotropa ove siano noti spostamenti o sforzi sulla superficie.

Contemporaneamente, Volterra andava sviluppando la *teoria delle distorsioni*, che oggi porta il suo nome (distorsioni di Volterra), ovvero una teoria dell'equilibrio dei corpi elastici in cui sono possibili stati di coazione.[88] Questi sono stati di tensione non dovuti a forze esterne, ma a deformazioni causate da infiltrazioni o sottrazioni di materia in strati lungo delle superfici. Ciò avviene per esempio quando si considera un anello tagliato lungo una sezione normale e poi saldato dopo averne asportato una piccola parte: il solido così ricomposto sarà soggetto a tensioni interne senza che forze esterne agiscano su di esso.

Anche Weingarten [374] aveva considerato la possibilità di deformazioni dei corpi elastici senza l'intervento di forze esterne. Ma il primo a elaborare una teoria organica e sistematica delle distorsioni elastiche fu Volterra. In un articolo del 1882 [363] egli analizzava questo tipo di fenomeni osservando che nei corpi elastici possono avere luogo degli stati di equilibrio diversi dallo stato naturale, senza l'intervento di alcuna forza esterna.

Negli anni successivi Volterra scrisse una serie di articoli sulle distorsioni, su cui non ci soffermeremo [364, 365, 366, 367, 368, 369, 370],[89] ma riassumeremo il corposo lavoro di sintesi del 1907 [371]. Qui, dopo aver ricordato come Weingarten avesse fatto notare che:

[...] il peut exister des cas dans lesquels un corps élastique tout en n'étant sujet à aucune action extérieure, c'est-à-dire sans être sujet ni aux forces extérieures agissant sur se points intérieurs, ni aux forces extérieures agissant sur sa surface, peut cependant ne pas se trouver à l'état naturel, mais être dans un état de tension qui varie d'une façon continue et régulière d'un point à l'autre [371],[90] (D.3.1)

enunciò un importante teorema:

Un corps élastique qui occupe un espace simplement connexe et dont la déformation est régulière peut tojours être amené à son état naturel à l'aide de déplacements finis, continus et monodromes de se points.
    Au contraire nous pouvons dire:

---

[88] «La teoria delle cosiddette *distorsioni* svolta dal prof. Volterra contempla le tensioni che si sviluppano in un corpo non semplicemente connesso, quando, praticato in esso un taglio che non interrompa la connessione, i lembi del taglio stesso subiscono spostamenti relativi rigidi, dopo i quali la continuità materiale del corpo viene ristabilita con opportuna immissione o sottrazione di materia» [334], p. 350.

[89] Un'ampia bibliografia e un commento sui lavori di Volterra si può trovare in [225].

[90] p. 154.

Si un corps élastique occupe un espace multiplement connexe et si sa déformation est régulière, les déplacements des ses points ne sont pas nécessairement monodromes [371].[91] (D.3.2)

Se un corpo multiconnesso (ciclico) viene reso monoconnesso con una serie di tagli, gli spostamenti che corrispondono alla deformazione regolare sono finiti, continui e monodromi per il nuovo corpo, ma i loro valori possono avere delle discontinuità attraverso i tagli. Per ripristinare la continuità bisognerà spostare le sezioni dei tagli in modo da renderle coincidenti: così si vanno a determinare delle deformazioni aggiuntive, indipendenti dalle forze esterne.

Il fatto che un corpo elastico monoconnesso che non è soggetto a forze esterne si trovi nello stato naturale (assenza di tensioni e di deformazioni) viene dimostrato assumendo implicitamente che i suoi punti subiscano spostamenti finiti, continui e monodromi e che la deformazione del corpo sia regolare. Ma se il corpo è multiconnesso la deformazione regolare può coesistere con un campo di spostamenti polidromo e allora il corpo potrà essere in uno stato di tensione anche se non è soggetto a forze esterne.

Volterra continua asserendo [92] che in un corpo pluriconnesso, reso monoconnesso da una serie di tagli, anche in presenza di deformazioni regolari, le discontinuità degli spostamenti U, V, W in corrispondenza dei tagli sono:

$$U = u_\beta - u_\alpha, \qquad V = v_\beta - v_\alpha, \qquad W = w_\beta - w_\alpha.$$

Esse si possono mettere in funzione di sei parametri, l, m, n, p, q, r nella forma:

$$U = l + ry - qz \qquad V = m + pz - rz \qquad W = n + qy - pz. \tag{3.5}$$

Ciò significa che la continuità del campo degli spostamenti può essere ripristinata con un moto rigido delle sezioni in corrispondenza dei tagli.[93] A questo punto Volterra può introdurre il concetto di distorsione:

Les distorsions

1. Dans le Chapitre précédent j'ai montré que les corps élastiques occupant des espaces plusieurs fois connexes peuvent se trouver dans des états d'équilibre bien différents de ceux qu'on a quand les corps élastiques occupent des espaces simplement connexes. Dans ces nouveaux états d'équilibre on a une déformation intérieure régulière du corps, sans toutefois que celui-ci soit sollicité par des forces extérieures.

Imaginons qu'on mène les coupures qui rendent simplement connexe l'espace occupé par le corps. A chacune d'elles correspondent six constantes que nous avons appelées les constantes de la coupure. Il est facile d'établir la signification mécanique de ces constantes au moyen des formules (III) [94] du Chapitre précédent.

---

[91] p. 159.

[92] La prova era già stata data da Weingarten in [374].

[93] Somigliana (vedi il paragrafo successivo) farà vedere che questo fatto dipende dall'assunzione molto forte di Volterra sulle deformazioni alle quali oltre la continuità semplice è imposta anche la continuità sino alla derivata seconda.

[94] Si tratta delle formule (3.5).

En effet, exécutons matériellement les coupures suivant les dites sections et laissons le corps reprendre son état naturel. Si, en reprenant cet état, certaines parties du corps viennent à se superposer entre elles, supprimons les parties excédents. Alors les formules (III) déjà rappelées nous montrent que les parcelles placées des deux côtés d'une même section et qui, avant la coupure, étaient en contact subissent, par le fait même de la coupure, un déplacement résultant d'une translation et d'une rotation égales pour tous les couples de parcelles adjacentes à une même section.

En prenant l'origine pour centre de réduction, les trois composantes de la translation et les trois composantes de la rotation, suivant les axes coordonnée, sont les six caractéristiques de la coupure.[95]

Réciproquement, si le corps élastique multiplement connexe est pris à l'état naturel, on pourra, pour l'amener à l'état de tension, exécuter l'opération inverse, c'est-à-dire le sectionner afin de le rendre simplement connexe, déplacer ensuite les deux parties de chaque coupure, l'une par rapport à l'autre, de manière que les déplacements relatifs des différents couples de parcelles (qui adhéraient entre elles et que la coupure a séparées) soient résultantes des translations et des rotations égales; rétablir enfin la connexion et la continuité suivant chaque coupure, en retranchant ou en ajoutant la matière nécessaire et en ressoudant les parties entre elles. L'ensemble de ces opérations relatives à chaque coupure peut s'appeler une *distorsion* du corps et les six constantes de chaque coupure peuvent s'appeler les *caractéristiques de la distorsion*[96]. Dans un corps élastique multiplement connexe, dont la déformation est régulière et qui a subi un certain nombre de distorsions, l'inspection de la déformation ne peut en aucun manière révéler les endroits où les coupures et les distorsions qui s'ensuivent se sont produites, et cela en vertu de la régularité elle-même. On peut dire en outre que les six caractéristiques de chaque distorsion ne sont pas des éléments dépendant du lieu où la coupure a été exécutée. En effet, le même procédé qui nous a servi à établir les formules (III) prouve que, si l'on prend dans le corps deux coupures qu'on peut transformer l'une dans l'autre par une déformation continue, les constantes relatives à l'une des coupures sont égales aux constantes relatives à l'autre: Il s'ensuit que les caractéristiques d'une distorsion ne sont pas des éléments spécifiques de chaque coupure, mais qu'elles dépendent exclusivement de la nature géométrique de l'espace occupé par le corps et de la déformation régulière à laquelle il est assujetti. Le nombre des distorsions indépendantes auxquels un corps élastique peut être soumis est évidemment égal à l'ordre de la connexion de l'espace occupé par le corps moins 1. En conformité de ce que nous avons trouvé, deux coupures qu'on peut par une déformation continue transformer l'une dans l'autre s'appellent *équivalentes*. Nous dirons aussi qu'une distorsion est connue quand les caractéristiques et la coupure relative ou une autre coupure équivalente seront données.

2. Cela posé, deux questions se présentent naturellement, à savoir:

1° A des distorsions arbitrairement choisies correspondra-t-il toujours un état d'équilibre et une déformation régulière du corps si l'on suppose nulles les actions extérieures?

2° Les distorsions étant connues, quel est cet état de déformation? Pour relier ces problèmes à d'autres déjà connus nous démontrerons le théorème suivant:

Si dans chaque corps élastique isotrope plusieurs fois connexe on prend un ensemble arbitraire de distorsions, on pourra calculer un nombre infini de déformations régulières

---

[95] Sono i parametri l, m, n, p, q, r che definiscono la relazione (3.5).

[96] Frequentemente ci si riferisce alle caratteristiche, o ai parametri, della distorsione come alle "distorsioni" *tout court*. Per Volterra invece la distorsione è lo stato di un corpo, definito dai "parametri della distorsione".

du corps qui correspondent à ces distorsions et qui sont équilibrées par des forces extérieures superficielles (que nous indiquons avec T) ayant la résultante nulle et le moment nul par rapport à un axe quelconque.

Dés lors, pour reconnaitre si dans un corps isotrope les distorsions données correspondent à un état d'équilibre, les forces extérieures étant nulles, il suffira de voir si les forces extérieures T changées de signe et appliquées au contour du corps, quand celui-ci n'est sujet à aucune distorsion, déterminent un état de déformation régulière équilibrant les forces elles-mêmes. Si l'on peut calculer effectivement cet état de déformation, le problème concernant l'équilibre du corps soumis aux distorsions données sera résolu.

En effet, appelons Γ la déformation relative aux distorsions données et aux forces extérieures T trouvées, qui agissent sur la surface, et Γ' la déformation déterminée par ces forces extérieures changées de signe quand le corps ne subit aucune distorsion. La déformation Γ'' qui résulte de Γ et Γ' correspondra aux distorsions données et aux forces extérieures nulles. Les questions sont ainsi ramenées à voir si la déformation Γ' existe et à la trouver. Elles se réduisent donc à des problèmes d'élasticité où les distorsions ne paraissent pas, c'est-à-dire à des problèmes ordinaires d'élasticité.

Mais les forces extérieures T, agissant sur la surface, en vertu du théorème énoncé sont telles que si le corps est rigide elles s'équilibrent; il s'ensuit qu'elles satisfont aux conditions fondamentales nécessaires pour l'existence de la déformation Γ'.

Or tout dernièrement on a beaucoup avancé par des méthodes nouvelles dans l'étude du théorème d'existence pour les questions d'élasticité, c'est pourquoi on peut dire que, sauf certaines conditions relatives à la forme géométrique de l'espace occupé par le corps élastique (conditions que nous ne préciserons pas ici), Γ' et Γ'' existeront toujours.

Ces réserves faites, on pourra donc répondre affirmativement à la première question dans le cas des corps isotropes. La seconde question posée est relative au cas où le corps n'est pas sujet aux actions extérieures; mais elle peut se généraliser et l'on peut supposer les distorsions données et le corps sollicité par des forces extérieures déterminées. Alors, si le corps est isotrope, il suffit pour la résolution du problème de superposer à la déformation Γ déterminée par les distorsions et par les forces extérieures T, la déformation déterminée par les forces extérieures données et par les forces extérieures $-T$ qui agissent sur la surface dans l'hypothèse que les distorsions manquent [371].[97] (D.3.3)

3.3.2
Gli allievi di Beltrami

I continui spostamenti non consentirono a Beltrami di fondare una scuola come Betti, tuttavia molti si ispirarono alle sue ricerche e seguirono le sue idee. Tra questi Padova, che seguì le lezioni di Beltrami e Betti a Pisa, dove si laureò nel 1866, Somigliana, che seguì le lezioni di Beltrami a Pavia ma si laureò a Pisa nel 1881, Cesaro, che studiò a Liegi all'*École des Mines* (senza tuttavia conseguire la laurea). Essi dettero notevoli contributi alla teoria dell'elasticità, spesso nel tentativo di fornire una descrizione matematica dell'etere.

---

[97] pp. 165-167.

Ernesto Padova (1845-1896), basandosi su [20], dove Beltrami dimostrava che le formule di Maxwell erano indipendenti dalla natura dello spazio, supponeva che l'etere riempisse uno spazio dotato di curvatura costante negativa e mostrava che in tale spazio veniva rimossa «una delle prime difficoltà che si presentano nella interpretazione meccanica delle formule di Maxwell» [269],[98] ossia restava garantito l'equilibrio stabile del mezzo. Sorgevano però nuovi impedimenti, in realtà più matematici che fisici, che inducevano Padova a negare la possibilità di formulare una spiegazione meccanica delle equazioni di Maxwell, anche in uno spazio con curvatura negativa, mediante un usuale mezzo elastico.

Nel seguito riporteremo cenni solo sui lavori di Somigliana e di Cesaro che sono più interessanti nei riguardi dell'oggetto specifico del volume presente.

Carlo Somigliana (Como 1860 - Casanova Lanza 1955) è stato uno dei più grandi scienziati italiani tra Otto e Novecento. Di nobili origini e discendente per via materna da Alessandro Volta, fu allievo di Beltrami e Casorati a Pavia e di Betti e Dini alla Scuola Normale di Pisa, dove si laureò nel 1881.

Vinto il concorso a cattedra in Fisica matematica nel 1892, fu chiamato all'università di Torino nel 1903, dove restò come professore ordinario fino al suo collocamento a riposo il 25 ottobre 1935; fu poi nominato professore emerito. Il suo nome è legato a risultati importanti, relativi alla statica e alla dinamica elastiche e alla teoria del potenziale. Nello studio dell'elasticità dei cristalli Somigliana estese celebri risultati di Clebsch e di Voigt relativi al caso isotropo e caratterizzò tulle le possibili forme che può assumere il potenziale elastico per effetto di proprietà di simmetria. Negli anni 1906 e 1907 Somigliana pubblicò le formule integrali fondamentali per la dinamica elastica. Poco dopo riprese le ricerche sulla teoria delle distorsioni elastiche, iniziate da Weingarten e sviluppate da Volterra nel 1906, e provò sotto ipotesi generali che possono esistere distorsioni in corpi semplicemente connessi che non sono distorsioni di Volterra. Notevoli sono pure le sue ricerche nell'ambito di geodesia, geofisica e glaciologia. Studiando la propagazione delle onde sismiche Somigliana considerò da un punto di vista generale il problema della propagazione delle onde piane in un suolo piano, illimitato e infinitamente profondo e giunse a risultati che danno un'interpretazione più ampia delle onde superficiali di Rayleigh. Appassionato alpinista, Somigliana studiò i fenomeni connessi con il movimento dei ghiacciai e concepì una teoria organica e rigorosa per determinarne la profondità e la configurazione. A partire dal 1926 si occupò della teoria generale del campo gravitazionale esterno al geoide, stabilendo nuove relazioni fra i valori della gravità e le costanti geometriche del geoide. Aprì così la via allo studio del problema dell'effettiva determinazione dei parametri geometrici del geoide con sole misure di gravità, di grande importanza per la geofisica e la geodesia. In tarda età coltivò anche interessi storici legati all'edizione delle opere del suo antenato. Nell'ateneo torinese fu preside della facoltà di Scienze matematiche, fisiche e naturali dal 1920 al 1932 e in ambito nazionale fu presidente del Comitato nazionale geodetico e geofisico del CNR, del Comitato glaciologico, della Società italiana per il progresso delle scienze [330, 306].

---

[98] p. 875.

Di seguito riportiamo l'elenco delle principali opere di Carlo Somigliana di meccanica del continuo e teoria dell'elasticità:

- *Sopra l'equilibrio di un corpo elastico*, Il Nuovo Cimento, v. 17-18, 1885.
- *Sulle equazioni dell'elasticità*, Annali di Matematica, s. 2, t. 16, 1888.
- *Intorno alla integrazione per mezzo di soluzioni semplici*, Rendiconti Istituto Lombardo, s. II, v. 24, 1891.
- *Sul potenziale elastico*, Annali di Matematica, s. 3, t. 7, 1901.
- *Sulla teoria Maxwelliana delle azioni a distanza*, Rendiconti R. Accademia Lincei, s. 5, t. 16, 1907.
- *Sulle deformazioni elastiche non regolari*, Atti IV Congr. Internazionale dei Matematici, v. 3, Roma, 1908.
- *Sopra un'estensione della teoria dell'elasticità*, Il Nuovo Cimento, v. 17, 1909.
- *Attorno ad alcune questioni di elastostatica. (Nota I)*, Atti R. Accademia di Torino, v. 59, 1924.
- *Attorno ad alcune questioni di elastostatica. (Nota II)*, Atti R. Accademia di Torino, v. 61, 1926.

Nel 1891 [333] Somigliana discusse l'integrazione delle equazioni della fisica matematica tramite «soluzioni semplici» che vengono ricavate:

[...] per certi sistemi di equazioni a derivate parziali di 2° ordine, che chiamo simmetrici, e che comprendono, come caso particolare, le equazioni della elasticità [333].[99]

A tal fine, Somigliana formulò, in modo strettamente analitico, «un teorema di reciprocità che nel caso delle equazioni elastiche si riduce al noto teorema di Betti», con cui ricavò le soluzioni semplici cercate, osservando che:

Le soluzioni semplici ora definite possono essere considerate come rappresentanti ciascuna una deformazione speciale del corpo; le *L* poi rappresentano le componenti della pressione prodotta da tale deformazione sopra gli elementi superficiali. Perciò le [leggi delle soluzioni semplici] [...] esprimono che le forze superficiali sono dirette come gli spostamenti e a essi proporzionali [333].[100]

Nell'articolo pubblicato sul *Nuovo Cimento* nel 1885 e in successivi, Somigliana completò innanzitutto le formule di Betti e applicò il teorema di Green alla ricerca degli spostamenti, che esprimeva mediante la dilatazione cubica e altri elementi fondamentali, ottenendo così degli integrali funzionali delle equazioni dell'elasticità. Proseguendo in questo tipo di indagine, poté eliminare anche la dilatazione cubica mediante il metodo delle singolarità. Le celebri *formule di Somigliana*, che esprimono le componenti dello spostamento in un corpo elastico mediante le forze di volume, le forze superficiali e gli spostamenti che hanno luogo sulla superficie del corpo traggono ispirazione proprio dalle idee di Betti e dal suo teorema di reciprocità [331]. Scriveva Somigliana:

Mi propongo di dimostrare come per le funzioni che rappresentano gli integrali delle equazioni dell'elasticità, nel caso della isotropia e dell'equilibrio, si possa stabilire

---

[99] p. 1005.
[100] p. 1015.

una teoria analoga sotto molti rapporti alla teoria delle funzioni potenziali, e che ne costituisce in certo modo una estensione [331].[101]

Le formule di Somigliana furono migliorate da Lauricella qualche anno dopo. In effetti, per determinare gli spostamenti del corpo elastico isotropo in funzione delle forze esterne, delle tensioni e degli spostamenti sulla superficie, non era necessario conoscere tutti gli elementi nelle formule di Somigliana; Lauricella era in grado di eliminare quelli «superflui» [210]. Nella sua memoria, Lauricella si riferisce esplicitamente al metodo sviluppato dal suo maestro Volterra in un corso di fisica matematica. Esso consiste nel trovare dei «convenienti» integrali particolari delle equazioni di equilibrio elastico e fare poi uso del teorema di Betti. Questo è analogo al metodo di Green, che esprime il valore della funzione potenziale mediante i valori assunti da essa e dalla sua derivata normale alla superficie sul contorno del corpo. Del resto, quando sono note le componenti dello spostamento sulla superficie di un corpo elastico, la determinazione delle deformazioni in ogni punto di questo equivale proprio al «noto problema di Dirichlet della teoria delle funzioni armoniche».

In un articolo del 1891 [332] Somigliana sviluppava un ulteriore tentativo, rispetto a quello di Beltrami già presentato, di riguardare l'etere come un fluido elastico omogeneo e isotropo senza particolari proprietà fisiche. Deduceva uno stato di sforzo dell'etere i cui spostamenti sono gli stessi delle equazioni di Maxwell e dimostrava che esiste un mezzo elastico le cui deformazioni danno luogo a questo sistema di sforzi, risultato interessante ma non risolutivo, dato che non è possibile dedurne l'azione elettrica tra due conduttori interagenti.

Somigliana riprese anche le distorsioni di Volterra, generalizzandole introducendo le distorsioni che Di Pasquale [149] chiama di Somigliana:[102]

> Ma è ovvio pensare che, oltre questi casi [quelli delle distorsioni di Volterra], altri ne esistono, offertici dall'osservazione. Noi possiamo immaginare che i lembi del taglio, oltre che spostati rigidamente fra loro, subiscano delle leggere deformazioni, come quando in un taglio prodotto in un corpo anulare incastriamo una sottile lente a faccie curve. E inoltre noi possiamo immaginare incastrati, o estratti, in corpi semplicemente connessi, come una sfera o un ellissoide, dei sottili corpi lentiformi e avere così in essi delle tensioni elastiche prodotte parimenti in assenza di forze esterne.
>
> Ora è lecito domandare: questi fatti di così ovvia osservazione, già considerati anche dal Weingarten, non sono suscettibili di uno studio che abbia qualche analogia con quello delle distorsioni del Volterra? oppure la teoria della elasticità nella sua forma attuale non è ancora in grado di attaccare questi problemi?
>
> Per rispondere a tali domande è necessario prendere in esame e discutere i punti di partenza della teoria.
>
> L'ipotesi fondamentale che sta a base delle considerazioni del Weingarten, è che le sei componenti delle tensioni interne variino con continuità da punto a punto, dopo ristabilita nel corpo la continuità, materiale, così che esso possa considerarsi nelle stesse condizioni statiche di un corpo compatto. Da ciò segue che anche le sei caratteristiche della deformazione (che sono funzioni lineari indipendenti delle tensioni) debbono godere delle stesse proprietà di continuità. Le ipotesi del Volterra sono più restrittive.

---

[101] p. 37.
[102] Le memorie principali di Somigliana sull'argomento sono [334, 335].

Egli ammette:

1° la continuità delle caratteristiche della deformazione (da cui segue la continuità delle tensioni);

2° la continuità delle loro derivate prime e seconde.

Ora, per l'estensione che noi abbiamo di mira, nulla vieta di lasciare da parte questa seconda ipotesi, per la quale non è evidente una assoluta necessità meccanica. Ritorneremo così alle ipotesi del Weingarten, e potremo proporci di cercare se esistono deformazioni che soddisfacciano a queste ipotesi e non a quelle di Volterra. Per semplicità e chiarezza di linguaggio chiamerò distorsioni di Volterra le deformazioni che soddisfanno alle precedenti condizioni 1 e 2; distorsioni di Weingarten quelle che soddisfanno solamente alla 1. Non mi propongo qui di risolvere in modo generale la quistione enunciata, ma mostrerò con un esempio, che è però di una notevole generalità, che esistono distorsioni di Weingarten che non sono distorsioni di Volterra [334].[103]

Un allievo indiretto, che ebbe un assiduo contatto epistolare con Beltrami [275] e che si occupò approfonditamente, seppure non estesamente, di teoria dell'elasticità, fu Ernesto Cesaro (Napoli 1859 – Torre Annunziata 1906). Frequentò l'*École des Mines* a Liegi insieme al fratello Giuseppe Raimondo, con numerose interruzioni, dal 1874 al 1883. Ebbe difficoltà a iscriversi all'università in Italia perché privo del titolo di scuola media superiore; vi riuscì infine nel 1883, però rinunciò a conseguire la laurea. Nel 1886 partecipò, con oltre cento pubblicazioni, a concorsi per scuole secondarie e università. Giunse primo all'università di Messina e secondo a quella di Napoli, dietro Alfredo Capelli. Per questo suo successo nel 1887 gli fu conferita la laurea *ad honorem* dalla facoltà di Scienze fisiche, matematiche e naturali dell'università di Roma.

Nonostante la cattedra a Messina, Cesaro chiese e ottenne di insegnare a Palermo nella cattedra di Algebra complementare, resa libera da Capelli che aveva vinto il concorso di Napoli. A Palermo Cesaro ottenne anche l'incarico per l'insegnamento di Fisica matematica. Nel 1891 fu trasferito alla cattedra di Calcolo infinitesimale dell'università di Napoli come successore di Battaglini; qui insegnò anche Analisi superiore, che poi divenne Matematiche superiori. Nel 1906 chiese e ottenne il trasferimento, che non ebbe però luogo per la sua morte prematura, a Bologna per la cattedra di Meccanica razionale.[104]

Cesaro stabilì un rapporto proficuo tra ricerca e didattica, recependo l'esigenza dell'epoca di redarre manuali di buona qualità per gli studenti.

Egli ha scritto alcune monografie e circa duecentocinquanta tra *Note* e *Memorie* (di cui oltre la metà in francese), senza contare le numerose risposte su riviste a questioni poste dai lettori. Nel settore della meccanica del continuo e della teoria dell'elasticità, la sua produzione non è molto numerosa; è però importante. Il suo lavoro più significativo è certamente il manuale del 1894 [103], che contiene le lezioni palermitane di teoria dell'elasticità, inizialmente litografate. Il testo ha un carattere prevalentemente didattico ed è organizzato in parte come i manuali di scienza delle costruzioni che stavano circolando alla fine dell'Ottocento.[105] Il titolo *Introduzione*

---

[103] pp. 350-351.

[104] La biografia di Cesaro è tratta da [150].

[105] Vedi per esempio il manuale di Camillo Guidi [181].

alla teoria matematica della elasticità, con gli aggettivi *introduzione* e *matematica* vuole sottolineare da una parte il carattere didattico e dall'altra il carattere teorico, più di quanto non lo fossero i manuali di scienza delle costruzioni di allora.

Il testo è diviso in tre parti i cui contenuti sono riassunti di seguito. La prima parte riguarda gli aspetti fondamentali della teoria dell'elasticità e della meccanica del continuo. L'impostazione risente di quella di Betti nella *Teoria della elasticità* [38]. Il problema teorico centrale è la determinazione degli spostamenti dei punti di un continuo elastico in funzione delle forze e degli spostamenti imposti. A differenza di Betti, Cesaro introduce anche le tensioni nel paragrafo dal titolo «Distribuzione delle azioni interne».

PARTE PRIMA
I. Cinematica dei piccoli moti
II. Le componenti della deformazione
III. Il potenziale delle forze elastiche
IV. Equilibrio elastico
V. Il teorema di Betti
VI. Distribuzione delle azioni interne
VII. Moto elastico
VIII. Applicazioni alla sfera

PARTE SECONDA
IX. Il problema di Dirichlet
X. Alcune proprietà delle deformazioni elastiche
XI. L'equazione canonica dei piccoli moti
XII. Calcolo della dilatazione e della rotazione
XIII. Integrazione delle equazioni per l'equilibrio dei corpi elastici isotropi
XIV. Applicazione ai suoli elastici isotropi
XV. Deformazioni termiche
XVI. Il problema di Saint Venant
XVII. Applicazione ai problemi della pratica

PARTE TERZA
XVIII. Alcune nozioni sulle coordinate curvilinee
XIX. Digressione su parametri differenziali
XX. Sistemi isotermi
XXI. Equazioni generali dell'elasticità in coordinate curvilinee
XXII. Elasticità negli spazi curvi

Nella seconda parte del suo testo, Cesaro tratta del solido di Saint Venant, proponendo anche delle formule semplici utili per gli ingegneri. La terza parte è quella più teorica, dove si sente l'influenza di Beltrami, o per lo meno delle problematiche affrontate da Beltrami. L'ultimo paragrafo riporta i risultati ottenuti in un lavoro del 1894 ispirato alla teoria dell'elasticità negli spazi curvi [104]. In questo lavoro ottiene le equazioni di equilibrio di un corpo elastico in uno spazio curvo n-dimensionale, con metodi e procedure propri della geometria intrinseca. Introduce un nuovo potenziale caratterizzato da un termine aggiuntivo che tiene conto della curvatura dello spazio:

[è un termine aggiuntivo] che si può considerare come l'espressione dell'energia delle reazioni che lo spazio, rigido nella propria costituzione geometrica, oppone alla materia elastica che lo riempie, supponendo questa *inerte* nel senso che, obbligata a deformarsi nel detto spazio, essa tende a farlo come se lo spazio stesso fosse euclideo. L'ulteriore svolgimento della teoria dei mezzi elastici negli spazi curvi permetterà forse di rispondere alla domanda di Clifford: *se non potrebbe darsi che noi consideriamo come variazioni fisiche certi effetti realmente dovuti a cambiamenti della curvatura del nostro spazio; in altre parole, se alcune delle cause, che noi chiamiamo fisiche, e forse tutte, non fossero per avventura dovute alla costituzione geometrica dello spazio nel quale viviamo* [103].[106]

Cesaro estende a un corpo di forma qualsiasi i risultati che Betti [38][107] e Padova [268] avevano trovato rispettivamente per una sfera e per i solidi di rotazione in una memoria del 1889 [101]. In una memoria del 1891 [102] presenta un approccio unitario e semplificato rispetto a quello proposto da Betti nella *Teoria della elasticità* per il calcolo del coefficiente di dilatazione unitaria e delle componenti della rotazione infinitesima in funzione degli spostamenti sul contorno e delle forze esterne di volume e di superficie.

Nel 1906 [105] Cesaro prende spunto da un lavoro di Korn [198] per presentare un metodo per il calcolo degli spostamenti in un semispazio omogeneo e isotropo soggetto a pressioni o spostamenti assegnati sulla superficie. Il metodo è di tipo perturbativo, anche se non si usa il termine *perturbazione*. Le equazioni differenziali del problema elastico hanno la forma:

$$X + (A - B)\frac{\partial\Theta}{\partial x} + B\Delta^2 u = 0; \quad \dots$$

In queste Θ è il coefficiente di dilatazione cubica e il significato degli altri simboli è quello usuale. La soluzione è ricercata sotto forma di serie:

$$u = u_0 + \kappa u_1 + \kappa^2 u_2 + \dots$$

Qui $\kappa < 1$ dipende dalle caratteristiche elastiche del semispazio:

$$\kappa = \frac{A - B}{A + B}.$$

Con questo sviluppo e con la condizione $u_0 = u$ e $u_1 = u_2 = \dots = 0$ sulla superficie libera, il problema è ricondotto a una serie di equazioni differenziali disaccoppiate, che possono essere risolte in successione:

$$X + B\Delta^2 u_0 = 0; \qquad 2\frac{\partial\Theta_i}{\partial x} + \Delta^2 u_i, \dots \qquad \Theta_i = \Theta_1 + \Theta_2 + \dots \Theta_{i-1}.$$

Infine, in un'altra memoria del 1906 [106] Cesaro riporta una variante delle relazioni proposte da Volterra per il calcolo degli spostamenti a partire dalle componenti della deformazione. Si occupa anche di ottenere delle relazioni valide per gli spazi curvilinei.

---

[106] p. 213.
[107] In [31], vol. 2, pp. 329-334.

I teoremi di minimo di Menabrea e Castigliano

4

L'evento più importante per la storia dell'ingegneria strutturale italiana nella seconda metà dell'Ottocento è il varo del decreto legislativo 13 novembre 1859 n. 3725 del Regno di Sardegna, meglio noto come legge Casati, in vigore dal 1860 nel regno sabaudo e poi esteso a tutta Italia, che riformò l'intero ordinamento scolastico e istituì le Scuole di applicazione per ingegneri. Tra le varie scuole la più importante per la meccanica delle strutture, almeno all'inizio, fu quella di Torino. Il personaggio chiave di questa scuola fu Giovanni Curioni, erede di Luigi Federico Menabrea che aveva insegnato la meccanica delle strutture agli allievi ingegneri prima della riforma Casati. Curioni fece proprie le ricerche di Menabrea sul modo di risolvere le strutture ridondanti e fu relatore della tesi di laurea che Alberto Castigliano presentò a Torino nel 1873, dove la tecnica di Menabrea per risolvere i tralicci iperstatici veniva estesa anche alle membrature inflesse. In questo capitolo concentriamo l'attenzione sui contributi di Menabrea e Castigliano cercando di metterne in luce pregi e difetti e mostrandone le connessioni.

4.1
Le scuole di applicazione di ingegneria

Con la costituzione del Regno d'Italia nacque la necessità di tecnici in grado di mettere in pratica il sapere moderno; tra essi emerse la figura dell'ingegnere. Il varo della Legge organica sulla pubblica istruzione, meglio nota come legge Casati,[1] fu

---

[1] Il decreto legislativo 13 novembre 1859 n. 3725 del Regno di Sardegna (chiamato col nome del ministro della Pubblica Istruzione Gabrio Casati), in vigore dal 1860 nel regno sabaudo e poi esteso a tutta Italia, riformò l'intero ordinamento scolastico, senza collegamento con le analoghe riforme europee. La legge sanciva la gestione diretta delle scuole statali, la libertà dei privati di aprirne e gestirne, ma riservando alla scuola pubblica il rilascio di diplomi e licenze. Si concepiva un'educazione di élite, con ampio spazio all'istruzione secondaria e universitaria a scapito della primaria e con una netta separazione tra formazione tecnica e classico-umanistica. L'istruzione primaria era in due cicli biennali a carico dei comuni: l'inferiore, obbligatorio e gratuito, nei comuni con almeno 50 alunni in età scolare; il superiore, solo nei comuni con istituti secondari o con più di 4.000 abitanti. L'istruzione secondaria classica, presente nei capoluoghi

Capecchi D., Ruta G.: La scienza delle costruzioni in Italia nell'Ottocento.
© Springer-Verlag Italia 2011

un evento fondamentale del processo di modernizzazione tecnica dell'Italia; con essa si istituirono infatti nel costituendo Regno le Scuole di applicazione per ingegneri, separandone gli studi dalla facoltà di matematica. La legge Casati non prevedeva per principio una distinzione netta tra corsi scientifici e corsi professionalizzanti, per cui le scuole di ingegneria richiamavano in parte il modello di ingegnere scienziato dell'*École polytechnique* francese.

Parte del mondo accademico oppose resistenza alla qualificazione scientifica dell'ingegnere tentando di lasciare l'attributo di diploma, togliendo quella di laurea, al titolo di ingegnere. Per avere un'idea su questa resistenza riportiamo la seguente *Discussione sul Regolamento ministeriale 6 Settembre 1913 per le Scuole di applicazione degli ingegneri*:

Ora la Legge sulla pubblica istruzione del 13 novembre 1859, che creò la Scuola degli Ingegneri di Torino, non è priva di ambiguità su questo punto. I successivi Regolamenti parlano invece chiaramente del conferimento del diploma di *Ingegnere Laureato*.

Tale denominazione si trova nel Decreto Reale 11 ottobre 1863, nonché nei Regolamenti 17 ottobre 1860 e 11 ottobre 1866. Ma, per ciò che li riguarda, potrebbesi ancora sospettare che il titolo di Laurea debbasi ascrivere agli studi precedenti di Matematica, allora considerati come completi, sebbene limitati a un biennio.

Invece il Regolamento 14 novembre 1867 si esprime in modo che non ammette più dubbi dichiarando testualmente:

«La Scuola conferisce diplomi di Laurea di Ingegneri civili, meccanici, agricoli, metallurgici, chimici e architetti civili». Tale netta designazione manca nuovamente nei Regolamenti successivi, i quali talvolta evitano persino la parola diploma, evidentemente perché la omissione del titolo di Laurea non sia avvertita. Invece l'attuale, si direbbe con ostentazione, ripete a sazietà che il titolo conferito agli Ingegneri è un semplice diploma. Si volle insomma muovere un primo passo decisivo in quell'indirizzo che la Relazione della Commissione Reale per la riforma degli studi superiori tende a stabilire in modo generale attribuendo alle vecchie Facoltà universitarie la esclusività dell'insegnamento scientifico e per conseguenza il diritto al conferimento della dignità dottorale, e limitando l'ufficio di tutti gli studi di applicazione (presa questa parola

---

di provincia, sola via di accesso all'università, prevedeva il ginnasio di cinque anni (3+2), a carico dei comuni, seguito dal liceo di tre anni, a carico dello stato. L'istruzione secondaria tecnica prevedeva una scuola di tre anni, gratuita e a carico dei comuni, seguita dall'istituto tecnico, di tre anni e diviso in sezioni, a carico dello stato. Riguardo l'università, la legge Casati aggiunse alle tre facoltà di origine medievale – teologia (soppressa nel 1873), giurisprudenza, medicina – quelle di lettere e filosofia e di scienze fisiche, matematiche e naturali. Venne istituita la Scuola di applicazione per la formazione degli ingegneri, cui si accedeva dopo il biennio della facoltà di matematica. Si ristrutturavano le università di Torino, Pavia, Cagliari; si sopprimevano per mancanza di studenti l'università di Sassari e l'istituzione di un'Accademia scientifico-letteraria a Milano. Con l'unità d'Italia la legge venne estesa alle università di Pisa, Siena, Bologna, Parma, Modena, Macerata, Palermo, Messina, Catania, Padova, Roma, cui si aggiunsero le università "libere" di Ferrara, Perugia, Camerino, Urbino. La legge Casati prevedeva la coesistenza degli intenti scientifico e professionale dell'istruzione. All'articolo 47 si legge: «L'istruzione superiore ha per fine di indirizzare la gioventù, già fornita delle necessarie cognizioni generali, nelle carriere sì pubbliche che private in cui si richiede la preparazione di accurati studi speciali, e di mantenere e accrescere nelle diverse parti dello stato la cultura scientifica e letteraria». Così, l'ingegnere formato dalle scuole di applicazione previste dalla legge Casati è un tecnico non proprio all'altezza dei licenziati dall'*École polytechnique*, ma con una solida base teorica che consente a molti di raggiungere posizioni di primo piano anche in ambito scientifico e matematico.

nel senso più largo di abilitazione all'esercizio professionale) al conferimento di un qualsiasi diploma soltanto.

Strano indirizzo, oggi, quando la tecnica dell'Ingegnere, sciogliendosi dai limiti circoscritti del passato, si è svolta con una ampiezza impreveduta di studi fra le applicazioni più disparate, diventando non una sola ma un complesso di scienze, le quali rinnovarono per intero parecchi dei suoi vecchi Capitoli: quando questa tecnica immedesimandosi con la vita sociale in tutte le sue manifestazioni è diventata il primo suo fattore si è imposta in tutte le Amministrazioni pubbliche, è assurta al grado di mezzo insostituibile per il conseguimento di qualsiasi progresso.

Strano indirizzo, o non piuttosto giustificato, appunto, da questo primato inatteso, che minaccia quelli stabiliti su vecchie tradizioni? [3].

La fine dell'Ottocento fu un periodo di grandi successi in Italia per l'ingegneria come disciplina e per l'ingegnere come figura professionale. In questo periodo infatti, in concomitanza con la nascita di una nuova nazione, ci fu una intensa attività di costruzione di opere pubbliche civili, di infrastrutture ferroviarie (specie ponti), di edifici industriali, con l'acciaio che fa la parte da protagonista [174, 242].

La nuova classe dirigente tecnica assunse così una coscienza diversa verso i più "colti" colleghi matematici, senza soggezione e orgogliosa di saper risolvere problemi (tecnici) della vita reale fino allora parsi impossibili:

Nel 1866 fu fondata a Torino la Società degli Ingegneri e degli Industriali, sotto la presidenza di Pietro Paleocapa. Due anni dopo, a Milano, fu ricostituito l'antico Collegio degli Ingegneri e Architetti, che era stato fondato nel 1606 e soppresso nel 1797 in base alle disposizioni della Costituzione Cisalpina; primo presidente ne fu Luigi Tatti. Nel 1868, sotto l'impulso di Prospero Richelmy a Torino e Francesco Brioschi a Milano, direttori l'uno della Scuola di Applicazione, l'altro dell'istituto Tecnico Superiore, entrambe le Associazioni iniziarono la pubblicazione di Atti. L'esempio di Torino e Milano fu poi seguito negli anni settanta in altre città italiane fra cui Roma ove nel 1871, acquisita la libertà di associazione, si costituì un primo Circolo Tecnico, successivamente trasformato in Collegio degli Ingegneri e Architetti (1876).

Fra i periodici più autorevoli del tempo vi erano, quali organi di informazione sui lavori pubblici, il *Giornale del Genio Civile*, il *Monitore delle Strade Ferrate* (Torino, 1868) e il *Giornale dei lavori Pubblici e delle Strade Ferrate* (Roma, 1874); quali riviste tecnico-scientifiche *Il Politecnico* di Milano, che aveva ripreso le pubblicazioni nel 1866 con la direzione di Brioschi e *L'ingegneria Civile e le Arti Industriali* fondata a Torino nel 1875 da Giovanni Sacheri, già professore di disegno nella Scuola di applicazione. A questi due ultimi periodici collaborò in particolare Castigliano, con ripetuti interventi a partire dal 1876 [260].[2]

Citiamo anche un passo di una pubblicazione recente sull'argomento:

Quando nascono a Torino la Scuola di applicazione per gli Ingegneri nel 1859, e il Regio Museo industriale nel 1862, il Piemonte sta attraversando un periodo di evoluzione verso profonde trasformazioni sociali ed economiche.

I problemi legati all'unità, finalmente raggiunta, hanno particolare effetto in Piemonte, soprattutto su Torino: da un lato, si avvia la trasformazione della città da capitale di

---

[2] p. 66.

un piccolo stato regionale ad importante centro urbano di una grande Nazione; dall'altro, si assiste al passaggio da una economia principalmente di guerra – anche se in uno stato relativamente all'avanguardia nel panorama europeo – ad un'altra di normalità, ma nell'ambito di una sopravvenuta situazione nazionale, caratterizzata da vaste aree di sottosviluppo e con problemi di integrazione sovraregionale.

L'ingegnere torinese nasce, quindi, in un clima di grande evoluzione, anche culturale.

Nella prima metà dell'Ottocento, Torino non si può ancora definire compiutamente una città industriale, ma essa è già un importante polo di innovazione tecnica e tecnologica.

Le attività produttive, a parte i Mulini della città e le officine dell'Arsenale, si svolgono comunque in un quadro sostanzialmente artigianale, anche se i primi segni tangibili di un cambiamento si scorgono nelle Esposizioni Nazionali di Arti e Mestieri che, sin dal 1827, trovano la loro sede istituzionale nel cortile del Castello del Valentino.

Le iniziative tecniche e produttive appena richiamate si inseriscono nello sforzo di internazionalizzazione (rivolto ovviamente in primis verso il resto d'Italia) e di *europeizzazione* ante litteram che il piccolo regno sabaudo ha perseguito come politica nel corso degli anni '40 e '50 del secolo XIX.

[...]

In questo clima fortemente attento alla formazione tecnica e professionale nasce ben presto l'esigenza di formare un ingegnere capace di gestire l'innovazione e primo attore della nuova società industriale.

Il 13 novembre 1859 il Governo del Regno di Sardegna promulga la Legge sul riordinamento dell'Istruzione Pubblica, nota con il nome del suo estensore, Gabrio Casati. La Legge Casati crea un ordinamento efficace, il cui indirizzo strutturale rimarrà immutato fino alla Riforma Gentile e pone le premesse ideologiche e le scelte pedagogico-didattiche del nuovo stato italiano.

La Legge Casati dà l'avvio agli studi tecnici, triennali, ponendo le basi alla nuova struttura scolastica italiana, a partire dall'istruzione superiore, sino a quella elementare.

È inoltre stabilito il nuovo ordinamento degli studi di ingegneria, che divide in due stadi la carriera scolastica degli ingegneri, lasciando alle università un primo stadio teorico o di preparazione, creando nuove scuole per il secondo stadio di scienze applicate [41].

4.1.1
Le prime scuole di applicazione di ingegneria

Nella tabella seguente è riportato l'elenco di alcune delle principali Scuole di applicazione per ingegneri, o assimilate, italiane. Per ragioni di spazio ci limitiamo a presentare con qualche dettaglio solo quelle di Torino, Milano, Roma e Napoli.

Tabella 4.1 Le prime scuole organiche di ingegneria

1860	Torino, Scuola di applicazione per ingegneri
1863	Milano, Regio Istituto tecnico
1863	Napoli, Scuola di applicazione per ingegneri
1867	Padova, Biennio di ingegneria + triennio nelle facoltà di matematica; nel 1875 il triennio passa alla Scuola di applicazione per ingegneri
1870	Genova, Scuola superiore navale
1862	Bologna, Insegnamenti dentro la facoltà di matematica; 1875, primo anno della Scuola di applicazione per ingegneri
1873	Roma, Scuola di applicazione degli ingegneri

4.1.1.1
La Scuola di applicazione a Torino e il Regio istituto tecnico a Milano

La prima scuola di applicazione per ingegneri fu aperta a Torino, capitale del Regno di Sardegna [328, 228]. Il Regio istituto tecnico, con basi teoriche simili a quelle fornite dall'università, è del 1852; la Scuola di applicazione per ingegneri di Torino nacque nel 1860 proprio dal Regio istituto. I principali promotori per la sua fondazione furono Prospero Richelmy (ingegnere), Carlo Ignazio Giulio (ingegnere), Ascanio Sobrero (medico e chimico) e Quintino Sella.[3] Richelmy fu il primo direttore, a lui nel 1881 sino alla morte (1886) subentrò Giovanni Curioni; a partire dal 1861 la scuola ebbe sede prestigiosa presso il Castello del Valentino. A titolo di curiosità nella seguente Tabella 4.2 è riportato l'organico della scuola con le spese del mantenimento per l'anno 1879. Nel 1862 era stato fondato a Torino il Museo industriale, il cui primo direttore fu Giuseppe De Vincenzi, con obiettivo la promozione dell'«istruzione industriale e il progresso dell'industria e del commercio». Il Museo venne a trovarsi in qualche modo in competizione con la Scuola: di fatto gli allievi ingegneri civili e architetti frequentavano prevalentemente gli insegnamenti della Scuola, gli allievi ingegneri industriali (la cui laurea venne formalizzata solo nel 1879) quelli del Museo.

Nel 1906 le due istituzioni si fusero dando vita al Politecnico, con il passaggio del biennio propedeutico dalla facoltà di matematica al Politecnico e con l'istituzione delle figure professionali distinte degli architetti, degli ingegneri civili, industriali, chimici e meccanici.[4] Al Politecnico di Torino si laureò in ingegneria nel 1908 la prima donna italiana, Emma Strada [42],[5] [267].[6]

---

[3] Quintino Sella (1827-1884) fu uomo politico, ingegnere, mineralogo; compì i propri studi di ingegneria a Torino, perfezionandosi in vari paesi europei. Professore di mineralogia, deputato dal 1860, fu nominato ministro delle Finanze nel 1862.

[4] Legge del 23 giugno 1906. Interessante è la *Relazione sull'andamento della Scuola di Applicazione degli ingegneri di Torino nell'anno scolastico 1872-1873* inviata al Ministero dal direttore della scuola Richelmy e attualmente conservata all'Archivio di stato a Roma. Sulla scuola di applicazione si veda anche [302, 144].

[5] pp. 1037-1046.

[6] pp. 1047-1056.

Tabella 4.2 Spese della Scuola di applicazione di Torino, 1879 [297]

1	Direttore	L. 2.000	annue
4	Direttori di gabinetto	L. 3.200	"
6	Professori ordinari	L. 36.000	"
6	Professori straordinari	L. 15.000	"
10	Assistenti	L. 15.000	"
	Assistenti incaricati, globalmente	L. 6.000	"
1	Vice direttore del laboratorio chimico	L. 3.000	"
1	Segretario	L. 4.000	"
1	Applicato	L. 1.800	"
1	Scrivano	L. 1.400	"
2	Custodi	L. 1.600	"
	Bidelli e altro, globalmente	L. 4 .600	"
	Totale	L. 93.600	"

A Milano l'apertura di una scuola per la formazione di tecnici di livello elevato era nell'aria da tempo, con un clima adatto creato anche da Carlo Cattaneo e dalla sua rivista *Il politecnico*.[7] Nel 1838, per iniziativa di industriali e commercianti, era nata la Società di incoraggiamento di arti e mestieri; nel 1848 l'Istituto lombardo promuoveva un progetto di riforma del sistema scolastico, compresa la formazione dell'ingegnere, che ebbe come relatore lo stesso Cattaneo. Nel 1850 Francesco Brioschi, grazie alle sue conoscenze politiche, fondò il Regio istituto tecnico superiore con un corso di tre anni; per accedervi bisognava avere superato il biennio di matematica presso l'università di Pavia o qualsiasi altra università del Regno d'Italia. Nel 1865 venne istituita la sezione per architetti in collaborazione con l'Accademia di Brera, nel 1873 quella per ingegneri meccanici. Nel 1875 il Regio istituto aprì una Scuola preparatoria e si rese autonomo dall'università. Con la riforma Gentile (1923) il Regio istituto tecnico superiore prese il nome di Regia scuola di ingegneria, nel 1935 di Regio istituto superiore d'ingegneria per assumere nel 1937 il nome attuale di Politecnico di Milano.

---

[7] Attiva dal 1839, questa rivista fu il veicolo principale del pensiero di Carlo Cattaneo sul ruolo privilegiato delle scienze per il progresso della società civile. *Il politecnico* divulgava conoscenze pratico applicative e ribadiva il ruolo sociale e civile delle scienze. La volontà di sviluppare e divulgare cultura scientifica in chiave applicativa comportava nuove denominazioni per le discipline: invece di meccanica e idraulica ci si riferiva a «strade ferrate» o a «vie di comunicazione»; si fa anche esplicito riferimento alla «chimica industriale» e alla «fisica industriale». Grande spazio veniva riservato alle comunicazioni, trattando soprattutto di ferrovie e navigazione sul Po. La geologia interessava essenzialmente dal punto di vista dell'indagine sulle materie energetiche, sui combustibili fossili e le loro tecniche estrattive. *Il politecnico* aveva grande omogeneità culturale ed era quasi impossibile separare i contributi di Cattaneo da quelli dei collaboratori, attivi nell'ambiente tecnico-scientifico lombardo. La figura intellettuale che più nitidamente emerge dagli scritti della rivista è quella dell'ingegnere (idraulico, chimico, industriale ecc.), attorno a cui e da cui si dipana questo nuovo sapere tecnico-scientifico che fu strumento di fattiva trasformazione della società italiana; si veda [228], pp. 370-371.

4.1.1.2
La Scuola di applicazione di Napoli

Durante l'occupazione francese, nel marzo del 1811, fu creata a Napoli da Gioacchino Murat la Scuola di applicazione per ingegneri di ponti e strade, sul modello dell'*École polythecnique* francese. La Scuola seguiva l'istituzione, sempre da parte di Murat, del Corpo degli ingegneri di ponti e strade [222, 148].

La Scuola di applicazione per ingegneri di ponti e strade venne soppressa dopo la restaurazione borbonica del 1815 e nel 1819 fu rifondata come Scuola di applicazione di ponti e strade. Il nuovo statuto riduceva a due i tre anni di studi previsti dall'ordinamento precedente. Essa trovò inizialmente sede nell'edificio de' Minister (oggi Palazzo municipale), spostandosi poi a Palazzo Gravina. Nel 1834, con la riorganizzazione delle competenze professionali dei tecnici preparati dalle scuole del Regno, veniva stabilito che gli studi compiuti nella Scuola di applicazione di ponti e strade dessero diritto anche alla laurea in architettura civile, il conferimento della quale veniva tolto all'università.

Mentre si costituivano le Scuole di applicazione a Torino e a Milano e le università acquisivano un ordinamento omogeneo, nel 1863 la Scuola, divenuta nel frattempo Scuola di applicazione degli ingegneri del Genio Civile, passava alle dipendenze del Ministero della Pubblica Istruzione e assumeva il nome di Regia scuola di applicazioni per gli ingegneri staccandosi, dopo cinquant'anni, dal Corpo degli ingegneri dello stato. Alla scuola veniva applicato il regolamento di quella di Torino, che ne riservava l'ammissione ai laureati in matematica e ne fissava la durata degli studi in due anni. La sede della Scuola veniva stabilita nell'ex convento di Donnaromita, nei pressi dell'università.

Alla fine del secolo gli statuti delle Regie Scuole di applicazioni per gli ingegneri in Italia furono unificati e anche a Napoli i corsi della scuola assunsero durata triennale, previo un biennio di studi fisico-matematici, conducendo al conseguimento del titolo di ingegnere civile ovvero di architetto.

4.1.1.3
La Scuola di applicazione di Roma

Il 23 Ottobre 1817 nacque a Roma la *Scuola di ingegneria* per iniziativa del papa esiliato da Napoleone, Pio VII. Questa nuova scuola pontificia fu istituita per la necessità di acquisire conoscenze ingegneristiche con una formazione locale. Inizialmente la Scuola di ingegneria non faceva parte dell'università *La Sapienza*, fondata il 20 aprile 1303 sotto papa Bonifacio VIII [354].

Nella Scuola si impartivano insegnamenti di geometria descrittiva, architettura statica, costruzioni, idraulica e idrometria pratica e topografia, ed era necessario frequentare il gabinetto di fisica. Il corso degli studi era di tre anni; si accedeva alla Scuola dopo aver seguito i corsi fisici e matematici in una università dello stato. Gli studi terminavano con un esame generale per il rilascio del diploma di ingegnere civile, con cui si poteva entrare nel Corpo degli ingegneri pontifici, ma anche, primi in Italia, accedere alla libera professione.

Dopo il ricongiungimento di Roma all'Italia, con un decreto del 1872 si applicò anche qui la legge Casati e, il 9 ottobre 1873, venne emanato il decreto di istituzione della Scuola di applicazione per gli Ingegneri in Roma, ricordato nella lapide posta sulla destra dell'atrio della facoltà:

KALENDIS DECEMBRIBUS A MDCCCLXXIII VICTORIO EMMANUELE II REGE ANT SCIALOIA STUDIIS ADMINISTRANDIS PRAEF QUAE FUERANT CAN LATERAN AEDES MATHEMATICIS DISCIPLINIS ET ARTIBUS IN DOCTRINAE LUCEM VOCATAE PATUERE.

La Scuola trovò collocazione nell'ex convento dei Canonici regolari della Congregazione del Santissimo Salvatore in Laterano, presso la chiesa di San Pietro in Vincoli. Del tutto autonoma rispetto all'università, per accedervi occorreva comunque aver seguito prima i corsi fisico matematici.

Per quasi cinquant'anni la Scuola, pur finalizzata alla formazione di ingegneri civili, non mancò di attuare sperimentazioni e ricerche per offrire una preparazione più ampia e completa ai propri studenti, finché un nuovo regolamento non vi previde due sezioni, una civile e una industriale; si aggiunsero gli insegnamenti di geodesia, geometria applicata, fisica tecnica, chimica applicata ai materiali da costruzione, geologia applicata; nel 1886 si introdusse l'elettrotecnica, nel 1892-98 estimo, economia agraria, igiene applicata e altri.

Vi si tenevano corsi per i diplomati delle scuole di Belle Arti di Roma e Firenze, che così acquisiscono il titolo di architetto. Poi l'iniziativa venne abbandonata, per ripartire nel 1919, con l'istituzione della Scuola superiore di architettura.

La Scuola di applicazione diventa Facoltà di ingegneria nel 1935, l'anno di inaugurazione della città universitaria. Nello stesso anno viene istituita anche la Facoltà di architettura.

4.1.1.4
Curricula studiorum

La legge Casati, benché nata anche da esigenze di dare dignità e spazio alla cultura tecnica e scientifica, determina una forte differenziazione tra gli studi scientifici e quelli "umanistici". A livello di scuola media secondaria e superiore la differenza si traduce in una vera e propria prevalenza della cultura umanistica. Infatti per accedere all'università e quindi per far parte della futura classe dirigente del paese bisognava aver frequentato il ginnasio prima, il liceo poi: scuole di stampo prevalentemente umanistico, in cui le lingue morte greco e latino, con la motivazione di essere materie formative, avevano più spazio della matematica o della fisica.

All'università la discriminazione non c'era, ma la differenza sì, e ancora maggiore. Nella nascente facoltà di Scienze matematiche, fisiche e naturali erano attivati rari insegnamenti di carattere cosiddetto umanistico, considerati secondari. Questo stato di fatto era favorito anche dagli stessi docenti delle facoltà scientifiche che, nel clima positivista dell'epoca, consideravano le materie umanistiche, compresa la filosofia, come un insieme di «inutili sofismi».

Anche i corsi professionalizzanti – tra cui ingegneria – consideravano le loro discipline dignitose al pari delle umanistiche, favoriti in ciò dalla riforma Casati che dava ampio spazio alla formazione di base, delegando al praticantato *post lauream* le acquisizioni specifiche delle varie professioni.

Inizialmente ogni scuola aveva largo margine di discrezionalità sull'insegnamento, ma poi il regolamento per le Scuole di applicazione di ingegneria, approvato per Decreto regio l'8 ottobre 1876, fissò le materie obbligatorie per tutti. Ingegneri e architetti avrebbero dovuto seguire un biennio presso le facoltà di matematica con l'integrazione di qualche esame, tra cui Disegno. Seguiva un triennio presso la Scuola di applicazione, dove nel primo anno, comune a entrambi, essi avrebbero dovuto seguire le seguenti discipline:

Primo anno
Meccanica razionale; Geodesia teoretica con esercitazioni; Statica grafica con disegno; Applicazioni della geometria descrittiva; Chimica docimastica [8] con manipolazioni (per i primi due avrebbero provveduto i docenti della facoltà di scienze fisiche, matematiche e naturali dell'università).

Secondo e terzo anno
Dal secondo anno i percorsi di architetto e di ingegnere si differenziavano. Per gli allievi ingegneri le materie obbligatorie erano: Geometria pratica; Meccanica applicata alle macchine; Meccanica applicata alle costruzioni; Economia ed estimo rurale; Materie giuridiche; Fisica tecnica; Mineralogia e geologia applicate ai materiali da costruzione; Idraulica pratica: Macchine idrauliche; Macchine agricole; Macchine termiche; Architettura tecnica; Costruzioni civili e rurali; Fondazioni; Ponti in muratura, in legno e in ferro; Strade ordinarie, ferrate e gallerie; Costruzioni idrauliche e lavori marittimi; Idraulica agricola.

A questi insegnamenti si aggiungevano quelli della classe di architettura dell'Istituto di belle arti: stili architettonici, composizione e modellazione in creta degli ornamenti architettonici, decorazione interna, disegno di prospettiva, acquerello e estetica applicata all'architettura, misurazioni dal vero. Le singole scuole di applicazione potevano comunque raggruppare le singole materie in vario modo e distribuirle nel secondo e terzo anno secondo quanto deliberato dai Consigli delle Scuole.

Nelle seguenti Tabelle 4.3 e 4.4 è riportato il programma delle discipline strutturali della Scuola di applicazione di Bologna per l'anno scolastico 1878-1879, che comunque rispecchia quello delle altre scuole. Tali programmi rimarranno sostanzialmente invariati almeno sino al 1900.

---

[8] Questa è un ramo della chimica applicata che studia natura e composizione dei materiali destinati all'industria.

Tabella 4.3 Programma del corso di Statica grafica, 1878-1879 [296]; p. 33

Principio dei segni in geometria; Addizione grafica; Prodotti, potenze, estrazioni di radice; Trasformazione delle figure piane.

Composizione grafica delle forze nel piano; Momenti delle forze e dello coppie; Equilibrio de' sistemi piani non liberi.

Composizione delle forze date nello spazio; Teoria cremoniana delle figure reciproche della statica grafica.

Applicazione della teoria delle figure reciproche alle travature reticolari.

Baricentri; Momenti dello forze parallele; Applicazioni.

Momenti di 2^0 grado; Ellisse centrale e nocciolo d'una figura piana; Problema inverso dei momenti d'inerzia d'una figura piana; Cenno dell'ellissoide centrale e del nocciolo di alcuni solidi.

Cenno dei servigi che la statica grafica può rendere all'arte del costruttore navale.

Antonio Fais

Tabella 4.4 Programma del corso di Meccanica applicata alle costruzioni, 1878-1879 [296]; pp. 53-54

Corpi elastici; Forze e deformazioni elastiche.

Deformazioni che possono avvenire in un solido sotto l'influenza di forze esterne, ammettendo il principio della conservazione delle sezioni piane; Tensione corrispondente nei diversi punti.

Risultati delle esperienze eseguite sui diversi materiali impiegati nelle costruzioni; Esperienze di Wöhler sull'influenza degli sforzi ripetuti sulla resistenza del ferro e dell'acciaio – Metodi di Winkler, Oerber ecc.

Resistenza a tensione o pressione; Influenze della temperatura sulla tensione dei prismi; Lavoro delle forze elastiche – Applicazioni.

Resistenza allo scorrimento; Calcolo dei collegamenti.

Teoria delle travi soggette a flessione; Travi appoggiate ed incastrate; Diversi casi; Travi di uniforme resistenza.

Travi ad asse rettilineo riposanti sopra più di due appoggi; Determinazione delle reazioni e dei momenti sugli appoggi.

Forze interne e loro distribuzione; Curve delle forze taglianti e delle tensioni e pressioni massime.

Prismi cimentati da forze parallele all'asse, nocciolo centrale; Caso in cui le forze agiscono secondo l'asse.

Travi sollecitate da forze agenti obliquamente all'asse.

Resistenza alla torsione.

Resistenza alla flessione ed alla torsione.

Teoria dell'equilibrio delle incavallature dei tetti.

Teoria delle travature reticolari; Condizioni di carico che producono i massimi o minimi sforzi nelle membrature. Applicazioni.

Teoria degli archi metallici.

Teoria delle cupole.

Teoria dell'equilibrio delle terre.

Stabilità delle murature; Condizioni ed equazioni di equilibrio o di stabilità; Formule empiriche.

Silvio Canevazzi

4.2
La didattica della scienza delle costruzioni

La storia della facoltà di ingegneria e l'organizzazione degli studi comincia a essere oggetto di analisi da parte degli storici [223, 377, 329] anche nell'ottica di comprendere la relazione tra ingegneria, tecnologia e scienza [29].[9]

Il problema del rapporto tra l'arte e la scienza del costruire e la scienza propriamente detta è parte del problema più ampio del rapporto tra scienza e tecnologia, però con qualche peculiarità. La scienza delle costruzioni tratta di fenomenologie che, sebbene complesse, sono più semplici di quelle affrontate nelle altre branche dell'ingegneria (meccanica, chimica, elettrotecnica) e quindi più facilmente formalizzabili in una teoria assiomatizzata. Inoltre una parte importante della scienza delle costruzioni, la teoria dell'elasticità, era stata sviluppata in modo approfondito agli inizi dell'Ottocento in quanto parte di un programma di ricerca proprio della fisica e della fisica matematica, relativo alla comprensione della costituzione della materia, la trasmissione della luce, l'elettromagnetismo.

Quando alla fine dell'Ottocento lo sviluppo dell'industria e dei trasporti richiese di affrontare dei problemi strutturali complessi si disponeva di un'arte e di una scienza del costruire molto ben sviluppate e si pose il problema della loro integrazione. Questa, almeno in Italia, si realizzò in modo abbastanza veloce a partire dalla seconda metà dell'Ottocento, anche grazie alla scuola di elasticità di Enrico Betti, che aveva raggiunto importanti risultati di livello europeo [65].

Per un'idea dell'evoluzione della didattica della scienza delle costruzioni facciamo riferimento alla scuola torinese, che è al momento una delle meglio conosciute. Giovanni Curioni,[10] professore straordinario presso questa scuola dal 1865, fu tra i primi a rinominare *Scienza delle costruzioni* il suo corso di Meccanica applicata alle costruzioni, nel 1877.[11]

Il manuale di riferimento di Curioni è l'*Arte di fabbricare* [143], un'opera "monumentale" sviluppata in sei volumi e cinque appendici a partire dal 1864, con riedizioni varie. La parte del manuale che riguarda la scienza delle costruzioni propriamente detta è il primo volume dal titolo *Resistenza dei materiali e stabilità delle costruzioni*

---

[9] pp. 60-75.

[10] Giovanni Curioni (Invorio 1831 – Torino 1887) si laureò in Ingegneria e Architettura presso l'università di Torino e iniziò la carriera come assistente di Geometria pratica nell'Istituto di insegnamento tecnico, che per la legge Casati si trasformò in Scuola di applicazione per ingegneri. Nel 1865 venne nominato assistente alla cattedra di Costruzioni presso la Scuola di applicazione. Nel 1866 divenne professore straordinario di Costruzioni e nel 1868 ordinario. Contemporaneamente insegnò Geometria pratica, Costruzioni ed Estimo all'Istituto professionale. Fu tra i firmatari per la richiesta di istituzione della Società degli ingegneri ed architetti di Torino, di cui anni dopo divenne presidente. Dal 1879 al 1893 fu direttore del Gabinetto di Scienza delle costruzioni e Teoria dei ponti. Socio dal 1873 dell'Accademia delle scienze di Torino, vi presentò alcune memorie sulla resistenza e l'impiego dei materiali da costruzione. Nell'ambito di questi studi, Curioni fece installare nel Laboratorio della Scuola di applicazione una grande macchina per studiare la resistenza dei materiali. Nel 1879 Curioni insegnò anche al Regio museo industriale. Dal 1881 alla morte Curioni fu anche direttore della Scuola di applicazione per ingegneri. Nel 1881 venne eletto deputato, rappresentante per il Collegio di Borgomanero, e l'anno dopo per il Collegio di Biella.

[11] Fino al 1860 gli studi di ingegneria strutturale si tenevano presso l'università e il docente era Menabrea; dopo il corso fu tenuto per incarico da Valentino Amò (1860-61) e da Giulio Marchesi (1861-1865).

(terza edizione 1872, prima edizione del 1867), insieme ad alcune appendici scritte comunque dopo le prime edizioni. Il volume è diretto ad allievi di ingegneria e delle scuole tecniche secondarie, pertanto è mantenuto a un livello di matematizzazione piuttosto basso. Esso si rifà ai manuali dell'*arte del costruire* del passato [8, 308, 170] e all'ormai classico *Résumé des leçons* di Navier [262, 264].

Il manuale tratta brevemente della resistenza dei materiali senza introdurre in modo preciso la tensione (come del resto fa Navier) e passa subito all'esame della resistenza delle travi, considerando prima la trazione (capitolo II), poi la compressione (capitolo III, senza riferimento alla stabilità dell'equilibrio), la torsione (capitolo IV), il taglio (capitolo V), la flessione (capitolo VI). Affronta anche, brevemente, il caso degli archi (capitolo X). Manca quasi del tutto una parte dedicata alla teoria delle strutture, con l'eccezione di un cenno alle travature reticolari (capitolo XIII).

In questo periodo nella Scuola di Torino è allievo di Curioni Alberto Castigliano, laureato nel 1873. Il ruolo di Castigliano e del suo testo *Théorie des systèmes élastiques et ses applications* [69], nell'ambito della stesura dei manuali di scienza delle costruzioni, deve essere ancora chiarito. Castigliano scrive un manuale moderno: inizia con una trattazione estesa di meccanica dei continui, con un approccio molecolare alla Saint Venant. Fa seguire una trattazione abbastanza estesa del solido di Saint Venant; infine un ampio capitolo di meccanica delle strutture sviluppato secondo una trattazione da considerare pionieristica. Per la prima volta sono presentate delle procedure generalizzate per la soluzione dei sistemi iperstatici di travi. La tecnica usata è quella della minimizzazione dell'energia elastica complementare, facendo uso esteso dei teoremi oggi detti di Menabrea e del primo e del secondo di Castigliano.

La *Théorie des systèmes élastiques et ses applications* ebbe ottima accoglienza presso gli studiosi di meccanica delle costruzioni italiani e stranieri, ma non riuscì a imporsi come manuale universitario. La non appartenenza di Castigliano al mondo accademico spiega solo in parte l'insuccesso del suo testo teorico e anche dei manuali pratici che aveva pubblicato prima di morire.

A Curioni successe nel 1882 Camillo Guidi (1853-1941). Il suo testo *Lezioni sulla scienza delle costruzioni* [180] è testimone di una sintesi ormai avvenuta tra l'arte e la scienza del costruire. L'impostazione del manuale è di tipo assiomatico deduttivo, seppure con un livello di formalizzazione inferiore a quello in uso allora nella fisica matematica. All'inizio sono introdotti elementi importanti di meccanica dei continui: la tensione del continuo tridimensionale, la deformazione infinitesima, il legame costitutivo. Segue una trattazione estesa del solido prismatico, trattata seguendo un approccio alla Saint Venant opportunamente semplificato. A questi preliminari meccanici segue una parte abbastanza sviluppata di meccanica delle strutture. Essa è ancora in forma embrionale rispetto alle trattazioni moderne e si limita a considerare l'approccio secondo la teoria della linea elastica che consente di risolvere in modo pratico solo problemi strutturali semplici. Per finire si trova una trattazione semplificata della stabilità dell'equilibrio. Da segnalare un discreto uso della statica grafica.

A Camillo Guidi, ma ormai siamo in pieno Novecento, successe nel 1928 Gustavo Colonnetti (1886-1968) che con il suo manuale *Principi di statica dei solidi elastici* [118] fissò un modello della manualistica della scienza delle costruzioni che durerà almeno fino agli anni '70 del Novecento. Colonnetti segue un approccio assiomatico deduttivo, introducendo anche temi specifici delle sue ricerche, in particolare la teoria delle distorsioni. La trattazione di Guidi è resa più formale e la parte di meccanica delle strutture ha ormai la sua forma moderna, utilizzando per le tecniche di soluzione dei problemi strutturali i teoremi energetici e il principio dei lavori virtuali. Il metodo è ancora quello delle forze, in quanto quello degli spostamenti doveva apparire, in mancanza di mezzi di calcolo efficienti, come sostanzialmente impraticabile.

La Tabella 4.5 nel seguito riporta alcuni manuali di scienza delle costruzioni italiani in circolazione tra fine Ottocento e inizio Novecento.

Tabella 4.5 Manuali di scienza delle costruzioni italiani

Giacinto Pullino	*Resistenza dei materiali e meccanica applicata*, Castellamare	1866
Giovanni Curioni	*L'arte di fabbricare*, Torino	1867
Alberto Castigliano	*Théorie des systèmes élastiques et ses applications*, Torino	1879
Emilio Almansi	*Introduzione alla scienza delle costruzioni*, Torino	1901
Cesare Ceradini	*Meccanica applicata alle costruzioni*, Milano	1910?
Camillo Guidi	*Lezioni sulla scienza delle costruzioni*, Torino	1891

I manuali più vecchi, tra cui quelli di Curioni (1867) e di Pullino (1866), hanno un approccio di tipo problematico e si rifanno in parte ai testi francesi dell'arte del costruire. A partire dal testo di Castigliano si trova una presentazione, ribadita da Guidi, che diventerà classica. Essa vede la scienza delle costruzioni divisa in due parti. Nella prima parte è presente una trattazione abbastanza importante di meccanica dei continui con la definizione della deformazione (in genere infinitesima), della tensione e del legame costitutivo. Segue una trattazione abbastanza formalizzata del problema di Saint Venant. Nella seconda parte si sviluppano i temi di meccanica delle strutture, affrontati in larga parte con il metodo delle forze. Gli algoritmi di soluzione sono basati sul principio dei lavori virtuali o sui teoremi di minimo delle energie potenziale e complementare elastica (questo dopo il testo di Castigliano).

La maturità nell'evoluzione dei manuali di scienza delle costruzioni si raggiungerà solo a circa metà del Novecento, con la seconda edizione (1941) del manuale di Colonnetti [119]. Questo testo rispetta l'impostazione del 1916, ma è più preciso, con più spazio alla meccanica dei continui e maggior approfondimento alla meccanica delle strutture. Vi sono importanti applicazioni riguardo alle linee di influenza e alle curve delle pressioni, sviluppate con i metodi integrali e i teoremi energetici di reciprocità. Sono presenti anche forti cenni alle coazioni termiche e meccaniche (si parla delle distorsioni di Volterra); alcune descrizioni di elastoplasticità; una ricca bibliografia e numerose foto relative a esperienze di fotoelasticità. Non vi sono esempi particolarmente ricchi riguardo alle travature. Per cogliere lo spirito del manuale basta leggere la prefazione di Colonnetti:

Queste pagine – in cui ho raccolte le lezioni da me impartite quest'anno agli allievi del Politecnico di Torino – rispecchiano fedelmente la concezione didattica a cui io ispiro tutto il mio insegnamento; il quale si propone, deliberatamente, finalità di alta cultura, e, solo subordinatamente, di preparazione professionale.

La scelta degli argomenti è stata fatta con quest'unica preoccupazione: di offrire allo studioso l'occasione di conoscere i principii fondamentali, di approfondirne il significato e la portata, di vedere come si possa su di essi costruire un corpo razionale di dottrine, e come questo possa poi venire, di volta in volta, utilizzato per risolvere problemi concreti.

Gli argomenti che meglio si prestano a tale scopo sono stati sviluppati a fondo. Altri, per se stessi non meno importanti, ma sotto questo punto di vista meno suggestivi, sono stati in tutto o in parte trascurati.

Il lettore non troverà qui la solita raccolta di soluzioni fatte, da applicare – a proposito od a sproposito – a tutti i problemi che la pratica tecnica gli potrà presentare. Ma potrà imparare a analizzare e a risolvere ciascuno di quei problemi, rendendosi conto del valore delle ipotesi su cui la soluzione si fonda e del grado di approssimazione ch'essa comporta [119].[12]

Questo modo di concepire la scienza delle costruzioni è generalmente accettato ancora oggi; non si tratta solo di presentare metodi di soluzione di problemi strutturali, ma anche, e forse soprattutto, di sviluppare razionalmente la meccanica dei continui e delle strutture che possa consentire all'ingegnere professionista di utilizzare tecniche e metodi con piena consapevolezza.

4.3
Luigi Federico Menabrea

Luigi Federico Menabrea (Chambéry 1809 – 1896) superò nel 1828 gli esami di ammissione all'università di Torino. I suoi insegnanti furono al primo anno l'abate Bianchi per l'algebra, la geometria e la trigonometria, al secondo anno Giovanni Plana per il calcolo, al terzo e quarto anno ancora Plana e Giorgio Bidone per l'idraulica. Conseguì i titoli di ingegnere idraulico nel 1832 e di architetto civile nel 1833 e fu nominato tenente del genio.[13]

Nel 1833 sostituì il tenente Camillo Cavour nel cantiere della fortezza di Bard. Nella primavera del 1834 venne inviato più volte a Genova, il maggior centro fortificato del regno, ed esordì come fortificatore compilando nel 1837 un progetto per Alessandria, piazzaforte considerata "l'antemurale di Genova". La permanenza a Genova risultò formativa per Menabrea non soltanto come progettista di fortificazioni ma anche come cartografo poiché vi apprese il nuovo sistema di rilevamento topografico ideato dal maggiore Ignazio Porro.

La formazione di Menabrea in architettura militare fu influenzata dall'*editio princeps* di Francesco di Giorgio Martini (1841) a cura di Cesare Saluzzo di Monesiglio e

---

[12] Prefazione.
[13] Le notizie su Menabrea architetto-ingegnere sono desunte in parte da [157], pp. 3-14.

Carlo Promis, che all'epoca era un vero e proprio compendio di parametri difensivi a uso degli ufficiali dell'artiglieria e del genio. Tra il 1834 e il 1842 Menabrea progettò l'ampliamento della nuova caserma di S. Antonio e una cavallerizza con scuderie per la Reale Accademia, con un'armatura di copertura dotata di cavalletti a centina lignea curvilinea ancorati a una struttura superiore lignea con staffature in ferro. La centina lignea curvilinea era già stata impiegata nei ponti dalla fine del secolo XVIII, ma la struttura soprastante è ispirata alla copertura di un salone del Louvre. Nell'aprile del 1840 Menabrea disegnò un nuovo tipo di cavalletto rinforzando con elementi sottostanti la capriata alla Palladio.

Partecipò come tenente generale del Genio alle campagne di Lombardia (1859) e all'assedio della fortezza di Gaeta (1860). Il 3 ottobre 1860 ricevette l'onorificenza di Grande Ufficiale dell'Ordine militare d'Italia. Dal 1846 al 1860 fu professore di Costruzioni all'universtà di Torino. Nel 1848 divenne membro del Parlamento piemontese e fu senatore per 36 anni consecutivi.

Fu ministro della Marina nel gabinetto Ricasoli (1861-62) e dei Lavori pubblici in quello Farini-Minghetti (1862-64). Dal 27 ottobre 1867 al 14 dicembre 1869 succedette a Urbano Rattazzi come primo ministro, a capo di tre successivi gabinetti. In questa posizione si trovò a contrastare i tentativi di Giuseppe Garibaldi di liberare Roma e, nel tentativo di conseguire il pareggio del bilancio, fece approvare l'impopolare tassa sul macinato. Non esitò a indurre il Senato a conferire poteri straordinari al generale Raffaele Cadorna per reprimere le rivolte che agitarono l'intero paese.

Lasciati gli incarichi di governo, venne nominato ambasciatore a Londra e successivamente a Parigi. Si ritirò dalla vita pubblica solo nel 1892.

Nonostante gli impegni militari e politici, Menabrea condusse una notevole attività scientifica e fu socio dell'Accademia delle scienze di Torino e di quella dei Lincei. Fu un precursore nell'introduzione di principi energetici nella meccanica dei continui con il suo *Nouveau principe sur la distribution des tensions dans les systèmes élastiques* del 1858, secondo cui la soluzione del problema elastico si ottiene imponendo il minimo del lavoro di deformazione al variare delle sollecitazioni equilibrate.

Nel 1840, al secondo Congresso degli scienziati italiani a Torino, partecipò anche Charles Babbage, invitato da Giovanni Plana a presentare il suo progetto di macchina calcolatrice. Particolarmente interessati a questi seminari, nei quali per la prima volta si discusse di concatenamento delle operazioni, ovvero programmazione, furono Ottaviano Mossotti e Menabrea. Quest'ultimo descrisse il progetto di Babbage in quello che può essere considerato il primo lavoro scientifico di informatica, *Notions sur la machine analytique de Charles Babbage*, pubblicato nel 1842 in francese [231] e qualche mese dopo tradotto anche in inglese.

Vi è un forte rapporto tra i progetti di Menabrea tra il 1834 e il 1842 e il suo *Nouveau principe*. Egli stesso dirà nelle Memorie che quel principio aveva rappresentato il nucleo della sua attività progettuale e dell'insegnamento agli allievi militari e civili. La sua architettura contiene in nuce una concezione scientifica, e le sue lezioni sul principio di elasticità nelle costruzioni sono in relazione con la progettazione dei cavalletti per le armature di copertura delle cavallerizze militari, con i quali conseguì la notevole luce di 22 metri [157].

Nel seguito sono riportate le opere di Menabrea di meccanica:

– *Luigi Federico Menabrea da Ciamberì ingegnere idraulico e architetto civile luogotenente del genio militare per essere aggregato al Collegio amplissimo di filosofia e belle arti classe di matematica nella Regia università di Torino l'anno 1835 addì 10 dicembre alle ore 8 1/2 di mattina. Data a altri dopo il sesto la facoltà di argomentare*, Torino, Reale Tipografia, 1835.

– *Mouvement d'un pendule composé lorsqu'on tient compte du rayon du cylindre qui lui sert d'axe, de celui du coussinet sur lequel il repose ainsi que du frottement qui s'y développe*, Memorie della R. Accademia delle scienze di Torino, s. 2, vol 2, pp. 369-378 (letta il 3 marzo 1839), 1840.

– *Études sur la théorie des vibrations*, Memorie della R. Accademia delle scienze di Torino, s. 2, t. 15, pp. 205-329 (letta il 12 giugno 1853), 1855.

– *Nouveau principe sur la distribution des tensions dans les systèmes élastiques*, Comptes rendus des séances de l'Académie des sciences, vol XLVI, pp. 1056-1061, 1858.

– *Note sur l'effet du choc de l'eau dans les conduites*, Memorie della R. Accademia delle scienze di Torino, s. 2, t. 21, pp. 1-10 (letta il 7 marzo 1858), 1864.

– *Étude de statique phisique. Principe général pour déterminer les pressions et les tensions dans un système élastique*, Torino, Bocca (inserito nelle Memorie della R. Accademia delle scienze di Torino, s. 2, vol 25, 1871, pp. 141-180; memoria letta il 21 maggio 1865), 1868.

– *Sul principio di elasticità. Dilucidazioni* (con dichiarazioni di A. Parodi, G. Barsotti, Bertrand, Y. Villarceau), Atti della R. Accademia delle scienze di Torino, vol 5, 1869-70, pp. 686-710, 1870.

– *Lettera all'Accademia delle scienze di Torino per una correzione da apportare al Principe général del 1868*, Atti della R. Accademia delle scienze di Torino, vol 10, 1874-75, pp. 45-46, 1874.

– *Sulla determinazione delle tensioni e delle pressioni ne' sistemi elastici*, estratto dagli Atti della Reale Accademia dei Lincei, s. II, t. II, Roma, Salviucci, 1875.

– *Lettera al presidente dell'Accademia dei Lincei*, 27 marzo 1875, Atti della R. Accademia dei Lincei, s. II, vol 11, pp. 62-66, 1875.

– *Concordances de quelques méthodes générales pour déterminer les tensions dans un système des points réunis par des liens élastiques et sollicités par des forces extérieures en équilibre*, Comptes rendus, vol IIC, pp. 714-717, 1884.

– *Memorie*, a cura di Letterio Briguglio e di Luigi Bulferetti, Genova, Centro per la storia della tecnica in Italia del CNR, Giunti-Bré, 1971.

Riportiamo ora una sintesi commentata dei principali lavori di Menabrea sul *principio di elasticità*, ovvero il già citato *Nouveau principe* del 1858, *Étude de statique phisique* del 1868 e *Sulla determinazione delle tensioni e delle pressioni ne' sistemi elastici* del 1875.

4.3.1
1858. Nouveau principe sur la distribution des tensions

In questo lavoro e in quelli successivi Menabrea considera come sufficientemente rappresentativo di un corpo elastico un modello costituito da aste elastiche incernierate soggette a spostamenti piccoli, in modo da ricondursi a un sistema lineare. Questo modo di procedere non è nuovo; è per esempio quello seguito da Maxwell nei suoi lavori di elasticità. Le motivazioni della scelta del modello sono la semplicità concettuale e di trattazione matematica: si usano equazioni algebriche anziché differenziali come accadrebbe considerando sistemi continui. C'è poi la convinzione che i risultati non valgano solo per i sistemi costituiti effettivamente da aste, come le travature reticolari in acciaio delle costruzioni industriali dell'Ottocento, ma possano estendersi anche ai sistemi elastici più complessi con adattamenti minori.

È ben noto a Menabrea dalla statica dei corpi rigidi che le sole equazioni di equilibrio non bastano a risolvere univocamente un sistema di n nodi e m aste, con $m > 3n - 6$ (sistema oggi detto iperstatico). Rimane una indeterminazione:

> Le nombre des équations d'équilibre pour les n points sera $3n$; si p est celui des équations qui doivent subsister entre les forces extérieures, indépendamment des tensions, pour qu'il y ait équilibre, le nombre des équations qui contiennent effectivement les tensions se réduira à $3n - p$. Ainsi, lorsque m sera $> 3n - p$, les équations précédentes ne suffiront pas pour déterminer toutes les tensions.
>
> Il en sera de même quand le système contiendra un certain nombre de points fixes. Cette indétermination signifie qu'il y a une infinité de valeurs des tensions qui, combinées avec les forces extérieures données sont aptes à tenir le système en équilibre. Les valeurs des tensions effectives dépendent de l'élasticité respective des liens, et lorsque celle-ci est déterminée, il doit en être de même des tensions [233].[14] (D.4.1)

La frase finale di questo brano contiene la chiave per la soluzione del problema: bisogna mettere in conto anche la deformazione e le caratteristiche meccaniche degli elementi costituenti il sistema in esame, le quali forniscono le equazioni aggiuntive idonee a rendere determinato il problema. Questo risultato era stato raggiunto, tra i primi, da Navier nel suo lavoro sulle travi continue a due campate del 1825 [261].

Menabrea mostra che le equazioni aggiuntive a quelle della statica per risolvere il problema elastico si ottengono utilizzando l'«équation d'élasticité», secondo cui:

> Lorsqu'un système élastique se met en équilibre sous l'action de forces extérieures, le travail développé par l'effet des tensions ou des compressions des liens qui unissent les divers points du système est un minimum [233].[15] (D.4.2)

Data la sua brevità riportiamo per esteso la dimostrazione di Menabrea.

> Puisque, dans le cas que nous considérons, les tensions peuvent varier sans que l'équilibre cesse d'exister, on devra admettre que ces variations s'effectuent indépendamment de tout travail des forces extérieures; elles sont toujours accompagnées d'allongements

---
[14] p. 1057.
[15] p. 1056.

on d'accourcissements dans les divers liens correspondants, ce qui donne lieu, dans chacun d'eux, à un développement de travail. Les variations de longueur des liens doivent être supposées très petites pour que les positions respectives des divers points du système ne soient pas sensiblement altérées. Mais, puisque pendant ce petit mouvement intérieur l'équilibre continue à exister et que le travail des forces extérieures est nul, il s'ensuit que le travail total élémentaire des tensions ainsi développé est également nul.

Pour exprimer cette conséquence, soient T la tension d'un lien quelconque, δl la variation élémentaire de la longueur de ce lien; le travail développé par suite de la variation de tension correspondante sera $T\delta l$, et par conséquent, pour l'ensemble du système, on aura

$$\sum T\delta l = 0. \tag{4.1}$$

Soit l l'extension on l'accourcissement qu'a primitivement éprouvé le lien sous l'action de la tension T, on a, indépendamment du signe,

$$T = \epsilon l \tag{4.2}$$

ou ϵ est un coefficient que j'appellerai coefficient d'élasticité, e qui est fonction du module d'élasticité, de la section et de la longueur du lien.

Le travail développé pour produire cette variation de longueur l sera égal à $1/2\epsilon l^2$, et par suite le travail totale du système sera égal a $1/2\sum \epsilon l^2$.

Mais en vertu des équations (1) et (2) on a:

$$\sum T\delta l = \sum \epsilon l\delta l = \delta \frac{1}{2}\sum \epsilon l^2 = 0. \tag{4.3}$$

Ce qui est la démonstration du principe énoncé auquel on peut encore parvenir par d'autre considérations. Il est également possible de l'exprimer d'une autre manière, car on a [233].[16] (D.4.3)

$$\sum T\delta l = \sum \frac{1}{\epsilon}T\delta T = \delta \frac{1}{2}\sum \frac{1}{\epsilon}T^2. \tag{4.4}$$

4.3.1.1
Considerazioni sulla dimostrazione

La dimostrazione si basa sulla constatazione che le forze interne T delle aste possono variare in infiniti modi senza alterare l'equilibrio; se la variazione delle T è infinitesima tale è anche la variazione δl della lunghezza delle aste e quindi la variazione della posizione dei nodi è trascurabile. Questo ragionamento è ribadito quasi vent'anni dopo, a valle di dimostrazioni alternative a questa:

Data una di quelle disposizioni d'equilibrio, se si suppone che il sistema passi gradatamente a un'altra vicinissima, il complesso delle forze esterne (X, Y, Z) non dovrà cessare di essere in equilibrio per ognuna di queste disposizioni, indipendentemente dalle forze interne; e siccome questo stato di equilibrio non dipende soltanto dalle

---

[16] pp. 1057-1058.

intensità e direzione rispettiva delle forze, ma anche dalle posizioni de' punti di applicazione, ne segue che ogni nodo deve mantenersi costantemente nella stessa posizione, malgrado le variazioni che possono succedere nelle tensioni de' legami che vi corrispondono [238].[17]

A partire da questa premessa Menabrea fa implicitamente ricorso al principio dei lavori virtuali: la somma dei lavori delle forze interne ($L^i = \sum T \delta l$) ed esterne ($Le = \sum f \delta u$) deve essere nulla in una variazione congruente della configurazione. Ritenendo trascurabili gli spostamenti dei nodi si ha $L^e = 0$; dovendo essere $L^i + L^e = 0$ per il principio dei lavori virtuali, è anche $L^i = 0$ (equazione (4.1); $\sum T \delta l = 0$). A questo punto la dimostrazione è sostanzialmente terminata.

Un lettore moderno contesta che gli spostamenti dei nodi siano trascurabili rispetto alle variazioni di lunghezza delle aste in quanto è semplice verificare, anche sulla base di relazioni che scriverà Menabrea nei lavori successivi, che gli spostamenti dei nodi e gli allungamenti delle aste sono dello stesso ordine di grandezza. Vi sono altri punti deboli nella dimostrazione: la relazione (4.1) secondo Menabrea deriva dal principio dei lavori virtuali, quindi gli spostamenti δl devono essere compatibili con i vincoli. Di contro, il minimo del lavoro delle forze interne nelle relazioni (4.3) e (4.4) viene cercato facendo variare le forze interne nell'ambito dei valori equilibrati con le forze esterne, per cui i δl che si ottengono non sono in genere congruenti. Una difficoltà forse minore per il lettore moderno è l'affermazione secondo cui il lavoro delle forze interne è un minimo e non un generico punto di stazionarietà. Menabrea dichiara che è chiaro (*sic*) che il lavoro delle forze interne non è un massimo, mentre nulla dice sulla possibilità che possa essere semplicemente un punto sella.[18] Un altro problema per il lettore abituato a standard di rigore elevato è se il minimo del lavoro di deformazione fornisca sempre la soluzione del problema elastico; in altre parole, Menabrea prova solo che se un sistema equilibrato è congruente allora il lavoro di deformazione è minimo, ma non il viceversa.

Questi "errori" sono simili ad altri occorsi nello studio dei sistemi iperstatici, prima e dopo Menabrea, per un cattivo uso in parte degli infinitesimi, in parte del principio dei lavori virtuali. Per esempio Dorna commette errori del primo tipo [151], mentre Cournot commette errori del secondo tipo [126]; questi "errori" vanno inquadrati in un contesto in cui i concetti usati non erano del tutto chiari come è invece oggi. Si tratta comunque, secondo noi, di errori di ragionamento e non di punti di vista diversi di quelli contemporanei; persone più accorte come Bertrand e Castigliano, ancorché contemporanei di Menabrea, non li commettono.

Le varie dimostrazioni più o meno incongruenti di un principio ritenuto vero sono un'ulteriore prova che quando di una cosa si sa che è vera, la dimostrazione diventa un fatto relativamente secondario e ci si può accontentare anche di artifici retorici più o meno soddisfacenti; anzi, la certezza del risultato riduce le capacità critiche dello studioso; se una dimostrazione si vuole la si trova comunque.

---

[17] p. 213.

[18] Questa affermazione non è strana per i tempi. È l'espressione di uno studioso che non padroneggia perfettamente l'analisi matematica, le cui nozioni non erano ancora pienamente diffuse.

4.3.1.2
Commenti immediati al lavoro del 1858

La debolezza della dimostrazione del lavoro del 1858 fu subito registrata; lo stesso Menabrea in una lettera del 1870 al presidente dell'Accademia delle scienze di Torino riporta alcune delle obiezioni rivoltegli.

> Sembra che il mio scritto venisse generalmente accolto con favore dagli scienziati che più si erano occupati di quell'argomento, né fu da essi messa in dubbio la esattezza del metodo da me proposto, fuorché dal sig. Emilio Sabbia il quale, in un opuscolo intitolato: Errore del principio di elasticità formolato dal signor L. Federigo Menabrea, Cenno critico di Emilio Sabbia, Torino 1869, impugna, con particolare vivacità, la verità di quel principio.
>
> [...] Percorrendo lo scritto del sig. Sabbia credei di scorgere l'equivoco in cui egli era incorso; e non avrei tardato a rispondere alle sue critiche, se altre cure assai più gravi non mi avessero allora trattenuto. Restituito a maggiore libertà, io mi accingeva a tal lavoro, quando mi fu comunicato uno scritto del valente cultore delle scienze matematiche il sig. Comm. Adolfo Parodi, Ispettore generale de' lavori marittimi, che ha precisamente per oggetto l'opuscolo del sig. Sabbia. Egli così nitidamente ribatte gli appunti del sig. Sabbia che non saprei come meglio difendere il mio teorema che valendomi delle considerazioni stesse svolte dall'insigne autore.
>
> [...] Non sarà neppure discaro all'Accademia di avere sott'occhio due nuove dimostrazioni dell'equazione di elasticità date l'una dal signor Bertrand e l'altra dal sig. Yvon Villarceau, ambidue Membri dell'Istituto di Francia, i quali nelle pregevoli lettere delle quali trasmetto gli estratti presentano la quistione sotto punti di vista che io direi nuovi, e che conducono ai medesimi risultati.
>
> [...] La mia dimostrazione venne giudicata, come si rileverà da uno degli scritti qui uniti, *rigorosa abbastanza* [il corsivo è nostro], e che ha almeno il pregio della semplicità e della chiarezza [237].[19]

Menabrea non ammise mai ufficialmente alcun dubbio e nei lavori successivi, che perfezionano in modo sostanziale la dimostrazione, è discreto ma deciso nella difesa dello scritto del 1858. Ecco per esempio quanto scrive nel 1875:

> Sebbene in coincidenza de' risultati ottenuti dalla applicazione del principio di elasticità, con quelli ricavati da altri metodi speciali e non contestati fosse nella mia seconda memoria [quella del 1865] confermata da moltiplici esempi, e dovesse indurre a ammettere che il principio e il metodo che ne derivava erano esatti, tuttavia l'uno e l'altro furono per parte di alcuni, oggetto di aspre e strane denegazioni, mentre parecchi fra i più eminenti matematici di nostra epoca accolsero il principio con maggiore benevolenza. Non ostante le opposizioni fatte, le applicazioni del principio di elasticità si sono propagate e hanno vieppiù confermato l'esattezza, la semplicità e la generalità del metodo che ne deriva. Siccome questo racchiude sostanzialmente in sé tutti gli altri, credo di fare cosa utile cercando di togliere, circa la esattezza del medesimo, ogni dubbio che possa tuttora rimanere nelle menti più scrupolose in fatto di rigore matematico [238].[20]

Menabrea si comporta da provetto uomo politico qual è: evita di entrare nel merito scientifico delle critiche e le presenta come appoggi al suo punto di vista, forte anche

---

[19] pp. 687-688.
[20] p. 203.

della nuova dimostrazione del 1865, pubblicata nel 1868. Almeno in parte ciò deriva dal desiderio di mantenere una certa priorità nella paternità della dimostrazione, in particolare verso Alberto Castigliano, con il quale vi sarà una disputa abbastanza vivace.

Le critiche più forti a Menabrea, come evidenziato dalla citazione della lettera del 1870, vennero da Emilio Sabbia, che scrisse più volte sul principio di elasticità. Non siamo stati in grado di rintracciare copia della memoria del 1869 [311], citata da Menabrea; abbiamo invece copia di una memoria del 1870 [312], pubblicata dopo la replica indiretta di Menabrea nella memoria *Sul principio di elasticità*, e di una lettera a stampa [310]. Dalla memoria del 1870 siamo in grado di ricostruire le argomentazioni critiche di Sabbia, a nostro parere ben fondate. Le obiezioni fondamentali sono essenzialmente due: la prima riguarda il campo di applicabilità del principio, la seconda la formulazione e dimostrazione.

Traducendo in terminologia moderna, Sabbia sostiene nella prima obiezione che il principio del minimo lavoro sia valido solo in assenza di distorsioni[21] e di tensioni residue, nella seconda che Menabrea confonda l'energia potenziale elastica con la complementare. Secondo Sabbia l'enunciato corretto del principio di minimo lavoro è:

> Quando un sistema elastico, *suscettibile di uno stato neutro generale* [il corsivo è nostro], si trova in equilibrio con forze esteriori, tra i diversi modi, in cui le tensioni si potrebbero immaginare distribuite sui legami in guisa di equilibrio contro dette forze, il modo, in cui esse sono effettivamente distribuite, soddisfa alla condizione, che il lavoro totale concentrato per le forze interiori è un *minimo* [312].[22]

Mentre le definizioni e le dimostrazioni di Menabrea autorizzano la falsa formulazione

> In un sistema elastico qualunque pervenuto in equilibrio sotto l'azione di forze esteriori tra le diverse posizioni che i punti mobili avrebbero potuto prendere, quelle, che presero effettivamente, soddisfano alla condizione che il lavoro totale sviluppato dalle forze interiori nei reciproci loro spostamenti è minimo [312].[23]

Probabilmente questa interpretazione è forzata; Menabrea non avrebbe riconosciuto suo il principio d'elasticità riformulato da Sabbia (di fatto un principio di minimo dell'energia potenziale, trascurando indebitamente l'energia potenziale delle forze esterne). Molto più probabilmente Menabrea non distingue chiaramente tra variazioni in termini di forze e di spostamento. Nelle applicazioni, come gli riconosce Sabbia, Menabrea usa il suo principio senza ambiguità, facendo variare solo le forze.

Menabrea non rispose direttamente a Sabbia, che era un semplice tenente, ma affidò la sua risposta ad Alfredo Parodi in una lettera pubblica [237].[24] In questa Parodi dimostra di non aver capito le argomentazioni di Sabbia e difende le tesi di Menabrea, anche se ammette qualche ambiguità negli scritti di quest'ultimo.

---

[21] Il termine *distorsione* verrà introdotto qualche anno più tardi da Volterra.
[22] p. 3.
[23] p. 6.
[24] pp. 690-696.

Critiche più velate sono contenute in due lettere di Villarceau e Bertrand a Menabrea riprodotte in [237]^{25} in cui si suggeriscono perfezionamenti della dimostrazione. Villarceau si pone in ambito dinamico, applicando l'equazione di conservazione delle forze vive:

$$L^a + L^i = \Delta T \,.$$

Qui L^a è il lavoro (reale) delle forze attive, L^i il lavoro (reale) delle forze interne, ΔT l'energia cinetica acquisita durante la deformazione. Poiché durante la deformazione la variazione di energia cinetica è trascurabile, essendo infinitesimo di ordine superiore rispetto ai lavori, ci si riconduce all'equazione dei lavori virtuali:

$$L^a + L^i = 0 \,.$$

E così Villarceau riprende il ragionamento di Menabrea:

Maintenant, *si* [in corsivo nel testo] l'on imagine que le travail L^a reste constant [. . .], malgré la variation possible du travail des forces f, on aura aussi:

$$L^a + L^i + \delta L^i = 0$$

d'où [237]^{26} (D.4.4)

$$\delta L^i = \sum f \delta \Delta \rho = 0$$

(in cui f rappresenta le forze interne e $\Delta \rho$ gli spostamenti virtuali congruenti).

Villarceau ragiona correttamente ma commette un errore ritenendo che il suo risultato coincida con quello di Menabrea: il segno di variazione è applicato ambiguamente al lavoro delle forze interne senza specificare se si debba riferire alle forze interne o agli spostamenti virtuali. Per correttezza la variazione dovrebbe essere applicata alle forze, per cui la relazione precedente andrebbe scritta:

$$\delta L^i = \sum \delta f \rho = 0$$

che differisce da quella di Menabrea.

Il contenuto della garbata lettera di Bertrand a Menabrea non si presta invece a equivoci. Data la sua brevità viene riportata per esteso nel seguito:

En suivant la démonstration et traduisant en langage ordinaire les conséquences de l'équation [. . .] [il principio di elasticità], on est conduit à l'énoncé suivant qui n'offre plus aucune ambiguité.

La somme des quarrés des tensions, divisés respectivement par le coefficient d'élasticité du lien correspondant est un minimum; c'est-à-dire que cette somme est moindre que pour tout autre système de tensions capable d'assurer l'équilibre, lorsqu'on néglige les conditions relatives a l'extensibilité des liens.

---

^{25} pp. 702-705.
^{26} p. 705.

Permettez-moi, Monsieur, de vous soumettre en second lieu une démonstration fort simple de votre équation.

[...] Soit l la longueur de l'un des liens, λ son allongement dans la position d'équilibre T sa tension égale à $\epsilon\lambda$, $T + \Delta T$ la tension du même lien à une autre solution des équations d'équilibre, lorsque les liens sont supposes inextensibles; les forces ΔT, si elles étaient seules, se feraient équilibre sur le système, puisque les forces T et les forces $T + \Delta T$, font, par hypothèse, équilibre aux mêmes forces extérieures (le système est celui dont le liens extensibles ont disparu). La somme des moments virtuels des forces ΔT est donc nulle pour tous les déplacements compatibles avec les liaisons autres que l'inextensibilité des liens. Mais, un de ces déplacements est celui qui se produit réellement et dans lequel le lien l s'allonge de λ égal à T / ϵ, on a par conséquent

$$\sum \frac{T\Delta T}{\epsilon} = 0.$$

C'est précisément l'équation [...] dont le principe d'élasticité est la traduction immédiate [237].[27] (D.4.5)

Bertrand utilizza il principio dei lavori virtuali (all'equilibrio il lavoro virtuale di tutte le forze è nullo) ma, a differenza di Menabrea e Villarceau, chiarisce che bisogna valutare la variazione del lavoro virtuale considerando fissi gli spostamenti virtuali e variabili le forze tra T e $T + \Delta T$. Poiché i lavori virtuali delle forze T e $T + \Delta T$ sono pari a quello delle forze esterne, implicitamente ammesse indipendenti dalla posizione, quindi tra loro uguali, segue che il lavoro delle forze ΔT è nullo. Anche Bertrand comunque lascia in sospeso il problema se il minimo del lavoro di deformazione fornisca sempre la soluzione del problema elastico.

4.3.1.3
Le origini del principio di Menabrea

Menabrea stesso in più occasioni cerca di inquadrare il suo principio nella letteratura dell'epoca. Probabilmente dove riporta con più chiarezza quella che lui ritiene la genesi del suo principio è il lavoro del 1875:

Non tralasciai nelle varie occasioni anzi ricordate di esporre la genesi di quella teoria che ebbe origine, per quanto mi consta, in una memoria del Sig. *Vène* uffiziale superiore del Genio Francese, il quale fin dal 1818 e quindi nel 1836 (*Mémoire sur les lois que suivent les pressions*) enunziava il seguente teorema per il caso speciale di pressioni esercitate da pesi sopra punti d'appoggio omogenei: *La somme des Quarrés des poids doit être un minimum.* Di questo nuovo principio si faceva cenno nel *Bulletin des Sciences Mathématiques de FERUSSAC tome neuvième pag.* 7 in un articolo firmato S. In un altro articolo che fa seguito al precedente, nello stesso tomo pag. 10 e firmato A. C. il principio anzidetto venne esteso al caso di punti di appoggio non omogenei e a quello di pressioni prodotte sopra i punti d'appoggio per mezzo di spranghe rigide. L'autore A. C. di quell'articolo si supponeva essere Augustin Cauchy; ma ulteriormente desso venne con maggiore probabilità attribuito al S. *A. Cournot.* – Pagani trattava il caso speciale di cordoni elastici fissi rispettivamente in una delle loro estremità e

---

[27] pp. 702-703.

riuniti nell'altra in un nodo al quale era applicata una forza. Il Mossotti trattò nella sua *Meccanica* gli argomenti precedenti [238].[28]

La genesi suggerita da Menabrea è stata seguita attentamente da Benvenuto [28],[29] [27, 260]. Nel seguito esamineremo con qualche dettaglio la dimostrazione di Cournot, che ci sembra fondamentale per il lavoro di Menabrea e che non è stata commentata in modo esauriente in [28]. Un cenno viene dato anche al lavoro di Dorna.

Cournot considera un corpo rigido appoggiato in più punti a un supporto deformabile [126]. Se sul corpo agiscono delle forze attive i punti a contatto eserciteranno delle «pressions». Cournot si sofferma su questo concetto che evidentemente non considera standard, anche se più o meno tutti gli studiosi del problema del corpo su più appoggi danno al termine «pression» il significato di forza concentrata di contatto:

> Ces pressions [...] sont des grandeurs hétérogènes aux forces par lesquelles sont engendrées.
> [...] La détermination des pressions doit être considérée comme une autre branche de la dynamique ou de la science des effets des forces; branche qui pourrait prendre le nom de dynamique latente.
> [...] S'il s'agit d'un système ayant plusieurs points par des obstacles fixes, chaque obstacle subira une pression proportionnelle à la droite infiniment petite que le point correspondant décrirait pendant l'élément du temps [126].[30] (D.4.6)

L'affermazione di Cournot che le pressioni siano proporzionali agli spostamenti infinitesimi dà adito a qualche problema interpretativo. Sembrerebbe a prima vista l'enunciazione di una legge della statica che non dipende dall'elasticità lineare del supporto. Infatti, se si adottasse la legge dell'elasticità, a spostamenti infinitesimi corrisponderebbero forze infinitesime e non è questo che Cournot intende.

In realtà una lettura attenta dell'articolo rende chiaro che di fatto Cournot ammette una legge dell'elasticità e che «le coefficient de l'élasticité» può variare «de l'un [point] à l'autre» [126].[31] Quindi la proporzionalità tra forza e spostamento sta a esprimere un legame costitutivo piuttosto che una legge della statica. Alla fine Cournot riconosce che le «pressions» se non sono forze in senso stretto possono essere trattate come tali. Il tentativo quindi di definire le pressioni come eterogenee alle forze e determinarle con un principio di fatto è inconcludente e sta solo a rilevare il disagio di Cournot di accettare a livello "metafisico" il concetto di forza di contatto e di reazione vincolare, che all'epoca era accettato dalla maggioranza degli studiosi di meccanica.

> Ces pressions, prises en sens contraires, pourront être considérées comme des forces appliquées au système, et qui le maintiennent en équilibre, abstraction faite des obstacles [126].[32] (D.4.7)

---

[28] p. 202.
[29] cap. 14 e 16.
[30] pp. 11-12.
[31] p. 18.
[32] p. 13.

Al corpo rigido soggetto alle forze attive F, F', ... e alle reazioni vincolari p, p', ...,
opposte alle pressioni, Cournot applica il principio dei lavori virtuali: per l'equilibrio,
la somma dei lavori virtuali delle forze attive e vincolari è nulla:

$$F\delta f + F'\delta f' + \cdots - (P\delta p + P'\delta p' + \ldots) = 0$$

formule qui donnera les relations de l'équilibre, après qu'on aura réduit, au plus petit
nombre possible, les variations indépendants, en tenant compte des liaisons propres du
système, mais non pas de celles qui résultent de la présence des obstacles, maintenant
remplacées par les forces P, P' [126].[33] (D.4.8)

Cournot considera gli spostamenti virtuali di un corpo rigido libero, in quanto i
vincoli sono sostituiti dalle reazioni vincolari, e fa un'affermazione importante che
gli consente di pervenire a una conclusione ritenuta da lui soddisfacente:

Quand on a regard à la présence de ces obstacles pour réduire le nombre des variations,
il vient simplement:

$$F\,\delta f + F'\delta f' + \ldots = 0\;;$$

donc aussi, dans le même cas:

$$P\,\delta p + P'\,\delta p' + \ldots = 0\,,$$

ce qui résulte immédiatement de ce que les deux systèmes (F) et (P) sont équivalents
[126].[34] (D.4.9)

L'ultima affermazione appare inintelligibile in sé, né Cournot offre spiegazioni. Una
giustificazione si potrebbe forse vedere in quanto scrive Mossotti in un suo testo
didattico [255].[35] Per Mossotti poiché il bilancio dei lavori vale per ogni spostamento
virtuale, è possibile sceglierne uno in modo che valgano le due ultime relazioni
del brano sopra citato; uno spostamento virtuale che impone l'annullarsi dei lavori
delle forze esterne. Comunque anche questo ragionamento ci sembra inconsistente.
È interessante invece confrontare l'affermazione di Cournot con quella di Menabrea
contenuta nella dimostrazione del 1858, citata sopra: «Les variations de longueur
des liens doivent être supposées très petites pour que les positions respectives des
divers points du système ne soient pas sensiblement altérées. Mais, puisque pendant
ce petit mouvement intérieur l'équilibre continue à exister et que le travail des forces
extérieures est nul». Menabrea dà una spiegazione, che sia soddisfacente o meno, del
perché il lavoro virtuale delle forze esterne si annulla; ciò avviene in conseguenza
del fatto che gli spostamenti dei punti di appoggio sono trascurabili.
    Una volta ammesso che il lavoro virtuale delle forze esterne è nullo, i passag-
gi di Cournot non presentano difficoltà. Dall'annullarsi del lavoro virtuale di tutte
le forze e di quello delle forze esterne segue l'annullarsi del lavoro delle forze interne e, poiché le pressioni sono proporzionali agli spostamenti, questa relazione
comporta:

---

[33] p. 18.
[34] p. 18.
[35] pp. 97-98.

$$p \, \delta p + p' \, \delta p' + \ldots = 0 \,,$$

relation en vertu de laquelle la somme des quantités p^2, p'^2, etc., ou, par l'hypothèse, celle des carrés des pressions P^2, P'^2, etc. est un *minimum*; car il est facile de s'assurer que le case du *maximum* ne peut avoir lieu ici [126].[36] (D.4.10)

Cournot può così enunciare il seguente *Théorème générale*:

> Par conséquence, les équations qui complètent, dans tous les cas, le nombre de celles qui sont nécessaires pour l'entière détermination des pressions, résultent de la condition que la somme des carrés de ces pressions soit un minimum [126].[37] (D.4.11)

Appare chiaro come Menabrea abbia un grosso debito con Cournot. L'enunciato e la dimostrazione del principio di Menabrea e del teorema di Cournot sono gli stessi. C'è comunque un passo avanti compiuto da Menabrea, che enuncia il teorema considerando un sistema elastico e non semplicemente uno o più corpi rigidi connessi tra loro e appoggiati al "suolo". Inoltre Menabrea ha l'accortezza di non trattare il caso di un corpo rigido che si appoggia su più punti a un supporto anche esso rigido, liquidando la questione come non realizzabile nella realtà e quindi priva di interesse.

Vale la pena di considerare anche il lavoro di Alessandro Dorna [151], collega di Menabrea, per mostrare come l'uso non ben controllato degli infinitesimi induca errori. Nel suo lavoro Dorna considera un sistema strutturale elastico, quindi un problema più generale di quello studiato da Cournot, come farà Menabrea. Dorna scrive l'equazione dei lavori virtuali per caratterizzare l'equilibrio, nella forma $L^i + L^e + L^v = 0$, in cui L^i è il lavoro delle forze interne, L^e quello delle forze esterne e L^v quello delle reazioni vincolari. Dorna dice che poiché gli spostamenti virtuali dei vincoli, formati da molle molto rigide, sono infinitesimi di ordine superiore a quelli che determinano L^i e L^e, L^v si può trascurare e quindi $L^i + L^e = 0$; da $L^i + L^e + L^v = 0$ si ha poi $L^v = 0$. Il ragionamento contiene due affermazioni discutibili: la prima è che il lavoro delle reazioni vincolari sia infinitesimo di ordine superiore, la seconda che, in conseguenza di ciò e dal bilancio complessivo dei lavori, il lavoro delle reazioni vincolari sia nullo. La prima affermazione non è convincente perché se il supporto è cedevole non c'è in generale motivo che gli spostamenti dei punti siano infinitesimi. La seconda è un paralogismo perché se nella somma $L^i + L^e + L^v = 0$, dall'ipotesi L^v infinitesimo di ordine superiore segue correttamente $L^i + L^e = 0$ e non che L^v sia nullo.

4.3.2
1868. *Étude de statique physique*

Menabrea presenta qui una nuova dimostrazione dell'equazione di elasticità, iniziando con un riferimento piuttosto diplomatico al lavoro del 1858:

---

[36] p. 18.
[37] p. 18.

Dès l'année 1857 j'avais fait connaître à l'Académie des Sciences de Turin l'énoncé de ce nouveau principe; puis en 1858 (séance du 31 mai) j'en avais fait l'objet d'une communication a l'Institut de France (Académie des Sciences). Dans la démonstration que j'en donnai je m'appuyais sur la considérations de la transmission du travail dans les corps. Quoique, selon moi, celle démonstrations fût suffisamment rigoureuse, elle parut à quelques géomètres trop subtile pour être acceptée sans contestation. D'un autre côté la signification des équations déduites de ce théorème n'était pas suffisamment indiqué. C'est pourquoi j'ai cru devoir reprendre cette étude qui a été plus d'une fois interrompue par suite des événements auxquels ma position m'à appelé à prendre part.[38] Je présent aujourd'hui ces nouvelles recherches qui ont eu pour résultat de me conduire à une démonstration tout-à-fait simple et rigoureuse [235].[39] (D.4.12)

E accennando a una dimostrazione di tipo fisico con uso di concetti termodinamici:

Pour donner à la question de la distribution de tension toute l'étendue qu'elle comporte sous le rapport physique, il faudrait tenir compte des phénomènes de *thermodynamique* qui se manifestent dans l'acte de changement de forme du corps ou système élastique; mais je considère le corps au moment où l'équilibre est établi entre les forces *intérieures* et extérieures, en supposant que la température n'a pas varié. Alors on peut admettre que le travail développé se résume dans celui qui se trouve concentré à l'*état latent* dans le système élastique par l'effet des forces extérieures [235].[40] (D.4.13)

Il modello di Menabrea è ancora un insieme di aste elastiche incernierate, come quello della Figura 4.1, soggette a spostamenti piccoli. Inizialmente viene considerato un sistema privo di vincoli esterni. Il primo passo della nuova dimostrazione consiste nella scrittura delle equazioni di equilibrio per ogni cerniera (*nodo*) p [235]:[41]

$$X_p = \sum T_{pm} \frac{x_m - x_p}{l_{pm}}; \quad Y_p = \sum T_{pm} \frac{y_m - y_p}{l_{pm}}; \quad Z_p = \sum T_{pm} \frac{z_m - z_p}{l_{pm}}. \quad (4.5)$$

Qui X_p, Y_p, Z_p sono le componenti della forza esterna applicata al nodo p, x, y, z sono le coordinate dei nodi, l_{pm} e T_{pm} sono rispettivamente la lunghezza e la forza elastica dell'asta che congiunge i nodi m e p; la sommatoria è estesa all'indice m. La configurazione di riferimento è quella deformata e per piccoli spostamenti coincide con quella iniziale, come appare implicitamente ammesso da Menabrea.

Se i nodi del sistema di aste sono n, le equazioni (4.5) sono $3n$. Poiché il sistema si suppone libero, per l'equilibrio si hanno le 6 «equazioni cardinali della statica» tra le forze esterne. Questo significa che solo $3n - 6$ delle (4.5) sono indipendenti. Se il numero N delle aste è tale che $N > 3n - 6$, il sistema è iperstatico e «l'on peut concevoir une infinité de manières de répartition de ces tensions, qui toutes peuvent satisfaire aux conditions d'équilibre avec les forces extérieurs» [235][42] (D.4.14).

Menabrea considera variazioni infinitesime δT_{pq} delle forze nelle aste, tali che le $T_{pq} + \delta T_{pq}$ siano ancora equilibrate con le forze esterne e quindi le forze δT_{pq} siano

---

[38] Menabrea dal 1862 al 1869 ebbe importanti responsabilità di governo in un periodo difficile per l'Italia, in particolare dal 1867 al 1869 fu primo ministro.
[39] p. 144.
[40] p. 145.
[41] eq. (1), p. 165.
[42] p. 167.

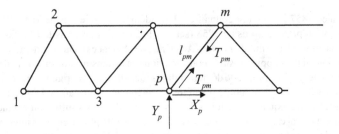

Figura 4.1 Il traliccio generico considerato da Menabrea

autoequilibrate. Se le δT_{pq} sono infinitesime, dice Menabrea, la configurazione del sistema non cambia. Variando le (4.5) si hanno le equazioni di equilibrio per le δT_{pq}, autoequilibrate, per ogni nodo p [235]:[43]

$$0 = \sum \epsilon_{pq}\delta\lambda_{pq}\frac{x_q - x_p}{l_{pq}}; \ 0 = \sum \epsilon_{pq}\delta\lambda_{pq}\frac{y_q - y_p}{l_{pq}}; \ 0 = \sum \epsilon_{pq}\delta\lambda_{pq}\frac{z_q - z_p}{l_{pq}} \quad (4.6)$$

ove la sommatoria è estesa all'indice q. Nelle (4.6) si è inserito il legame elastico lineare $\delta T_{pq} = \delta\lambda_{pq}\epsilon_{pq}$, in cui λ_{pq} e $\epsilon_{pq} = (E\omega/l)_{pq}$ sono rispettivamente la variazione (assoluta) di lunghezza e la rigidezza dell'asta pq, con i simboli di Menabrea (E è il modulo di Young e ω è l'area della sezione trasversale dell'asta).

Menabrea collega gli spostamenti dei nodi α, β, γ all'allungamento λ_{pq} delle aste [235]:[44]

$$\lambda_{pq} = \frac{(\alpha_q - \alpha_p)(x_q - x_p)}{l_{pq}} + \frac{(\beta_q - \beta_p)(y_q - y_p)}{l_{pq}} + \frac{(\gamma_q - \gamma_p)(z_q - z_p)}{l_{pq}}. \quad (4.7)$$

Questa relazione si scriverebbe anche attualmente trattando deformazioni infinitesime; all'epoca poteva essere considerata nota.[45] Moltiplicando l'espressione di λ_{pq} per $\epsilon_{pq}\delta\lambda_{pq}$ e sommando su entrambi gli indici si ottiene [235]:[46]

$$\sum \epsilon_{pq}\lambda_{pq}\delta\lambda_{pq} =$$
$$\sum \epsilon_{pq}\delta\lambda_{pq} \left\{ \begin{array}{l} \dfrac{(\alpha_q - \alpha_p)(x_q - x_p)}{l_{pq}} + \dfrac{(\beta_q - \beta_p)(y_q - y_p)}{l_{pq}} + \\ + \dfrac{(\gamma_q - \gamma_p)(z_q - z_p)}{l_{pq}} \end{array} \right\}.$$

Poi Menabrea moltiplica tutte le equazioni di equilibrio (4.6) relative al nodo p per $\alpha_p, \beta_p, \gamma_p$ e somma per tutti i nodi. Poiché se sul nodo p c'è il termine $(x_q - x_p)$

---

[43] eq. (4), p. 168.

[44] eq. (7), p. 168.

[45] In effetti, la (4.7) si può scrivere nella forma $\Delta l = [(\mathrm{grad}\mathbf{u})\,\mathbf{n}] \cdot \mathbf{n}$, con $\mathbf{u}$ vettore spostamento e $\mathbf{n}$ versore lungo l'asta pq. Una definizione moderna di deformazione è dovuta a Saint Venant; Menabrea non lo cita ma di certo non poteva non conoscerlo.

[46] eq. (8), p. 168.

sul nodo q ci sarà il termine $(x_q - x_p) = -(x_p - x_q)$, si ottiene [235]:[47]

$$\sum \epsilon_{pq} \delta \lambda_{pq} \left\{ \frac{(\alpha_q - \alpha_p)(x_q - x_p)}{l_{pq}} + \frac{(\beta_q - \beta_p)(y_q - y_p)}{l_{pq}} \right.$$

$$\left. + \frac{(\gamma_q - \gamma_p)(z_q - z_p)}{l_{pq}} \right\} = 0$$

ove la sommatoria è estesa sia a p che a q. Questa relazione, tenuto conto della precedente, fornisce [235]:[48]

$$\sum \epsilon_{pq} \lambda_{pq} \delta \lambda_{pq} = \sum \frac{1}{\epsilon_{pq}} T_{pq} \delta T_{pq} = 0$$

qui est l'*équation d'élasticité*, de la quelle on conclut le théorème que nous avons énoncé au commencement de ce Mémoire, savoir que: *Lorsqu'un système élastique se met en équilibre sous l'action de forces extérieur, le travail intérieur, développé dan les changement de forme qui en dérive, est un* **minimum** [235].[49] (D.4.15)

La dimostrazione di Menabrea è abbastanza soddisfacente anche secondo gli standard moderni; forse la stonatura maggiore è la pretesa di aver dimostrato che l'energia potenziale elastica è minima; si può invece dire solo che è stazionaria. Altri difetti sono la mancanza di alcune puntualizzazioni. Per esempio, l'assunzione di piccoli spostamenti non viene ben esplicitata; non si precisa che le forze esterne devono essere indipendenti dalla posizione e che l'estremo è attinto rispetto alla variazione delle forze interne purché bilanciate con le forze esterne. E, forse più importante, non viene dimostrata anche l'affermazione simmetrica a quella riportata, cioè che se l'energia elastica è un minimo allora le deformazioni delle aste sono congruenti. In altre parole viene dimostrata solo la condizione necessaria e non anche quella sufficiente per l'equilibrio.

Dopo aver dimostrato il principio di elasticità nel caso di un sistema libero, Menabrea tratta il caso di un sistema vincolato. Se i vincoli sono perfetti (lisci e senza cedimenti) ritrova facilmente il risultato valido per il sistema libero.

4.3.2.1
La prova "induttiva" del principio

La dimostrazione di Menabrea è preceduta dalla soluzione di una serie di casi particolari di sistemi reticolari, in ciascuno dei quali si verifica la validità del principio di elasticità confrontando il risultato ottenuto con esso e con metodi *ad hoc* la cui applicazione non è problematica. È come se Menabrea fosse preoccupato più dalla verità che dalla certezza del suo enunciato. Ciò deriva certamente dalla sua formazione di tipo ingegneristico, che dà importanza relativa agli aspetti formali. Questo modo di procedere può anche essere letto come una difesa dello scritto del 1858: quel che

---

[47] eq. (9), p. 169.
[48] eq. (10), p. 169.
[49] p. 169.

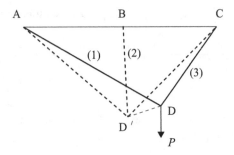

Figura 4.2 Tre aste incernierate

conta è stabilire la validità di un principio; se la prova è poco rigorosa non importa poiché non sarà difficile per qualche volenteroso trovare la dimostrazione corretta.

I casi considerati sono: un sistema piano di tre aste; un sistema piano di 6 aste formanti i lati e le diagonali di un parallelogramma; un sistema spaziale di 16 aste che definiscono un dodecaedro regolare; un'asta caricata da n forze lungo il proprio asse. Nel seguito riportiamo solo un cenno al primo caso, comunque emblematico: tre aste incernierate al suolo e concorrenti in un unico nodo, come illustrato nella Figura 4.2.

Menabrea trova la soluzione con una procedura classificabile come metodo degli spostamenti. Il problema è iperstatico perché si hanno due equazioni di equilibrio al nodo D e tre incognite, le forze T_1, T_2 e T_3 delle aste. Allora introduce il legame costitutivo mettendo le forze delle aste in funzione degli allungamenti; in questo modo può sostituire nelle due equazioni di equilibrio, alle forze la loro espressione in funzione degli allungamenti λ_1, λ_2 e λ_3, ottenendo due equazioni in λ_1, λ_2 e λ_3. Infine scrive un'equazione di congruenza tra gli allungamenti delle aste imponendo che esse concorrano a un unico nodo dopo la deformazione. In questo modo ottiene tre equazioni indipendenti e tre incognite che permettono di determinare gli allungamenti delle aste. Con un linguaggio moderno si potrebbe dire che Menabrea scrive le equazioni di equilibrio, quelle di legame costitutivo e quelle di congruenza. Successivamente applica il principio di elasticità, chiarendo anche in che modo vada applicato, e ottiene le stesse espressioni per λ_1, λ_2 e λ_3.

4.3.3
1875. Sulla determinazione delle tensioni e delle pressioni ne' sistemi elastici

In questa memoria la dimostrazione dell'equazione di elasticità, cui Menabrea si riferisce anche come *principio di elasticità*, si sviluppa inversamente rispetto a quella del 1868. Là si mostrava che le equazioni ottenute con il metodo degli spostamenti tra le forze applicate ai nodi e gli spostamenti di questi ultimi implicavano il minimo del lavoro di deformazione. Qui si dimostra che tale minimo porta alle stesse equazioni ottenute con il metodo degli spostamenti. La dimostrazione completa del principio di elasticità sarebbe quindi fornita da entrambi i lavori, ma la differenza tra condizione necessaria e sufficiente di equilibrio definita dal minimo del lavoro elastico non ha bisogno di essere sottolineata se la soluzione esiste ed è unica, come doveva apparire naturale a Menabrea ingegnere. Infatti, se esiste un'unica soluzione, dimostrare che il minimo del lavoro di deformazione è condizione necessaria per l'equilibrio fornisce anche la sufficienza. Viceversa, dimostrare che esiste un minimo unico del lavoro di deformazione che coincide con la soluzione del problema elastico (condizione sufficiente) implica anche la necessità per l'equilibrio, altrimenti si potrebbe avere equilibrio anche se il lavoro di deformazione non è minimo, che è assurdo perché esisterebbero due soluzioni.

La dimostrazione parte ancora dal modello di aste incernierate. Menabrea affronta l'aspetto cinematico, determinando l'allungamento delle aste in funzione delle componenti $\alpha_m, \beta_m, \gamma_m$ del vettore spostamento (infinitesimo) dei nodi [238]:[50]

$$\lambda_{mn} = (\alpha_n - \alpha_m)\cos\phi_{mn} + (\beta_n - \beta_m)\cos\theta_{mn} + (\gamma_n - \gamma_m)\cos\psi_{mn}. \qquad (4.8)$$

Gli angoli ϕ_{mn}, θ_{mn} e ψ_{mn} sono formati dall'asta che congiunge i nodi m e n con gli assi coordinati, considerando coincidenti la configurazione variata e quella iniziale in conseguenza dell'assunzione di piccoli spostamenti.

Infine scrive le equazioni di equilibrio [238][51] esprimendo le forze nelle aste in funzione del loro allungamento, $T_{mn} = \epsilon_{mn}\lambda_{mn}$ [238]:[52]

$$
\begin{aligned}
X_m &= \sum \epsilon_{mn}\lambda_{mn}\cos\phi_{mn} = \sum \epsilon_{mn}\lambda_{mn}\frac{x_n - x_m}{l_{mn}} \\
Y_m &= \sum \epsilon_{mn}\lambda_{mn}\cos\theta_{mn} = \sum \epsilon_{mn}\lambda_{mn}\frac{y_n - y_m}{l_{mn}} \qquad (4.9) \\
X_m &= \sum \epsilon_{mn}\lambda_{mn}\cos\psi_{mn} = \sum \epsilon_{mn}\lambda_{mn}\frac{z_n - z_m}{l_{mn}}.
\end{aligned}
$$

Tenendo conto delle (4.8) giunge alle equazioni nelle incognite di spostamento [238]:[53]

$$
\begin{aligned}
X_m &= \sum \epsilon_{mn}[(\alpha_n - \alpha_m)\cos^2\phi_{nm} + (\beta_n - \beta_m)\cos\theta_{nm}\cos\phi_{nm} + \\
&\quad (\gamma_n - \gamma_m)\cos\psi_{nm}\cos\phi_{nm}] \\
Y_m &= \sum \epsilon_{mn}[(\alpha_n - \alpha_m)\cos\phi_{nm}\cos\theta_{nm} + (\beta_n - \beta_m)\cos\theta^2_{nm} + \\
&\quad (\gamma_n - \gamma_m)\cos\psi_{nm}\cos\theta_{nm}] \qquad (4.10) \\
Z_m &= \sum \epsilon_{mn}[(\alpha_n - \alpha_m)\cos\phi_{nm}\cos\psi_{nm} + (\beta_n - \beta_m)\cos\theta_{nm}\cos\psi_{nm} + \\
&\quad (\gamma_n - \gamma_m)\cos^2\psi_{nm}].
\end{aligned}
$$

A questo punto Menabrea inizia un'analisi piuttosto ingarbugliata sul conteggio delle incognite e delle equazioni, che riassumiamo brevemente. Le (4.10) definiscono un sistema di tante equazioni quante sono le incognite delle componenti degli spo-

---

[50] eq. (3), p. 205.
[51] eq. (6), p. 206.
[52] eq. (5), p. 206.
[53] eq. (9), p. 207.

stamenti dei nodi; esse non sono linearmente indipendenti in quanto tra X_m, Y_m, Z_m vi sono sei equazioni di equilibrio globale. Così sembrerebbero esservi più incognite che equazioni, ma in realtà, poiché nelle equazioni (4.10) compaiono solo le differenze tra gli spostamenti dei nodi, la soluzione è definita a meno di un moto rigido. Se si fissa il moto rigido la soluzione diviene univoca.

Definita la soluzione tramite un metodo geometrico che non lascia dubbi, Menabrea passa al minimo del lavoro delle forze interne, fornito da [238]:[54]

$$\sum T\delta\lambda = \sum \epsilon\lambda\delta\lambda = 0 \qquad (4.11)$$

ove il significato dei simboli è quello usuale e la sommatoria è su m e n.

Il minimo del lavoro delle forze interne è condizionato e va cercato imponendo che le forze $T_{mn} = \epsilon_{mn}\lambda_{mn}$ siano equilibrate, cioè soddisfino le (4.9), e le forze $\delta T_{mn} = \epsilon_{mn}\delta\lambda_{mn}$ siano autoequilibrate, ovvero soddisfino la variazione delle (4.9) [238]:[55]

$$\sum \epsilon_{mn}\cos\phi_{mn}\delta\lambda_{mn} = 0$$
$$\sum \epsilon_{mn}\cos\theta_{mn}\delta\lambda_{mn} = 0 \qquad (4.12)$$
$$\sum \epsilon_{mn}\cos\phi_{mn}\delta\lambda_{mn} = 0 \ .$$

Nella precedente la sommatoria è estesa solo a m.

Moltiplicando ciascuna delle (4.12) per i coefficienti indeterminati A_n, B_m, C_m, sommando rispetto a m e aggiungendo alle (4.11) si ha il problema di minimo libero [238]:[56]

$$\sum \epsilon\delta\lambda_{mn}[\lambda_{mn} - (A_n - A_m)\cos\phi_{mn} - (B_n - B_m)\cos\theta_{mn} - \qquad (4.13)$$
$$(C_n - C_m)\cos\psi_{mn}] = 0$$

con la sommatoria estesa a tutti gli indici e si è tenuto conto che $\cos\phi_{nm} = -\cos\phi_{mn}$, ecc. Menabrea conclude:

Uguagliando a zero il coefficiente di ciascuna variazione si ha:

$$\lambda_{mn} = (A_n - A_m)\cos\phi_{mn} + (B_n - B_m)\cos\theta_{mn} + (C_n - C_m)\cos\psi_{mn} = 0.$$

Paragonando queste espressioni di λ con quelle (3) [le nostre (4.9)] si vedrà che sono identiche prendendo per valori de' coefficienti indeterminati $A_m = \alpha_m$, $B_m = \beta_m$, $C_m = \gamma_m \ldots$ ecc. Così tali espressioni condurranno agli identici risultati già ottenuti precedentemente. In tal modo resta dimostrata la esattezza del metodo dedotto dal principio di elasticità e è perciò confermato il principio medesimo [238].[57]

---

[54] eq. (25), p. 213.
[55] eq. (27), p. 213.
[56] eq. (28), p. 214.
[57] p. 214.

4.3.4
L'applicazione del principio di elasticità da parte di Rombaux

Nel suo lavoro del 1875 [238] Menabrea parla delle applicazioni del suo principio di elasticità facendo riferimento a Giovanni Sacheri e, specialmente, a Giovanni Battista Rombaux, al proposito del quale in una nota afferma:

> Il Cav. *Rombaux* ingegnere capo delle ferrovie Romane, annunzia la pubblicazione sulla tettoja di *Arezzo*, di una memoria dalla quale egli prende argomento per trattare colla massima ampiezza, la quistione del riparto delle tensioni e delle pressioni de' sistemi elastici. Egli per ragione di semplicità, si vale del *principio di elasticità*, e con numerosi esempi analitici e numerici, dimostra la coincidenza de' risultati che se ne deducono, con quelli ottenuti con altri metodi [238].[58]

In effetti Rombaux, ingegnere delle ferrovie romane, nel 1876 pubblicò una monografia intitolata *Condizioni di stabilità della tettoja della stazione di Arezzo* [307]. Il lavoro di Rombaux è interessante e problematico allo stesso tempo.

È interessante perché nonostante il titolo esso per una buona metà è un trattato, di buon livello, di meccanica delle strutture. Problematico perché la sua attenta valutazione aggiunge nuovi elementi alla controversia sulla priorità della dimostrazione di Castigliano del principio di minimo dell'energia elastica rispetto a quella di Menabrea. Ciò anche per una certa ambiguità nella data di stesura dell'opera. Il testo è stato stampato nel 1876, ma la prefazione riporta la data del 1874; inoltre il contenuto del libro era apparso a puntate sul Giornale del Genio Civile tra il 1875 e il 1876.

4.3.4.1
Il contenuto del libro

Il libro di Rombaux suggerisce due diversi metodi per risolvere i telai iperstatici, che lui chiama *metodo delle flessibilità* e *principio di elasticità*, la cui differenza è ben descritta nel brano seguente:

> Nel metodo della flessibilità si ammette che uno degli appoggi sia cedevole, quindi mediante le equazioni delle curve di flessione si calcola la espressione analitica della freccia che vi si manifesta, e ponendola poi uguale a zero si ottiene una equazione di flessibilità che esprime la condizione a cui deve soddisfare la reazione per rimettere il suo punto di applicazione nello stato di un appoggio fisso. Secondo il principio di elasticità, allorché il prisma trovasi equilibrato sotto l'azione delle forze esterne, il lavoro molecolare sviluppatosi un minimo, e quindi la sua derivata per rapporto alla reazione predetta deve essere nulla: donde risulta una equazione di elasticità alla quale deve soddisfare la reazione stessa per conseguire il minimo lavoro. Nei due modi di procedere le equazioni di flessibilità e di elasticità completano le equazioni di equilibrio e fanno cessare l'indeterminazione [307].[59]

---

[58] p. 203.
[59] p. 7.

Rombaux asserirà poi l'equivalenza dei due metodi – almeno nel caso dei vincoli perfetti – mostrando che la derivata del *lavoro molecolare* rispetto alle reazioni vincolari fornisce lo spostamento del punto "vincolato". Imporre il minimo del lavoro molecolare, annullando le sue derivate rispetto alle reazioni vincolari, equivale quindi a porre pari a zero il cedimento vincolare, come si fa nel *metodo delle flessibilità*.

La dimostrazione non è fatta in modo generale, ma solo relativamente alle travi continue su più appoggi, mostrando per ispezione tale uguaglianza. Per esempio in una mensola di lunghezza b, soggetta a una forza concentrata N all'estremo libero, Rombaux trova la seguente espressione del *lavoro molecolare*:

$$L'' = \frac{N^2}{6EI}b^3 \, .$$

Qui EI è la rigidezza della trave [307].[60]

La freccia in mezzeria, trovata con il metodo della linea elastica, è data da [307]:[61]

$$L'' = \frac{N}{3EI}b^3 \, .$$

In ogni caso anche se la dimostrazione di Rombaux non è generale, da certi punti di vista il suo approccio è più avanzato di quello di Castigliano del 1873 [68], dove si mostra che la derivata del lavoro molecolare rispetto a una forza F fornisce lo spostamento del punto di applicazione di F. Castigliano ottiene il risultato come passaggio intermedio della sua dimostrazione del teorema del minimo lavoro molecolare e non gli dà il dovuto rilievo come fatto in sé, come farà invece nel suo lavoro del 1875 [70, 71].

Da notare che Rombaux utilizza il principio di elasticità per risolvere le travi continue su più appoggi; quindi a differenza di Menabrea e come Castigliano, applica il principio di elasticità anche alle membrature inflesse.

Nella seconda parte della monografia Rombaux applica il principio di elasticità per calcolare le forze dei puntoni in legno e dei tiranti in ferro nella centina della copertura della stazione ferroviaria di Arezzo. Questa copertura, illustrata schematicamente nella Figura 4.3, aveva mostrato dei cedimenti eccessivi e si doveva suggerire un rinforzo.

Rombaux considera il calcolo della centina prima e dopo il restauro, ma qui ci limitiamo a considerare solo il primo caso perché più interessante. Nel calcolo della centina nella situazione attuale, prima del restauro, Rombaux ritiene le connessioni delle varie aste poco efficaci e propone di trattare la centina come se fosse costituita da due sottostrutture in parallelo. La prima sottostruttura è costituita dall'arco dei puntoni, corrispondente alla linea più marcata della Figura 4.3; la seconda sottostruttura è costituita dall'intera struttura trattata come se le connessioni delle aste fossero efficaci, ovvero come una trave armata. La prima sottostruttura assorbe la porzione k_1 dei carichi verticali, la seconda sottostruttura la porzione k, in modo tale che si abbia $k + k_1 = 1$.

---

[60] p. 30.
[61] p. 35.

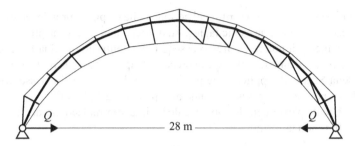

Figura 4.3 La centina della copertura della stazione di Arezzo

I singoli elementi dell'arco dei puntoni sono considerati soggetti a sforzo normale e momento flettente, gli elementi della trave armata soggetti a sforzo normale. Su tutti i componenti si calcolano sforzi normali e momenti facendo uso solo delle equazioni di equilibrio, con una procedura ingegnosa e approssimata che evita di trattare il problema come iperstatico.

Il lavoro molecolare associato ai puntoni è valutato con le relazioni [307]:[62]

$$L = \frac{1}{6EI}\left\{\frac{3I}{\omega}\sum pP^2 + \sum p\left(m^2 + mm' + m'^2\right)\right\},$$

ove p è la lunghezza del singolo puntone, I il momento di inerzia, ω l'area trasversale, P la forza assiale, m, m' i momenti flettenti alle estremità. Il lavoro degli elementi della trave armata contiene solo la parte relativa allo sforzo normale P. Sommando su tutti gli elementi strutturali Rombaux ottiene l'espressione del lavoro molecolare dell'intera centina in funzione dei coefficienti k_1 e k; imponendo il minimo del lavoro molecolare rispetto a k_1 e k, con la condizione $k_1 + k = 1$, determina k_1 e k e quindi risolve il problema strutturale.

4.3.4.2
La questione della priorità

È ben noto che Castigliano dopo la pubblicazione del lavoro di Menabrea del 1875 [238], successivo di poco al suo [70], si rivolse all'Accademia dei Lincei, presieduta allora da Luigi Cremona, chiedendo che gli venisse riconosciuta la priorità sulla dimostrazione del principio/teorema del minimo lavoro molecolare, ottenendo solo una parziale soddisfazione. La disputa di Castigliano con Menabrea è ricostruita con una buona attenzione in [259, 260, 71, 239, 108]. Ritornare su questa disputa è fuori dai nostri obiettivi, vogliamo solo segnalare che forse le conclusioni raggiunte in [259, 260], secondo cui Castigliano sarebbe stato trattato troppo male, vanno un po' riviste alla luce di quanto abbiamo riportato nel nostro testo sull'opera di Menabrea. In questa revisione andrebbe riletto anche il contributo di Rombaux.

---

[62] p. 182.

Il libro di Rombaux è stato scritto nel periodo della disputa e prende chiaramente, seppure senza dichiarazione esplicita, le parti di Menabrea. Nella sua prefazione non si può fare a meno di notare l'estremo ossequio nei confronti di «Sua Eccellenza il Conte Menabrea». Rombaux riferisce di precedenti applicazioni da parte di Saccheri, docente della Scuola di applicazione per ingegneri di Torino dello stesso principio di Menabrea; non fa invece nessun cenno all'opera di Castigliano.

Anche se nelle parti in cui Rombaux calcola il lavoro molecolare degli elementi inflessi, utilizzando la formula:

$$L'' = \frac{1}{2EI} \int_0^b M^2 dz \tag{4.14}$$

è evidente il richiamo alle applicazioni della tesi di Castigliano [68]; persino i simboli sono gli stessi. Inoltre Rombaux usa il termine *lavoro molecolare* per designare l'energia elastica, termine proprio di Castigliano e non di Menabrea. Del resto Rombaux non è l'unico a ignorare Castigliano in questo periodo, anche Lévy nel suo trattato del 1874 [216] fa riferimento solo a Menabrea a proposito del nuovo metodo di calcolo dei sistemi iperstatici [108].

4.4
Alberto Castigliano

Alberto Castigliano (Asti 1847 - Milano 1884) [63] conseguì il diploma di perito meccanico presso l'Istituto industriale e professionale di Torino nel 1866. Nell'ottobre dello stesso anno ottenne il diploma del Museo industriale e alla fine del 1866 fu nominato professore di Meccanica applicata, Costruzioni ed Estimo presso l'Istituto industriale di Terni, dove rimase quattro anni in una situazione economica molto poco soddisfacente. Nonostante tutto riuscì a studiare assiduamente, formandosi una robusta cultura matematica, tanto che nel 1870 superò a pieni voti l'esame di ammissione alla Facoltà di scienze fisiche, matematiche e naturali dell'università di Torino, ottenendo anche l'autorizzazione di poter sostenere tutti gli esami del triennio di matematica già al termine del primo anno. Nel 1871 conseguì la licenza e poté iscriversi alla Scuola di applicazione per gli ingegneri di Torino.

Si laureò con Giovanni Curioni [64] nel 1873 con la tesi *Intorno ai sistemi elastici*, divenuta celebre. L'argomento specifico, il principio del minimo lavoro, e il problema da risolvere, il calcolo delle strutture iperstatiche, erano oggetto di discussione presso la scuola di applicazione sulla scia dei lavori di Menabrea. Abbiamo già visto nel Capitolo 1 che Valentino Cerruti si laureò nella stessa seduta di Castigliano con

---

[63] La seguente biografia è in larga parte tratta da [150, 136, 260].

[64] Curioni ebbe un ruolo importante nella vita di Castigliano, indicandogli la strada della teoria delle strutture e riconoscendo per primo l'importanza dei maggiori lavori di Castigliano, dandone lettura all'Accademia delle scienze di Torino.

una tesi sul calcolo delle strutture reticolari [93]. Altre tesi di laurea della scuola di applicazione che riguardarono il calcolo strutturale furono quelle di Annibale Gavazza (1874) e Moise Levi (1875), che applicarono le procedure di Castigliano al calcolo di strutture ad arco.

Dopo la laurea Castigliano fu assunto dalle ferrovie dell'Alta Italia [65] con l'incarico di capo reparto. Prima lavorò ad Alba, poi a Torino; nel 1875 fu trasferito presso l'ufficio centrale d'Arte a Milano e dopo soli tre anni fu nominato Capo sezione. La promozione fu dovuta anche alla pubblicazione di un'importante memoria di applicazioni del calcolo elastico lineare [74].

Castigliano riuscì così a porre fine alla sua situazione di indigenza e a riscuotere un certo successo, che diventerà europeo con la pubblicazione nel 1879 della monografia *Théorie de l'équilibre des systèmes élastiques et ses applications*. Questa ricapitolava e sviluppava il lavoro sulla teoria dell'elasticità portato avanti dopo la tesi con i due lavori *Intorno all'equilibrio dei sistemi elastici* e *Nuova teoria intorno all'equilibrio dei sistemi elastici*, entrambi del 1875. Nel 1882 divenne socio corrispondente dell'Accademia delle scienze di Torino.

Purtroppo il destino non gli fu favorevole: perse due dei suoi quattro figli, Carlo a pochi mesi dalla nascita (1883) e Emilia a tre anni (1884). Qualche mese dopo morì lui stesso di polmonite, per ironia della sorte poco dopo avere ricevuto la nomina a capo dell'Ufficio di Arte di Milano [260].

Da questa breve biografia risulta chiaramente come in qualche modo Castigliano ripercorra la strada dei grandi ingegneri dell'*École polythecnique*: una solida formazione teorica e una grande attenzione alla pratica che fornisce stimoli alla teoria per le innovazioni necessarie alla soluzione dei problemi della società tecnologica. Si è detto «in qualche modo» perché, seppure le scuole di applicazione avessero come modello l'École polythecnique, pure ne differivano per l'attenzione maggiore all'aspetto puramente tecnico e minore verso le matematiche. In questo si avvicinavano alle scuole di ingegneria tedesche dove l'educazione dell'ingegnere avveniva completamente all'interno delle facoltà di ingegneria.

Il contributo principale di Castigliano alla teoria delle strutture elastiche riguarda il dimensionamento dei sistemi di aste e travi (*telai*). I suoi risultati sono riportati in un numero limitato di lavori, in parte per la morte prematura, in parte per l'impegno professionale. Il primo di questi lavori è la tesi del 1873 [68]. Qui il principio di elasticità di Menabrea è esteso dai sistemi reticolari a quelli inflessi e viene inoltre fornita una dimostrazione alternativa a quelle di Menabrea del 1858 e del 1868. Discuteremo in altra sede se la dimostrazione di Castigliano rappresenti o meno un progresso rispetto a quelle di Menabrea.

Nel 1875 Castigliano pubblicò due lavori molto importanti [70, 71]. Il primo ripercorre le idee del 1873 e ne rappresenta un perfezionamento e approfondimento; il secondo propone un punto di vista abbastanza diverso. I due lavori sono separati

---

[65] La società delle Strade Ferrate dell'Alta Italia (SFAI) era stata costituita nel 1865 a seguito della vendita delle ferrovie piemontesi da parte del governo italiano alla Società delle strade ferrate Lombarde e dell'Italia centrale. Successivamente la SFAI incorporò anche le ferrovie venete. Si costituì così un'unica amministrazione con sede a Milano che gestiva tutta la rete ferroviaria del Nord Italia, compresa l'Emilia Romagna.

dalla nota polemica con Menabrea sulla priorità della dimostrazione del principio di elasticità e dalla pubblicazione di un lavoro dell'"allievo" di Menabrea, Rombaux, riferito *supra*. Questi, oltre ad applicare il principio a una struttura reale, si era reso conto anche della rilevanza dell'osservazione fatta da Castigliano nella sua tesi, secondo cui la derivata del lavoro di deformazione è pari allo spostamento nella direzione della forza.

Castigliano ha dato un suo contributo all'ingegneria strutturale anche in altri lavori, tra cui la memoria *Formule razionali e esempi numerici per il calcolo pratico degli archi metallici e delle volte a botte murali* del 1876 [73]. Qui mette a punto un metodo pratico per il calcolo degli archi evitando l'uso diretto degli integrali; il metodo verrà utilizzato per l'analisi del ponte sulla Dora, riportata in seguito.

Un lavoro a carattere più teorico è la memoria *Intorno a una proprietà dei sistemi elastici* del 1882 [76], dove è trattata in modo semplice la teoria del potenziale applicata alle strutture elastiche. Castigliano ritrova con un approccio più sistematico i suoi risultati sulle derivate del lavoro e anche il teorema di reciprocità di Betti.

L'ultimo lavoro a carattere teorico è la *Teoria delle molle* del 1884 [77], che contiene alcune novità rispetto agli studi esistenti, ma il cui maggior pregio è quello dell'utilizzo dei teoremi delle derivate del lavoro di deformazione per il calcolo della rigidezza delle molle. Ciò permette di affrontare in modo semplice situazioni abbastanza complesse come le molle a balestra a più fogli e i vari tipi di molle a elica sollecitate a flessione e torsione. Nel lavoro è fatto cenno, seppure superficialmente, al problema dell'impatto nella situazione idealizzata, ma abbastanza realistica in molti casi, in cui la massa distribuita della molla sia trascurabile rispetto a quella dei corpi contro cui reagisce.

Tra i lavori a carattere applicativo si deve citare il *Manuale pratico per gli Ingegneri* [78], rimasto incompiuto per la morte dell'autore. Il manuale ha un taglio nuovo per i tempi, quando i modelli erano gli *Aide-mémoire* dei francesi: si tratta di un "manuale ragionato" e non una pura esposizione di formule. Castigliano non si è limitato a raccogliere materiale già esistente, ma ha sviluppato nuove formule là dove era necessario, e anche le tavole hanno un'esposizione ragionata. La pubblicazione, a opera dell'editore Negro di Torino, era iniziata nel 1882 e nel 1884 fu stampato il terzo volume. Il quarto volume fu stampato postumo nel 1888, curato dall'"ingegner" Crugnola. Anche grazie alla scomparsa di Castigliano il *Manuale dell'ingegnere civile e industriale* di Giuseppe Colombo, stampato per la prima volta nel 1877 da Hoepli, poté affermarsi indisturbato in ambito professionale.

Nel seguito sono riportati i principali scritti di Alberto Castigliano:

- *Intorno ai sistemi elastici*, Dissertazione presentata da Castigliano Alberto alla Commissione Esaminatrice della R. Scuola d'applicazione degli Ingegneri in Torino, Torino, Bona, 1873.
- *Intorno all'equilibrio dei sistemi elastici*, Atti della R. Accademia delle scienze di Torino, v. 10, pp. 380-422, 1875.
- *Lettera al presidente dell'Accademia dei Lincei, 11 marzo 1875*, Atti della R. Accademia dei Lincei, s. 2, v. 2, pp. 59-62, 1875.

– *Nuova teoria intorno all'equilibrio dei sistemi elastici*, Atti della R. Accademia delle scienze di Torino, v. 11, pp. 127-286, 1875.
– *Formule razionali e esempi numerici per il calcolo pratico degli archi metallici e delle volte a botte murali*, L'ingegneria civile e le arti industriali, v. 9, pp. 120-135; v. 10, pp. 145-153, 1876.
– *Applicazioni pratiche della teoria sui sistemi elastici*, Strade ferrate dell'Alta Italia, Servizio della manutenzione e dei lavori, Milano, Crivelli, 1878.
  Théorie de l'équilibre des systèmes élastiques et ses applications, 2 v., Torino, Negro, 1879-1880.
– *Intorno a una proprietà dei sistemi elastici*, Atti della R. Accademia delle scienze di Torino, v. 17, pp. 705-713, 1881-1882.
– *Esame di alcuni errori che si trovano in libri assai reputati*, Il Politecnico, nn. 1-2, pp. 66-82, 1882.
– *Teoria delle molle*, Torino, Negro, 1884.
– *Manuale pratico per gli Ingegneri*, 4 v., Torino, Negro, 1884-1889.

4.4.1
1873. *Intorno ai sistemi elastici*

Castigliano esamina in primo luogo «un sistema formato di verghe elastiche congiunte a snodo le une sulle altre» [68],[66] ovvero una travatura reticolare.

4.4.1.1
Il metodo delle deformazioni

Nel primo capitolo viene adoperato il metodo di soluzione detto oggi delle deformazioni, sviluppato da Navier e Poisson, perfezionato poi da Clebsch nel 1862 [112], che però Castigliano non cita. Il lavoro si sviluppa in modo ordinato, senza però che sia anticipata la traccia dei passi da seguire. Per prima cosa sono scritte le equazioni di equilibrio di nodo, successivamente le relazioni di compatibilità cinematica tra variazioni di lunghezza delle aste e spostamenti dei nodi, infine il legame costitutivo.

Castigliano nota che, per un traliccio con n nodi, le equazioni di equilibrio da considerare sono $3n - 6$, perché delle $3n$ equazioni complessive di nodo 6 descrivono l'equilibrio globale di corpo rigido:

> [. . .] ne segue che le equazioni utili per determinare queste tensioni si riducono a $3n - 6$ e non bastano in generale a determinare tutte le incognite, se non quando il numero delle verghe sia uguale a $3n - 6$ [68].[67]

---

[66] p. 8.
[67] p. 8

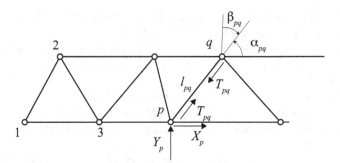

Figura 4.4 Il traliccio generico di Castigliano

Le equazioni di equilibrio di nodo del generico traliccio tipo quello della Figura 4.4, assumono la forma [68]:[68]

$$X_p + \sum T_{pq} \cos\alpha_{pq} = 0, \quad Y_p + \sum T_{pq} \cos\beta_{pq} = 0 \qquad (4.15)$$
$$Z_p + \sum T_{pq} \cos\gamma_{pq} = 0$$

ove X_p, Y_p, Z_p sono le componenti delle forze esterne applicate al nodo p rispetto a un sistema di coordinate cartesiane globale, T_{pq} è la forza elastica [69] nell'asta che congiunge i nodi p, q. Valgono le relazioni [68]:[70]

$$\cos\alpha_{pq} = -\cos\alpha_{qp}, \quad \cos\beta_{pq} = -\cos\beta_{qp}, \quad \cos\gamma_{pq} = -\cos\gamma_{qp}. \qquad (4.16)$$

Castigliano non precisa se gli angoli $\alpha_{pq}, \beta_{pq}, \gamma_{pq}$ siano misurati nella configurazione di riferimento o in quella attuale, anche se dall'analisi della simbologia successiva si può ritenere che consideri la configurazione indeformata con l'assunzione di spostamenti piccoli. Sotto questa ipotesi, ottiene la seguente relazione lineare tra le variazioni di lunghezza delle aste e gli spostamenti ξ, η, ζ [68]:[71]

$$\lambda_{pq} = (\xi_q - \xi_p)\cos\alpha_{pq} + (\eta_q - \eta_p)\cos\beta_{pq} + (\zeta_q - \zeta_p)\cos\gamma_{pq} \qquad (4.17)$$

ove λ_{pq} è la variazione di lunghezza dell'asta pq e ξ_p, η_p, ζ_p; ξ_q, η_q, ζ_q sono le componenti di spostamento dei nodi p, q rispettivamente.

Castigliano impone il legame elastico lineare $T = \epsilon\lambda$, $\epsilon = E\omega/l$, con E modulo di Young, ω area della sezione trasversale e l lunghezza dell'asta, e ottiene [68]:[72]

$$T_{pq} = \epsilon_{pq}\left\{(\xi_q - \xi_p)\cos\alpha_{pq} + (\eta_q - \eta_p)\cos\beta_{pq} + (\zeta_q - \zeta_p)\cos\gamma_{pq}\right\}. \qquad (4.18)$$

---

[68] eq. [1], p. 9
[69] Castigliano si riferisce a questa forza con il termine *tensione*.
[70] Equazione non numerata, p. 9
[71] eq. [3], p. 10.
[72] eq. [4], p. 11.

Con questa formula si possono esprimere le tensioni di tutte le verghe in funzione degli spostamenti dei vertici parallelamente agli assi: questi spostamenti sarebbero $3n$, se tutti i vertici potessero muoversi, ma a cagione delle condizioni a cui abbiamo assoggettato i tre vertici V_1, V_2, V_3, si ha $\xi_1 = 0, \eta_1 = 0, \zeta_1 = 0;\ \eta_2 = 0, \zeta_2 = 0;\ \zeta_3 = 0$, onde gli spostamenti incogniti si riducono a $3n - 6$ [68],[73]

per cui il numero di incognite coincide con il numero di equazioni.

4.4.1.2
Il minimo del lavoro molecolare

Nel secondo capitolo Castigliano dimostra che

Se determino le tensioni T_{pq} in modo che rendano minima l'espressione $\sum T_{pq}^2/\epsilon_{pq}$, supponendo che tra quelle tensioni debbano aver luogo le equazioni [1] [le equazioni di equilibrio (4.15)], nelle quali però si considerano costanti tutte le forze esterne X_p, Y_p, Z_p, e tutti gli angoli $\alpha_{pq}, \beta_{pq}, \gamma_{pq}$, i valori delle tensioni che così si ottengono, coincidono con quelli ottenuti con il metodo degli spostamenti [68].[74]

Non c'è alcun riferimento al principio di elasticità di Menabrea, citato solo nell'introduzione. Che l'enunciato sia un teorema viene detto solo incidentalmente poco sotto: «tenendo conto delle condizioni enunciate dal teorema» [68].[75] Sembra esserci in Castigliano la volontà di minimizzare e banalizzare l'enunciato.

La dimostrazione si sviluppa in modo lineare, anche se non completamente soddisfacente secondo gli standard moderni. Differenziando l'espressione $\sum T_{pq}^2/\epsilon_{pq}$, alla quale in seguito darà il nome di *lavoro molecolare*, Castigliano ottiene [68]:[76]

$$\sum \frac{T_{pq}}{\epsilon_{pq}} dT_{pq} = 0. \tag{4.19}$$

Questa relazione vale per forze T_{pq} che soddisfano le equazioni di equilibrio di nodo (4.15), che differenziate forniscono [68]:[77]

$$\sum \delta T_{2q} \cos \alpha_{2q} = 0,$$
$$\sum \delta T_{3q} \cos \alpha_{3q} = 0, \quad \sum \delta T_{3q} \cos \beta_{3q} = 0,$$
$$\cdots \tag{4.20}$$
$$\sum \delta T_{pq} \cos \alpha_{pq} = 0, \quad \sum \delta T_{pq} \cos \beta_{pq} = 0, \quad \sum \delta T_{pq} \cos \gamma_{pq} = 0$$
$$\cdots$$

---

[73] p. 11. Occorre notare che per eliminare i moti rigidi Castigliano assume il nodo 1 bloccato, il nodo 2 bloccato nelle direzioni y, z e il nodo 3 bloccato nella direzione z. Di conseguenza le equazioni di equilibrio corrispondenti non compaiono nella (4.14).

[74] p. 14.

[75] p. 14.

[76] eq. [5], p. 14.

[77] eq. [6], p. 15.

Aggiungendo alla (4.19) le (4.20) moltiplicate per opportuni moltiplicatori di Lagrange A_p, B_p, C_p, Castigliano perviene a [68]:[78]

$$\sum \frac{T_{pq}}{\epsilon_{pq}} dT_{pq} + A_2 \sum dT_{2q} \cos\alpha_{2q} + A_3 \sum T_{3q} \cos\alpha_{3q} + B_3 \sum T_{3q} \cos\beta_{3q} +$$
$$A_p \sum dT_{pq} \cos\alpha_{pq} + B_p \sum dT_{pq} \cos\beta_{pq} + C_p \sum dT_{pq} \cos\gamma_{pq} = 0$$

$$(4.21)$$

ove si è tenuta considerazione solo delle equazioni di equilibrio di nodo effettivamente scrivibili.

Uguagliando ora a zero i coefficienti dei differenziali di tutte le tensioni si otterranno tante equazioni quante sono queste tensioni, e aggiungendovi le $3n - 6$ equazioni (1) [le (4.15)] si avranno tante equazioni quante bastano a determinare tutte le tensioni e i $3n - 6$ moltiplicatori [68].[79]

Uguagliando a zero i coefficienti dei «differenziali» dT_{pq} Castigliano ottiene [68]:[80]

$$\frac{T_{pq}}{\epsilon_{pq}} + A_p \cos\alpha_{pq} + B_p \cos\beta_{pq} + C_p \cos\gamma_{pq} + A_q \cos\alpha_{qp} + B_q \cos\beta_{qp} \quad (4.22)$$
$$+ C_q \cos\gamma_{qp} = 0.$$

Questa, tenendo conto delle (4.16) e moltiplicando per ϵ_{pq}, fornisce [68]:[81]

$$T_{pq} = \epsilon_{pq} [(A_q - A_p) \cos\alpha_{pq} + (B_q - B_p) \cos\beta_{pq} + (C_q - C_p) \cos\gamma_{pq}]. \quad (4.23)$$

Le equazioni tipo (4.23), tante quante le aste, sono le equazioni aggiuntive a quelle di equilibrio (4.15). Castigliano osserva che le (4.23) sono identiche alle equazioni aggiuntive utilizzate per il metodo delle deformazioni, e che i moltiplicatori di Lagrange non sono altro che gli spostamenti dei nodi. La soluzione ottenibile minimizzando il lavoro molecolare coincide quindi con quella ottenibile con il metodo delle deformazioni, che è esatta in quanto ottenuta con metodi meccanici «indubitabili».

La procedura di Castigliano è elegante e in molti punti efficiente, però non è completamente rigorosa, seppure in aspetti di dettaglio. Per esempio non c'è nessun commento al fatto che il lavoro molecolare ammetta un minimo invece che semplicemente un estremo, anche se ciò da un punto di vista operativo è irrilevante. Inoltre non c'è nessun riferimento esplicito all'unicità del problema elastico, condizione che potrebbe assicurare la coincidenza dei risultati ottenuti con i due metodi (deformazioni e minimo lavoro molecolare). Castigliano ha dimostrato solo l'implicazione: *Minimo lavoro molecolare* ⇒ *Soluzione metodo deformazioni* e non anche il viceversa, che risulta valido se c'è l'unicità della soluzione. Sarebbe bastato che Castigliano avesse fatto notare che la variazione del lavoro molecolare rispetto alle forze delle aste, uguagliata a zero, dà solo e sempre il sistema di equazioni lineari che fornisce la soluzione con il metodo degli spostamenti.

---

[78] Equazione non numerata, p. 15.
[79] p. 15.
[80] Prima equazione non numerata, p. 16.
[81] eq. [7], p. 16.

4.4.1.3
Le strutture miste

Castigliano termina il secondo capitolo della sua tesi generalizzando il suo "teorema" al caso in cui oltre a elementi soggetti a sola tensione assiale, ovvero aste, vi siano anche elementi inflessi, ovvero travi. Queste strutture vengono dette "miste". È da notare che Castigliano in questo capitolo si riferisce fin dall'inizio al nuovo enunciato con il termine di teorema. Ciò può significare che Castigliano sa che il considerare anche elementi inflessi oltre a quelli solo tesi/compressi rappresenta la vera novità del suo lavoro, rispetto al risultato già raggiunto da Menabrea:

> TEOREMA – *Consideriamo un sistema elastico formato di parti soggette a torsione, flessione o scorrimento trasversale, e di verghe congiunte a snodo con quelle parti e fra loro: io dico che se questo sistema viene sottoposto all'azione di forze esterne cosicché esso si deformi, le tensioni delle verghe dopo la deformazione sono quelle, che rendono minima l'espressione del lavoro molecolare del sistema, tenendo conto delle equazioni, che si hanno fra queste tensioni, e supponendo costanti le direzioni delle verghe e delle forze esterne* [68].[82]

Nella dimostrazione Castigliano si serve di un asserto esterno alla teoria dell'elasticità classica, ovvero che il *lavoro molecolare* della deformazione delle parti non puramente estensibili del sistema si possa esprimere in modo univoco in funzione delle forze esterne $P, Q, R, \ldots$ e delle forze $T_1, T_2, T_3, \ldots$ delle aste che vi convergono [68]:[83]

$$F(P, Q, R, \ldots, T_1, T_2, T_3, \ldots) . \qquad (4.24)$$

Ammette cioè che le forze elastiche siano conservative: in termini moderni F è l'energia potenziale elastica delle parti non puramente estensibili (che Castigliano, per brevità, sceglie di chiamare semplicemente come *parti flessibili*) in funzione delle forze attive e delle "tensioni" delle parti puramente estensibili, viste come forze esterne.

Castigliano prova questo teorema analogamente al precedente: impone il minimo (meglio, la stazionarietà) del lavoro molecolare rispetto alle "tensioni" e mostra che si ottengono equazioni equivalenti a quelle ottenute con il metodo delle deformazioni. Il lavoro molecolare totale del sistema è la somma dei lavori molecolari delle aste e di F. L'equazione che ottiene differenziando il lavoro molecolare totale è [68]:[84]

$$\left(\frac{T_1}{\epsilon_1} + \frac{dF}{dT_1} \right) dT_1 + \left(\frac{T_2}{\epsilon_2} + \frac{dF}{dT_2} \right) dT_2 + \cdots + \sum \frac{T_{pq}}{\epsilon_{pq}} dT_{pq} = 0 . \quad (4.25)$$

Le forze con un indice, $T_1, T_2, \ldots$, sono di aste che concorrono ai nodi $1, 2, \ldots$, e hanno l'altro nodo in comune con un elemento inflesso; le forze con due indici T_{pq} appartengono alle aste puramente estensibili. In questa equazione le forze $T_1, T_2, \ldots, T_{pq}$ non possono variare arbitrariamente ma devono essere equilibrate tra loro e con le forze attive P, Q, R.

---

[82] p. 17.
[83] Prima equazione non numerata, p. 18.
[84] eq. [8], p. 18.

A partire da qui il testo perde chiarezza e necessita di interpretazione. Castigliano considera solo le equazioni di equilibrio dei nodi in cui concorrono solo cerniere; in tali equazioni compaiono comunque le forze di tutti gli elementi. Egli assume implicitamente che ogni asta abbia almeno un nodo dotato di cerniera; questa è una condizione necessaria per poter ottenere una forma semplice in funzione delle sole forze nelle aste, T_j, T_{pq}, delle equazioni di equilibrio di nodo. Castigliano ritiene che per i nodi che concorrono negli elementi inflessi l'equilibrio possa essere sempre soddisfatto.

Differenziando le equazioni indipendenti di equilibrio di nodo[85] che sono in numero minore di $3n - 6$ (sarebbero esattamente $3n - 6$ se non vi fossero elementi inflessi), moltiplicandone i differenziali per i parametri lagrangiani $A_1, B_1, C_1; A_2, B_2, C_2; \ldots$; $A_p, B_p, C_p; A_q, B_q, C_q; \ldots$, sommando alla (4.25) e uguagliando a zero i coefficienti delle $dT_1, dT_2, \ldots, dT_{pq}, \ldots$, Castigliano, senza riportare i passaggi, fornisce [68]:[86]

$$\frac{T_1}{\epsilon_1} + \frac{dF}{dT_1} - A_1 \cos\alpha_1 - B_1 \cos\beta_1 - C_1 \cos\gamma_1 = 0$$

$$\frac{T_2}{\epsilon_2} + \frac{dF}{dT_2} - A_2 \cos\alpha_2 - B_2 \cos\beta_2 - C_2 \cos\gamma_2 = 0 \qquad (4.26)$$

$$\ldots$$

$$\frac{T_{pq}}{\epsilon_{pq}} - (A_q - A_p)\cos\alpha_{pq} - (B_q - B_p)\cos\beta_{pq} - (C_q - C_p)\cos\gamma_{pq} = 0 \; .$$

Intanto se fra le equazioni [9] [le nostre (4.26)] si considerano quelle, che contengono le tensioni delle verghe, le quali non sono congiunte per alcun estremo colle parti flessibili del sistema, si riconosce che esse son precisamente quelle, che si otterrebbero col metodo degli spostamenti per esprimere quelle tensioni, intendendo solo che in generale A, B, C rappresentino gli spostamenti del vertice V parallelamente agli assi: i tre vertici V_1, V_2, V_3 dei quali il primo è posto nell'origine delle coordinate, il secondo sull'asse delle x e il terzo nel piano delle xy, suppongo sian di quelli in cui concorrono soltanto verghe congiunte a snodo.

Ci resta solo a dimostrare che anche quelle fra le equazioni [1], le quali contengono le tensioni delle verghe, che con un estremo si congiungono alle parti flessibili del sistema, coincidono colle equazioni fornite dal metodo degli spostamenti [68].[87]

Poiché, osserva, in una trasformazione quasi statica e avendo ammesso che le forze esterne siano invariabili, il lavoro speso da queste dipende solo dalle configurazioni iniziale e finale del sistema, l'espressione del lavoro esterno è [68]:[88]

$$\frac{1}{2}(Pp + Qq + Rr + \cdots) \qquad (4.27)$$

---

[85] Le equazioni di equilibrio di nodo differenziate assumono la forma:

$$\delta T_1 \cos\alpha_1 + \cdots \sum \delta T_{1q} \cos\alpha_{1q} = 0$$

$$\sum \delta T_{pq} \cos\alpha_{pq} = 0$$

$$\ldots$$

[86] eq. [9], p. 18.
[87] p. 19.
[88] eq. [10], p. 21.

in cui P, Q, R sono i valori finali delle forze esterne e p, q, r le proiezioni degli spostamenti dei loro punti di applicazione lungo le loro direzioni. Per il bilancio dei lavori, la (4.27) rappresenta anche il lavoro delle forze interne:

> [...] ma il lavoro delle forze esterne dev'essere uguale al lavoro interno o molecolare, e questo è indipendente dalla legge colla quale sono venute crescendo le forze esterne; dunque la formula [10] [la (4.27)] esprime il lavoro molecolare della deformazione, qualunque sia la legge colla quale hanno variato le forze, che l'hanno prodotta [68].[89]

Per definizione il lavoro delle forze esterne in una deformazione infinitesima è [68]:[90]

$$Pdp + Qdq + Rdr + \cdots \qquad (4.28)$$

Anche differenziando la (4.27) si ottiene il lavoro in una deformazione infinitesima [68]:[91]

$$\frac{1}{2} (Pdp + Qdq + Rdr + \cdots) + \frac{1}{2} (pdP + qdQ + rdR + \cdots). \qquad (4.29)$$

Dall'uguaglianza delle (4.27) e (4.28) Castigliano deduce [68]:[92]

$$Pdp + Qdq + Rdr + \cdots = pdP + qdQ + rdR + \cdots \qquad (4.30)$$

Da questa segue che il lavoro in una deformazione infinitesima degli elementi inflessi è [68]:[93]

$$pdP + qdQ + rdR + \cdots + t_1 dT_1 + t_2 dT_2 + \cdots \qquad (4.31)$$

[...] ma abbiamo veduto che [il lavoro molecolare infinitesimo] si esprime anche colla formula [68][94]

$$\frac{dF}{dP} = dP + \frac{dF}{dQ} dQ + \frac{dF}{dR} dR + \cdots \frac{dF}{dT_1} dT_1 + \frac{dF}{dT_2} dT_2 + \cdots ;$$

dunque queste due espressioni, dovendo essere identiche qualunque siano i valori dei differenziali $dP, dQ, dR, \ldots, dT_1, dT_2, \ldots$ bisognerà che sia [68][95]

$$\frac{dF}{dP} = p, \ \frac{dF}{dQ} = q, \ \frac{dF}{dR} = r, \ldots \frac{dF}{dT_1} = t_1, \ \frac{dF}{dT_2} = t_2, \ldots \qquad (4.32)$$

Castigliano non dà nessun rilievo a questo risultato, cui invece in lavori successivi attribuirà la qualifica di «teorema».[96]

Dimostrato che le espressioni dF/dT_i nelle (4.26) coincidono con le proiezioni t_i degli spostamenti dei nodi degli elementi flessibili nella direzione delle T_i, e tenendo

---

[89] p. 21.

[90] Penultima equazione non numerata, p. 21.

[91] Ultima equazione non numerata, p. 21.

[92] Prima equazione non numerata, p. 22.

[93] Seconda equazione non numerata, p. 22. Le t_i sono le proiezioni degli spostamenti delle parti flessibili nelle direzioni delle T_i.

[94] Terza equazione non numerata, p. 22. In realtà Castigliano si riferisce implicitamente al significato meccanico della F nella (4.23) e a una variazione prima della medesima.

[95] eq. [11], p. 22.

[96] Oggi la (4.32) è nota come (primo) teorema di Castigliano.

presenti le relazioni geometriche che forniscono le t_i in funzione delle componenti degli spostamenti ξ_i, η_i, ζ_i rispetto agli assi coordinati [68]:[97]

$$t_1 = \xi_1 \cos\alpha_1 + \eta_1 \cos\beta_1 + \zeta_1 \cos\gamma_1,$$
$$t_2 = \xi_2 \cos\alpha_2 + \eta_2 \cos\beta_2 + \zeta_2 \cos\gamma_2, \qquad (4.33)$$
$$\ldots$$

[...] vedesi che anche quelle fra le equazioni [9] [le nostre (4.26)] che contengono le tensioni $T_1, T, \ldots$ coincidono pienamente con quelle ottenute col metodo degli spostamenti [68].[98]

Infatti, si prenda per esempio la prima delle (4.26). Riscritta tenendo conto delle (4.32)-(4.33):

$$\frac{T_1}{\epsilon_1} + (\xi_1 - A_1)\cos\alpha_1 + (\eta_1 - B_1)\cos\beta_1 + (\zeta_1 - C_1)\cos\gamma_1 = 0 \,.$$

Si ottiene un'equazione di congruenza la quale asserisce che l'allungamento dell'asta 1 dovuto alla forza T_1 è pari alla variazione di distanza dei suoi nodi. La dimostrazione del teorema del minimo lavoro è così conclusa.

Castigliano estende il teorema anche a sistemi solo inflessi (nella sua accezione, cioè sottoposti a scorrimento angolare, flessione e torsione), senza aste reticolari. Tale estensione non è però generale, è ottenuta con procedure *ad hoc* e riguarda solo elementi vincolati all'esterno e non anche tra di loro, come accade nei telai. La sua conclusione, che in questi casi riguarda la determinazione delle reazioni vincolari sovrabbondanti, è che se si può esprimere il lavoro molecolare L in funzione delle reazioni indeterminate X_i (*incognite iperstatiche*), esse possono essere determinate imponendo il minimo di L rispetto alle X_i.

4.4.1.4

Applicazioni

Castigliano conclude la tesi con una parte (la terza) di applicazioni: una trave continua, alcune capriate e travi armate, cioè rinforzate da un tirante inferiore. L'interesse non va forse tanto alle applicazioni in sé, quanto alla parte introduttiva in cui Castigliano determina l'espressione del lavoro molecolare per gli elementi tesi e inflessi in funzione delle caratteristiche di sollecitazione, delle forze applicate ai nodi e dei carichi esterni.

Il lavoro associato all'estensione di un'asta di lunghezza a della Figura 4.5 è [68]:[99]

$$\frac{1}{2E\Omega} \int (P + px)^2 \, dx = \frac{a}{2E\Omega} \left(P^2 + Ppa + \frac{1}{3}p^2 a^2 \right) \qquad (4.34)$$

---

[97] Ultime equazioni non numerate, p. 22.
[98] p. 23.
[99] p. 33.

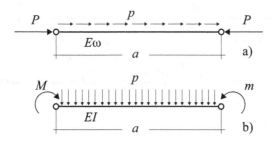

Figura 4.5 Trave di una campata

in cui P è la forza assiale d'estremità, p il carico assiale distribuito, E il modulo di Young del materiale che costituisce l'elemento, Ω l'area della sezione trasversale, a la lunghezza.

Per una trave inflessa di lunghezza a, momento d'inerzia della sezione dell'elemento rispetto all'asse di inflessione I, momenti di estremità m e M, soggetta a un carico trasversale uniformemente distribuito p, fornisce la seguente espressione per il lavoro molecolare [68]:[100]

$$\frac{a}{2EI}\left[\frac{M^2+Mm-m^2}{3}-\frac{1}{12}pa^2\left(M+m\right)+\frac{1}{120}pa^4\right]. \tag{4.35}$$

Questa è ottenuta integrando $M(x)^2/2EI$ sulla trave, essendo $M(x)$ il momento flettente della trave.

È interessante notare come Castigliano poco dopo fornisca l'espressione del lavoro di scorrimento angolare (peraltro non del tutto rispondente a quanto si accetta attualmente) ma non quella del lavoro di torsione, «perché nelle costruzioni questo caso non si presenta quasi mai» [68].[101] Inoltre, è da notare che Castigliano fornisce le (4.34)-(4.35) senza alcun commento, come se le desse per risultati noti all'epoca. Probabilmente conosceva i lavori della letteratura europea sull'argomento (Clebsch, Saint Venant, Lamé, Moseley – vedi anche il Capitolo 1).

Castigliano utilizza le espressioni del lavoro molecolare per risolvere problemi di attualità: riottiene le equazioni di Clapeyron per la trave continua (equazioni dei tre momenti); studia capriate formate da elementi inflessi e da aste incernierate (prima delle «incavallature» Polonceau e poi delle travi reticolari di forma qualsiasi, composte da alcuni elementi resistenti a flessione che reggono aste incernierate). Per semplicità riportiamo per esteso solo il paragrafo relativo all'analisi delle travi continue.

Applicazione a una trave sostenuta in più di due punti. – Suppongo la trave orizzontale, rettilinea, omogenea, di azione costante, simmetrica rispetto al piano verticale che passa pel suo asse, e caricata di un peso uniformemente distribuito su ciascuna parte contenuta tra due appoggi successivi.

---

[100] p. 35.
[101] p. 35.

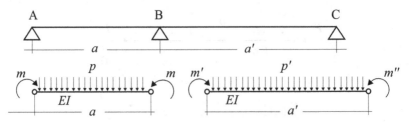

Figura 4.6 Trave continua

È chiaro che i valori dei momenti inflettenti per le sezioni in corrispondenza degli appoggi, sono funzioni dei pesi distribuiti sul solido e delle pressioni o reazioni degli appoggi; ora tenendo conto delle due equazioni dateci dalla statica tra i valori di queste reazioni, vedesi che tante di esse rimangono a determinarsi quanti sono gli appoggi, meno due, ossia tante quanti sono i momenti inflettenti sugli appoggi, poiché i momenti inflettenti sugli appoggi estremi sono nulli. Donde segue, che le reazioni degli appoggi si possono esprimere in funzione dei momenti inflettenti relativi agli appoggi medesimi, e perciò possiamo prendere per incognite questi momenti.

Queste incognite si debbono determinare colla condizione che il lavoro molecolare della trave sia un minimo; io trascuro il lavoro proveniente dallo scorrimento trasversale, onde il differenziale del lavoro molecolare di tutta la trave, riesce uguale alla somma di tante espressioni analoghe alla [15],[102] quante sono le parti in cui la trave è divisa dagli appoggi, ossia le travate, avvertendo solo che per l'estrema travata di destra l'espressione [15] si riduce al solo primo termine, perciò $dm = 0$, e per l'estrema di sinistra si riduce al secondo termine, perché $dM = 0$.

Affinché il lavoro molecolare sia un minimo, bisogna determinare i momenti inflettenti incogniti, uguagliando a zero i coefficienti dei differenziali di tutti questi momenti. Ora il differenziale del momento inflettente relativo all'appoggio B, non può entrare che in uno dei termini che provengono dal lavoro della travata AB e in uno di quelli che provengono dal lavoro della travata BC; cosicché chiamando a e a' le lunghezze di queste due travate, p e p' i pesi uniformemente distribuiti su di esse, m, m', m'' i momenti inflettenti relativi ai tre appoggi A, B, C; E il coefficiente di elasticità della trave e I il momento d'inerzia della sezione, i due termini che nell'espressione differenziale del lavoro molecolare contengono il differenziale dm' sono [vedi la Figura 4.6]:

$$\frac{a}{2EI}\left(\frac{m+2m'}{3}-\frac{1}{12}pa^2\right)dm'; \quad \frac{a'}{2EI}\left(\frac{2m'+m''}{3}-\frac{1}{12}p'a'^2\right)dm'.$$

Dunque uguagliando a zero il coefficiente di dm', si ottiene

$$am'+2(a+a')m'+m''a'-\frac{1}{4}(pa^3+p'a'^3)=0.$$

È questa appunto l'equazione dovuta a Clapeyron [68].[103]

---

[102] Si tratta della variazione della (4.35).
[103] pp. 35-36.

4.4.2
1875. *Intorno all'equilibrio dei sistemi elastici*

Questo lavoro si riallaccia alla tesi, con l'obiettivo di migliorarne l'esposizione e precisarne i contenuti. L'introduzione è molto più completa e fornisce una storia abbastanza precisa del principio del minimo lavoro. Naturalmente Castigliano cita anche Menabrea, seppure minimizzandone il ruolo, in particolare quando riferisce sul lavoro del 1868 [235], con il commento sulla nuova dimostrazione dell'*équation d'élasticité*:

> [La nuova dimostrazione] però pare non essere stata giudicata più rigorosa della prima, perché non ostante la grande bellezza e la evidente utilità del teorema del minimo lavoro, nessuno, ch'io sappia, credette di poterne trarre partito prima dell'anno 1872, in cui l'Ing. Giovanni SACHERI lesse alla Società degli Ingegneri e industriali di Torino una sua Memoria, nella quale si provò a applicare quel teorema [...]. Però di questa memoria non mi occorre parlare perché, contenendo solo un esempio numerico, non fece punto progredire la dimostrazione del teorema [70].[104]

Castigliano non critica il merito della dimostrazione di Menabrea: dice che non è rigorosa perché il metodo non ha avuto applicazioni, salvo smentirsi citandone una. La dimostrazione del teorema del minimo lavoro molecolare procede esattamente come nella tesi; la differenza principale è forse in un nuovo paragrafo, *Spostamenti dei vertici in funzione delle forze esterne*, in cui viene esplicitato un risultato della tesi che sarà ripreso con più enfasi in un lavoro di poco successivo [72].

Nel § 10 Castigliano fa una dichiarazione che ci fa ritenere che per lui (come per noi) la superiorità del suo lavoro su quello di Menabrea sia principalmente l'estensione a sistemi strutturali diversi dalle travi reticolari:

> **Utilità del teorema del minimo lavoro.** – In pratica non avviene quasi mai che si adoperino dei sistemi elastici semplicemente articolati, cioè dei sistemi composti soltanto di verghe elastiche congiunte a snodo: invece sono continuamente adoperati dei sistemi che chiamerò *misti*, composti di travi rinforzate da saette o tiranti, cioè da verghe elastiche congiunte a snodo colle travi in diversi punti della loro lunghezza, e fra loro. Affinché dunque un teorema intorno ai sistemi elastici abbia un'utilità pratica, bisogna che esso sia applicabile ai sistemi misti. Questo pregio ha appunto il teorema del minimo lavoro, e è solo per ciò, che io mi sono adoperato, quanto ho potuto, a dimostrarne l'esattezza e l'utilità. Siccome però le sue proprietà riguardo ai sistemi semplicemente articolati si mantengono anche per quelli misti, come dimostrerò fra poco, dirò fin d'ora alcuni vantaggi che esso presenta su altri metodi nel calcolo dei sistemi articolati [70].[105]

---

[104] pp. 3-4.
[105] p. 29.

4.4.2.1
Sistemi non semplicemente articolati

L'estensione del teorema del minimo lavoro agli elementi inflessi segue una via completamente diversa da quella del 1873, per la quale Castigliano stesso manifesta alcuni dubbi, quando scrive: «pure mi pare di avere trovato alcune nuove dimostrazioni più semplici e più rigorose di quelle che io aveva dato dapprima» [70].[106]

Castigliano parte dall'ipotesi molecolare classica, che ritiene "indubitabile", anche se messa in dubbio da molti studiosi di teoria dell'elasticità, e che nel lavoro successivo metterà in dubbio egli stesso. Secondo tale assunto la materia è composta da particelle, o molecole, che si scambiano forze opposte lungo la loro congiungente e proporzionali alla variazione di distanza, almeno per spostamenti piccoli. Tutto va quindi come se le molecole fossero collegate da aste elastiche e qualsiasi elemento strutturale, anche inflesso, si può assimilare a un enorme sistema reticolare spaziale.

A questo sistema reticolare è lecito applicare il teorema del minimo lavoro molecolare. Naturalmente c'è una difficoltà pratica: il minimo andrebbe cercato considerando tutte le forze intermolecolari, e ciò è praticamente impossibile. Castigliano riesce a superare la difficoltà con un'argomentazione che contiene margini di ambiguità. Da una parte sostiene che:

> [...] se lo stato del sistema dopo la deformazione si può far dipendere da un piccolo numero di quantità legate fra loro da alcune equazioni di condizione, e se il lavoro molecolare del sistema nella deformazione si esprime per mezzo di quelle sole quantità, si otterranno i valori delle medesime considerandole come variabili legate alle equazioni di condizione, e cercando il sistema dei loro valori, che rende minima l'espressione del lavoro molecolare [70].[107]

Così, se per gli elementi inflessi si riesce a esprimere il lavoro molecolare L in funzione delle forze nodali X_i, tali forze si determinano con il minimo di L rispetto a X_i, considerando le sole equazioni di equilibrio per le X_i.

D'altra parte sembra che Castigliano voglia restringere la sua attenzione ai sistemi misti per i quali può utilizzare un teorema sui sistemi reticolari che ha dimostrato in precedenza:

> [...] se di un sistema articolato deformato da date forze si sa esprimere il lavoro molecolare di una parte contenuta entro una certa superficie S in funzione delle tensioni delle verghe che congiungono questa parte alla rimanente, si otterranno le tensioni di queste verghe e di quelle esterne alla superficie S esprimendo che il lavoro molecolare di tutto il sistema è un minimo, tenuto conto [solo] delle equazioni di equilibrio intorno a tutti i vertici esterni alla superficie S [70].[108]

Così, se per un elemento inflesso si prende come superficie S la sua superficie esterna, è lecito minimizzare il lavoro molecolare di tutte le microaste interne tenendo

---

[106] p. 6.
[107] p. 36.
[108] pp. 24-25.

conto dell'equilibrio delle sole forze che agiscono all'esterno di S, a condizione naturalmente di saper esprimere il lavoro molecolare in funzione di tali forze. Se poi, in un sistema misto elementi tesi-elementi inflessi, si riesce a esprimere il lavoro molecolare di tutto il sistema in funzione delle forze delle sole aste, allora la soluzione strutturale si può trovare imponendo il minimo del lavoro molecolare di tutta la struttura con la condizione dell'equilibrio ai soli nodi in cui concorrono solo aste.

4.4.3
1875. Nuova teoria intorno all'equilibrio dei sistemi elastici

Questo lavoro fu scritto dopo la diatriba con Menabrea sulla priorità della dimostrazione del teorema del minimo lavoro e l'introduzione, molto scarna, è chiaramente condizionata da questo avvenimento. Il ruolo di Menabrea è minimizzato il più possibile e, forse ancora peggio, non viene citato il lavoro di Rombaux [307] che pure nella scrittura di questa memoria aveva evidenziato come la derivata del lavoro molecolare rispetto alle forze fornisca gli spostamenti.

Castigliano rovescia l'impostazione del precedente lavoro del 1875 e sposta la centralità dal teorema del minimo lavoro a quello delle derivate del lavoro. La teoria classica dei sistemi articolati con il metodo delle deformazioni viene riformulata con maggior rigore (o forse pedanteria) rispetto a quanto fatto nei lavori precedenti, per esempio precisando meglio quali termini degli spostamenti, supposti comunque piccoli, si possono trascurare per pervenire a un sistema lineare di equazioni.

I teoremi delle derivate del lavoro sono formulati all'inizio del lavoro:

Ciò posto, i due nuovi teoremi sono i seguenti:

1° *Se per un sistema elastico qualunque il lavoro di deformazione espresso in funzione delle forze esterne si differenzia rispetto a una di queste forze, la derivata, che si ottiene, esprime lo spostamento del punto d'applicazione della forza proiettato sulla sua direzione.*

2° *Se la medesima espressione del lavoro di deformazione si differenzia rispetto al momento di una coppia, la derivata, che si ottiene, esprime la rotazione della linea, che congiunge i punti d'applicazione delle due forze della coppia.*

Questi teoremi, la cui importanza è evidente, sono veri soltanto se le deformazioni sono piccolissime, per modo che le potenze degli spostamenti e delle rotazioni superiori alla prima siano trascurabili rispetto a questa. Essi possono riunirsi in un solo, ch'io chiamerò *teorema delle derivate del lavoro di deformazione* o più brevemente *teorema delle derivate del lavoro.*

Si vedrà in seguito che esso basta per risolvere tutte le questioni, che si presentano nella pratica intorno all'equilibrio dei sistemi elastici. Si vedrà pure che esso contiene come applicazione o meglio come semplice osservazione il *teorema del minimo lavoro delle deformazioni elastiche* o *principio d'elasticità*, che il Generale MENABREA ha pel primo enunciato in tutta la sua generalità nel 1857 e 1858 alle Accademie delle scienze di Torino e Parigi, e intorno al quale ha presentato nel 1868 un'altra Memoria all'Accademia delle scienze di Torino [72].[109]

La dimostrazione dei teoremi avviene limitandosi dapprima ai sistemi reticolari:

Teorema delle derivate del lavoro di deformazione. – *Se il lavoro di deformazione di un sistema articolato si esprime in funzione delle forze esterne, la sua derivata rispetto a una qualunque di queste ci dà lo spostamento del punto d'applicazione della medesima proiettato sulla sua direzione* [72].[110]

[...] *se il lavoro di deformazione del sistema* [articolato] *si differenzia rispetto al momento M della coppia considerata, la derivata che si ottiene esprime l'angolo, di cui ha ruotato intorno all'asse della coppia la retta, che congiunge i punti d'applicazione delle due forze della medesima coppia* [72].[111]

Nel secondo teorema il momento M non è il momento flettente di un membro inflesso ma il momento di una coppia di forze applicate a due nodi distinti della struttura reticolare. Castigliano dimostra il primo teorema più semplicemente che nella sua tesi di laurea, riferendosi a una struttura reticolare (per brevità non riportiamo la dimostrazione presente in molti trattati di Scienza delle costruzioni). La dimostrazione del secondo teorema è più laboriosa.

4.4.3.1
Il teorema di minimo del lavoro di deformazione come corollario

Castigliano relega il teorema del minimo lavoro a semplice corollario di quello delle derivate del lavoro. La dimostrazione è semplice:[112] p e q siano due nodi di una struttura reticolare; T_{pq} la forza dell'asta che li collega, supposta essere l'unica sovrabbondante; F il lavoro di deformazione della parte di struttura priva dell'asta, soggetta oltre che alle forze attive esterne anche alle forze T_{pq} opposte applicate a p e q. Per il primo teorema del punto precedente la derivata:

$$- \frac{dF}{dT_{pq}}$$

rappresenta lo spostamento relativo tra p e q nella direzione delle forze applicate. Il segno negativo serve a dare valore positivo al caso dell'asta tesa ($T_{pq} > 0$) in cui i nodi sono soggetti a forze che tendono ad avvicinarli. Ma per l'asta pq la quantità:

$$\frac{T_{pq}}{\epsilon_{pq}}$$

rappresenta l'allontanamento-avvicinamento dei nodi pq pensati appartenenti a essa

---

[109] p. 129.
[110] p. 146.
[111] p. 150.
[112] Si sintetizza quanto riportato da Castigliano alle pp. 150-152.

(allontanamento se $T_{pq} > 0$). Per la congruenza si deve avere:

$$-\frac{dF}{dT_{pq}} = \frac{T_{pq}}{\epsilon_{pq}} \Rightarrow \frac{dF}{dT_{pq}} + \frac{T_{pq}}{\epsilon_{pq}} = 0 \Rightarrow \delta \left(F + \frac{1}{2} \frac{T_{pq}^2}{\epsilon_{pq}} \right) = 0.$$

In questo modo il teorema del minimo lavoro di deformazione è dimostrato quando vi sia una sola asta sovrabbondante in quanto l'espressione $F + 1/2 T_{pq}^2/\epsilon_{pq}$ rappresenta il lavoro di deformazione della struttura completa. L'estensione a più aste sovrabbondanti è semplice.

4.4.3.2
Sistemi qualunque

Per estendere i teoremi del minimo lavoro e delle derivate del lavoro agli elementi inflessi Castigliano ritorna sulle posizioni della tesi e al principio di conservazione dell'energia. Introduce anche un significativo cambio terminologico: il *lavoro molecolare* diventa *lavoro di deformazione* o *lavoro elastico*, termini che prescindono da ogni riferimento alla costituzione della materia.

> Io mi propongo di far vedere che anche per queste due classi di sistemi [che contengono elementi inflessi] sono veri sia il *teorema delle derivate del lavoro di deformazione*, sia quello *del minimo lavoro*.
>
> [...] Per dare queste dimostrazioni io invocherò il *principio della conservazione delle energie*: io non avrei bisogno di farlo, se si ammettesse che quando un corpo elastico si deforma, l'azione, che si sviluppa tra due molecole vicine, è diretta secondo la linea, che ne congiunge i centri. Quest'ipotesi è stata ammessa finora, e alcuni autori insigni come LAMÉ e BARRÉ DE SAINT VENANT continuano a ammetterla, perché difatti è difficile farsi un'idea chiara d'un altro modo d'azione.
>
> Siccome però il celebre astronomo GREEN nella sua *Teoria della luce* ha ammesso che l'azione tra due molecole possa aver luogo in una direzione diversa dalla retta, che ne congiunge i centri, ma tale però che abbia luogo il principio della conservazione delle energie, io procurerò di far vedere che i nuovi teoremi sono veri indipendentemente dalla direzione in cui ha luogo l'azione tra le molecole dei corpi [72].[113]

Facendo ricorso al principio di conservazione dell'energia (meglio, al primo principio della termodinamica), con un ragionamento all'epoca noto[114] Castigliano dimostra che il lavoro di deformazione è indipendente dal percorso delle forze attive.

> È molto importante persuadersi bene del rigore di questo ragionamento [relativo alle forze centrali], perché è assai probabile che il caso ora considerato sia quello, che ha luogo in natura.
>
> Ma per non introdurre nelle nostre ricerche alcuna restrizione, che non sia assolutamente necessaria, riferiremo qui il ragionamento di GREEN modificato dal signor BARRÉ DE SAINT VENANT, per dimostrare il teorema enunciato, qualunque sia la direzione dell'azione tra le molecole.

---

[113] p. 158.
[114] Si veda per esempio [38], § 2.

Supponiamo che la deformazione di un corpo abbia luogo in un vaso impermeabile al calore, e che dopo aver fatto crescere, secondo una data legge, le forze esterne da zero sino ai loro valori finali, si facciano decrescere di nuovo sino a zero secondo un'altra legge che non sia esattamente inversa della prima. Poiché il corpo è in un vaso impermeabile al calore non può aver ricevuto calore, né può averne ceduto; e d'altra parte poiché il corpo ha ripreso il suo stato primitivo esso conterrà alla fine la stessa quantità di calore, che conteneva al principio.

Se dunque il lavoro fatto dalle forze esterne nel periodo del loro incremento non fosse esattamente uguale a quello raccolto nel periodo del loro decremento, si avrebbe una produzione o un consumo di lavoro, che non sarebbero compensati da un'equivalente quantità di calore consumata o prodotta. Il che è contro il *principio della conservazione delle energie* [72].[115]

In questo modo Castigliano può esprimere il lavoro di deformazione in funzione delle sole forze esterne, nella stessa forma ottenuta per le travature reticolari [72]:[116]

$$\frac{1}{2}\left(Pp + Qq + Rr + \cdots\right).$$

Seguendo gli stessi passaggi della tesi Castigliano ricava i teoremi delle derivate del lavoro e il teorema del minimo lavoro di deformazione. Essi possono essere formulati per strutture inflesse di ogni tipo a condizione che si sappia esprimere il lavoro di deformazione in funzione delle forze esterne, delle forze delle eventuali aste connesse e delle reazioni vincolari, legate tra loro da equazioni di equilibrio.

Castigliano è molto prudente e preferisce fornire una formulazione esplicita per una trave inflessa, facendola passare per un teorema basato sulla conservazione delle sezioni piane, assimilandole a dischi rigidi.

Dunque, poiché a cagione del disco perfettamente rigido la sezione resta piana nella deformazione del sistema, [... vale] il teorema seguente, importantissimo per la teoria della resistenza dei solidi.
Le derivate del lavoro di deformazione rispetto alle tre forze X, Y, Z e ai momenti delle tre coppie sopra definite esprimono gli spostamenti del centro della sezione parallelamente alle direzioni delle forze, e le tre rotazioni della sezione medesima intorno ai suoi assi principali di inerzia e alla sua perpendicolare condotta pel centro [72].[117]

Vale la pena di notare che in una esposizione moderna del teorema di Castigliano si considera un sistema elastico generale per cui è dimostrata l'esistenza di un'energia complementare totale. Il teorema di minimo del lavoro di deformazione, che è visto come un caso particolare del teorema di minimo dell'energia complementare totale in cui si assumano nulli i cedimenti vincolari, fa riferimento a una struttura elastica generica. L'applicazione alle travature reticolari è considerata scontata.

---

[115] p. 162.
[116] eq. (17), p. 164. Anche se Castigliano non lo cita esplicitamente, questa è la relazione che Lamé attribuisce a Clapeyron nelle sue Lezioni e che oggi va sotto il nome di *teorema di Clapeyron*. Castigliano tuttavia dimostra di conoscere il manuale di Lamé (citandolo p. es. a p. 158), per cui si può supporre che conoscesse la formulazione di Clapeyron.
[117] p. 171.

Castigliano si trova in una condizione diversa: in primo luogo, le strutture reticolari sono forse le più importanti del suo tempo e quindi meritano una trattazione specifica; inoltre, nell'estensione agli elementi inflessi sembra persistere ancora qualche dubbio sul rigore della dimostrazione.

4.4.4
1879. *Théorie de l'équilibre des systèmes élastiques et ses applications*

La *Théorie* rappresenta l'apice di tutti gli scritti precedenti sull'argomento. Sebbene da un punto di vista teorico non aggiunga quasi nulla, la sua pubblicazione è importante perché permette la diffusione a livello internazionale delle idee di Castigliano. Queste saranno apprezzate particolarmente in Germania dove esiste una solida scuola di ingegneria strutturale, tra cui vale la pena citare Mohr, Grashof, Müller-Breslau. Oltre all'esposizione della sua teoria Castigliano riporta anche applicazioni a strutture reali che aveva pubblicato nel 1878 [74].

Da un punto di vista didattico, la *Théorie* è un vero manuale di Scienza delle costruzioni: Castigliano ha aggiunto alla formulazione dei suoi teoremi (che si esaurisce nei primi due capitoli) anche elementi di teoria dell'elasticità. Didatticamente il testo non ebbe però molto successo: la scrittura in francese ne facilitava la diffusione internazionale ma la limitava in ambito nazionale; inoltre Castigliano non era un accademico e nessun professore di allora ebbe l'onestà intellettuale di riconoscere la superiorità del suo testo e adottarlo. Ecco quanto scriveva Crotti sul valore didattico del manuale di Castigliano:

> Avendogli io chiesto: Perché nel tuo libro non hai ritenuto preferibile come più generale l'ipotesi del Lamé? A ciò egli rispose mi: E a cosa avrebbe giovato il secondo coefficiente? abbiamo noi per la generalità dei corpi solidi delle serie esperienze che ne abbiano stabilito il valore?
>
> La via tenuta dal Castigliano nel suo trattato maggiore non è sempre, rigorosamente parlando, quella che si direbbe via maestra e credo che a ciò fare egli sia stato indotto da una giustissima ragione. Lo scendere dal generale al particolare è il pregio precipuo delle opere che si indirizzano a menti in cui sono già mature le idee sul soggetto di cui si tratta; non è già la via migliore per un libro che deve servire per i dotti e a un tempo per chi ha brama di apprendere. E perciò che il nostro Autore premette la trattazione dei sistemi articolati in cui i solidi sono considerati soggetti a forze di trazione o compressione uniformi per tutta la loro sezione retta. Parte dunque da un caso semplicissimo per ascendere alle azioni reciproche d'una molecola colle sue vicine e ogni volta dimostra i principj della sovrapposizione degli effetti e del teorema delle derivate del lavoro. Dopo questa preparazione che ha abituato il lettore poco a poco a rendersi famigliari certe idee, egli ascende alla teoria generale del parallelepipedo elementare e stabilite le equazioni generali egli le applica a numerosi casi di flessione e torsione di solidi di forma svariata. Poscia egli passa alla parte delle applicazioni

approssimative giustificando le ordinarie formole del trave e preparando i materiali per una rapida applicazione del suo teorema [136].[118]

Nel seguito riportiamo gli aspetti della *Théorie* rilevanti a nostro giudizio e che contengono elementi di novità riguardo al dimensionamento degli elementi monodimensionali, tralasciando gli aspetti da manuale di Scienza delle costruzioni. Daremo la nuova esposizione dei teoremi delle derivate del lavoro e infine una parte in cui Castigliano presenta l'espressione del lavoro di deformazione come sommatoria dei lavori delle singole molecole. Questa parte è particolarmente interessante perché utilizza un metodo energetico (alla Green) per ricavare i risultati ottenuti da Cauchy e Poisson tramite le equazioni di equilibrio tra le molecole. Infine riporteremo una applicazione.

Cominciamo con una sintesi dell'introduzione, che è particolarmente illuminante sulle concezioni di Castigliano riguardo le discipline strutturali.

Cet ouvrage contient la *théorie de l'équilibre des systèmes élastiques exposée suivant une méthode nouvelle*, **fondé sur quelques théorèmes qui sont tout-à-fait nouveaux, ou encore peu connus.**[119]

Comme faisant partie de cette théorie, on y trouvera la *théorie mathé-matique de l'équilibre des corps solides*, considérée particulièrement sous le point de vue de la résistance des matériaux.

Nous croyons que le moment est arrivé d'introduire dans l'enseignement cette manière rationnelle de présenter la résistance des matériaux, on abandonnant ainsi les méthodes anciennes que l'illustre LAMÉ a justement définies comme *mi-analytiques et mi-empiriques, ne servant qu'à masquer les abords de la veritable science.*

Nous donnerons maintenant quelques renseigneiments historiques sur la découverte des théorèmes dont on fait un usage presque continue dans tout le cours de cet ouvrage.

Ces théorèmes sont les trois suivants:

1° des dérivées du travail, première partie;

2°   id.   id.   deuxième partie;

3° du moindre travail.

Le premier avait été déjà employé par le célèbre astronome anglais GREEN, mais seulement dans une question particulière, et n'avait point été énoncé et démontré d'une manière générale, ansi que nous le faisons dans le présent ouvrage.

Le second est le réciproque du premier, et nous croyons qu'il a été énoncé et démontré pour la première fois, en 1873, dans notre dissertation pour obtenir le diplôme d'Ingénieur à Turin: nous y avons donné ensuite plus d'étendue dans notre mêmoire intitulé *Nuova teoria intorno all'equilibrio dei sistemi elastici*, publié dans les Actes de l'Académie des sciences de Turin en 1875. Le troisieme théorème peut être regardé comme un corollaire du second; mais de même que dans quelques autres questions de *maxima et minima*, il a été, pour ainsi dire, presenti plusieurs année avant la découverte du théorème principal.

[...] Voici maintenant quelques renseignements sur la redaction de notre travail.

Comme notre but n'est pas seulement d'exposer une théorie, mais encore de faire apprécier ses avantages de brèvieté ei de simplicité dans les applications pratiques, nous avons résolu, suivant la nouvelle méthode, non seulement la plupart

---

[118] p. 10.
[119] Abbiamo riportato in neretto le parti che nell'originale sono sottolineate.

des problèmes généraux qu'on traite dans les cours sur la résistance des matériaux, mais nous avons encore ajouté pleusieurs examples numériques pour le calcul dee sytèmes élastiques les plus importantes.

[...] **Quant aux calculs, nous ferons remarquer qn'il ne sont guère plus longs que dans les méthodes ordinairement suivies**; et que, d'ailleurs, on pourra presque toujours les abréger sensiblement en négligeant quelques termes, qui influent peu sur le résultat [69].[120] (D.4.16)

I teoremi delle derivate del lavoro vengono così introdotti:

Théorème des dérivées da travail de déformation.

Première Partie *– Si l'on exprime le travail de déformation d'un système articulé, en fonction des déplacements relatifs des forces extérieures apliquées à ses sommets, on obtient une formule, dont les dérivées, par rapport à ces déplacements, donnent la valeur des forces correspondantes.*

Seconde Partie *– Si l'on exprime, au contraire, le travail de deformation d'un système articulé en fonction des forces extérieures on obtient une formule, dont les dérivées, par rapport à ces forces, donnent les déplacements relatifs de leurs points d'application* [69].[121] (D.4.17)

Questi sono oggi detti rispettivamente secondo e primo teorema di Castigliano (o teorema complementare e teorema di Castigliano *tout court*), il quale li presenta come parti dell'unico teorema delle derivate del lavoro di deformazione. La prima parte, come dice giustamente Castigliano nell'introduzione, può essere attribuita a Green che nel 1828 mette in relazione le derivate del potenziale elastico con la tensione. Castigliano si attribuisce invece il merito dell'estensione al caso di una struttura e anche quello di avere visto per primo l'unità delle due parti del teorema.

Castigliano dimostra la prima parte in modo molto semplice: se un sistema di forze R_p agenti sui nodi di un sistema articolato è incrementato di dR_p, a esso corrisponderà un incremento congruente di spostamento dr_p. A seguito di questo incremento di spostamento le forze esterne compiono il lavoro [69]:[122]

$$\sum R_p \, dr_p \qquad (4.36)$$

con la sommatoria è estesa a tutti i nodi caricati.

Se L rappresenta il *lavoro totale di deformazione* espresso in funzione delle variabili di spostamento dei nodi cui sono applicate le forze (in termini moderni l'energia potenziale elastica), «il est claire que l'accroissement du travail dû aux accroissements dr_p des déplacements relatifs des sommets, sera exprimé par la formule» [69]:[123]

$$\sum \frac{dL}{dr_p} dr_p \; . \qquad (4.37)$$

---

[120] pp. 5-8.
[121] p. 26.
[122] Prima equazione non numerata, p. 26.
[123] p. 26; l'equazione è la seconda non numerata.

La dimostrazione si ottiene uguagliando i coefficienti di dr_p nelle (4.35), (4.36). La seconda parte del teorema viene dimostrata come nei lavori del 1873 e 1875. Per completezza, e visto che è l'ultima parola di Castigliano sull'argomento, la riportiamo per esteso.

Pour la seconde partie, observons que le travail de déformation du système, dû aux accroissements dR_p des forces extérieures doit être aussi représenté par la différentielle de la formule (15),[124] qui est

$$\frac{1}{2}\sum R_p \, dr_p + \frac{1}{2}\sum r_p \, dR_p \ :$$

on a donc l'équation

$$\sum R_p \, dr_p = \frac{1}{2}\sum R_p \, dr_p + \frac{1}{2}\sum r_p \, dR_p \ ,$$

d'où on tire

$$\sum R_p \, dr_p = \sum r_p \, dR_p \ ;$$

et comme le premier membre de cette équation représente le travail de déformation du système pour les accroissements dR_p des forces extérieures, il en résulte que le second le représente aussi.

Or, si l'on appelle L le travail de déformation du système, dû aux forces R_p, il est évident que le travail infiniment petit dû aux accroissements dR_p sera représenté par la formule

$$\sum \frac{dL}{R_p} dR_p \ .$$

Cette formule devant être identique avec l'autre $\sum r_p \, dR_p$, il s'ensuit qu'on devra avoir pour chaque force

$$\frac{dL}{R_p} = r_p$$

ce qui démontre la seconde partie du théorème [69].[125] (D.4.18)

4.4.4.1
I sistemi inflessi

I risultati ottenuti per i sistemi reticolari sono contenuti tutti nel capitolo 1 e sono stati riferiti sopra. Nel capitolo 2 essi vengono trasferiti ai sistemi misti o anche solamente inflessi. Qui Castigliano ritorna alla prima dimostrazione del 1875 e considera un generico elemento strutturale, o anche un intero telaio, come una megastruttura reticolare i cui vertici sono le molecole e le cui aste modellano le forze intermolecolari. Per tali tipi di sistemi valgono «indubitabilmente» i teoremi del minimo lavoro di deformazione. Per trasportare il risultato in modo globale alla trave, eliminando

---

[124] Che esprime il lavoro elastico nella forma $L = \frac{1}{2}\sum R_p r_p$.
[125] p. 27.

dalla trattazione le molecole che la costituiscono, Castigliano adotta un artificio già utilizzato nel secondo lavoro del 1875: considera le sezioni trasversali delle travi come un unico corpo, una porzione di molecole che si muove rigidamente. Le forze e gli spostamenti che intervengono sono rispettivamente le forze e i momenti risultanti rispetto al baricentro, e gli spostamenti del baricentro e le rotazioni intorno a esso. Esprimendo il lavoro di deformazione rispetto a queste quantità Castigliano arriva a formulare il teorema:

1. Les résultantes $\mathscr{X}, \mathscr{Y}, \mathscr{Z}$ et les moments résultants M_x, M_y, M_z sont les dérivées du travail de déformation du système par rapport aux déplacements ξ_0, η_0, ζ_0, et aux rotations $\theta_x, \theta_y, \theta_z$.
2. Les trois déplacements ξ_0, η_0, ζ_0, et le trois rotations $\theta_x, \theta_y, \theta_z$, sont les dérivées du travail de déformation du système par rapport aux résultantes $\mathscr{X}, \mathscr{Y}, \mathscr{Z}$ et aux moments résultants M_x, M_y, M_z [69].[126] (D.4.19)

4.4.4.2
Il legame costitutivo

Castigliano ottiene il legame costitutivo di un continuo a partire dal lavoro molecolare, pervenendo a una relazione con 15 coefficienti:

Travail de déformation du parallélipipède très-petit.
Dans le parallélipipède élémentaire dont les arêtes sont $\Delta x, \Delta y, \Delta z$, considérons la petite droite r joignant deux molécules très-rapprochées. Dans la déformation du corps, cette droite croît à partir de la longueur initiale jusqu'à la valeur $r(1 + \partial_r)$ et la tension entre les deux molécules croît proportionnellement à la dilatation, en sorte que quand la droite aura la longuèur $r + \rho$, ρ étant une quantité plus petite que $r\partial_r$, la tension entre les deux molécules sera $\epsilon\rho$, en appelant ϵ un coefficient constant pour chaque couple de molécules, mais différent pour les divers couples.
Le travail de déformation de la droite r sera [127]

$$\int_0^{r\partial_r} \epsilon\rho d\rho = \frac{1}{2}\epsilon r^2 \partial_r^2 \, ,$$

c'est-à-dire, en substituant à ∂_r^2 sa valeur donnée par la formule (8),[128]

$$\tfrac{1}{2}\epsilon r^2 (\partial_x \cos^2 \alpha + \partial_y \cos^2 \beta + \partial_z \cos^2 \gamma +$$
$$g_{yz} \cos \beta \cos \gamma + g_{xz} \cos \gamma \cos \alpha + g_{xy} \cos \alpha \cos \beta)^2$$

où l'on doit observer qu'en développant le carré, et réunissant les termes contenant les mêmes produits des cosinus $\cos \alpha, \cos \beta, \cos \gamma$ *les termes distincts se réduisent à quinze*.[129] Pour avoir le travail de déformation de tout le parallélipipède, il faut additionner les expressions analogues à celle-ci pour tous les couples moléculaires qu'il contient [69].[130] (D.4.20)

---

[126] p. 52.
[127] $\partial_x, \partial_y, \partial_z$ rappresentano le deformazioni infinitesime assiali e g_{xy}, g_{xz}, g_{yz} le distorsioni angolari.
[128] Non riportata qui.
[129] Il corsivo è nostro.
[130] p. 59.

Dopo aver sommato e messo in evidenza i termini distinti, Castigliano giunge all'espressione:

$$
\frac{\overline{\omega}}{2}
\begin{bmatrix}
a_1\partial_x^2 + a_2\partial_y^2 + a_3\partial_x^3 + b_1(2\partial_y\partial_z + g_{yz}^2) + b_2(2\partial_z\partial_x + g_{zx}^2) \\
+b_3(2\partial_x\partial_y + g_{xy}^2) + 2c_1(\partial_x g_{yz} + g_{zx}g_{xy}) \\
+2c_2(\partial_y g_{zx} + g_{yz}g_{xy}) + 2c_3(\partial_z g_{xy} + g_{yz}g_{zx}) \\
+2e_1\partial_z g_{yz} + 2e_2\partial_x g_{zx} + 2e_3\partial_y g_{xy} + 2f_1\partial_y g_{yz} \\
+2f_2\partial_z g_{zx} + +2f_3\partial_x g_{xy}
\end{bmatrix}.
$$

Qui $\overline{\omega} = \Delta x \Delta y \Delta z$ rappresenta il volume del parallelepipedo e i 15 coefficienti a_i, b_i, c_i contengono seni e coseni elevati a varie potenze. Si ha per esempio:

$$
a_1\overline{\omega} = \sum \epsilon r^2 \cos^4 \alpha.
$$

Derivando il lavoro di deformazione rispetto alle componenti di deformazione Castigliano ottiene le tensioni in funzione di 15 coefficienti distinti.

Nella sua analisi Castigliano, come è usuale nella scuola francese, assume un modello discreto (le molecole) per effettuare il bilancio delle energie e un modello continuo per definire gli spostamenti che vengono trattati come un campo vettoriale **u** regolare. Per lui l'energia potenziale di una data coppia di molecole dipende solo dalla distanza mutua ed è indipendente dalla posizione delle altre molecole. La variazione di distanza tra due molecole, assunta piccola, è poi espressa in funzione delle componenti della parte simmetrica del gradiente del campo degli spostamenti **u**.

Qualche anno più tardi Poincaré [286][131] chiarirà che la peculiarità del modello molecolare che porta a un legame costitutivo a 15 coefficienti risiede proprio nell'assunzione dell'indipendenza dell'azione tra due molecole dalla posizione delle altre e quindi, usando un linguaggio energetico, dall'assunzione che l'energia potenziale dell'intero corpo sia somma delle energie potenziali delle coppie di molecole $U = U_1(r_1) + U_2(r_2) + \cdots + U_n(r_n)$. Per ottenere un legame costitutivo a 21 coefficienti bisogna ammettere, sempre mantenendo uno schema molecolare puntiforme, che due molecole esercitino tra loro una forza dipendente dalla posizione delle altre molecole e quindi che l'energia potenziale dell'intero corpo non sia disaccoppiabile ma esprimibile come una funzione delle distanze mutue di tutte le molecole, $U = U(r_1, r_2, \cdots, r_n)$.

4.4.4.3

Applicazioni. Il ponte sulla Dora

Castigliano termina il manuale con una serie di applicazioni a casi reali, che sostanzialmente aveva già pubblicato nel 1878 in italiano [74]. La loro funzione non è soltanto esemplificativa (far comprendere come applicare la teoria), ma ha valore

---

[131] Prima di Poincaré c'erano stati anche altri studiosi che avevano fatto la stessa osservazione. Al proposito cfr. [190], pp. 179-217.

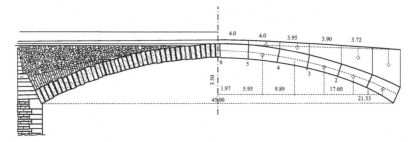

Figura 4.7 Il ponte sulla Dora

apologetico: egli vuole convincere gli ingegneri che il suo approccio alla teoria delle strutture non è solo teorico ma è anche il più opportuno per analizzare le strutture.

Nel seguito, per ragioni di spazio, riportiamo una sola applicazione. Si tratta della relazione di calcolo del ponte stradale sulla Dora a Torino, un ponte ad arco in granito abbastanza ribassato (luce di 45 m e saetta di 5.5 m). Il ponte era stato costruito dall'ingegnere Carlo Bernardo Mosca nel 1828 con una accuratezza molto apprezzata da Castigliano. Inoltre anche la notorietà dell'opera aveva influito sulla scelta di Castigliano di analizzarla con i suoi metodi.

La volta del ponte, riportato nella Figura 4.7, è di conci di granito di Malanaggio, presso Pinerolo, il cui peso è di 2750 kg/m^3, disposti in 93 ordini. I rinfianchi sono fatti di muratura il cui peso è 2300 Kg/m^3, il riempimento è in terra battuta di peso 1600 kg/m^3. Su questo riempimento si ha una massicciata stradale il cui peso è di 1800 kg/m^3. I conci in chiave e alle spalle sono fatti di malta invece che di granito.

Castigliano effettua un'analisi accurata dei carichi e delle caratteristiche meccaniche, aree trasversali e momenti di inerzia assiali, dividendo la linea d'asse del ponte in dodici tronchi uguali della lunghezza di 4 m. Il risultato dell'analisi dei carichi porta ai valori di momento flettente e di forza assiale nelle sette sezioni dei vari tronchi di una metà dell'arco, riportati dalla Tabella 4.6, numerati da 0 a 6 a partire dalla spalla, con riferimento alla Figura 4.8. Abbiamo evitato di riportare i valori della forza di taglio perché il ponte è supposto indeformabile a taglio. I valori delle caratteristiche geometriche, area trasversale e momento di inerzia in corrispondenza delle sette sezioni, sono invece riportati nella Tabella 4.6.

A questo punto Castigliano calcola il lavoro di deformazione dell'arco. La formula utilizzata, seppure non esplicitata fomalmente, è:

$$L = 2 \left(\int \frac{M^2}{2EI} \, dx + \int \frac{P^2}{2E\Omega} \, dx \right). \tag{4.38}$$

Qui i simboli sono i suoi usuali e l'integrale è esteso a metà dell'arco.

Se il ponte fosse tutto in granito, compresi i conci alle imposte e in chiave, l'energia di deformazione sarebbe data dalla (4.37) con $E =$ costante e pari al modulo d'elasticità del granito. Applicando formule di integrazione numerica,[132] Castigliano

---

[132] Assume un andamento quadratico per M^2/EI e lineare per $P^2/E\Omega$ e impiega rispettivamente le formule di Simpson, introdotte a p. 202, e le formule trapezie. I tratti in cui è diviso l'intervallo di integrazione sono pari alla lunghezza dei tronchi, 4 m.

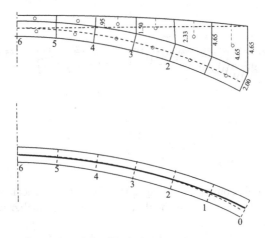

Figura 4.8 Il ponte sulla Dora. Modello di calcolo

Tabella 4.6 Caratteristiche di sollecitazione nell'arco; M e Q sono rispettivamente il momento e la forza normale in chiave (spinta dell'arco) [74]; p. 128

Sezione	Momento flettente	Sforzo assiale
0	$M_0 = M - 5.36Q + 2021937$	$P_0 = 0.895Q + 102217$
1	$M_1 = M - 3.76Q + 318295$	$P_1 = 0.925Q + 63085$
2	$M_2 = M - 2.40Q + 800470$	$P_2 = 0.950Q + 35915$
3	$M_3 = M - 1.35Q + 429935$	$P_3 = 0.973Q + 18177$
4	$M_4 = M - 0.60Q + 185955$	$P_4 = 0.988Q + 7480$
5	$M_5 = M - 0.15Q + 46392$	$P_5 = 0.966Q + 1815$
6	$M_6 = M$	$P_6 = Q$

Tabella 4.7 Caratteristiche geometriche delle sezioni trasversali nell'arco (metri) [74]; p. 131

Sezione	Area	Momento di inerzia
0	2.01	0.67672
1	1.85	0.52764
2	1.72	0.42404
3	1.62	0.35429
4	1.55	0.31032
5	1.51	0.28691
6	1.50	0.28125

fornisce questa espressione del lavoro di deformazione:

$$2 \times \frac{4,00}{2E} \left\{ \frac{1}{3} \left(\frac{M_0^2}{I_0} + 4\frac{M_1^2}{I_1} + 2\frac{M_2^2}{I_2} + \cdots \frac{M_6^2}{I_6} \right) \right.$$
$$\left. + \left(\frac{P_0^2}{2\Omega_0} + \frac{P_1^2}{\Omega_1} + \frac{P_2^2}{\Omega_2} + \cdots \frac{P_6^2}{2\Omega_6} \right) \right\}.$$

I valori di M_i e P_i sono riportati nella Tabella 4.6, in funzione di M e Q.

Il ponte non è interamente di granito: i giunti di chiave e di imposta sono di malta, per cui all'espressione precedente va sottratto il lavoro di deformazione dei giunti pensati di granito e va aggiunto il corrispondente lavoro di deformazione dei giunti in malta. Il lavoro di deformazione dei giunti in granito è:[133]

$$\frac{1}{2E} \frac{a'+a''}{2} \left(\frac{P^2}{\Omega} + \frac{M^2}{I} + \frac{a''-a'}{a''+a'} \frac{4MP}{h\Omega} \right).$$

Qui a' e a'' sono gli spessori dei conci rispettivamente all'estradosso e all'intradosso, P, M, I, Ω sono riferite alla sezione media e h è l'altezza della sezione media. Per un concio di malta uguale a quello di granito, il lavoro di deformazione si ottiene sostituendo il modulo di elasticità E del granito con quello della malta, E'. La differenza dei due lavori è data da:

$$\frac{1}{2} \left(\frac{1}{E} - \frac{1}{E'} \right) \frac{a'+a''}{2} \left(\frac{P^2}{\Omega} + \frac{M^2}{I} + \frac{a''-a'}{a''+a'} \frac{4MP}{h\Omega} \right).$$

Per ciascuno dei due giunti alle imposte si ha:

$$P = P_0, \quad M = M_0, \quad \Omega = \Omega_0, \quad I = I_0, \quad h = h_0 \quad a' = 0.0283, \quad a'' = 0.064$$

mentre in chiave si ha:

$$P = P_6, \quad M = M_6, \quad \Omega = \Omega_6, \quad I = I_6, \quad h = h_6 \quad a' = 0.09, \quad a'' = 0.$$

Al lavoro di deformazione del ponte in granito bisogna aggiungere la seguente quantità corrispondente ai conci di imposta e di chiave:

$$\frac{1}{2} \left(\frac{1}{E} - \frac{1}{E'} \right) \left\{ 0.0025 \left(\frac{P_0^2}{\Omega_0} + \frac{M_0^2}{I_0} + 1.547 \frac{M_0 P_0}{h_0 \Omega_0} \right) \right.$$
$$\left. + 0.045 \left(\frac{P_6^2}{\Omega_6} + \frac{M_6^2}{I_6} - 4\frac{M_6 P_6}{h_6 \Omega_0} \right) \right\}.$$

Sostituendo a $M_0, M_1, \ldots, P_0, P_1, \ldots$ i loro valori in funzione di M e Q dati dalla Tabella 4.5 e sostituendo i valori numerici delle caratteristiche geometriche, Castigliano perviene, nell'ordine, alle seguenti espressioni per il lavoro di deformazione

---

[133] Si integra sulle sezioni dei giunti il prodotto tensione per deformazione assiale.

dell'arco supposto di granito e le aggiunte dovute al contributo dei conci:

$$2 \times \frac{4,00}{EI} \left(16.34M^2 - 22.98MQ + 70.06Q^2 + 7\,818\,893 \cdot 2M - 23\,249\,885 \cdot 2Q\right)$$

$$\frac{1}{2} \left(\frac{1}{E} - \frac{1}{E'}\right) \left(0.2984M^2 - 0.766 \cdot 2MQ + 3.876Q^2 \right.$$
$$\left. + 281\,765 \cdot 2M - 1\,466\,630 \cdot Q\right).$$

Per sommare le due espressioni bisognerebbe conoscere il valore dei moduli di elasticità E e E'. Castigliano è conscio del fatto che è difficile dare valori attendibili dei due moduli e si limita a fornire una stima del loro rapporto, assumendo:

$$\frac{E}{E'} = 100$$

per cui il lavoro di deformazione complessivo diventa:

$$2 \times \frac{4.00}{2E} \left(20.03M^2 - 32.46 \cdot 2MQ + 118.00Q^2 \right.$$
$$\left. + 11\,305\,728 \cdot 2M - 41\,398\,510 \cdot 2Q\right).$$

Le condizioni geometriche a cui la volta deve soddisfare nel deformarsi sono:

a) La sezione in chiave deve restare verticale, cioè a rotazione nulla.
b) La stessa sezione deve avere spostamento orizzontale nullo.

I valori di M e Q che soddisfano queste due condizioni rendono nulle le derivate del lavoro di deformazione rispetto a M e Q, rispettivamente:

$$20.03M - 32.46Q + 11\,305\,728 = 0$$
$$-32.46M + 118.00Q + 42\,398\,510 = 0.$$

4.4.5
Un concetto mancato: l'energia complementare elastica

Nei lavori di Castigliano e Menabrea un moderno studioso di meccanica delle strutture nota l'assenza del concetto, comune nella didattica e ricerca attuali, di energia complementare elastica. Ciò porta a errori veri e propri (come nella prima dimostrazione di Menabrea del principio del minimo lavoro) o a imprecisioni o perlomeno ambiguità linguistiche (come in Castigliano). Di Menabrea abbiamo già commentato le carenze teoriche, per Castigliano la situazione è più complessa.

Per esempio nella dimostrazione del teorema del minimo lavoro, nella tesi del 1873, un lettore moderno potrebbe trovare difficoltà, sia per l'uso di principi esterni alla teoria della elasticità (la conservatività delle forze elastiche, l'uguaglianza dei lavori interno ed esterno), sia per l'uso ambiguo del concetto di lavoro di deformazione.

Castigliano chiama lavoro di deformazione sia la $F(P,Q,R,\dots,T_1,T_2,T_3,\dots)$ (per noi l'energia potenziale elastica degli elementi inflessi), sia l'energia potenziale

delle singole aste reticolari, sia la somma di esse. Questa non è l'energia potenziale totale del sistema, perché in principio non sono assicurati né l'equilibrio né
la compatibilità cinematica. Se si aggiunge la congruenza, la somma dei lavori di
deformazione coincide con l'energia potenziale elastica; se si aggiunge l'equilibrio
delle forze, la somma dei lavori di deformazione è l'energia complementare elastica.

La stessa difficoltà, meno evidente perché il linguaggio è meno preciso che nella
dimostrazione, sussiste nell'enunciato del teorema del minimo lavoro. Il lavoro molecolare va minimizzato facendo variare le forze nelle aste mantenendo il bilancio
tra esse e con le forze esterne. In questo modo il lavoro di deformazione non può
però avere il significato di energia potenziale che Castigliano sembra volergli far
mantenere, perché non sono in generale rispettate le condizioni di congruenza.

Non è chiaro se Castigliano percepisca la sua ambiguità terminologica; egli riesce
a ottenere una dimostrazione corretta senza il concetto di energia complementare perché si limita a considerare strutture elastiche lineari. Egli mostra la stessa ambiguità
nella dimostrazione (contenuta nella seconda memoria del 1875) del principio di
elasticità di Menabrea a partire dal teorema delle derivate del lavoro. Quest'ultimo è
dimostrato in maniera ineccepibile, usando il concetto di energia potenziale elastica,
ma, quando Castigliano separa la struttura dalle aste ridondanti, chiama «lavoro di
deformazione» la somma delle energie potenziali elastiche del sistema, privo delle
aste ridondanti, e di queste ultime:

$$F + \frac{1}{2} \frac{T_{pq}^2}{\epsilon_{pq}}$$

e ciò sarebbe errato se si volesse identificare questa somma con l'energia potenziale
elastica totale del sistema. Infatti, se si fa variare liberamente T_{pq} non può sempre essere rispettata la congruenza (uguaglianza degli spostamenti di p, q pensati
appartenenti all'asta o alla struttura senza l'asta) e quindi la somma dei lavori di
deformazione non ha nessun significato fisico. Se si impone l'equilibrio, ovvero l'u-
guaglianza tra la forza T_{pq} pensata applicata all'asta e la forza T_{pq} pensata applicata
alla struttura priva dell'asta, allora la somma dei lavori di deformazione rappresenta
quella che oggi si chiama energia complementare totale.

Questi "errori", "imprecisioni" o "ambiguità" furono almeno in parte segnalati a
Castigliano dall'amico Crotti, che così lo commemorava:

> Arrestiamoci alquanto a considerare quale sia dal punto di vista scientifico, la novità,
> la portata e la utilità di questo teorema delle derivate del lavoro e dell'altro, che si può
> dire gemello, del minimo lavoro.
>
> Or bene questi teoremi se bene si considerano dal punto di vista della teoria generale
> non costituiscono enunciati essenzialmente nuovi. Già Legendre aveva dimostrato che
> data una funzione φ di n variabili x, si può formare colle sue derivate parziali una
> funzione ψ le di cui derivate parziali sono rispettivamente eguali alle variabili x. Era
> anche stato riconosciuto che se la φ è funzione quadratica, risulta $\varphi = \psi$. Più tardi l'il-
> lustre matematico inglese Giorgio Green da considerazioni sull'impossibilità del moto
> perpetuo fu condotto a stabilire che il lavoro di un sistema elastico era rappresentato da
> un potenziale degli spostamenti, e ciò nelle due celebri memorie sulla luce del 1839.
>
> Era quindi completamente noto il substrato analitico che esprime la proprietà dei
> due teoremi di cui discorro; non credo però che siano mai stati formalmente enunciati

forse perché in fondo non occorrevano al progresso della teoria generale, la quale colle considerazioni degli spostamenti viene a far uso delle stesse formole a cui quei due teoremi conducono [136].[134]

In realtà la precisazione di Crotti, anche se fosse stata tradotta in pratica da Castigliano, non avrebbe eliminato le ambiguità: il concetto di energia complementare di Crotti è più ristretto di quello necessario per rendere semplice il discorso di Castigliano. Nella sua monografia del 1888 [137] Crotti introduce l'energia potenziale elastica di un sistema lineare e non con il termine di «funzione di lavoro» L, esprimibile in termini di spostamenti $f_1, f_2, \ldots, f_n$ [137]:[135]

$$L = \varphi(f_1, f_2, \cdots, f_n)$$

oppure in funzione delle forze $F_1, F_2, \ldots, F_n$ che hanno prodotto questi spostamenti:

$$L = \psi(F_1, F_2, \cdots, F_n).$$

Crotti considera cioè un sistema strutturale senza decomporlo nei suoi componenti e l'energia potenziale da lui introdotta corrisponde a una situazione "reale", ovvero equilibrata e congruente.

Crotti introduce anche l'energia complementare elastica senza attribuire alcun nome a questa quantità, ma solo il simbolo λ:[136]

Si faccia ora

$$\lambda = F_1 f_1 + F_2 f_2 + \cdots - L.$$

Differenziando si ha

$$d\lambda = f_1 dF_1 + f_2 dF_2 + \cdots + (F_1 df_1 + F_2 df_2 + \cdots - dL)$$

ma essendo nulla la quantità tra parentesi, resta:

$$d\lambda = f_1 dF_1 + f_2 dF_2 + \cdots$$

Considerando quindi λ come funzione delle forze F, si ha [137]:[137]

$$\frac{d\lambda}{dF_1} = f_1, \quad \frac{d\lambda}{dF_2} = f_2 \quad ecc.$$

Crotti nota che in elasticità lineare $\lambda = L$ e si riottiene il risultato di Castigliano; prosegue poi presentando leggi duali ricavate dalle λ e L, seguendo una moda dell'epoca mutuata dalla geometria proiettiva.[138]

---

[134] pp. 5-6.

[135] p. 60.

[136] Crotti assegnerebbe così a λ valore strumentale e non significato di grandezza fisica.

[137] pp. 61-62.

[138] Nella prima parte dell'Ottocento l'esistenza di leggi duali era stata sottolineata da Poncelet e Plücker. Successivamente Chasles [109], Culmann [141] e Cremona [131] avevano dato grande importanza alla legge di dualità. Oggi la dualità considerata da Crotti si sviluppa nei due approcci detti degli spostamenti (o deformazioni) e delle forze (o tensioni).

Per mezzo della funzione λ Crotti getta nuova luce ed estende i risultati di Castigliano al caso non lineare ma non riesce a eliminare le sue incongruenze linguistiche. Allo scopo è necessario il concetto moderno di energia complementare che, per meglio comprendere la posizione di Crotti, illustriamo nel seguito. Per semplicità, consideriamo il caso elastico lineare discreto.

Dato un sistema elastico lineare costituito da elementi connessi in n nodi, siano $u_1, u_2, \ldots$ i loro spostamenti e $f_1, f_2, \ldots$ le forze (interne) a essi applicate. Per alcuni nodi siano assegnati i cedimenti vincolari (distorsioni) $\underline{u}_1, \underline{u}_2, \ldots$ a cui corrispondono le reazioni vincolari $\underline{f}_1, \underline{f}_2, \ldots$ Siano inoltre U_E le energie elastiche degli elementi in funzione degli $u_1, u_2, \ldots$ e V_E le stesse quantità in funzione delle $f_1, f_2, \ldots$ Ciò posto, l'energia potenziale totale del sistema è la funzione degli spostamenti:

$$U = \sum_E U_E - \sum_i f_i u_i$$

in cui gli spostamenti sono cinematicamente ammissibili.

Si chiama invece energia complementare totale la funzione delle forze interne:

$$V = \sum_E V_E - \sum_i \underline{f}_i \underline{u}_i$$

in cui le forze sono bilanciate.

Le U, V non sono in generale coincidenti perché forze esterne e distorsioni compaiono in modo "complementare". Le espressioni $\sum_E V_E$ e $\sum_E U_E$ coincidono formalmente tra loro se si trasformano le variabili per mezzo del legame costitutivo ma non sono contemporaneamente significative. Per esempio, dato un campo di spostamenti congruenti è significativa $\sum_E U_E$, ma in generale non $\sum_E V_E$, perché le forze interne costitutivamente legate a spostamenti compatibili non sono in generale equilibrate con le forze esterne. Solo se si considera un campo di spostamenti che è congruente e determina anche forze equilibrate, le due funzioni sono entrambe dotate di significato e coincidono.

Per le U e V valgono rispettivamente i seguenti due teoremi di minimo: l'insieme di spostamenti ammissibili che rende minima U è associato a forze interne equilibrate con le forze esterne; l'insieme delle forze interne equilibrate con le forze esterne che rende minima V è associato a un campo di spostamenti congruenti. La soluzione del problema elastico si può ottenere minimizzando così l'una o l'altra funzione. Se si impone il minimo di U e V si ottiene rispettivamente:

$$\frac{\partial \sum_E U_E}{\partial u_i} = f_i \qquad\qquad \frac{\partial \sum_E V_E}{\partial \underline{f}_i} = \underline{u}_i \qquad\qquad (4.39)$$

ovvero i due teoremi di Castigliano.[139]

---

[139] Si noti che nella (4.38) $\frac{\partial \sum_E U_E}{\partial u_i} = f_i$ è calcolata in corrispondenza della soluzione equilibrata, mentre $\frac{\partial \sum_E V_E}{\partial \underline{f}_i}$ in quella congruente.

Tramite il concetto di energia complementare le dimostrazioni di Castigliano possono essere riformulate con un linguaggio privo di ambiguità. La somma:

$$F + \frac{1}{2}\frac{T_{pq}^2}{\epsilon_{pq}}$$

può essere considerata somma di energie complementari e chiamata energia complementare totale.

Naturalmente sarebbe antistorico accusare Castigliano, e Crotti, di non aver introdotto questo concetto; a parte il fatto che un pioniere non perfeziona mai la sua teoria, c'è da considerare che nell'ambito dei problemi che interessavano Castigliano, calcolo delle strutture elastiche lineari prive di distorsioni, l'introduzione del concetto di energia complementare appare del tutto irrilevante, o addirittura un "barocchismo".

Durante la seconda metà dell'Ottocento ci fu una diffusione rapidissima della statica grafica. Corsi di statica grafica si tennero in Svizzera, a Zurigo; in Germania, a Berlino, Darmstadt, Monaco, Dresda; in Russia, a Riga; nell'Impero Austro-Ungarico, a Vienna, Praga, Gratz, Brunn; negli Stati Uniti; in Danimarca. L'autore che maggiormente ne sviluppò le tecniche fu il tedesco Carl Culmann che al calcolo per segmenti e alla statica geometrica affiancò la nascente geometria proiettiva.

L'approccio di Culmann fu seguito con entusiasmo in Italia dove, dapprima a Milano presso l'Istituto tecnico superiore, poi, dopo il 1870, in molte Scuole di applicazione per ingegneri, tra cui quelle di Padova, Napoli, Torino, Bologna, Palermo, Roma e infine anche presso le università di Pisa e Pavia, furono attivati corsi di statica grafica. Lo studioso italiano che raccolse l'eredità di Culmann e la estese fu Luigi Cremona, cui è dedicato in larga parte il presente capitolo.

5.1
La statica grafica

Durante la seconda metà dell'Ottocento ci fu una diffusione rapidissima delle tecniche di calcolo grafico per risolvere problemi ingegneristici, tra tutti la determinazione delle forze nelle travature reticolari che venivano usate frequentemente per l'edilizia industriale e per la costruzione dei ponti. Il termine utilizzato per indicare queste tecniche fu *statica grafica*.

Corsi di statica grafica si tennero in tutta Europa (Zurigo, Berlino, Darmstadt, Monaco, Dresda, Riga, Vienna, Praga, Gratz, Brunn) e negli Stati Uniti. In Italia c'erano corsi a Milano (all'Istituto tecnico superiore) e, dopo il 1870, in molte Scuole di applicazione per ingegneri, tra cui Padova, Napoli, Torino, Bologna, Palermo, Roma, e anche presso le università di Pisa e Pavia.

Il significato del termine *statica grafica* è abbastanza sfumato e ha subito cambiamenti nel corso del tempo. Agli inizi dell'Ottocento e ai tempi nostri il termine designa semplicemente una parte della statica geometrica, ovvero della statica

Capecchi D., Ruta G.: La scienza delle costruzioni in Italia nell'Ottocento.
© Springer-Verlag Italia 2011

sviluppata con mezzi geometrici. Si può dire che la statica geometrica propriamente detta si occupa della deduzione geometrica delle leggi della statica, la statica grafica delle procedure geometriche che permettono di risolvere per via grafica i problemi di statica nell'attività dell'ingegnere. Tra questi, oltre la verifica strutturale delle travature reticolari, c'erano i problemi di geometria delle aree (baricentri, momenti di inerzia, assi principali, ecc.), di verifica delle sezioni soggette a pressoflessione, dei muri di sostegno, dei computi metrici nei movimenti dei terreni, ecc.

Nella seconda metà dell'Ottocento, dopo la fondamentale monografia di Culmann del 1866 [141],[1] il termine statica grafica veniva usato con un significato ristretto, per indicare una disciplina che univa il calcolo grafico alla geometria proiettiva, o geometria di posizione come si chiamava allora.

La statica geometrica si può far risalire a Stevin [337], ma è fondamentale il ruolo di Varignon che nella *Nouvelle mécanique* [356], oltre a usare in modo estensivo la regola del parallelogramma, insegna a costruire sia il poligono delle forze sia il poligono funicolare, ingredienti base della statica grafica.

Cousinery sviluppa il «calcul par le trait» (calcolo grafico) [127, 128].[2] Poncelet pone le basi della geometria proiettiva per generalizzare i risultati di geometria descrittiva raggiunti da Monge; egli è tra i primi a usare metodi grafici per la verifica di muri di sostegno [293].[3] Importanti sono gli studi di Lamé e Clapeyron sul poligono funicolare [205]. La reciprocità dei poligoni delle forze e funicolare secondo una relazione ben determinata viene analizzata in un lavoro di Maxwell del 1864 [115], risultato in qualche modo anticipato da Rankine che nel 1858 dimostrò un teorema di reciprocità per le travi reticolari [298].

Culmann ha indubbiamente teorizzato al massimo la statica grafica e per molti anni ne ha influenzato i metodi con *Die graphische Statik* [141], testo oggi di difficile lettura per l'uso estensivo della geometria proiettiva, non più molto coltivata. Esso ebbe grande successo e ispirò subito molti manuali per ingegneri.[4] Culmann non era soddisfatto di tali manuali; nella traduzione francese della seconda edizione (1875) del suo testo scrive infatti:

---

[1] La pubblicazione venne anticipata dalla stampa di dispense delle lezioni di statica grafica di Culmann al Politecnico di Zurigo, nel 1864 e nel 1865. Nel 1875 uscì il primo volume della seconda edizione, prevista in due volumi, ma Culmann morì (1881) prima del completamento del secondo volume. Nel 1880 fu pubblicata una traduzione in francese del primo volume della seconda edizione [142].

[2] L'espressione *calcolo grafico* è introdotta per la prima volta da L.E. Pouchet [294].

[3] La geometria proiettiva dopo Poncelet sarà sviluppata in Francia da Chasles, in Germania da Von Staudt, Plüker, Möbius, Steiner e Clebsch.

[4] Riportiamo, a titolo di esempio, i riferimenti di Cremona in [131], pp. 341-342: K. Von Ott, *Die Grundzüge des graphischen Rechnens und der graphischen Statik*, Prag, 1871; J. Bauschinger, *Elemente der Graphischen Statik*, München, 1871; F. Reauleaux, *Der Constructeur* (3a edizione) (2^0 Abschnitt), Braunschweig, 1869; L. Klasen, *Graphische Ermittelung der Spannungen in den Hochbau-und Brückenbau-Construction*, Leipzig, 1878; G. Hermann, *Zur graphischen Statik der Maschinengetriebe*, Braunschweig, 1879; S. Sidenam Clarke, *The principles of graphic statics*, London, 1880; J. B. Chalmers, *Graphical determination of forces in engineering structures*, London, 1881; K. Stelzel, *Grundzüge der graphischen Static und deren Anwendung auf den continuirlichen Träger*, Graz, 1882; M. Maurer, *Statique graphique appliquée aux constructions*, Paris, 1882.

Nos épures obtinrent plus de succès que nos méthodes. Notre publication fut suivie d'un grand nombre de Statiques élémentaires, dans lesquelles, tout en reproduisant nos épures les plus simples (le plus souvent sans y non changer), les auteurs s'efforçaient d'en donner des démonstrations analytiques [142].[5] (D.5.1)

In effetti, solo una parte degli studiosi di meccanica delle strutture seguirono strettamente le concezioni di Culmann, mentre un'altra parte – pur traendo forte ispirazione dalla sua opera – ne "tradirono" lo spirito, principalmente perché la statica grafica di rilevanza applicativa può essere presentata con conoscenze appena superficiali di geometria proiettiva.

Alcuni importanti esponenti della scuola italiana seguirono Culmann, tra essi Cremona, Saviotti, Favaro. Quest'ultimo, nella traduzione francese [159] del suo trattato [158], esortava a non confondere la *statica grafica* con la consolidata *statica geometrica*, sebbene i confini tra le due non siano rigidi:

[...] on est convenu de réserver le nom de *Statique graphique* à toute une catégorie de recherches récentes, qui constituent un corps de doctrine désormais bien coordonné et qui, prises dans leur ensemble, sont caractérisées par la double condition de mettre en ouvre les procédés constructifs du Calcul linéaire ou graphique, et de reposer sur la relation fondamentale qui existe entre le polygone des forces et le polygone funiculaire.

Le domaine de la *Statique graphique* étant ainsi, non pas rigoureusement défini, mais indiqué, on convient de designer sous le nom de *Statique géométrique* l'ensemble des autres applications de la Géométrie, et plus particulièrement de la Géométrie ancienne, à la statique [159].[6] (D.5.2)

Non dissimili sono le considerazioni di Saviotti:

Ed è ben manifesto che dietro di ciò la *Statica grafica* debba sempre più separarsi da quella analitica, non già, per fine diverso, ma perciò che vengono man mano abbandonati dall'una quei soggetti che nell'altra riescono trattati in modo più semplice e a un tempo più generale.

È così difatti che l'argomento delle travature reticolari strettamente indeformabili è quasi del tutto soppresso nella Statica analitica e riservato alla grafica, mentre quella conserva ancora di dominio proprio lo studio delle travature a membri sovrabbondanti.

La Statica grafica va coltivata nel suo giusto indirizzo, informandone il metodo alla Geometria moderna. Ed è a deplorarsi che essa, comparsa per la prima volta nell'opera magistrale del CULMANN, già improntata alla Geometria proiettiva da cui si ebbe le più belle e eleganti fra le sue dimostrazioni, abbia poi avuto degli autori che vollero appoggiarla alle sole risorse della Geometria elementare.

Questi autori sono scusabili soltanto se hanno voluto indirizzarsi a chi non è in grado di conoscere la Geometria proiettiva. I loro trattati, pur non mancando di utilità, sono però al medesimo livello dei trattati di *Meccanica analitica* svolti col solo calcolo elementare.

Non pochi lavori di Statica che videro la luce in questi ultimi anni, con titoli che alludono all'applicazione del metodo grafico, sono realmente sviluppati in parte analiticamente e in parte graficamente, vale a dire con metodo che può dirsi misto. Non crediamo nell'avvenire di un tale procedimento, il quale non lascia presumere alcun

---

[5] p. XI.
[6] p. XXIV.

carattere di generalità e che può ritenersi accettabile soltanto in via transitoria o nelle ulteriori applicazioni della Statica alle costruzioni [322].[7]

Non tutti erano d'accordo; per esempio Bauschinger affermava:

> Io credo che la poca diffusione, che ha avuto finora tra gli ingegneri l'applicazione della Statica grafica, sia derivata principalmente dalla mancanza di un ordinato libro acconcio allo insegnamento di questa nuova scienza. E sarebbe per me gran soddisfazione se, essendo giusta la mia opinione, il mio libro potesse riparare a tale difetto. Poiché certamente la Statica grafica è di tale importanza per lo studio della scienza degl'ingegneri in esercizio, ch'è a desiderarsi il suo maggior divulgamento, il quale si verificherà senza dubbio.
>
> Forse a tale diffusione contribuirà pure una qualità del mio libro cioè, che a intenderlo non è mestieri la conoscenza della così detta nuova geometria. Ciò io non ho fatto di proposito ma è da se stesso avvenuto, e ho a compiacermene, giacché credo che così sia reso un utile servigio agli ingegneri, che prima non avevano occasione di familiarizzarsi coi nuovi metodi della geometria, potendo essi abbracciar subito lo studio della Statica grafica, senza la necessità di occuparsi di una scienza ausiliaria [6].

Un perfezionamento sostanzialmente definitivo della statica grafica fondato sulla teoria delle figure reciproche è dovuto a Cremona nel 1872 [131, 134], in un lavoro in cui è riportato anche un resoconto storico sufficientemente accurato della loro storia. Verso la metà del Novecento la statica grafica va in declino e, dopo l'avvento dei computer, è sostanzialmente scomparsa dall'insegnamento e dalla pratica professionale. Ai giorni nostri vi sono tentativi per riproporla, almeno in didattica, affiancata alle tecniche CAD [168].

I motivi del declino della statica grafica sono parte "ideologici" e parte "oggettivi". I primi sono associati alla diffusione dell'analisi matematica e all'insegnamento approfondito della meccanica del continuo nelle scuole di ingegneria. In questo clima culturale l'ingegnere tralascia progressivamente il disegno per il calcolo, che consente migliore controllo dei risultati e maggiore precisione; questa è sostanzialmente inutile ai fini progettuali ma soddisfa chi considera la fase progettuale in sé e non solo funzionale al progetto. Un aspetto oggettivo è rappresentato dalla poca utilità della statica grafica nel dimensionamento delle strutture intelaiate a nodi rigidi di fine Ottocento. Anche i problemi di geometria delle masse e del progetto ottimale delle sezioni perdono importanza, perché ormai i risultati fondamentali sono acquisiti e codificati nei manuali. Un altro aspetto oggettivo è stato l'introduzione del calcolo vettoriale, messo a punto nella seconda metà dell'Ottocento; la statica grafica in effetti si sovrappone al calcolo vettoriale e può in parte esserne soppiantata. Il declino della statica grafica è comunque molto lento e fino almeno gli anni '50 del Novecento in molte facoltà di ingegneria italiane la statica grafica avrà qualche spazio.

A ragioni analoghe va attribuito il contemporaneo declino dell'insegnamento della geometria descrittiva nelle facoltà di matematica che nella seconda metà dell'Ottocento aveva affiancato la geometria proiettiva. Anche qui viene privilegiato l'aspetto "teorico" su quello applicativo.

---

[7] p. X.

5.2
La statica grafica e il calcolo vettoriale

Il concetto di vettore come elemento costituente una struttura algebrica risale alla prima metà dell'Ottocento; il termine *vettore* fu introdotto da Hamilton nel 1844 in uno scritto [184] relativo alla teoria dei quaternioni:

> On account of the facility with which this so called imaginary expression, or square root of a negative quantity, is constructed by a right line having direction in space, and having x, y, z for its three rectangular axes, he [8] has been induced to call the trinomial expression itself, as well as the line which it represents, a VECTOR. A quaternion may thus be said to consist generally of a real part and a vector [184].[9] (D.5.3)

Nello stesso articolo poco dopo è introdotto anche il termine *scalare*:

> It is, however, a peculiarity of the calculus of quaternions, at least as lately modified by the author, and one which seems to him important, that it selects no one direction in space as eminent above another, but treats them as all equally related to that extra-spacial, or simply SCALAR direction, which has been recently called 'Forward' [184].[10] (D.5.4)

In realtà fin dall'antichità c'era stata una distinzione tra grandezze scalari e vettoriali, le prime caratterizzate da un solo valore numerico, le seconde anche da una direzione e un verso. Alcune operazioni, come quelle di somma e prodotto vettoriale, erano già di fatto utilizzate in geometria, cinematica e statica. La regola del parallelogramma per la somma risale almeno ad Aristotele, e l'idea di momento di una forza rispetto a un punto (caso particolare di prodotto vettoriale) risale almeno a Giovambattista Benedetti.

Uno dei primi lavori dell'Ottocento che si inserisce nel filone del calcolo vettoriale "algebrizzato" è dovuto a Möbius, che nel 1827 [243] introduce i concetti di segmenti orientati e di somma tra segmenti collineari. La formalizzazione operata da Möbius rappresenta un primo distacco da una rappresentazione puramente grafica dei segmenti, differenziazione invece quasi assente nel testo, sostanzialmente coevo, di Cousinery [128] dove è sì introdotto il concetto di somma tra segmenti, rimanendo però la descrizione al solo livello grafico:

> L'addition et la sottration linéaire ou graphique sont deux opérations tellement simples, qu'il nous suffirait presque de le mentionner ici pour mémoire: additionner deux grandeurs liéaires a et b, c'est les mettre bout à bout sur une ligne indéfinie cd; le total est la grandeur qui se trouve comprise entre les deux limites qui ne s'aboutent pas. La régle ets la même quel que soit le nombre de termes à additionner entre eux [128].[11] (D.5.5)

La storia del calcolo vettoriale moderno riguarda il periodo che va dal lavoro di Möbius sino ai primi anni del Novecento, descritta in dettaglio nelle monografie di Crowe [138] e Caparrini [59]. Qui riassumiamo solo le date principali che consentono

---

[8] Hamilton sta parlando di sé in terza persona.
[9] p. 3.
[10] p. 3.
[11] p. 12.

di controllare l'influenza dello sviluppo e della diffusione del calcolo vettoriale sulla statica grafica e sulla meccanica delle strutture.

Crowe individua due tradizioni principali, una derivata dalla teoria dei quaternioni di Hamilton, collegata alla rappresentazione dei numeri complessi, e una più geometrica di Grassmann. Insieme a queste tradizioni ve ne sono molte altre a testimoniare il bisogno sentito, specie dai fisici, della creazione di qualche forma di calcolo vettoriale; importanti sono i contributi di Saint Venant, Bellavitis e Chasles [138].[12]

I lavori di Hamilton [184, 185, 186] sui quaternioni, di cui aveva annunciato la "scoperta" nel 1843 in una seduta della Royal Irish Academy, sebbene contengano gran parte del calcolo vettoriale moderno, pure lo tengono nascosto. I quaternioni sono numeri "ipercomplessi" nella forma $w + ix + jy + kz$ in cui x, y, z, w sono numeri reali mentre i, j, k sono versori diretti lungo x, y, z che obbediscono alle regole:

$$ij = k; \quad jk = i, \quad ki = j$$
$$ji = -k; \quad kj = -i, \quad ik = -j$$
$$ii = jj = kk = -1.$$

Tali relazioni consentono di definire operazioni somma e prodotto coincidenti sostanzialmente con quelle del moderno calcolo vettoriale. Si noti come il modulo di un versore, espresso nell'ultima riga delle regole sopra riportate, risulti negativo, a differenza di quanto assunto nella teoria moderna.

I risultati ottenuti da Grassmann [175, 176, 177] sono in sé molto più vicini al calcolo vettoriale moderno di quelli di Hamilton. Le differenze principali rispetto al calcolo moderno risiedono probabilmente nella terminologia, nella simbologia e soprattutto nella definizione del prodotto vettoriale il cui risultato non è un vettore ma un'area orientata.

La nozione fondamentale della teoria di Grassmann è quella di *ipernumero* a n componenti. Un ipernumero a tre componenti si scrive come:

$$\alpha = \alpha_1 e_1 + \alpha_2 e_2 + \alpha_3 e_3,$$

in cui $\alpha_1, \alpha_2, \alpha_3$ sono numeri reali ed e_1, e_2, e_3 sono unità primarie rappresentate geometricamente da segmenti orientati unitari che formano un sistema destrorso. Sugli ipernumeri sono definiti le somme, i prodotti interno (scalare) ed esterno (vettoriale).

Nonostante la maggiore vicinanza dell'approccio di Grassmann a quello moderno, Crowe ritiene che il moderno calcolo vettoriale derivi in larga parte dal calcolo dei quaternioni, grazie agli interventi di Gibbs [169] [13] e Heaviside [187], alla fine dell'Ottocento.[14] Essi, e con loro molti fisici, ritenevano il calcolo con i quaternioni inutilmente complesso, e lo semplificarono introducendo direttamente le parti vettoriali dei quaternioni come grandezze fondamentali insieme alle loro operazioni.

---

[12] cap. 3.

[13] Questo volume fu pubblicato privatamente a New Haven in due parti, la prima nel 1881, la seconda nel 1884.

[14] Oltre ai volumi [187] Heaviside pubblicò sull'argomento numerosi lavori sulla rivista *The Electrician* durante gli anni '80.

Il calcolo vettoriale trovò dapprima applicazione in molti lavori sull'elettroma-gnetismo, in specie di Heaviside, mentre le sue applicazioni alla geometria e alla meccanica, che ne avevano stimolato la nascita, vennero successivamente. In Italia, dopo il lavoro pionieristico di Bellavitis [9], la prima pubblicazione organica sul cal-colo vettoriale è quella di Burali-Forti e Marcolongo del 1909 [58], nella tradizione di Grassmann.

L'affermazione del calcolo vettoriale comincia a sentirsi anche nella statica grafi-ca. Seppure in *La statica grafica* di Saviotti [322] non venga ancora usato il termine *vettore* per denotare le forze (si usa però il termine *equipollenza* introdotto da Bel-lavitis) e si parli di composizione invece che di somma, il paragrafo dedicato al calcolo grafico si stacca dall'impostazione puramente geometrica adottata da Cousi-nery e ripetuta da Culmann per adottare una simbologia più algebrica, almeno nella definizione della somma tra segmenti.

Se due segmenti concorrenti sono individuati in grandezza senso e direzione, s'intende per segmento loro risultante quello di chiusa della spezzata formata con due segmenti che abbiano la direzione propria. Tale segmento risultante AC resta pure individuato in grandezza senso e direzione. Se dei due segmenti componenti sono date anche le linee, il segmento AC dicesi *equipollente,* come lo sono AB e BC dei due componenti [322].[15]

L'introduzione del calcolo vettoriale e grafico semplifica notevolmente le presen-tazioni e le giustificazioni delle costruzioni della statica grafica a tal punto che talune parti perdono del tutto la loro veste grafica perché la forma algebrica è sufficientemente perspicua.

5.3
I contributi di Clerk Maxwell e Culmann

Tra gli autori che hanno fornito, direttamente o indirettamente, contributi rilevanti allo sviluppo della statica grafica e alle sue applicazioni nel campo della meccanica strutturale si deve ricordare James Clerk Maxwell, con i suoi studi sulle figure reci-proche alla metà del 1860. Tuttavia, sicuramente il più influente su tutti gli sviluppi successivi è stato Carl Culmann, professore al Politecnico federale di Zurigo (fondato nel 1855), che con la sua monografia *Die graphische Statik* del 1866 segnò tutta la statica grafica a seguire. Nel seguito esamineremo in qualche dettaglio i contributi di questi due autori.

---

[15] vol. 1, p. 16.

5.3.1
Le figure reciproche secondo Clerk Maxwell

Nel 1864 Maxwell scrisse sul *Philosophical magazine* due lavori fondamentali di meccanica delle strutture. Il primo [114] riguarda la soluzione del problema statico per travature reticolari con vincoli ridondanti o iperstatiche; il secondo, oggetto di questo paragrafo, [115] riguarda le figure reciproche e può essere utile per lo studio grafico delle travature reticolari.

Abbiamo detto nel primo capitolo che il primo lavoro fu sostanzialmente ignorato dagli ingegneri, soprattutto quelli del Continente, e fu riscoperto solo dopo che nel 1874 Mohr ebbe pubblicato il suo metodo, basato sul principio dei lavori virtuali, che portava agli stessi risultati [247-249]. Il secondo lavoro ha avuto una sorte un po' migliore e un seguito editoriale nel 1872 [116], sebbene fosse inizialmente ignorato per ragioni analoghe al primo: la rivista *Philosophical magazine* non era letta dagli ingegneri e la teoria sviluppata da Maxwell poteva essere applicata a situazioni poco significative per la meccanica strutturale, essenzialmente travi reticolari una volta iperstatiche soggette a uno stato di coazione; inoltre Maxwell non forniva una procedura definita per il tracciamento delle figure reciproche. Una delle poche eccezioni a questa mancanza di attenzione nei confronti dell'opera di Clerk Maxwell è rappresentata da Jenkin, che addirittura introdusse miglioramenti nella teoria e ne fece delle applicazioni [191]. Il lavoro fu invece letto e apprezzato da Cremona che ne trasse ampio spunto per *Le figure reciproche nella statica grafica* (1872), pervenendo a una costruzione grafica molto apprezzata dagli ingegneri. Per questo riportiamo nel seguito un ampio estratto del lavoro di Maxwell.

Esso trae spunto (almeno così è scritto nell'introduzione) da una memoria da poco pubblicata da Rankine, originario di Edimburgo come Maxwell:

> The properties of the 'triangle' and 'polygon' of forces have been long known, and the 'diagram' of forces has been used in the case of the funicular polygon; but I am not aware of any more general statement of the method of drawing diagrams of forces before Professor Rankine applied it to frames, roofs, &c. in his 'Applied Mechanics' p. 137, &c. The 'polyhedron of forces', or the equilibrium of forces perpendicular and proportional to the areas of the faces of a polyhedron, has, I believe, been enunciated independently at various times; but the application to a 'frame' is given by Professor Rankine in the Philosophical Magazine, February 1864 [115].[16] (D.5.6)

Maxwell trasforma subito il problema statico suggerito da Rankine in uno puramente geometrico, procedendo in modo assiomatico con definizioni e dimostrazioni. Solo dopo avere stabilito le proprietà delle figure geometriche reciproche ritorna alla statica utilizzando il modello fisico di trave reticolare, definito come un sistema di aste che connettono un insieme di nodi.

---

[16] p. 251.

La definizione generale di figure reciproche apre l'articolo di Maxwell:

> RECIPROCAL figures are such that the properties of the first relative to the second are the same as those of the second relative to the first. Thus inverse figures and polar reciprocals are instances of two different kinds of reciprocity.
>
> The kind of reciprocity which we have here to do with has reference to figures consisting of straight lines joining a system of points, and forming closed rectilinear figures; and it consists in the directions of all lines in the one figure having a constant relation to those of the lines in the other figure which correspond to them [115].[17] (D.5.7)

Tale definizione viene ristretta subito dopo, prima di iniziare la trattazione: ci si limita (per il momento) a considerare figure piane, e viene scelto un tipo di reciprocità particolare, che porta all'interpretazione meccanica voluta, anche se Maxwell non anticipa nulla al proposito.

> *On Reciprocal Plane Figures.*
>
> *Definition.* Two plane figures are reciprocal when they consist of an equal number of lines, so that corresponding lines in the two figures are parallel, and corresponding lines which converge to a point in one figure form a closed polygon in the other.
>
> *Note.* If corresponding lines in the two figures, instead of being parallel are at right angles or any other angle, they may be made parallel by turning one of the figures round in its own plane.
>
> *Since every polygon in one figure has three or more sides, every point in the other figure must have three or more lines converging to it;*[18] and since every line in the one figure has two and only two extremities to which lines converge, every line in the other figure must belong to two, and only two closed polygons [115].[19] (D.5.8)

La prima parte riguarda le relazioni tra vertici e linee per la tracciabilità delle figure reciproche. Indicando con *e* il numero di lati (edges), *s* il numero di vertici (summits)

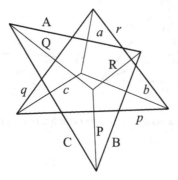

Figura 5.1 Esempio di figure reciproche [115][20]

---

[17] p. 250.
[18] Il corsivo è nostro.
[19] p. 251.
[20] In: *The scientific papers of James Clerk Maxwell*, Cambridge, The University Press, 1890, p. 165.

e f il numero di poligoni distinti (figures) contenuti nella figura, Maxwell ripropone le relazioni, valide sempre,

$$e = s + f - 2, \qquad e = 2s - 3$$

per le figure strettamente determinate.[21]

A questo punto non è difficile arrivare alla conclusione che una figura assegnata ammette in generale una sola figura reciproca, oppure una infinità, oppure nessuna, a seconda se il numero dei suoi vertici è rispettivamente uguale, maggiore o minore del numero dei poligoni chiusi, e che in questi casi si ha rispettivamente: $e = 2s - 2$, $e < 2s - 2, e > 2s - 2$.

Il più semplice caso di figure reciproche, secondo Maxwell, è quello riportato nella Figura 5.1, in cui si hanno quattro nodi ($s = 4$), sei linee ($e = 6$) e quattro poligoni ($f = 4$), corrispondenti ai tre triangoli interni e al triangolo esterno. Per leggere la Figura 5.1 non ha importanza considerare come figura di base quella contrassegnata da lettere minuscole oppure quella contrassegnata da lettere maiuscole in quanto la relazione di reciprocità gode della proprietà riflessiva. Come si vede la figura reciproca disegnata, qualunque essa sia, va ruotata di $\pi/2$ affinché i lati corrispondenti siano paralleli. Dovrebbe essere inoltre chiaro che le figure reciproche sono definite a meno di una similitudine perché le proprietà metriche non intervengono nella definizione di reciprocità.

Dopo l'analisi geometrica Maxwell dà un'interpretazione statica:

> The doctrine of reciprocal figures may be treated in a purely geometrical manner, but it may be much more clearly understood by considering it as a method of calculating the forces among a system of points in equilibrium [115].[22] (D.5.9)

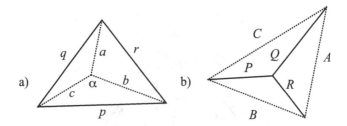

Figura 5.2 Corrispondenza tra vertici e poligoni nelle figure reciproche [115][23]

---

[21] Si noti che la prima corrisponde al teorema di Euler per i poliedri nello spazio; la seconda interpretata meccanicamente fornisce la condizione necessaria affinché una struttura reticolare piana sia cinematicamente e staticamente determinata.

[22] p. 258.

[23] p. 207.

Vale infatti il teorema (Maxwell non lo chiama così, ma di ciò si tratta)

If forces represented in magnitude by the lines of a figure be made to act between the extremities of the corresponding lines of the reciprocal figure, then the points of the reciprocal figures will all be in equilibrium under the action of these forces [115],[24] (D.5.10)

la cui dimostrazione è laconica:

For the forces which meet any point are parallel and proportional to the sides of a polygon in the other figure [115].[25] (D.5.11)

In effetti la dimostrazione del teorema è molto semplice se si riflette che a un vertice della figura di riferimento su cui concorrono n linee corrisponde un poligono chiuso di n lati nella figura reciproca, lati paralleli alle linee concorrenti al nodo della figura di riferimento. Se si interpretano i lati di questo poligono come forze agenti sul nodo del primo nelle direzioni delle linee a esso concorrenti, è evidente che tali forze opportunamente orientate sono in equilibrio perché il poligono delle forze agenti su ciascun nodo è chiuso, se il nodo è in equilibrio.

Perché l'interpretazione meccanica sia completa, o per lo meno soddisfacente per un ingegnere, bisogna far riferimento a una struttura. Maxwell lo fa considerando un caso molto particolare: una trave reticolare una volta iperstatica libera nello spazio, non soggetta a forze esterne, che si trova in uno stato di coazione. Per essa il poligono funicolare di ogni nodo, chiuso perché il nodo è in equilibrio, ha i lati paralleli alle aste a esso concorrenti perché non esistono forze esterne e le forze delle aste hanno la direzione delle aste stesse. Ciò rende semplice l'interpretazione meccanica. Per una travatura reticolare isostatica o labile, in cui in assenza di forze esterne le forze interne delle aste sono nulle, l'interpretazione meccanica non è possibile.

Si consideri per esempio la Figura 5.2 in cui si sono esplose le figure reciproche rappresentate nella Figura 5.1, ruotandone una di $\pi/2$. Si interpreti poi la Figura 5.2a come una travatura reticolare su cui agiscono solo degli stati di coazione. La figura reciproca 5.2b può allora essere vista come un "aggregato" di poligoni delle forze, uno per ogni nodo della trave reticolare della Figura 5.2a. Si consideri per esempio il nodo α della Figura 5.2a, cui concorrono le linee a, b, c. A queste linee nella Figura 5.2b corrispondono le linee A, B, C a esse parallele che formano un poligono chiuso. Se si intendono le linee a, b, c come linee di azione delle forze agenti su α, il poligono A, B, C fornisce i valori di forze che si equilibrano, se si ammette che esse siano orientate in modo da fornire un circuito chiuso. È chiaro dalla costruzione che l'intensità e il verso di tali forze sono definiti solo se si fissa l'intensità e il verso di una di esse.

L'interpretazione meccanica di Maxwell finisce qui: egli non parla mai di poligoni delle forze e funicolare come invece faranno Culmann e Cremona.

Le cose andranno in modo molto diverso la seconda volta che affronterà il problema nel 1872 in una memoria dal titolo simile a quella del 1864 [116]. Qui l'interpretazione statica diventa dominante rispetto a quella geometrica; le figure diventano «frames» e si riaffacciano i nomi *poligono delle forze* e *poligono funicolare*. Ma

---

[24] p. 258.
[25] p. 258.

anche la trattazione è più generale e molto più estesa e, almeno per le figure piane, vengono trattati anche i casi di travi caricate ai nodi, anche isostatiche. Le figure reciproche vengono inquadrate nell'ambito della geometria proiettiva, seppure anche qui non ci sia riferimento esplicito alla disciplina. In particolare i poligoni chiusi del lavoro del 1864 diventano proiezioni delle facce di poliedri:

> The diagram, therefore, may be considered as a plane projection of a closed polyhedron, the faces of the polyhedron being surfaces bounded by rectilinear polygons, which may or may not, as far as we yet know, lie each in one plane [116].[26] (D.5.12)

E viene suggerita una soluzione sistematica per la costruzione delle figure reciproche, facendo corrispondere un punto della figura reciproca a ciascuna faccia del poliedro della figura di riferimento, e viceversa. In alcuni punti è evidente il contributo di Maxwell al lavoro successivo di Cremona, in particolare l'idea, sopra evidenziata, di trattare i poligoni come proiezioni di poliedri.

Nella Figura 5.3 è riportata una travatura reticolare considerata successivamente anche da Cremona, e nella Figura 5.4 è riportata una costruzione grafica che anticipa la costruzione del diagramma cremoniano.

Oltre allo studio delle travature reticolari piane Maxwell affronta anche il caso spaziale e tenta di estendere l'uso delle figure reciproche all'analisi delle sollecitazioni nei continui tridimensionali. Inoltre pone le basi per una fondazione analitica della teoria delle figure reciproche, allontanandosi in questo modo dalla statica grafica propriamente detta.

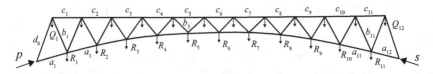

Figura 5.3 Ponte progettato da Jenkin; modello della trave reticolare [116][27]

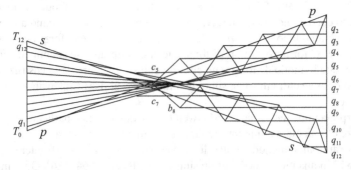

Figura 5.4 Ponte progettato da Jenkin; forze sulle aste [116][28]

---

[26] p. 7
[27] plate XII.
[28] plate XIII.

Sebbene molto importante, anche il lavoro del 1872 ricevette scarsa attenzione da parte degli ingegneri e ci sembra di poter dire che è conosciuto poco ancora oggi. Fanno eccezione Cotterill, che pubblicò un manuale di meccanica applicata in cui si applicano i risultati di Maxwell [125] e, come già accennato, Cremona.

5.3.2
La *Graphische Statik* di Culmann

Carl Culmann (Bergzabern 1821 – Zürich 1881) conclusi i suoi studi a Karlsruhe lavorò alle costruzioni ferroviarie in zone montagnose per poi (1848) essere trasferito a un lavoro di ufficio a Monaco. Nell'estate del 1849 fu inviato per un viaggio di lavoro di due anni negli Stati Uniti. Il periodo del suo viaggio coincise con la costruzione del Britannia Bridge da parte di Robert Stephenson e con la fine dell'intensa fase di costruzione di ponti in legno in America. Un resoconto del viaggio di Culmann in America fu pubblicato nel 1851. Esso fu molto ben accolto e la reputazione di Culmann ne guadagnò molto al punto che nel 1855 ottenne una cattedra presso il nuovo Istituto politecnico di Zurigo dove pensava avrebbe avuto l'opportunità di combinare opportunamente teoria e pratica. Culmann era molto interessato all'insegnamento e dedicò tutte le sue energie per sviluppare metodi grafici di calcolo [347, 212].[29]

Nella seconda metà dell'Ottocento Culmann pubblicò l'importante *Graphische Statik* [141],[30] dove è presentata una teoria sostanzialmente compiuta per il calcolo grafico di una larga parte di problemi dell'ingegneria, che vanno dall'analisi delle strutture alla geometria delle aree, dall'analisi della tensione nei solidi alla spinta dei terreni.

Nel seguito riportiamo un lungo stralcio della prefazione scritta appositamente da Culmann per la traduzione francese [142] della seconda edizione della *Graphische Statik*, che è particolarmente illuminante circa le idee di Culmann sulla statica grafica e sulle sue motivazioni didattiche, oltre a contenere una breve sintesi dei contenuti.

Préface de l'auteur

Les premières applications systématiques des méthodes graphiques, à la détermination des dimensions des diverses parties des constructions, sont dues à Poncelet. C'est en effet à l'école d'application du génie et de l'artillerie, à Metz, que ces méthodes, dont les beaux travaux de Monge avaient en quelque sorte jeté les bases, furent pour la première fois professées par Poncelet, devant un auditoire formé d'anciens élèves de l'École polytechnique de Paris, la seule où les sciences graphiques fussent enseignées à cette époque.

Poncelet avait reconnu le premier, que ces méthodes, tout en étant beaucoup plus expéditives que les méthodes analytiques, offraient cependant une approximation plus que suffisante dans la pratique puisque, quoi que l'on fasse, il ne sera jamais possible

---

[29] In questo volume si spiega anche l'incertezza nella grafia del nome di battesimo di Culmann (K o C), che deriva dalla non univocità della lingua tedesca nella prima metà dell'Ottocento.
[30] La seconda edizione dell'opera data 1875.

d'obtenir dans un projet rapporté sur le papier, une exactitude supérieure à celle donnée par une épure graphique.

Ces méthodes, appliquées à la théorie des voûtes et des murs de soutènement, ont été publiées dans le *Mémorial de l'officier du génie* (tomes XII et XIII, années 1835 et 1840).

Poncelet n'a cependant pas fait usage, pour déterminer les résultantes, du polygone funiculaire, dont l'emploi offre des ressources si précieuses à la statique graphique,[31] et il était réservé à son successeur a l'école de Metz, M. Michon, d'en faire le premier l'application à la détermination des centres de gravité des voussoirs, dans sa *Théorie des voûtes*.[32]

La géométrie de position, à laquelle Poncelet a fait faire tant de progrès, n'était cependant pas à cette époque suffisamment avancée pour qu'il fût possible de la substituer complètement à la géométrie ordinaire (*Géométrie des Masses*) dans le développement et la démonstration des épures. Aussi Poncelet recourait-il, aussi souvent que possible, à la géométrie ordinaire, et lorsque les méthodes élémentaires ne lui suffisaient plus pour ses démonstrations, il se bornait à traduire en épures les formules algébriques.

Nous devons faire remarquer, du reste, que le premier Traité de géométrie de position, dans lequel il soit fait complètement abstraction de l'idée de mesure, n'a été publié qu'en 1847, par G. de Staudt, professeur de mathématiques à Erlangen (*Die Geometric der Lage*, Nürenberg, 1847).

Quand nous fûmes appelé, en 1855, lors de la création de l'École polytechnique de Zurich, à professer le cours de construction (comprenant les terrassements, la construction des ponts, des routes et des chemins de fer), nous fûmes obligé d'introduire dans notre enseignement les méthodes graphiques de Poncelet pour suppléer aux lacunes des cours de mécanique appliquée. Ce cours ne comprenait alors à Zurich que les méthodes analytiques; il en était de même, à cette époque, à l'École des ponts et chaussées de Paris, et c'est en vain que l'on chercherait dans le *Cours de résistance des matériaux* de M. Bresse, les épures de Poncelet et de M. Michon.

Cette introduction des théories de la Statique graphique dans les cours de construction, ne laissait pas que de présenter certains inconvénients, en retardant outre mesure la marche des études; nous obtînmes, en 1860, la création d'un cours d'hiver (à deux leçons par semaine) obligatoire pour les ingénieurs, dans lequel nous traitions ceux des problèmes de statique appliqués à la construction, qui étaient susceptibles de solutions graphiques, et don l'enseignement ne trouvait pas place, faute de temps, dans le cours de mécanique technique (alors professé par M. Zeuner).

Telle fut l'origine de la Statique graphique. Les cours de construction (ponts et chemins de fer) qui rentraient plus particulièrement dans notre spécialité, et celui de statique, se trouvant ainsi réunis dans un même enseignement, nous fûmes fréquemment amené à donner aux élevés des explications complémentaires sur les parties qu'ils n'avaient pas parfaitement comprises. Dans ces circonstances nous avons toujours trouvé qu'il était bien plus facile de rappeler des théorèmes de géométrie de position, dont la démonstration pouvait se faire à l'aide des lignes mêmes de l'épure, que de recourir à des calculs analytiques dont les développements exigeaient l'emploi d'une feuille de papier séparé.

---

[31] Varignon en fait mention dans sa Nouvelle mécanique publiée en 1687 (Nota originale di Culmann)

[32] C'est par l'effet du hasard qu'en 1845 un cours autographié sans nom d'auteur, ayant pour titre: Instruction sur la stabilité des constructions, est tombé entre nos mains. Celui qui nous l'a remis l'attribuait a M. Michon. Ce cours contient six leçons sur la stabilité des voûtes et quatre sur celle des murs de revétement (Nota originale di Culmann)

C'est ainsi que nous fûmes amené, pour ainsi dire irrésistiblement, à remplacer autant que possible l'algèbre par la géométrie de position. Pendant les premières années, les connaissances des élèves, dans cette matière, laissaient, il est vrai, un peu à désirer; mais depuis qu'un cours spécial de géométrie de position professé par M. Fiedler (auquel la *Géométrie descriptive* de cet auteur avait déjà préparé les élèves), a été introduit dans le programme des études, nous n'avons plus éprouvé aucune difficulté dans notre enseignement.

C'est lorsque cet enseignement eut pris quelque développement, que nous avons publié la première édition de notre *Statique graphique* (La première moitié a paru en 1864 et la deuxième en 1865).

Nos épures obtinrent plus de succès que nos méthodes. Notre publication fut suite d'un grand nombre de Statiques élémentaires, dans lesquelles, tout en reproduisant nos épures les plus simples (le plus souvent sans y rien changer), les auteurs s'efforçaient d'en donner des démonstrations analytiques.

Nous estimons que la vérité n'est pas là; qu'on ne parviendra jamais à tracer les lignes d'une épure et à exécuter simultanément les opérations algébriques que comporte l'explication de cette épure, ni à se bien pénétrer de la signification de chaque ligne et à se représenter les relations statiques, si l'on se borne à traduire une formule dont les développements ne sont plus présents à la mémoire.

Nous devons toutefois excepter du reproche que nous nous croyons en droit d'adresser à nos successeurs, les auteurs italiens, et en particulier Cremona qui a introduit la Statique graphique dans l'enseignement de l'École polytechnique de Milan. Ce savant, auquel les sciences graphiques doivent de beaux travaux dont nous avons profité, ne dédaignait pas d'enseigner lui-même à ses élèves la géométrie de position. Bien que Cremona ait aujourd'hui quitté Milan pour Rome, l'enseignement de la Statique graphique est continué à l'École polytechnique de Milan dans le même esprit.

Les explications qui précédent nous ont paru nécessaires à l'historique de la Statique graphique, il nous reste à indiquer, en quelques mots, l'ordre que nous avons suivi dans notre ouvrage.

Le premier chapitre de la première partie traite du *calcul par le trait*. Bien qu'il soit étranger à la Statique proprement dite, il est nécessaire que les élèves le connaissent, et comme il n'est pas enseigné dans les cours préparatoires, nous avons pensé qu'il était indispensable do faire connaître ces méthodes, qui sont empruntées aux auteurs français et surtout à Cousinéry. Au calcul par le trait nous avons ajouté la cubature des terrassements, le mouvement des terres, la théorie de la règle à calcul, les méthodes si ingénieuses de M. Lalanne (aujourd'hui inspecteur général des ponts et chaussées et Directeur de l'École des ponts et chaussées de Paris) sur les représentations graphiques et sur les carrés logarithmiques.

La deuxième partie traite de la composition et de la décomposition des forces en général.

La troisième partie est consacrée aux forces parallèles et à leurs moments du premier et du second ordre, dont les applications à la théorie de l'élasticité, qui forme la quatrième partie de l'ouvrage, sont si nombreuses [142].[33] (D.5.13)

Appare chiaro da questa prefazione come, nonostante si ponga obiettivi di rigore e di precisione geometrica e algebrica, Culmann non perda di vista l'obiettivo ultimo della disciplina: quello di fornire ai tecnici del suo tempo uno strumento potente di

---

[33] pp. IX-XII.

calcolo, progettazione e verifica di un gran numero di realizzazioni ingegneristiche in molti campi di applicazione.

Abbiamo detto che il manuale di Culmann ha visto due edizioni. La seconda, prevista in due volumi, voleva essere nelle intenzioni dell'autore una versione più estesa, più organica e con più applicazioni.[34] Sfortunatamente Culmann morì prima di completare il secondo volume e la seconda edizione di fatto si presenta meno estesa della prima, anche se le parti pubblicate sono più complete e tengono conto anche degli sviluppi teorici sopravvenuti nella statica grafica dopo il 1866. È evidente infatti per esempio il rimando, nella citazione sopra riportata della prefazione all'edizione francese, all'opera di diffusione in Italia compiuta da Cremona e dai suoi allievi a Milano e a Roma.

Nel seguito riassumiamo dapprima gli indici delle due edizioni e poi ne commentiamo brevemente i contenuti, facendo riferimento principalmente alla seconda edizione, anche nella traduzione francese, molto popolare all'epoca [142].[35] Ci limiteremo a quelle parti riguardanti direttamente la meccanica delle strutture, in particolare il calcolo delle travature reticolari e delle travi inflesse, ignorando largamente i problemi di geometria delle masse.

La prima edizione in lingua tedesca è divisa in 8 sezioni (*Abschnitt*). La prima, *Das graphische Rechnen* (il calcolo grafico), di circa 70 pagine, riguarda le tecniche grafiche di svolgimento delle operazioni di addizione, sottrazione, moltiplicazione, elevamento a potenza ed estrazione di radice, integrazione e derivazione. Il tutto viene effettuato tramite costruzioni geometriche raffinate e molto precise, almeno per gli standard dell'epoca, basate sulle proprietà di linee piane come rette e parabole.[36] Appare chiaro come Culmann, desideroso di coniugare rigore e applicazioni, ponga alla base delle sue successive trattazioni applicative un fondamento di calcolo preciso e basato su proprietà inconfutabili.

La seconda, *Die graphische Statik* (la statica grafica), di circa 130 pagine, inizia con la definizione delle forze e delle loro regole di composizione. Vengono introdotti il *Kräftepolygon* (poligono delle forze) e il *Seilpolygon* (poligono funicolare) e in un apposito capitolo si parla delle loro relazioni di proiettività e reciprocità. Si passa poi all'esame delle forze parallele (importantissime ai fini applicativi degli ingegneri, in quanto rappresentano un'ottima schematizzazione di pesi distribuiti, spinta di terreni e di fluidi su dighe e pareti di contenimento e così via) e alla geometria delle masse. Quest'ultima parte è anch'essa finalizzata allo studio delle applicazioni, in quanto le proprietà geometriche delle sezioni di travi sono essenziali per i processi di calcolo, progettazione e verifica delle medesime. Interessante in particolare l'esempio illustrato del calcolo grafico delle proprietà d'area di una sezione di binario ferroviario, esempio che si ritroverà anche in molti altri testi di Statica grafica successivi a quello

---

[34] Le intenzioni di Culmann, come si legge nella prefazione in francese alla seconda edizione, riportata sopra, erano: «Le second volume contiendra une série d'applications aux poutres, aux frameworks, aux arcs et aux murs de soutènement».

[35] La copia dell'edizione tedesca della *Graphische Statik* che abbiamo consultato era di proprietà di Saviotti, come riportato a penna in una delle prime pagine, e contiene rare annotazioni, probabilmente dello stesso Saviotti.

[36] Ancora fino a venti, trenta anni fa tecniche di integrazione e derivazione grafica pressoché identiche venivano insegnate nelle scuole di ingegneria italiane.

di Culmann, a testimonianza dell'importanza dello studio delle strade ferrate nella seconda metà dell'Ottocento.

La terza sezione, *Der Balken* (la trave), di circa 60 pagine, riguarda lo studio delle travi inflesse; in essa si trovano principi di calcolo analitico e grafico per la determinazione delle azioni interne negli elementi strutturali monodimensionali, con esempi numerici e di applicazione del calcolo e della statica grafica, confermando così la vocazione non solo teorica ma anche tecnica del manuale. In particolare si trova un capitolo di applicazioni alle gru.

La quarta sezione, *Der continuirliche Balken* (la trave continua), di circa 90 pagine, riguarda lo studio delle travi continue su più appoggi, un argomento assai in voga nella meccanica strutturale, rappresentando uno degli archetipi di struttura ridondante o iperstatica di ampissimo uso nelle applicazioni. In particolare, si esamina l'esempio applicativo di una trave continua di quattro campate atta al trasporto ferroviario.

La quinta sezione, *Das Fachwerk* (il traliccio), di circa 80 pagine, studia le travi reticolari; anche in questo caso si tratta di un argomento assai in voga nella seconda metà dell'Ottocento, visto che un'ampia gamma di applicazioni costruttive (coperture, ponti ferroviari, torri) veniva realizzata con questa modalità. In effetti, nella sezione, oltre alle definizioni più generali, si presentano le realizzazioni strutturali chiamate *ponte di Pauli* (Pauli'sche Brücken), *copertura inglese* (englische Dachstuhl) e *copertura belga* (belgische Dachstuhl).

La sesta sezione, *Der Bogen* (l'arco), di circa 80 pagine, tratta di archi in muratura e continui e di catene. Si discute sulle linee di pressione (*Drucklinie*) che su questi elementi strutturali si possono definire per la determinazione delle sollecitazioni interne. Si ha anche un capitolo sulla stabilità dei piedi degli archi e capitoli in cui si trattano le travi curve.

La settima sezione, *Der Werth der Constructionen* (il valore delle costruzioni), di circa 20 pagine, tratta di un argomento che oggi si chiamerebbe, con un termine anglofono, *project engineering*, ovvero il costo e di conseguenza l'impatto economico di una costruzione. Si accenna anche a problemi di ottimizzazione della struttura dal punto di vista economico (come scegliere le sezioni che minimizzino il costo senza ledere le capacità portanti).

L'ottava e ultima sezione, *Theorie der Stütz und Futtermauern* (teoria dei muri di sostegno e contenimento), di circa 80 pagine, riguarda argomenti oggi detti di ingegneria geotecnica: calcolo della spinta delle terre e di materiale incoerente, introduzione della coesione, dimensionamento di massima delle strutture murarie di sostegno e di contenimento. Tutta questa branca di applicazioni, che all'epoca di Culmann ricadeva sotto l'istruzione superiore nell'ambito delle costruzioni dell'ingegnere tipo, oggi viene demandata a insegnamenti specifici non propri della scienza delle costruzioni tradizionale.

Completano l'opera circa duecento pagine di tavole, esempi di calcolo grafico, abachi e costruzioni geometriche che illustrano tutte le procedure presentate nelle otto sezioni dell'opera, che si presenta come un tomo di più di 800 pagine, un vero compendio di ingegneria teorica e applicata nel campo del costruire.

L'unico volume pubblicato della seconda edizione della *Graphische Statik* è diviso in 4 sezioni. La prima, *Das Graphische Rechnen* (il calcolo grafico), di circa 152 pagine, riguarda ancora, come nella prima edizione, le procedure e le costruzioni di calcolo grafico. La seconda, *Die Zusammensetzung der Kräfte* (la composizione delle forze), di circa 150 pagine, riguarda la definizione di forza e le operazioni grafiche su di esse. Oltre a introdurre i concetti di poligono delle forze (*Kräftepolygon*) e funicolare (*Seilpolygon*), in questa sezione si studiano le forze nello spazio e si introduce il concetto di reciprocità tra forze; infine si parla delle relazioni di reciprocità in geometria proiettiva tra *Kräftepolygon* e *Seilpolygon*. La terza sezione, *Momente paralleler Kräfte* (momenti di forze parallele), di 180 pagine circa, riguarda la geometria delle masse, vista come lo studio delle distribuzioni geometriche dei pesi delle aree (e quindi come momenti di ordine successivo dei pesi, ovvero densità regolari di forze parallele, rispetto alle misure d'area di regioni di spazio). La quarta e ultima sezione, *Elemente der Elasticitätstheorie* (elementi di teoria dell'elasticità), di 120 pagine circa, è relativa all'applicazione della statica grafica alla meccanica del continuo e alla teoria dell'elasticità.

Prima di entrare nel merito degli argomenti trattati in questo volume vogliamo far notare un cambiamento significativo nella titolazione delle sezioni. Nella prima edizione la seconda sezione porta il titolo *Die graphische Statik*; nella seconda edizione questo titolo scompare. In questo modo Culmann intende precisare la locuzione di *statica grafica* (graphische Statik), lasciandolo solo come titolo del suo libro a precisare che con esso non si intendono solo le procedure atte a risolvere i problemi relativi all'equilibrio delle forze, ma tutte le procedure grafiche dell'ingegneria.

Un altro aspetto da sottolineare è la presenza nella seconda edizione di parti di statica analitica:

> [...] nous avons essayé dans la deuxième édition [della *Graphische Statik*], de joindre aussi brièvement que possible les solutions analytiques aux solutions purement géométriques. Les méthodes analytiques nouvelles ont le grand mérite de conduire directement au but et, en outre, de concorder avec les méthodes géométriques. Dans la plupart des cas nous avons pu déduire les formules des développements géométriques qui les précèdent. Ce mode de procéder a l'avantage de donner aux théorémes une forme, qui, dans bien des cas, découle immédiatement des constructions géométriques, et, en outre, de laisser le choix, toutes les fois que nous donnons les deux solutions, entre la construction graphique et le calcul; dans la pratique c'est tantôt l'une des méthodes, tantôt l'autre qui conduit le plus rapidement au but.
>
> [...] Grâce à la méthode que nous avons suivie, nous avons montré à ceux qui cherchent à expliquer une épure analyticament, comment il faut appliquer l'analyse pour faire ressortir l'identité des formules et des épures [142].[37] (D.5.14)

Per studiare l'equilibrio delle forze, già nella prima edizione del suo libro Culmann fa largo uso del *Kräftepolygon* e del *Seilpolygon*, per i quali riconosce l'esistenza di una relazione di reciprocità in geometria proiettiva, che sarà chiarita con la seconda edizione. Da notare che Culmann nella prima edizione non cita il lavoro di Maxwell del 1864 sulle figure reciproche, anche se di fatto nell'analisi delle strutture reticolari usa un approccio equivalente al suo. Nella seconda edizione Culmann cita Maxwell e presenta anche la teoria delle figure reciproche di Cremona, che fa sua:

---

[37] p. XIII.

Les propriétés réciproques, que nous avons fait connaître jusqu'à présent entre le polygone funiculaire et le polygone des forces, et qui ont été indiquées pour la première
fois par le professeur *Clerk Maxwell* dans le *Philosophical Magazine*, 1864, p. 250,
se rapportent uniquement à des systèmes plans. Si on considère ces polygones comme les projections de polygones gauches, ces derniers peuvent être considérés de leur
côté comme des formes réciproques d'un système focal. Cette théorie a été dévelop-
pée par Cremona dans son remarquable mémoire intulé: *Le figure reciproche nella
Statica grafica, Milano, Bernardoni*, 1872. Nous suivrons ici principalement ce dernier
ouvrage [142].[38] (D.5.15)

Nella seconda edizione l'analisi delle relazioni di reciprocità è preceduta dalla presentazione delle proprietà proiettive dei sistemi di forze nello spazio, ormai note
all'epoca. Viene fuori che un qualunque sistema di forze dello spazio può essere reso
equivalente a due forze non complanari, dette reciproche. Le due forze, o meglio le
loro linee di azione, definiscono una relazione di polarità rispetto a un iperboloide
del secondo ordine, che fa corrispondere un punto a un piano. Poiché Culmann si
rifà a Cremona rimandiamo a un paragrafo successivo di questo capitolo, dedicato a
Cremona, un approfondimento su questi aspetti.

Un uso interessante del poligono funicolare riguarda il tracciamento del diagramma dei momenti flettenti (*Biegungsmomente*) di una trave appoggiata, oppure di una
campata di una trave continua di cui oltre alle forze applicate siano noti i valori dei
momenti di continuità, determinati per esempio con l'equazione dei tre momenti.
Nel seguito riportiamo brevemente la strada seguita da Culmann facendo riferimento alla trave appoggiata della Figura 5.5, soggetta a due momenti di estremità $\mathfrak{P}_i$
e $\mathfrak{P}_{i+1}$.

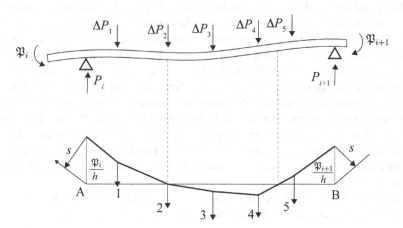

Figura 5.5 Diagramma dei momenti flettenti in una trave inflessa [142][39]

---

[38] p. 291
[39] p. 310.

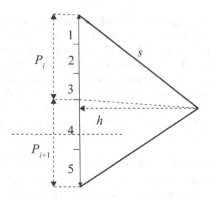

Figura 5.6 Poligono delle forze in una trave inflessa [142][40]

Si costruisce dapprima il poligono delle forze della Figura 5.6. Poi si comincia a costruire il poligono funicolare partendo da sinistra, secondo la costruzione riportata in basso nella Figura 5.5, partendo da una distanza pari a $\mathfrak{P}_i/h$ dal punto di riferimento A, essendo h la distanza dal polo O alla linea di azione delle forze della Figura 5.6. Arrivati all'intersezione dell'ultimo lato del poligono funicolare con la verticale condotta dall'appoggio destro, si ottiene il punto B, tracciando verso il basso un segmento verticale pari a $\mathfrak{P}_{i+1}/h$. La retta AB divide il poligono funicolare, che rappresenta a meno della costante h il diagramma dei momenti, nelle parti in cui sono tese le fibre superiori e quelle inferiori, mentre la sua parallela per il polo O, sulla Figura 5.6, fornisce i valori delle reazioni vincolari P_i e P_{i+1}.

Oltre agli aspetti di meccanica delle strutture l'opera di Culmann è importante per avere anticipato alcuni temi ripresi e diffusi successivamente dal connazionale Otto Mohr di cui abbiamo parlato diffusamente nel Capitolo 1. Già nella prima edizione della *Graphische Statik* (1866) Culmann introduce l'ellisse di elasticità nel calcolo delle deformazioni delle travi inflesse e degli archi, anticipando il lavoro di Mohr sui tralicci ad arco del 1881 [250]. Nella seconda edizione (1875), nella sezione dedicata alla meccanica del continuo, Culmann introduce una costruzione grafica per la rappresentazione dello stato di tensione in un punto interno di un corpo elastico. Questa è basata sulle proprietà di *coniugio* tra punti e rette indotta da una ellisse che Culmann chiama ellisse delle forze.[41] La costruzione grafica di Culmann è simile alla rappresentazione celebre attribuita normalmente a Mohr, che la riporta in un lavoro del 1872 [246].

La Figura 5.7 illustra l'uso dell'ellisse di elasticità che Culmann chiama *ellisse centrale*, per il quale sussiste il seguente teorema:

---

[40] p. 310.
[41] Si ricordi che esiste una corrispondenza biunivoca tra le matrici che rispetto a una base sono l'immagine di tensori simmetrici e coniche nel piano. Di conseguenza, questa rappresentazione è una veste grafica naturale per il teorema di Cauchy dello stato di sforzo nell'intorno di un punto.

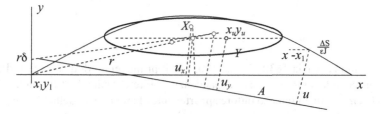

Figura 5.7 Uso dell'ellisse di elasticità

Une force quelconque, sollicitant un arc, fait tourner l'extremité de l'arc autour de son antipôle par rapport à l'ellipse centrale[42] des $\Delta s/\epsilon\mathfrak{J}$; et la grandeur de la rotation est égale à la force, multipliée par le moment statique de ces $\Delta s/\epsilon\mathfrak{J}$ par rapport à sa direction [142].[43] (D.5.16)

La Figura 5.8 illustra invece la costruzione del cerchio delle tensioni all'interno di un continuo bidimensionale.

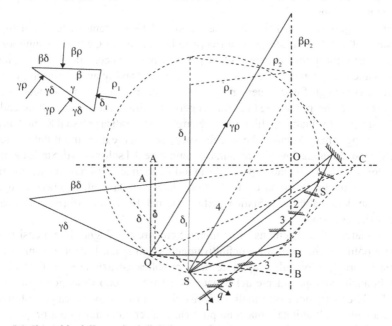

Figura 5.8 Il cerchio delle tensioni di Culmann

---

[42] Il carattere ordinario è nostro. Si tratta di una ellisse centrale simile a quella di inerzia, essendo diversi i coefficienti di proporzionalità; ϵ è il modulo elastico, $\mathfrak{J}$ è un momento d'inerzia, Δs è un elemento di arco.
[43] pp. 530-531.

5.4
Il contributo di Luigi Cremona

Luigi Cremona (Pavia 1830 – Roma 1903) fu il primogenito di quattro figli dell'unione in seconde nozze tra il padre Gaudenzio e Teresa Andreoli.[44] Il fratello Tranquillo Cremona fu un famoso pittore appartenente al movimento della *Scapigliatura* milanese che si affermò per la sua originalità.

Nel 1849 terminò gli studi classici e si iscrisse al corso di ingegneria civile presso l'università di Pavia dove ebbe come maestri Antonio Bordoni e Francesco Brioschi. Nel 1853 ottenne, con lode, il titolo di «dottore negli studi di ingegnere civile e architetto» e subito dopo si impegnò nella stessa università come ripetitore di matematica applicata fino al 1856 quando diede gli esami di matematica e fisica che erano necessari e fu nominato professore supplente al Ginnasio di Pavia. Due anni più tardi fu trasferito a Cremona dove ottenne un posto di professore ordinario nel Ginnasio e dove tenne corsi che spaziavano dall'aritmetica all'algebra, dalla geometria del piano e dello spazio alla trigonometria. Nel 1858 passò a insegnare al Liceo S. Alessandro (oggi Liceo Beccaria) a Milano e da qui cominciò a istituire una rete di rapporti a livello internazionale.

Sotto suggerimento di Brioschi e Genocchi, nel 1860 Cremona fu chiamato dal ministro della Pubblica Istruzione a ricoprire la cattedra di Geometria superiore a Bologna, istituita appositamente per lui e per la prima volta con tale denominazione. La permanenza di Cremona a Bologna durò fino al 1867 quando Brioschi, consapevole di come egli fosse la persona più adatta per insegnare le nuove tecniche di calcolo grafico che, grazie alle importanti opere di Culmann si stavano diffondendo a livello europeo, lo chiamò a Milano a insegnare Statica grafica presso il Regio Istituto Tecnico Superiore di Milano, che sarebbe successivamente divenuto il Politecnico.

A Milano Cremona dovette occuparsi inizialmente del solo corso di Statica grafica abbandonando così, almeno in parte, il suo indirizzo di studi puramente geometrici. Nel 1873 si trasferì a Roma come direttore della Scuola degli ingeneri occupandosi anche della cattedra di Statica grafica che nel 1877 fu trasformata in una di Matematica superiore.

Il 16 marzo 1879, Cremona fu nominato Senatore del Regno. Iniziò così la sua carriera politica, che lo distolse definitivamente dagli studi. Per molti anni diresse diversi lavori del Consiglio superiore della pubblica istruzione e tra il 1897 e il 1898 fu anche vice-presidente del Senato. Nel 1898 accettò l'incarico di ministro della Pubblica Istruzione offertogli dal Di Rudinì ma rimase in carica per soli trenta giorni a causa dell'agitata situazione politica, riuscendo comunque a proporre un disegno di legge, costituito da pochi articoli, con i quali intendeva modificare quelle disposizioni della legge Casati che riguardavano le sanzioni disciplinari nei confronti degli insegnanti.

Fu socio delle più illustri Accademie italiane ed estere, dottore *honoris causa* di Dublino e di Edimburgo. Fu nominato Cavaliere dell'ordine dei Savoia e nel

---

[44] In prime nozze Gaudenzio Cremona aveva sposato Caterina Carnevali, avendone tre figli.

maggio del 1903 fu insignito dall'imperatore di Germania dell'*Ordine pour le merite*, conferito a pochi in Italia [358, 150].

Nel 1855 Luigi Cremona pubblicò negli *Annali di scienze matematiche e fisiche* di Tortolini il suo primo scritto, dal titolo *Sulle tangenti sfero-coniugate*. Del 1858 sono due lavori dal titolo *Sulle linee a doppia curvatura* e *Teoremi sulle linee a doppia curvatura* (linee che in seguito egli chiamerà cubiche gobbe e alle quali avrebbe successivamente dedicato numerosi trattati, l'ultimo dei quali nel 1879) in cui riuscì a ricavare teoremi che Chasles aveva solo enunciato nel suo *Aperçu historique* [109], completandoli con la dimostrazione e illustrando alcune nuove e significative proprietà. A questi scritti Cremona fece seguire delle ricerche originali sulle coniche e pubblicò alcuni lavori sulle quadriche omofocali, sulle coniche e quadriche coniugate.

Sebbene nei primi scritti, di cui abbiamo detto finora, prevalga ancora il metodo analitico, incomincia a delinearsi in essi un vivo interesse verso la geometria "pura", quella appresa nei lavori di Chasles, che l'avrebbe portato a scrivere *Considerazioni di storia della Geometria* pubblicate sul Politecnico nel 1860, in cui espone, con sapiente abilità, un ricco quadro storico di ricerche geometriche antiche e moderne.

La sua evoluzione verso i metodi puramente geometrici iniziò infatti solo dopo aver appreso anche gli insegnamenti della scuola tedesca, che coincise con la sua chiamata all'università di Bologna. Il periodo bolognese fu quello più fertile e produttivo. È in questi anni che Cremona pubblicò i suoi scritti più importanti e innovativi: *Introduzione a una teorica delle curve piane* del 1861 e *Preliminari di una teoria generale delle superfici* del 1866.

Completamente originali sono invece due note di ugual titolo *Sulle trasformazioni geometriche di figure piane*, pubblicate rispettivamente nel 1863 e nel 1865, in cui Cremona presenta le trasformazioni che sono diventate la sua scoperta più importante e che oggi portano il suo nome. Importante per noi è la pubblicazione nel 1872 della memoria *Le figure reciproche nella statica grafica*, considerata un classico della statica grafica.

Secondo Cremona la formazione degli ingegneri doveva mirare a costituire una classe di tecnici altamente qualificati, ma anche culturalmente in grado di far parte della nuova classe dirigente nazionale; difese quindi fortemente il ruolo educativo della cultura scientifica, assolutamente inscindibile da quella più prettamente pratica, sottolineando l'importanza dello studio della geometria inteso come base per imparare a ragionare. In quest'ordine di idee è ben comprensibile la battaglia da lui sostenuta insieme a Brioschi per il ritorno allo studio degli *Elementi* di Euclide.

Un'altra interessante collaborazione tra Brioschi e Cremona riguardò la direzione degli *Annali di matematica*, che intorno agli anni '60 erano progressivamente andati decadendo di stile e di interesse, basata sulla comune volontà di cercare di creare, insieme a un'identità politica del paese, una cultura scientifica e matematica che rappresentassero l'Italia e la collocassero alla pari delle altre nazioni europee. Le loro aspettative si realizzarono pienamente e gli *Annali* diventarono un giornale importante a livello europeo.

5.4.1
Il poligono funicolare e il poligono delle forze come figure reciproche

Maxwell aveva già considerato la polarità tra il poligono funicolare e il poligono delle forze nel caso particolare in cui le forze erano autoequilibrate e convergevano tutte in un unico punto. Cremona considererà la reciprocità nel caso più generale di forze non concorrenti, modificando anche le regole di costruzione in modo che per arrivare a un'interpretazione meccanica non sia necessaria la rotazione di $\pi/2$ tra le figure reciproche. Per arrivare a questo risultato ha però bisogno di far ampio uso della geometria proiettiva, disciplina che si occupa proprio dei vari tipi di reciprocità.[45]

5.4.1.1
Il poligono funicolare e il poligono delle forze

Un sistema piano di forze comunque assegnate si può ridurre a un altro di rappresentazione più semplice con un'opportuna operazione di riduzione. Con linguaggio moderno, tale operazione di riduzione si basa sull'equivalenza della potenza spesa, o equivalentemente sull'equivalenza della risultante e del momento risultante, nei due sistemi. Si può dimostrare, sulla base di questo criterio, che ogni sistema di forze può essere ridotto a una forza (*risultante* del sistema) applicata a una ben precisa retta dello spazio (*asse centrale* del sistema).[46] La ricerca della risultante e dell'asse centrale di un sistema di forze può essere effettuata agevolmente con le tecniche moderne dell'algebra lineare, tenendo presente la rappresentazione vettoriale della forza nello spazio ambiente euclideo. Ai tempi in cui il calcolo algebrico lineare e vettoriale non era ancora sviluppato si sono ideati procedimenti di riduzione puramente geometrici.

I poligoni delle forze e funicolare sono delle costruzioni grafiche, assai suggestive ancora oggi, che servono a determinare la risultante di un sistema di forze e un punto della sua retta di azione. La risultante viene ottenuta con il poligono delle forze, estensione dell'idea di composizione di due forze concorrenti; un punto dell'asse centrale viene ottenuto con il poligono funicolare. Di seguito presentiamo

---

[45] Nel seguito considereremo equivalenti le nozioni di polarità e reciprocità anche se in geometria proiettiva si fa in genere una distinzione. Riportiamo alcune definizioni:

Una reciprocità in un piano, dove due qualunque elementi omologhi si corrispondono in doppio modo (involutoriamente), ossia una reciprocità equivalente alla sua inversa, dicesi un sistema polare o una polarità; un punto e una retta che si corrispondono in una polarità piana si dicono polo e polare uno dell'altra.

La polarità in un piano può anche definirsi come una corrispondenza biunivoca fra i punti e le rette, tale che: se la retta corrispondente (polare) di un punto A passa per un punto B, la corrispondente (polare) di B passa per A.

Osservazione. Correlativamente (nello spazio) si può definire la polarità in una stella ([155], p. 186).

A ogni polarità si può associare una conica, ellisse iperbole o parabola. «Un insieme dei punti e delle rette coniugati di sé stessi dicesi conica fondamentale della polarità» ([155], p. 204).

[46] Se la risultante è nulla l'asse centrale coincide con la retta impropria del piano.

alcuni cenni storici relativi a queste due costruzioni e un'esposizione succinta delle medesime.

Cenni storici

Le prime nozioni di poligoni delle forze e funicolare si hanno con Stevin, il quale usa e dimostra, seppure in modo incompleto, la regola del parallelogramma per la composizione delle forze [338].[47] Stevin somma però due sole forze e non introduce in modo esplicito la composizione di più forze e quindi il poligono delle forze; introduce invece in modo molto chiaro l'idea di poligono funicolare, seppure non come strumento di statica grafica, ma come legge (teorema) della meccanica. Di seguito riportiamo il brano di Stevin in cui è presentata l'introduzione del poligono funicolare.

> Mais s'il y avoit plusieurs poids suspendus en une mesme ligne, comme icy la ligne ABCDEF, ses poincts fermes extremes A, F, à laquelle sont sospendus 4 poids cognus, G, H, I, K; il est manifeste qu'on peut dire quel effort ils font à la corde, à chacune de ses parties AB, BC, CD, DE, EF: Car par example, produisant GB enhaut vers L, & MN parallele à BC: Je dis BN donne BM, combien le poids G viendra l'effort quit est fait à AB.
>
> Derechef BN donne MN, combien le poids G ce qui viendra sera l'effort qui est fait à BC [339].[48] (D.5.17)

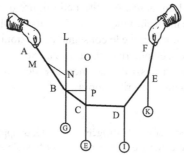

Figura 5.9 Il poligono funicolare secondo Stevin [339][49]

Stevin, cioè, osserva come la spezzata formata dalla corda fissa ai suoi estremi e a cui sono sospesi un dato numero di pesi noti formi una poligonale aperta di lati paralleli alle forze agenti sui tratti di corda coincidenti con detti lati. La determinazione delle forze nelle corde è semplice e si basa sulla decomposizione della singola forza peso nelle direzioni dei due tratti di corda contigui, come spiegato da Stevin spostando in alto il segmento rappresentativo del peso G e decomponendolo idealmente nelle direzioni dei due tratti contigui AB, BC. Più esattamente, secondo la costruzione geometrica di decomposizione di due forze concorrenti, il segmento BN sta a BM come il peso G sta alla forza cui è soggetto il tratto AB e a MN come il peso G sta alla forza cui è soggetto il tratto BC.

---

[47] Si vedano anche [219, 152].
[48] p. 505.
[49] p. 505.

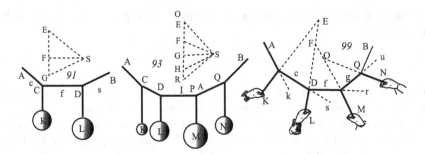

Figura 5.10 Il poligono funicolare secondo Varignon

Le idee di Stevin sono riprese e perfezionate da Varignon [356],[50] che usa il poligono delle forze e il «polygone funiculaire» [356].[51] In questo secondo caso usa anche il nome moderno, seppure non in senso tecnico, alternandolo con il termine più neutro di *poligono formato dalla corda*.

Tutte le considerazioni e le rappresentazioni grafiche sulle forze nel manuale di Varignon riguardano le azioni su corde in tensione. Le forze sono viste, in modo tipico nella statica del Settecento, come pesi che tendono le diverse parti di una corda a cui esse sono applicate, inflettendola a guisa di spezzata poligonale (il poligono formato dalla corda, per l'appunto). A volte nelle figure di Varignon le forze sono rappresentate anche come mani che tendono una fune fissata alle estremità, per evitare l'introduzione di vincoli geometrici e le conseguenti reazioni vincolari che creavano qualche imbarazzo alla concezione ristretta di forza che aveva Varignon [60].

Nel seguito si riportano i passi di Varignon che descrivono l'idea di poligono formato dalla corda, nel senso descritto sopra.

THÉORÈME X.

I. Deux puissances quelconques K, L, dirigées à volonté, & appliquées en deux points quelconques C, D, d'une corde lâche et parfaitement flexible ACDB, attachée par le deux bouts à deux clous ou crochets A, B, demeurant encore en équilibre entr'elles, comme dans les Th. 8. 9. D'un point quelconque S soient faites SE, SF, SG parallèles aux trois côtez AC, CD, DB, du polygone ACDB que ces puissances font faire à cette corde; & d'un point F pris aussi à volonté sur SF, soient menées FE, FG, parallèles aux directions CK, DL, des puissances K, L, jusqu'à ce que deux lignes rencontrent SE, SG, en E, G. Cela fait, je dis qu'en ce cas d'équilibre les puissances K, L, seront entr'elles comme EF, FG, c'est-à-dire, K.L::EF.FG.

II. Réciproquement le corde ACDB étant donnée de position, c'est-à-dire, le polygone qu'elle forme étant donné, si d'un point S pris à volonté, on fait SE, SF, SG, parallèle aux trois côtez AC, CD, DB, de ce polygone; & que d'un point F pris aussi à volonté, on fait sur SF, on mene deux droites quelconques FE, FG, qui rencontrent SE, SG en E, G: deux puissances K, L, qui seroient entr'elles comme ces deux lignes FE, FG, &

---

[50] Figure chiare e in pratica coincidenti con quanto si fa anche modernamente si trovano alle pp. 190-191. Varignon aveva già espresso queste idee in [355].
[51] p. 202.

qui auraient leurs directions CK, DL, parallèles à ces mêmes lignes, chacune à chacune, retiendront la corde ACDB dans cette position donnée, y demeurant en équilibre entr'elles [356].[52] (D.5.18)

Ancora oggi il poligono funicolare viene insegnato secondo i procedimenti originali di Varignon, ripresi tra l'altro da Saviotti nel suo manuale (vedi *infra*). Si trasmette il concetto di adoperare le sole «operazioni invarianti», trasformazioni ideali di natura precipuamente grafica di solito attribuite a Varignon. Queste non alterano né la risultante né il momento risultante di un sistema di forze e permettono la riduzione a sistemi più semplici da rappresentare. Le operazioni elementari, la cui validità è giustificabile in maniera grafica intuitiva, sono le seguenti: a) una forza può essere trasportata lungo la sua retta d'azione; b) a due forze concorrenti in un medesimo punto si può sostituire la loro risultante applicata in quel punto, costruita secondo la regola del parallelogramma;[53] c) a un sistema si possono aggiungere o sottrarre una o più coppie di braccio nullo.[54] In questo modo, la costruzione del poligono funicolare è ricondotta a una particolare successione di operazioni elementari che terminano quando si è arrivati a una sola forza applicata in una direzione ben precisa (l'asse centrale del sistema).

Si consideri un numero generico di forze $f_1, f_2, \ldots, f_n$, per semplicità contenute in un piano π (la generalizzazione allo spazio tridimensionale si opera ovviamente per linearità su tre piani indipendenti). La risultante del sistema si ottiene operando la costruzione grafica detta del poligono delle forze, o delle risultanti successive, o di composizione come detto da Saviotti, che non è altro che una generalizzazione del parallelogramma delle stesse. Come illustrato nella Figura 5.11 a destra, a partire dalla forza f_1, identificata in una certa scala dal segmento orientato 01, si traccia di seguito la forza f_2, identificata nella stessa scala grafica dal segmento orientato 12, e così via fino all'ultima forza f_n; la risultante F del sistema è, nella stessa scala grafica, identificata dal segmento orientato $0n$ in direzione, intensità e verso.

Per determinare l'asse centrale, ovvero la retta della direzione della risultante a cui F deve essere applicata per ottenere un'unica forza equivalente al sistema assegnato, si sceglie prima un punto P a destra del poligono delle forze, detto *polo di proiezione*, e si congiunge P con i vertici 0, 1, 2, ..., n del poligono delle forze. Scelto un punto A arbitrario del piano (vedi la Figura 5.11 a sinistra) si traccia per A la parallela al raggio proiettore P0, che interseca la retta di azione di f_1 nel punto $1'$. Da $1'$ si traccia la parallela al raggio proiettore P1, che interseca la retta di azione di f_2 nel punto $2'$, e così via fino alla forza f_n, che viene intersecata dal raggio proiettore PO, P n-1 nel punto n'. L'intersezione delle parallele al primo e ultimo raggio proiettore Pn, passanti per A e n', determina un punto dell'asse centrale.

---

[52] pp. 190-191.

[53] Di converso, una forza può essere decomposta nella somma di due forze concorrenti nello stesso punto di applicazione lungo due direzioni assegnate.

[54] Una coppia è un sistema di due forze parallele uguali e opposte. La distanza delle loro rette di azione è detta *braccio* della coppia. Così come la forza è la causa della variazione del movimento traslatorio (il prototipo di interazione che spende potenza su una traslazione), la coppia è la causa della variazione del moto rotatorio (il prototipo di interazione che spende potenza su una rotazione). Una coppia di braccio nullo è un sistema di forze opposte collineari, banalmente equivalenti a zero.

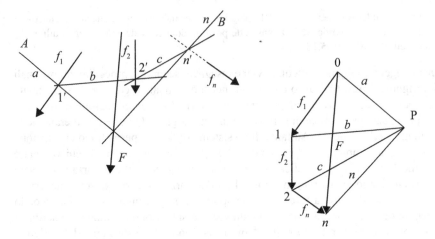

Figura 5.11 I poligoni delle forze (a destra) e funicolare

La poligonale $A1'2' \dots n'$ è il poligono funicolare e la costruzione è giustificata in termini di operazioni elementari nel modo seguente: tramite i raggi proiettori dei vertici del poligono delle forze (e le loro parallele usate nella costruzione del poligono funicolare) si opera una scomposizione di ciascuna forza nelle direzioni di due raggi proiettori successivi. In questo modo, si generano una serie di coppie di braccio nullo, una per ciascun raggio proiettore interno, che possono essere eliminate. Il sistema si riduce così solo alla somma delle componenti lungo i raggi proiettori esterni, la cui composizione fornisce la risultante e la relativa retta d'applicazione, che è quanto si fa intersecando le parallele al primo e all'ultimo raggio proiettore.

Non è difficile mostrare che se il sistema di forze è autoequilibrato, cioè se ha risultante e momento risultante nulli, allora sia il poligono delle forze sia il poligono funicolare sono chiusi. Viceversa se i poligoni sono chiusi il sistema è autoequilibrato.

5.4.1.2
La polarità nulla

Il contributo di Cremona sulle figure reciproche si può intendere come finalizzato alla messa a punto di una procedura per la determinazione degli sforzi nelle aste di tralicci isostatici, allora componenti essenziali di molti fabbricati industriali. Questa procedura è resa semplice da Cremona tramite una forma particolare di reciprocità, o polarità, esistente tra i poligoni delle forze e funicolare. Cremona introduce infatti nello spazio questa relazione, detta di polarità nulla, per mettere in relazione i poligoni delle forze e funicolare nel piano. In questo modo, le due figure possono essere costruite sia tramite le procedure di Varignon sia sfruttando le loro relazioni di polarità.

La polarità utilizzata da Cremona può essere introdotta in modo formale, con l'uso della geometria analitica, oppure con considerazioni dirette a partire dagli enti che la esibiscono. Cremona, rifacendosi a studi precedenti [243, 336], sceglie il secondo approccio.

Nel seguito esaminiamo brevemente i risultati di Cremona per presentare poi anche la definizione analitica della polarità. È noto dalla meccanica razionale, e si può dimostrare facilmente con le regole del calcolo vettoriale, che un sistema S di forze $f_1, f_2, \cdots, f_n$ dello spazio può essere ridotto mediante ripetute applicazioni della regola del parallelogramma e del trasporto lungo le rette di azione delle f_i a una forza F agente secondo una retta a e a una coppia agente sul piano π perpendicolare a F, ovvero caratterizzata da un momento M parallelo a F.[55]

Alternativamente lo stesso sistema S può essere ridotto a due forze f e f' in genere non complanari, in cui una delle due forze può essere scelta ad arbitrio.[56] Le forze f e f' sono dette coniugate o reciproche e le regole della loro costruzione definiscono una polarità. Parimenti si dicono coniugate o reciproche le rette r e r' di azione di f e f' rispettivamente.

Elemento caratterizzante questa polarità è la retta a di azione della risultante F derivante dalla riduzione di S a una forza e una coppia. La retta a si dice asse della polarità, il piano $\pi \perp a$ si dice piano ortografico, le direzioni parallele a a si dicono direzioni principali.

La polarità indotta da S gode delle seguenti proprietà:

a) Se la retta r descrive una stella di centro P, la retta reciproca r' descrive un piano π_P detto polare di P, che è detto polo di π_P.

b) Il polo P è contenuto nel suo piano polare π_P.

c) Le proiezioni delle rette reciproche r e r' sul piano ortografico, secondo le direzioni principali, sono parallele.

d) A un punto P del piano ortografico su cui concorrono n rette corrisponde per reciprocità un poligono chiuso di n lati paralleli alle n rette concorrenti in P.

La polarità può essere espressa in forma analitica [325].[57] Si assume il caso generale in cui il sistema non sia riducibile solo a una forza o a una coppia; valga cioè la relazione

$$\mathfrak{T} = F \cdot M \neq 0$$

ove $\mathfrak{T} = F_x M_x + F_y M_y + F_z M_z$, i cui fattori sono le componenti della forza e del momento risultante del sistema S, è il *trinomio invariante*, ovvero la forma algebrica caratteristica del sistema di forze, indipendente dal sistema di coordinate adoperato.

---

[55] A un tipo di riduzione analogo si è già accennato nella presentazione della costruzione dei poligoni delle forze e funicolare per le forze del piano.

[56] L'idea è che la somma delle due forze dia comunque la risultante del sistema, mentre l'arbitrio nella scelta della retta di azione di una delle due porrà la seconda a una distanza tale da garantire il momento risultante M.

[57] La reciprocità è presentata in vol. 1, pp. 65-67.

Ponendosi nello spazio proiettivo, si utilizzino le coordinate omogenee

$$x_0 : x_1 : x_2 : x_3 = 1 : x : y : z$$

e assumendo l'asse a come asse z, la polarità è espressa dalla relazione:

$$-cx_3^*x_0 - x_2^*x_1 + x_1^*x_2 + cx_0^*x_3 = 0$$

ove $c = \mathfrak{T}/\|F\|$.

A un assegnato polo P $\equiv (x_o^*, x_1^*, x_2^*, x_3^*)$ corrisponde un piano polare π_P che ha l'equazione sopra definita. Essa definisce una polarità perché è trasformata in se stessa dalla permutazione di x_i con x_i^*. Non si tratta però di una polarità ordinaria perché il polo P $\equiv (x_o^*, x_1^*, x_2^*, x_3^*)$ appartiene al suo piano polare π_P. Tale polarità è spesso detta *polarità nulla* $\mathfrak{N}$ o polarità focale (alternativamente sistema nullo o sistema focale). Non è difficile verificare che per essa valgono le proprietà elencate in precedenza.

La polarità nulla viene utilizzata da Cremona senza specificare i parametri caratterizzanti (l'asse a e il coefficiente c), che sono completamente indipendenti dal sistema piano di forze da lui considerato (per il quale tra l'altro si avrebbe $\mathfrak{T} = 0$), per ricavare delle relazioni di carattere proiettivo tra il poligono delle forze e il poligono funicolare. Ciò viene fatto vedendo queste due figure come proiezione di due poliedri reciproci sul piano ortografico.

Due poliedri reciproci sono tali che i vertici dell'uno sono poli per le facce dell'altro e viceversa. Le proiezioni dei poliedri reciproci sul piano ortografico sono figure reciproche e per esse valgono le seguenti caratterizzazioni:

Figure reciproche. Proiettati questi due poliedri reciproci sopra un piano ortografico, a ogni lato della prima figura corrisponderà un lato parallelo nella seconda. Siccome poi a ρ spigoli formanti il contorno di una faccia dell'uno corrispondono i spigoli concorrenti nel vertice corrispondente dell'altro, così in proiezione a ρ lati concorrenti in un vertice corrisponderanno ρ lati paralleli formanti un poligono chiuso. Ogni spigolo in entrambi i poliedri è comune a due facce e congiunge due vertici; ogni faccia ha tre lati almeno e in ogni vertice concorrono almeno tre spigoli. Segue che nelle loro proiezioni ogni lato sarà comune a due poligoni e congiungerà due vertici e siccome ogni poligono avrà almeno tre lati, in ogni vertice concorreranno almeno tre lati. Gli elementi di un poliedro sono legati dalla relazione d'Eulero: $v + f = s + 2$ (1), dove v indica il numero dei vertici, f delle facce, s degli spigoli. Siccome ai v vertici nell'un poliedro corrispondono v facce nell'altro; alle f facce nell'uno f vertici nell'altro, e agli s spigoli nell'uno gli s spigoli dell'altro, così la relazione (1) vale anche pel poliedro reciproco. Per le due figure ortografiche, se una consta di v vertici, f poligoni chiusi e s lati, l'altra consterà di f vertici, v poligoni chiusi e s lati. Se un poliedro ha un vertice all'infinito, l'altro ha una faccia perpendicolare al piano ortografico; onde, se una delle figure ortografiche ha un vertice all'infinito, il poligono corrispondente nell'altro si riduce a un segmento di retta su cui restano segnati dei punti corrispondenti ai vertici della faccia di cui è proiezione. Le proiezioni ortografiche di due poliedri reciproci si dicono *figure reciproche* [322].[58]

5.4.1.3
Reciprocità tra il poligono funicolare e il poligono delle forze

Cremona si riferisce a forze *autoequilibrate*, ovvero a somma e momento complessivo nulli, in cui il poligono delle forze e il poligono funicolare sono entrambi chiusi e distingue due casi. Il primo, illustrato nella Figura 5.12, riguarda il caso in cui le forze autoequilibrate si incontrano in un solo punto. A sinistra è riportato un poligono di 6 forze di questo tipo insieme al polo O e le linee di costruzione necessarie per il tracciamento del poligono funicolare. A destra è riportato il poligono funicolare insieme alle linee di azione delle forze (concorrenti per ipotesi in un punto). Dalla costruzione si vede subito che le due figure sono reciproche secondo la polarità nulla e che possono essere viste come proiezioni di due piramidi (la prima di vertice O, la seconda di vertice il punto comune di intersezione delle forze) che sono poliedri reciproci.

Se le linee di azione delle forze non si incontrano in un unico punto è più complesso mostrare la reciprocità, perché il poligono funicolare non si mostra come figura reciproca del poligono delle forze più i raggi proiettati dal polo come avveniva nel caso precedente. Si possono comunque ottenere ancora poligoni funicolari reciproci considerando due diverse proiezioni del poligono delle forze, come illustrato nella Figura 5.13. Sei forze formano un poligono delle forze ancora chiuso (a destra della figura) ma non sono convergenti in un unico punto (a sinistra). Le figure reciproche si ottengono considerando da un lato due poli distinti O e O' e le linee di costruzione derivate da questi poli, dall'altro lato i due poligoni funicolari corrispondenti insieme alle linee di azione delle forze.

Le due figure possono essere viste come proiezioni di due poliedri reciproci sul piano ortografico. Il primo poliedro, associato al poligono delle forze e ai due poli, è definito da n rette non concorrenti che si incontrano due a due e formano un poligono gobbo chiuso, e dai due punti O e O', in modo da ottenere un poliedro formato da due piramidi le cui facce si intersecano sul poligono gobbo. Il poliedro reciproco è

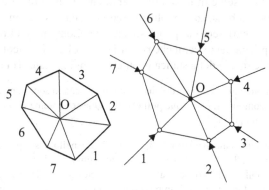

Figura 5.12 Il primo caso di figure reciproche [131][59]

---

[59] Adattato da [129], p. 343.

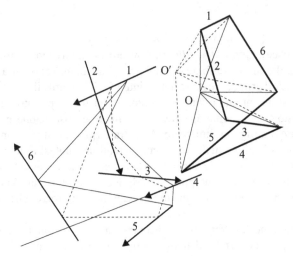

Figura 5.13 Il secondo caso di figure reciproche [131][60]

formato da un prismoide definito da due facce piane di base (i piani polari di O e O′),
che sono i poligoni funicolari associati a O e O′, e da *n* facce laterali (piani polari
degli spigoli della poligonale gobba), i cui spigoli sono paralleli alle sei forze.

Si può semplificare il disegno delle figure reciproche immaginando il polo O′
all'infinito ortogonalmente al piano ortografico. Allora il primo poligono si riduce a
una piramide di polo O e a un prismoide, il secondo poliedro è la porzione infinita di
spazio contenuta da un poligono piano e da tanti piani passanti per i lati del poligono.
Dei diagrammi reciproci, proiezione dei poliedri, uno è formato dal poligono delle
forze completo dei raggi che ne proiettano i vertici da O, l'altro dalle linee di azione
delle forze, dal poligono funicolare e dalla retta all'infinito.

La possibilità di vedere i poligoni funicolare e delle forze come proiezione di
poliedri reciproci consente di mostrare chiaramente la loro reciprocità e permette
di stabilire in modo abbastanza semplice le regole della costruzione del diagramma
cremoniano, di cui parleremo al punto successivo. Consente inoltre di dimostrare
con relativa semplicità dei teoremi che riguardano i poligoni funicolari, che sarebbe
difficile fare con le regole della statica geometrica tradizionale. Tra di essi:

> Due lati corrispondenti (rs), $(rs)'$ de' due poligoni si segano sopra una retta fissa che
> è parallela alla congiungente de' due poli O e O′. Questo teorema è fondamentale nei
> metodi di Culmann [131].[61]

> Sia dato un poligono piano di *n* lati 1, 2, 3, ..., *n* − 1, *n*; e nello stesso piano siano inoltre
> date *n* − 1 rette 1, 2, 3, ..., *n* − 1 risp. parallele ai primi *n* − 1 lati del poligono. Da un
> punto o polo, mobile nel piano (senz'alcuna restrizione), s'intendano projettati i vertici
> del poligono dato. Ora si imagini un poligono variabile di *s* lati, i primi *n* − 1 vertici

---

[60] Adattato da [129], p. 344.
[61] In [129], p. 345.

del quale 1, 2, 3, ..., $n-1$ debbano trovarsi ordinatamente nelle rette date omonime, mentre gli n lati $(n \cdot 1)$, $(1 \cdot 2)$, $(2 \cdot 3)$, $(n-1 \cdot n)$ debbano essere paralleli ai raggi che dal polo projettano i vertici omonimi del poligono dato. Il punto di concorso di due lati qualsivogliano $(r \cdot r+1)$, $(s \cdot s+1)$ del poligono variabile cadrà in una retta determinata, parallela alla diagonale fra i vertici $(r \cdot r+1)$, $(s \cdot s+1)$ del poligono dato.

Questo teorema, la cui dimostrazione per mezzo della sola geometria piana non pare ovvia, risulta invece a dirittura evidente, se si considerano le figure piane come projezioni ortografiche di poliedri reciproci [131].[62]

5.4.1.4
Il diagramma di Cremona

La relazione di reciprocità per i poligoni funicolare e delle forze può essere estesa a poligoni legati al comportamento meccanico di strutture reali. L'applicazione naturale è per gli schemi di traliccio isostatico; Cremona infatti mostra l'esistenza di una reciprocità secondo la polarità nulla per due figure legate a queste strutture. La prima è formata dalle aste del traliccio e dalle linee di azione delle forze esterne attive e reattive; la seconda è costituita dall'insieme delle forze nelle aste. Questa seconda figura, reciproca della prima, è detta diagramma di Cremona o *cremoniano*.

Entrambe le figure possono essere ottenute come proiezioni sul piano ortografico di poliedri reciproci più complessi di quelli del punto precedente. Un poliedro P è composto a) da una superficie poliedrica avente un contorno sghembo S formato da tanti segmenti rettilinei quante sono le forze esterne e da una superficie laterale che presenta tanti spigoli quante sono le aste della trave reticolare che si vuole studiare, b) da una piramide avente un polo O e come base il contorno sghembo della superficie S. L'altro poliedro P', reciproco di P, si ottiene applicando le regole della polarità nulla. Il poliedro P' rappresenta i poligoni funicolari delle forze esterne e interne, mentre il poliedro P rappresenta i loro poligoni delle forze.

Cremona assume poi che il polo O vada all'infinito nella direzione ortogonale al piano ortografico. In questo modo la proiezione di P' viene costituita dalla travatura reticolare e dalle linee di azione delle forze esterne. La proiezione di P, andando il polo all'infinito, non contiene il poligono funicolare ma si riduce a segmenti che forniscono il valore delle forze interne ed esterne.

In realtà la teoria delle figure reciproche non è indispensabile per il tracciamento del cremoniano. Come accade per i poligoni delle forze e funicolare, infatti, anche il diagramma di Cremona può essere costruito con considerazioni elementari di equilibrio delle forze. Di fatto, nella didattica della scienza delle costruzioni le relazioni di reciprocità non sono più studiate. Per esempio Belluzzi scrive:

> Il diagramma reciproco di una travatura reticolare o diagramma di Cremona riunisce in una figura unica i poligoni di equilibrio di tutti i suoi nodi. In esso ogni segmento che misura lo sforzo S di un'asta, percorso una volta in un senso e una volta nell'altro, è lato comune ai due poligoni di equilibrio dei nodi estremi dell'asta; quindi compare

---

[62] In [129], p. 348.

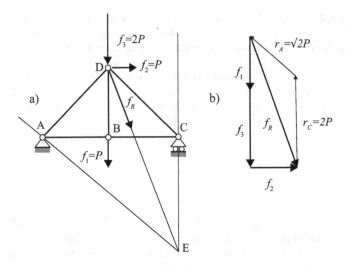

Figura 5.14 Il traliccio (a) e il poligono delle forze esterne (b)

una sola volta. Tralasciando la teoria generale, limitiamoci a indicare le reazioni che legano il diagramma reciproco allo schema della travatura, le sue principali proprietà e le regole pratiche per costruirlo [11].[63]

Appare tuttavia chiaro come Cremona sia pervenuto alle sue tecniche utilizzando la reciprocità: riconoscendo che il cremoniano è reciproco del traliccio lo si può tracciare applicando le regole di polarità nulla, dimenticando in parte quelle della statica.[64]

___

Regole di costruzione e un esempio di cremoniano

Il diagramma di Cremona è una figura piana composta di maglie poligonali chiuse, ciascuna con lati che rappresentano le forze agenti su ogni nodo P di una travatura reticolare (o traliccio) isostatica. A ogni nodo del traliccio in cui concorrano n rette, tra aste e forze esterne, corrisponde nel cremoniano una maglia poligonale chiusa di n lati paralleli alle n forze concorrenti in P.

Forniamo ora un esempio illustrativo di tracciamento di tale diagramma per il traliccio assai semplice della Figura 5.14a, che in maniera elementare si dimostra essere isostatico essendo formato da due maglie triangolari uguali che concorrono a formare un unico sistema rigido, appoggiato al "suolo".

Si suppongano assegnate le azioni esterne attive; tramite tecniche grafiche semplici è immediato trovare le reazioni vincolari col "suolo". Si può innanzitutto spostare la forza attiva f_1 applicata in B lungo la sua retta di azione passante per BD (operazione elementare) fino ad applicarla in D, ove agiscono anche le forze f_2 e f_3. Con un'altra operazione elementare, alle tre forze attive si può sostituire la loro risultante

___

[63] p. 535.
[64] Le figure reciproche di Cremona sono state oggetto di studio sino ad anni relativamente recenti. Si veda per esempio [359, 214, 325].

f_R applicata in D. Delle reazioni vincolari, quella esercitata dal carrello in C ha retta d'applicazione nota, quella passante per C e ortogonale al segmento AC. Dovendo l'altra reazione vincolare r_A, esplicata dalla cerniera in A, formare un sistema di forze equivalente a zero con f_R e la reazione del carrello r_C, dovrà passare per A e per il punto E di intersezione delle rette di azione di f_R e r_C. Note a questo punto le rette di azione delle reazioni vincolari e la forza attiva, il poligono delle forze nella Figura 5.14b permette di determinare compiutamente le reazioni.

Per pervenire a una figura reciproca è necessario rispettare un ordine ciclico delle forze esterne e interne che segua la numerazione o comunque l'etichettatura dei nodi del traliccio. Ciò discende dalla necessità di percorrere le maglie della travatura reticolare sempre nello stesso ordine per rispettare le proiezioni sul piano ortografico. Dal punto di vista delle operazioni elementari, ciò deriva dal bisogno di una procedura uniforme e iterativa.

Supposto che i nodi ai quali sono applicate le forze esterne si trovino tutti sul contorno dello schema della travatura, queste forze si dovranno prendere nell'ordine col quale sono incontrate da chi percorra il contorno suddetto. Quando non si seguono queste regole e le altre esposte più innanzi, si può ancora risolvere il problema della determinazione grafica degli sforzi interni, ma non si hanno più diagrammi reciproci, bensì figure più complicate o sconnesse, dove uno stesso segmento, non trovandosi al suo posto conveniente, dev'essere ripetuto o riportato per dar luogo alle costruzioni ulteriori, come accadeva nel vecchio metodo di costruire separatamente un poligono delle forze per ciascun nodo della travatura [131].[65]

Il diagramma di Cremona relativo al traliccio della Figura 5.14 viene illustrato nella Figura 5.15. Per tracciarlo si parte da un nodo cui afferiscono due sole aste, per esempio A (il motivo meccanico di questa scelta è ovvio: il bilancio grafico nel piano è possibile quando si deve equilibrare una forza data secondo due direzioni assegnate).

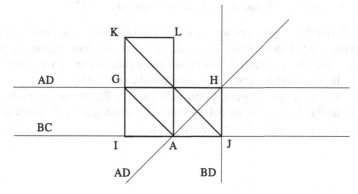

Figura 5.15 Il cremoniano del traliccio considerato

---

[65] In [129], p. 352.

In A concorrono ciclicamente la reazione r_A e le sollecitazioni N_{AB}, N_{AD} delle aste ivi concorrenti, che per ipotesi di traliccio sono collineari ai segmenti congiungenti i nodi. Si tracci AG $\equiv r_A$; da G si tracci la parallela a AB, da A la parallela a AD; si chiude così la maglia AGH in cui GH $\equiv N_{AB}$ (trazione) e HA $\equiv N_{AD}$ (compressione). Si passa poi al nodo B, su cui insistono solo due azioni incognite, le sollecitazioni N_{BC}, N_{BD}. A partire da HG$\equiv N_{BA}$ si tracci, rispettando l'ordine ciclico solito, GI $\equiv f_1$, da I la parallela a BC e da H la parallela a BD. Si chiude così la maglia HGIJ in cui IJ$\equiv N_{BC}$ (trazione) e JH $\equiv N_{BD}$ (compressione). Si prosegue analogamente per il nodo C: la maglia a esso relativa nel cremoniano è JIK, in cui IK $\equiv r_C$. Il cremoniano si chiude poi esaminando il nodo D, rappresentato dalla maglia JKLAH, in cui KL $\equiv f_2$ e LA $\equiv f_3$.

Si vede facilmente che tutti i lati delle maglie che compongono il cremoniano sono percorsi due volte in verso opposto (equivalgono cioè a tante coppie di braccio nullo, che si possono aggiungere e sottrarre senza alterare il sistema di forze esaminato - rappresentano infatti le forze interne) tranne KL$\equiv f_2$, LA $\equiv f_3$, AG $\equiv r_A$, GI $\equiv f_1$, IK $\equiv r_C$, che rappresentano le forze esterne.

L'esempio riportato mostra in modo evidente come il diagramma cremoniano si possa interpretare per mezzo di operazioni elementari sulle forze ed è anche per questo che, nonostante l'indubbia eleganza e le ampie possibilità applicative, la teoria delle figure reciproche ha perso piede negli insegnamenti di statica grafica e più in genere di geometria applicata alla meccanica.

Cremona non sarebbe d'accordo su questa conclusione; ecco il suo commento sui due diversi modi di costruire e concepire il cremoniano:

> Questo metodo, che potrebbe dirsi statico, basta da sé solo alla determinazione grafica degli sforzi interni, al pari del metodo geometrico, esposto precedentemente, che si deduce dalla teoria delle figure reciproche e consiste nella costruzione successiva dei poligoni corrispondenti ai diversi nodi della travatura. Il metodo statico mi pare però meno semplice, e piuttosto può giovare in combinazione coll'altro, soprattutto per verificare l'esattezza delle operazioni grafiche, già eseguite [131].[66]

Le Figure 5.16 e 5.17 riportano casi più complessi ottenuti da Cremona [131].[67]

Si noti che non per tutti i tralicci isostatici è possibile tracciare il cremoniano. Può accadere per esempio che non esista un nodo in cui concorrano solo due aste, da cui far iniziare la costruzione. Oppure può accadere che si incontrino nodi con tre o più sforzi incogniti, come accade per esempio nella capriata Polonceau composta. In tali casi o si rinuncia al tracciamento del cremoniano o si integra la procedura con altri metodi tra cui quello delle sezioni di Ritter [11].[68]

---

[66] In [129], p. 356.
[67] In [129], pp. 359 e 363.
[68] vol. 1, pp. 540-541.

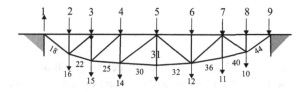

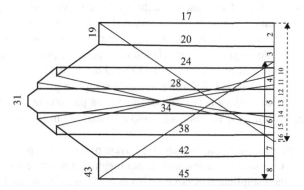

Figura 5.16 Il cremoniano di una trave da ponte

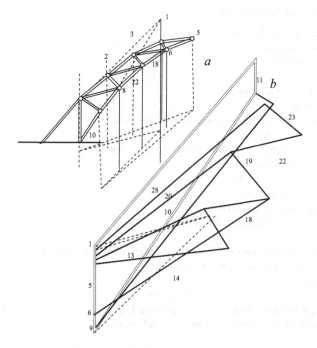

Figura 5.17 Il cremoniano di una gru reticolare

5.4.2
Il corso di Statica grafica

Abbiamo visto che nel 1867 Brioschi, direttore del Regio istituto tecnico superiore di Milano, chiamò Cremona a Milano sulla cattedra di *Statica grafica*, credendolo la persona adatta a impostare questo insegnamento, che andava assumendo grande importanza in Europa. Cremona non deluse le aspettative e poco dopo pubblicò un testo fondamentale, *Lezioni di statica grafica* [130], che raccoglie le sue lezioni dell'anno accademico 1868-1869. Tale testo, seppure non completo come quello di Culmann e non molto originale, è tuttavia molto importante perché è la prima pubblicazione in italiano sull'argomento. Nel 1873 pubblicò gli *Elementi di geometria proiettiva* [132] con lo scopo di fornire in modo semplice gli elementi di geometria proiettiva che lui credeva necessari per una buona padronanza dei metodi della statica grafica. Il libro ebbe un buon successo e fu tradotto in francese e in inglese [133, 134].

Ci è parso utile parlare di questo testo dopo avere presentato la parte più originale delle ricerche di Cremona in statica grafica, per meglio far risaltare il suo contributo alla didattica della disciplina. Il corso è diviso in tre parti e due volumi; di ciascuna delle parti ci limitiamo a presentare titolo e indice.

Parte I. Geometria proiettiva

§ 1. Forme geometriche fondamentali.
§ 2. Sistemi armonici.
§ 3. Forme proiettive.
§ 4. Involuzioni.
§ 5. Generazione delle coniche.
§ 6. Poli e polari.
§ 7. Diametri delle coniche: ellisse, iperbole, parabola.
§ 8. Esercizi e costruzioni.
§ 9. Teorema di Desargues. Forme proiettive nelle coniche.
§ 10. Esercizi e costruzioni.
§ 11. Problemi di 2° grado.
§ 12. Fuochi delle coniche.
§ 13. Altri problemi e costruzioni.
§ 14. Coni e superficie gobbe di 2° grado.
§ 15. Esercizi.
§ 16. Proiettività delle forme geometriche fondamentali di seconda specie.
§ 17. Affinità e similitudine delle figure piane.
§ 18. Esercizi.
§ 19. Generazione delle superficie di 2° grado.
§ 20. Poli e piani polari rispetto a una superficie di 2° grado. Diametri, centro, assi.
§ 21. Proiettività delle forme geometriche fondamentali di 3ª specie.
§ Esercizi.

Parte II. Calcolo grafico

§ 1. Addizione e sottrazione delle linee rette. Proprietà della somma vettoriale, poligono dei vettori. Sottrazione. Vettori paralleli.

§ 2. Moltiplicazione per uno scalare.

§ 3. Elevazione a potenza e estrazione di radice.

§ 4. Moltiplicazione di rette con rette.

§ 5. Trasformazione delle aree a contorno rettilineo.

§ 6. Tavole grafiche.

§ 7. Trasformazione delle figure circolari.

§ 8. Trasformazione delle figure curvilinee in generale.

§ 9. Teoria del planimetro.

§ 10. Cubatura di masse regolari di sterro e riporto.

§ 11. Cubatura di masse irregolari.

§ 12. Calcolo grafico dei movimenti di terra.

Parte III. Statica grafica

§ 1. Composizione delle forze applicate a un punto.

§ 2. Composizione di più forze, situate comunque in un piano.

§ 3. Corrispondenza proiettiva tra il poligono delle forze e il poligono funicolare.

§ 4. Esempi e casi particolari.

§ 5. Momenti di forze in un piano.

§ 6. Forze infinitamente piccole e infinitamente distanti.

§ 7. Equilibrio delle forze nel piano.

§ 8. Equilibrio delle forze nello spazio.

§ 9. Forze parallele in un piano.

§ 10. Centri di gravità.

§ 11. Momenti di inerzia.

§ 12. Ellissoide centrale.

§ 13. Ellissoide d'inerzia.

§ 14. Sistema di forze parallele le cui intensità siano proporzionali alle distanze dei punti d'applicazione da un piano.

§ 15. Ellissi d'inerzia.

§ 16. Sistema di forze parallele agente su una sezione piana.

§ 17. Costruzione dell'ellisse centrale e del nocciolo di una figura piana.

§ 18. Ellisse centrale e nocciolo di un profilo di rail.

§ 19. Ellisse centrale e nocciolo di un ferro a angolo.

§ 20. Distribuzione delle forze interne nelle sezioni di una travatura.

§ 21. Costruzione delle forze interne [130].

5.4.3
L'eredità di Cremona

L'esperienza di Cremona e il suo insegnamento si diffuse in tutte le Scuole di applicazione per ingegneri italiane. Roma poté godere del suo insegnamento diretto

dato che egli nel 1873 vi si trasferì come direttore della Scuola degli ingegneri occupandosi anche della cattedra di Statica grafica. Si può dire che non formò una
scuola vera e propria, come Betti, ma molti studiosi furono influenzati da lui sia in
modo diretto sia in modo indiretto. Le sue lezioni universitarie e la sua produzione scientifica influenzarono direttamente e indirettamente molti ricercatori tra cui
G. Veronese, E. Bertini, G. Castelnuovo, F. Enriques, Francesco Severi, attivi negli
studi della geometria algebrica.

Per quanto riguarda la statica grafica ebbe un successore immediato e importante
in Carlo Saviotti. Saviotti scrisse un fondamentale trattato di Statica grafica, nello
spirito di Cremona, ma con maggior attenzione alle applicazioni ingegneristiche. A
esso è dedicato il paragrafo seguente.

5.4.4
Carlo Saviotti

Si hanno poche notizie sulla vita di Carlo Saviotti a parte che nacque a Calvignano
(Pavia) nel 1845 e ivi morì nel 1928. Sappiamo inoltre che insegnò Statica grafica
alla Regia scuola d'applicazione per ingegneri di Roma e che fu quindi un allievo
diretto di Luigi Cremona dopo il trasferimento di quest'ultimo da Milano a Roma.
Il suo manuale di statica grafica del 1888 [322], a nostro parere ancora oggi il testo
fondamentale su tale disciplina scritto in italiano, è diviso come molti altri manuali
dell'epoca in più volumi; il secondo tomo del secondo volume e una buona metà del
terzo volume presentano tavole, estremamente dettagliate e precise, illustrative dei
concetti grafici e delle procedure. Lo stesso Saviotti nella sua introduzione all'opera
va fiero di questa ricchezza, che ritiene indispensabile ai fini dell'apprendimento
della disciplina:

> Col pubblicare ora per le stampe questo corso, d'indole scolastica, speriamo di rendere
> qualche servizio agli studiosi qualichesiansi di questa disciplina. Contiene numerosi
> esempi e problemi e moltissime figure, oltre a 1050. Ciò potrà sembrare soverchio per
> chi già si trova in possesso della materia, ma non per i principianti, a cui è dedicato
> particolarmente il libro [322].[69]

È significativo che, benché il manuale risalga alla fine dell'Ottocento, le tavole relative all'illustrazione della realizzazione dei poligoni delle forze e funicolare siano
ancora rappresentate con l'ausilio suggestivo di mani che tirano funi ideali, riprese,
come dice lo stesso Saviotti [322],[70] dall'opera di Varignon stampata più di un secolo
e mezzo prima [356].

Il primo volume del manuale riguarda, come già nelle opere di Culmann e Cremona, il calcolo grafico: operazioni sui segmenti orientati, misure d'angoli, superfici,
volumi, centri d'area e di volume; ciò a testimonianza di quanto, nonostante fossero
passati più di vent'anni dalla prima edizione dell'opera di Culmann, le procedure

---

[69] vol. I, p. XI.
[70] vol. II, nota a piè di p. 21.

grafiche fossero ritenute affidabili quanto e più di quelle algebriche ai fini delle applicazioni di calcolo progettuale. Tuttavia, Saviotti non è un purista della disciplina, ammettendo che:

> [...] non intendiamo che sia da rifiutare in un libro di *Statica grafica* tutto quanto non sia informato alla Geometria pura. Vi hanno dei casi, in cui il metodo geometrico o non è giunto o non giungerà forse mai a sostituire quello analitico e ve ne ha altri poi, in cui sarebbe inespediente il metodo geometrico, presentandosi o meno generale o meno semplice di quello analitico.
>
> Abbiamo voluto riportare per esempio nella prima parte il metodo geometrico di *Archimede* per determinare il baricentro di un segmento parabolico [...]. Ma ognun vede quanto più semplice sia in questo caso il metodo analitico [322].[71]

D'altra parte, come già detto, è solo con l'avvento del calcolo automatico tramite macchine elettromeccaniche o elettroniche, a metà del Novecento, che precisione, rapidità e affidabilità del calcolo grafico cominciano a essere superate e soppiantate a vantaggio dei metodi numerici su basi analitiche.

Il secondo volume del manuale di Saviotti è diviso in due tomi, il primo dei quali è descrittivo (si potrebbe dire "di teoria"), mentre il secondo, come accennato, contiene tutte le tavole necessarie per la comprensione profonda del testo e delle procedure presentate nel primo. Tralasciando questo secondo tomo, di cui si presenteranno solo alcune immagini, si riportano di seguito i titoli dell'indice del primo tomo per un confronto con quello corrispondente dell'opera di Culmann e di Cremona. Nell'appendice del presente capitolo è riportato l'indice completo utile per una migliore comprensione dei contenuti di quest'opera rimarchevole.

Statica grafica – Forze esterne [322][72]

Prefazione alla parte seconda

CAPITOLO PRIMO

FORZE CONCENTRATE

§ 1. Nozioni preliminari.

§ 2. Composizione delle forze concorrenti.

§ 3. Composizione delle forze non concorrenti in un piano.

§ 4. Proprietà dei poligoni funicolari.

§ 5. Composizione delle forze non concorrenti in un piano col metodo del fascio funicolare; proprietà di questo.

§ 6. Composizione e centro delle forze parallele nello spazio.

§ 7. Forze agenti per rotazione.

§ 8. Determinazione grafica del momento risultante di un sistema di forze in un piano.

§ 9. Decomposizione di una forza in altre compiane.

§ 10. Composizione delle coppie nello spazio.

§ 11. Composizione delle forze non concorrenti nello spazio.

§ 12. Altri due metodi per la composizione delle forze nello spazio.

§ 13. Asse centrale; sua determinazione; sue proprietà.

---

[71] vol. I, p. X.
[72] vol. II, pp. V-IX.

§ 14. Sistema polare individuato nello spazio da un sistema di forze.
§ 15. Interpretazione meccanica delle figure reciproche.
§ 16. Applicazione delle figure reciproche al disegno dei tetti.
§ 17. Decomposizione delle forze nello spazio.

CAPITOLO SECONDO
FORZE RIPARTITE E EQUILIBRIO DEI CORPI SENZ'ATTRITO

§ 1. Forze ripartite.
§ 2. Condizioni d'equilibrio di un corpo vincolato e reazioni dei vincoli.
§ 3. Sistemi di corpi in equilibrio.
§ 4. Problemi sull'equilibrio dei sistemi di corpi.
§ 5. Sistemi a equilibrio indifferente.

CAPITOLO TERZO
EQUILIBRIO DEI CORPI APPOGGIATI CON ATTRITO

§ 1. Attrito – Stabilità.
§ 2. Equilibrio di minima stabilità di un corpo.
§ 3. Sistemi di corpi appoggiati in equilibrio di minima stabilità.
§ 4. Attrito nelle catene.

CAPITOLO QUARTO
STABILITÀ DEI CORPI APPOGGIATI

§ 1. Rapporti di stabilità – Spinta dell'acqua – Stabilità di una diga rispetto allo scorrimento, alla rotazione e alla compressione – Diga a profilo triangolare – Camini.
§ 2. Spinta delle materie semifluide e terre prive di coesione.
§ 3. Sistemi di corpi appoggiati per superfici estese formanti delle catene chiuse – Volte – Curva delle pressioni tangente a una linea data.
§ 4. Curve funicolari.

CAPITOLO QUINTO
TRAVATURE RETICOLARI

§ 1. Generazione delle travature reticolari strettamente indeformabili.
§ 2. Calcolazione delle travature indeformabili caricate ai nodi.
§ 3. Secondo problema. Metodo del diagramma per la calcolazione delle travature strettamente indeformabili.
§ 4. Travature applicate.
§ 5. Travature reticolari a membri caricati.
§ 6. Travature strettamente indeformabili con membri a più di due nodi.

CAPITOLO SESTO
EFFETTI DELLE FORZE ESTERNE NELLE SEZIONI DEI SOLIDI

§ 1. Forze esterne fisse.
§ 2. Diagrammi delle azioni componenti delle risultanti relative a tutte le sezioni del solido.
§ 3. Solidi a asse curvilineo.
§ 4. Travi orizzontali appoggiate agli estremi e soggette a carichi mobili.

§ 5. Diagramma delle forze taglianti in una sezione d'una trave percorsa direttamente da un carico ripartito uniformemente.

§ 6. Diagrammi dei momenti flettenti.

§ 7. Applicazione del poligono funicolare alla ricerca dei momenti massimi nelle sezioni di una trave percorsa da un sistema di carichi.

§ 8. Le travature reticolari indirettamente soggette a carichi mobili

§ 9. Travature reticolari a tre cerniere soggette a carichi mobili.

Anche dal solo indice appare evidente come Saviotti, pur assorbendo l'insegnamento di Cremona sulle figure reciproche, non incentri la trattazione della statica grafica su di esse, ma sulla loro interpretazione meccanica in termini di forze. Inoltre, come esplicito nei titoli dei paragrafi dei capitoli secondo, terzo e quarto, il trattato di Saviotti non si rivolge precipuamente alla Meccanica delle strutture – come tradizionalmente avveniva trattando la Statica grafica – ma anche alle applicazioni delle discipline che oggi si chiamerebbero Meccanica applicata alle macchine e Geotecnica. Si nota cioè come, nonostante non rinunci al rigore dell'impostazione, Saviotti veda, con spirito fortemente tecnico, la teoria finalizzata alle applicazioni in quanti più vasti ambiti possibili dell'ingegneria. D'altra parte, scrive Saviotti nella sua introduzione:

> L'indirizzo che il CULMANN ha dato alla *Statica grafica* lascia presumere che il suo campo sia circoscritto nella meccanica applicata alle costruzioni civili. Ma il metodo grafico si presta non meno utilmente nello studio dell'equilibrio di minima stabilità dei corpi appoggiati. Con ciò la *Statica grafica* giova anche come corso preparatorio a quello di meccanica applicata alle macchine, in cui si va insinuando con ognor crescente vantaggio e al quale serve inoltre per tutto quanto comprende relativamente alle nozioni fondamentali sulla resistenza dei materiali [322]. [73]

In effetti, già nella prefazione al secondo tomo Saviotti dichiara quali siano per lui i punti cardine della trattazione, il resto essendo di conseguenza non più che un valido e inconfutabile, perché rigoroso e provato, strumento di calcolo:

> Forma oggetto della seconda parte lo studio delle forze esterne, cioè delle azioni, non esclusa la gravità, che un corpo considerato isolatamente riceve da altri.
>
> Nella Statica grafica si prendono raramente in considerazione gli angoli fra le forze, perché non entrano, come nella meccanica analitica, quali elementi necessarii per individuare le forze nello spazio.
>
> Si fa un uso pure limitato dei momenti perché torna più comodo e spedito l'operare sulle forze (segmenti) anziché sulle coppie (superficie).
>
> L'attraente semplicità dei metodi che caratterizzano la statica grafica, permette di poter attaccare dopo poche nozioni diversi problemi che pel passato si solevano trattare soltanto in corso di ulteriori applicazioni.
>
> Facciamo posto alle *forze ripartite* generalmente dimenticate negli ordinarii trattati di *Meccanica*. *Tutte le forze della natura sono composte d'elementi, sole forze che realmente esistano*, dice il *Belanger* nel suo *Corso di Meccanica* a pag. 37; *le altre*

---

[73] vol. I, p. XI.

sono delle concezioni della nostra mente che entrano nella scienza sotto il nome di somma o di risultante.

Lo studio delle forze ripartite ammette direttamente alla statica dei corpi.

Consideriamo dei sistemi di corpi *deformabili, indeformabili* e *scioglibili*. I primi s'incontrano particolarmente nelle macchine e se ne considera l'*equilibrio di minima stabilità.* I sistemi indeformabili e scioglibili s'incontrano specialmente nelle costruzioni statiche. Di questi ultimi costituiti ordinariamente da catene di corpi appoggiati per superficie piane estese si considera la *stabilità* e dei sistemi indeformabili si studiano quelli strettamente indeformabili come *travature reticolari* avendo di mira particolarmente la determinazione delle *reazioni mutue* fra i corpi che le compongono.

Esempii e applicazioni produciamo sull'equilibrio delle catene di corpi appoggiati onde si acquisti facilità nel rilevare dove e come si trasmettono le pressioni, i corpi appoggiati di varia configurazione e in varie condizioni.

Lo studio delle azioni che esercitano forze in equilibrio sulle varie sezioni d'un solido cui sono applicate forma l'ultimo argomento di questa seconda parte. Esso ammette tosto allo studio delle forze interne che vengono trattate nella terza parte [322].[74]

La statica grafica di Saviotti è dunque soprattutto uno studio di forze e di sistemi considerati come aggregazioni di corpi liberi soggetti a forze esterne, attive o vincolari, che ne garantiscono l'equilibrio. Lo studio degli sforzi dovuti alle azioni di estensione, flessione e torsione nelle sezioni degli elementi di macchine o strutture viene trattato da Saviotti separatamente nel terzo volume, come altro rispetto alla teoria dell'equilibrio dei corpi liberi soggetti a forze. Bisogna inoltre tener presente che nel gergo di Saviotti si dicono *deformabili* i cinematismi, ovvero i sistemi di corpi soggetti ad atti di moto rigidi; si dicono *indeformabili* le strutture non labili, in particolare, *strettamente indeformabili* o isostatiche; si dicono *scioglibili* i sistemi incoerenti («un sistema di corpi [. . . che] possono essere separati», vol. II, p. 99).

Saviotti presenta dapprima la composizione di due forze, appoggiandosi alla nozione di equilibrio e facendo notare che così deve fare chi come lui tratta la statica indipendentemente dalla dinamica.[75] La trattazione viene estesa a più forze, anche non complanari, e la composizione viene ottenuta tramite un poligono che Saviotti chiama di connessione o composizione, anche se è quest'ultimo che abitualmente viene detto funicolare nelle trattazioni contemporanee della statica grafica. In realtà le costruzioni grafiche sono praticamente le medesime e la diversa denominazione è dovuta solamente al fatto che le funi immaginarie possono essere sia in tensione sia in compressione (per le funi reali ciò è ovviamente impossibile).

Saviotti passa poi a illustrare le varie proprietà dei poligoni di composizione delle forze e funicolari e ancora alle «forze agenti per rotazione». Per lui l'unica causa del moto è la forza, e quindi lo studio dei momenti segue da questa in quanto

---

[74] vol. II, pp. 3-4.

[75] Richiamandosi ai suoi molti predecessori, tra cui Varignon, Venturoli, Clebsch, Mossotti, Belanger, Ritter, fa notare altresì che la legge di composizione delle forze potrebbe derivarsi da quella dei moti se si anteponesse la dinamica alla statica, e fa anche un interessante *excursus* storico sull'argomento ([322], vol. II, pp. 12-14). Simili osservazioni erano state fatte anche da Gabrio Piola, che per l'appunto partiva da questo punto di vista.

la cinematica prevede la possibilità di moti rotatori.[76] Di conseguenza, dopo aver
definito il momento come l'ente che causa rotazione, Saviotti ne studia le proprietà di
composizione, richiamando ancora un teorema di Varignon. Successivamente passa
allo studio della decomposizione delle forze e alla composizione di forze e coppie
nello spazio tridimensionale.

Saviotti presenta infine alcune proprietà proiettive di figure reciproche e ne fornisce un'interpretazione meccanica, ma la sua trattazione è estremamente limitata (da
pagina 63 a pagina 82 del secondo volume) e questo dà un'idea chiara di come già
pochi anni dopo le pubblicazioni di Culmann e Cremona la teoria puramente geometrica delle figure reciproche fosse vista con minore attenzione da parte dei didatti
della Statica grafica. Saviotti in particolare è allievo diretto di Cremona e nell'introduzione del suo testo ne magnifica gli studi e le capacità ma nei fatti preferisce un
approccio più attento ai teoremi tradizionali di Varignon che alla perfetta geometria
proiettiva del maestro.

Nel resto del volume, Saviotti tratta brevemente delle forze distribuite, poi passa
ad argomenti abituali della meccanica dei solidi, delle strutture e delle macchine:
dispositivi di vincolo, reazioni vincolari, sistemi articolati, ponti levatoi, attriti, equilibrio in presenza di attrito (che Saviotti chiama *di minima stabilità* intendendo che
il sistema è immediatamente prossimo al moto), cinghie, freni, funi, catene, spinte
dei fluidi, dighe, terre incoerenti. L'ultima parte del volume è dedicata alle travature
reticolari, che costituivano il componente principe di tutte le strutture civili e industriali dell'epoca, e all'introduzione ai problemi di meccanica della trave, vista come
solido generato dal movimento di una figura piana lungo una linea che passa per il
centro della figura medesima.

Lo studio delle travature reticolari è condotto tramite il diagramma cremoniano per le strutture determinate («strettamente indeformabili»); si riduce a strutture
simmetriche e simmetricamente caricate per il caso di travature ridondanti. Il tracciamento dei diagrammi dei momenti flettenti nelle travi è condotto unicamente con
metodi grafici.

---

[76] Che la forza sia per Saviotti un ente primitivo viene dichiarato nel primo articolo del secondo
volume:

> Un corpo non può da sé spostarsi se è in riposo o modificare il movimento che possiede senza
> l'intervento di una *causa* a esso esteriore. [. . .] Non se ne indaga l'origine; soltanto se ne *valuta*
> *l'effetto* ([322], vol. II, p. 5).

Questa visione è suffragata dalla modellazione della materia:

> Nella Statica si considerano dei corpi ideali che hanno tutte le loro dimensioni infinitesime, senza
> avere una forma determinata e che diconsi *elementi* o *punti materiali*. Si considerano inoltre a
> essi applicate delle forze di *grandezza finita* (ideali) le quali, essendo concentrate sopra un punto
> diconsi *forze concentrate*.
>
> [. . .] Più punti di applicazione si dicono *rigidamente connessi* quando sieno collegati per modo
> che le loro distanze relative si conservino sempre invariabili, o quando facciano parte di un corpo
> indeformabile.
>
> Quantunque nella Statica si considerino i corpi come materiali, pure da principio faremo
> astrazione del loro peso, cioè li riguarderemo come corpi *geometrici* o *nessi rigidi indefinitamente*
> *resistenti* dei punti d'applicazione che debbano formare un sistema di forma invariabile ([322],
> vol. II, pp. 6-7).

Appare evidente il modello meccanico già visto in Maxwell e Menabrea.

Il terzo volume dell'opera di Saviotti si intitola *Forze interne* e riguarda l'applicazione del calcolo grafico allo studio delle sollecitazioni interne nei solidi, alla Saint Venant. Il primo capitolo tratta infatti della teoria geometrica dei momenti di inerzia: coniche d'inerzia, cerchi, ellissi e noccioli centrali d'inerzia, centri di pressione. Il secondo capitolo riguarda le sollecitazioni di tensione, compressione, flessione semplice e composta, torsione, flessione con taglio, con esempi di calcolo e di verifica di resistenza. Il capitolo terzo concerne lo studio delle deformazioni elastiche infinitesime, con l'enunciazione delle leggi costitutive elastiche lineari, la formulazione dell'*equazione della linea elastica* e il calcolo grafico di alcune frecce di inflessione, addivenendo alla soluzione per compatibilità della trave continua su più appoggi, come fatto in origine da Navier.

5.4.5
Il superamento del maestro

All'Istituto tecnico di Milano l'insegnamento di Cremona fu continuato da Giuseppe Jung[77] di cui ebbero un qualche successo le dispense *Appunti al corso di statica grafica* [193].

Alla Scuola di applicazione per ingegneri di Torino, forse la più importante d'Italia, l'influenza di Cremona fu meno forte e la statica grafica prese un indirizzo parzialmente indipendente dalla geometria proiettiva. Ferdinando Zucchetti, che tenne la cattedra di Statica grafica verosimilmente dal 1876,[78] nel 1878 pubblicò un testo *Satica grafica. Sua teoria e applicazioni* [378], che ebbe un buon successo editoriale. Esso è un manuale abbastanza completo della disciplina, anche se più compatto rispetto a quello di Saviotti (solo 250 pagine di testo).

L'approccio di Zucchetti è ancora più distante dalla geometria proiettiva rispetto a Saviotti. Egli dichiara questo fatto già nell'introduzione al suo testo:

> Culmann vuole fondare lo studio della Statica grafica su quello della Geometria di posizione, che ritiene necessario per lo svolgimento *perfetto*[79] delle teorie della Statica grafica. Altri come Bauschinger, Lévy, stimano sufficiente di seguire nella esposizione della Statica grafica metodi più semplici e elementari.
>
> In questi due anni, durante i quali ho avuto l'onore d'insegnare la Statica grafica presso la R. Scuola d'applicazione per gl'Ingegneri di Torino, per le condizioni degli studi fatti dai miei uditori ho creduto bene di seguire le tracce di Bauschinger e di Lévy. Ed ho redatto questo scritto, che mi sono deciso a pubblicare nella speranza che esso possa tornare utile a coloro i quali desiderino procedere per le vie più facili allo studio della statica grafica [378].[80]

---

[77] Giuseppe Jung nacque a Milano il 1845 e morì ivi il 1926. Nel 1867 si laureò a Napoli e subito dopo, ritornato a Milano, divenne assistente di Cremona. Nel 1876, essendosi istituito all'Istituto tecnico superiore di Milano anche il biennio d'ingegneria, fu nominato straordinario di Proiettiva e Statica grafica, ma non divenne ordinario che nel 1890. Fu membro dell'Istituto Lombardo.

[78] Zucchetti sarà poi assistente a Torino alla cattedra di Macchine a vapore e ferrovie.

[79] Il corsivo è nostro.

[80] p. 6.

Nel seguito riportiamo il contenuto del testo di Zucchetti come riassunto da lui medesimo nell'introduzione.

Espongo ora brevemente il programma della materia che ho cercato di sviluppare in questo scritto. Nel primo capitolo sono date alcune nozioni elementari di calcolo grafico che formano una introduzione utile allo studio della Statica grafica. Il secondo capitolo tratta delle proprietà geometriche dei poligoni funicolari. Nel terzo capitolo si definiscono le figure reciproche della Statica grafica, e se ne esaminano alcuni esempi dedotti dalla teoria geometrica dei poligoni funicolari. In questo capitolo viene enunciato un teorema relativo alle figure, le quali si possono riguardare come projezioni piane di poliedri.[81] Tali figure ammettono sempre delle figure reciproche. La dimostrazione del teorema medesimo è data più tardi nel capitolo undicesimo mediante la teoria dei sistemi equivalenti di due forze nello spazio. *Questo modo di considerare le figure reciproche come proiezioni piane di poliedri nello spazio è dovuto al chiarissimo Professore Cremona* [Il corsivo è nostro]. Nel capitolo quarto si considerano i sistemi di forze concorrenti in un punto. Il capitolo quinto tratta della composizione delle forze giacenti in un piano mediante l'impiego del poligono delle forze e dei poligoni funicolari, dei quali diventano evidenti l'ufficio e l'importanza nella Statica grafica. Nel capitolo sesto si espone la teoria dei momenti delle forze e delle coppie giacenti in un piano, e si spiegano le costruzioni per ridurre i momenti ad una base. Nel capitolo settimo si risolvono diversi problemi sulla scomposizione delle forze in un piano. Nel capitolo ottavo si studiano vari problemi relativi all'equilibrio di un corpo soggetto a particolari condizioni e sotto l'azione di forze contenute tutte in un piano, come pure vari problemi relativi all'equilibrio dei poligoni articolati. Il capitolo nono su aggira intorno ai diagrammi degli sforzi di tensione e di compressione nei sistemi di sbarre. E si rende manifesta l'utilità delle figure reciproche per la descrizione dei diagrammi nel caso delle travature reticolari, delle quali si danno molti esempi ricavati dalle costruzioni. Si accenna ancora alla descrizione dei diagrammi degli sforzi di tensione e di compressione per altri sistemi di sbarre diversi dalle travature reticolari. Il capitolo decimo tratta dei diagrammi degli sforzi di taglio e dei momenti inflettenti per una trave orizzontale collocata su due appoggi e soggetta a carichi fissi o mobili. Il capitolo undicesimo è dedicato allo studio dei sistemi di forze nello spazio. Esso tratta della riduzione di un sistema di forze qualunque ad una forza ed una coppia, dei momenti delle forze rispetto ad un asse, della riduzione d'un sistema di forze qualunque ad un sistema equivalente di due forze, della proprietà dei sistemi equivalenti di due forze nello spazio e dei poliedri reciproci. In questo capitolo si dà la dimostrazione del teorema enunciato nel capitolo terzo, e relativo alle figure che si possono riguardare come projezioni piane di poliedri. Il capitolo dodicesimo tratta della determinazione del centro di un sistema di forze parallele. Il capitolo tredicesimo ha per oggetto la determinazione dei centri di gravità delle linee, delle aree e dei volumi. Il capitolo quattordicesimo si aggira intorno ai momenti di secondo ordine, e specialmente intorno ai momenti d'inerzia ed alla ellisse, d'inerzia d'un'area piana. In questo capitolo si determina ancora il centro d'un sistema di forze parallele [378].[82]

Si noti il richiamo a Cremona sulle figure reciproche. La loro trattazione sarà comunque ridotta al minimo indispensabile, finalizzata al tracciamento del cremoniano.

---

[81] Ecco il teorema a cui Zucchetti fa riferimento: «Le figure che si possono riguardare come proiezioni piane di poliedri ammettono sempre delle figure reciproche» ([378], p. 46).
[82] pp. 6-7.

Nel 1882 la cattedra di *Statica grafica* a Torino viene assegnata a Camillo Guidi[83] che la tenne per pochi anni, prima di passare alla più prestigiosa cattedra di Scienza delle costruzioni nel 1887. Guidi inserirà la statica grafica nel suo nuovo corso [180], trasformandola da disciplina indipendente ad ancella della materia principe, la scienza delle costruzioni appunto. L'esempio di Guidi sarà seguito gradualmente da tutte le Scuole di applicazione di ingegneria del Regno.[84]

---

[83] Camillo Guidi nacque a Roma il 24 luglio 1853. Si laureò alla Scuola di applicazione per ingegneri di Roma nel 1873. Dal 1882 Guidi fu professore straordinario di Statica grafica alla Scuola di applicazione per ingegneri di Torino. Dal 1887 titolare della cattedra di Scienza delle costruzioni, Guidi divenne nel 1893 direttore del Gabinetto di Scienza delle costruzioni e Teoria dei ponti. Morì a Roma il 30 ottobre del 1941. Celebri sono i suoi studi sul calcestruzzo armato.

[84] Da segnalare che oltre ai testi di Saviotti e Zucchetti, nelle scuole di applicazione furono molto consultati due altri testi, quello già citato di Bauschinger [6] e quello di Maurice Lévy [216].

Appendice A. La legge Casati

Regio decreto legislativo 13 novembre 1859, n. 3725

In virtù dei pieni poteri a Noi conferiti colla legge del 25 aprile ultimo scorso; Sentito il Consiglio dei Ministri;

Sulla proposizione del Nostro Ministro Segretario di Stato per la Pubblica Istruzione; Abbiamo ordinato e ordiniamo quanto segue:

Titolo I
Dell'Amministrazione della pubblica Istruzione

a) Amministrazione centrale.

Art. 1. La pubblica Istruzione si divide in tre rami, al primo dei quali appartiene l'istruzione superiore; al secondo l'istruzione secondaria classica; al terzo la tecnica e la primaria.

Art. 2. Le Autorità che sono preposte all'Amministrazione centrale della pubblica Istruzione, sono:

Il Ministro della pubblica Istruzione;

Il Consiglio Superiore di pubblica Istruzione;

L'Ispettore generale degli studi superiori;

L'Ispettore generale degli studi secondari classici;

L'Ispettore generale degli studi tecnici e primarii e delle scuole normali.

Del Ministro

Art. 3. Il Ministro della pubblica Istruzione governa l'insegnamento pubblico in tutti i rami e ne promuove l'incremento: sopravveglia il privato a tutela della morale, dell'igiene, delle istituzioni dello Stato e dell'ordine pubblico. Dipendono da lui, eccettuati gli istituti militari e di nautica, tutte le scuole e gli istituti pubblici d'istruzione e d'educazione, e rispettivi stabilimenti, e tutte le podestà incaricate della direzione e ispezione dei medesimi, nell'ordine stabilito dalla presente legge.

Art. 4. Il Ministro mantiene fermi tra le Autorità a lui subordinate i vincoli di supremazia e di dipendenza stabiliti dalle leggi e dai regolamenti; decide sui conflitti che possono sorgere tra di esse; riforma od annulla gli atti delle medesime in quanto

Capecchi D., Ruta G.: La scienza delle costruzioni in Italia nell'Ottocento.
© Springer-Verlag Italia 2011

questi non sieno conformi alle leggi e ai regolamenti; pronuncia definitivamente sui ricorsi mossi contro tali Autorità.

Art. 5. Vigila inoltre col mezzo de' suoi Ufficiali o di altre persone appositamente da lui delegate le scuole e gl'istituti privati d'istruzione e d'educazione, e qualora i Direttori di tali Istituti ricusino di conformarsi alle leggi, può ordinarne il chiudimento, previo il parere del Consiglio Superiore.

...

omissis

...

Titolo II
Dell'Istruzione superiore

Capo I
Del fine dell'Istruzione superiore e degli Stabilimenti in cui è data

Art. 47. L'Istruzione superiore ha per fine di indirizzare la gioventù, già fornita delle necessarie cognizioni generali, nelle carriere sia pubbliche che private in cui si richiede la preparazione di accurati studi speciali, e di mantenere e accrescere nelle diverse parti dello Stato la cultura scientifica e letteraria.

Art. 48. Essa sarà data a norma della presente legge nelle Università di Torino, di Pavia, di Genova e di Cagliari, nell'Accademia scientifico-letteraria da erigersi in Milano, e nell'Istituto universitario da stabilirsi per la Savoia nella città di Ciamberì.

Art. 49. L'insegnamento superiore comprende cinque Facoltà, cioè:
1. La Teologia;
2. La Giurisprudenza;
3. La Medicina;
4. Le Scienze fisiche, matematiche e naturali;
5. La Filosofia e le Lettere.

L'Istituto universitario di Ciamberì sarà costituito da una Facoltà di Filosofia e di Lettere, e dalle Scuole universitarie già prima esistenti in quella Città.

Nell'Accademia di Milano saranno dati gli insegnamenti proprii della Facoltà di Filosofia e Lettere, oltre agli altri contemplati all'art. 172.

Art. 50. Le spese di questi Stabilimenti e degli Istituti che ne fanno parte, o vi sono annessi, saranno a carico dello Stato.

Le proprietà, però, le ragioni e i beni di ogni maniera di cui tali Stabilimenti sono o potessero col tempo venire legalmente in possesso, saranno loro mantenuti a titolo di dotazione, né potranno essere distratti dallo scopo cui furono destinati.

I redditi provenienti da queste dotazioni saranno inscritti annualmente a sgravio dello Stato nell'attivo che sarà attribuito a ciascuno degli Stabilimenti cui appartengono.

Capo II
Degli insegnamenti nelle diverse Facoltà

Art. 51. Gli insegnamenti che dovranno essere dati in un determinato stadio di tempo nelle diverse Facoltà sono i seguenti:

Facoltà Teologica

1. Istruzioni bibliche; 2. Sacra Scrittura; 3. Storia ecclesiastica; 4. Istruzioni teologiche; 5. Teologia speculativa; 6. Materia sacramentale; 7. Teologia morale; 8. Eloquenza sacra.

Facoltà Giuridica

1. Introduzione allo studio delle Scienze giuridiche; 2. Diritto romano; 3. Diritto civile patrio; 4. Diritto ecclesiastico; 5. Diritto penale; 6. Diritto commerciale; 7. Diritto pubblico interno e amministrativo; 8. Procedura civile e penale; 9. Storia del diritto; 10. Diritto costituzionale; 11. Filosofia del diritto; 12. Diritto internazionale; 13. Economia politica; 14. Le nozioni elementari di medicina legale.

Facoltà Medica

1. Chimica generale inorganica e organica; 2. Botanica; 3. Zoonomia e Zoologia medica; 4. Anatomia umana normale; 5. Fisiologia; 6. Patologia generale; 7. Materia medica; 8. Clinica medica e Patologia speciale medica; 9 Clinica chirurgica e Medicina operativa; 10. Patologia speciale chirurgica e istituzioni chirurgiche; 11. Oculistica teorico-pratica; 12. Ostetricia teorico-pratica; 13. Anatomia patologica; 14. Medicina legale, igiene e polizia medica. Potranno in seguito essere stabiliti insegnamenti di perfezionamento per vari rami di Scienze mediche negli ospedali di Torino e di Milano.

Corso pei Farmacisti

1. Botanica; 2. Mineralogia; 3. Chimica generale; 4. Farmacia teorico-pratica.

Facoltà di Scienze fisiche, matematiche e naturali

1. Introduzione al calcolo; 2. Calcolo differenziale e integrale; 3. Meccanica razionale; 4. Geodesia teorica; 5. Geometria descrittiva; 6. Disegno; 7. Fisica; 8. Chimica generale; 9. Mineralogia e Geologia; 10. Zoologia; 11. Botanica.

Facoltà di Filosofia e Lettere

1. Logica e Metafisica; 2. Filosofia morale; 3. Storia della Filosofia; 4. Pedagogia; 5. Filosofia della Storia; 6. Geografia e Statistica; 7. Storia antica e moderna; 8. Archeologia; 9. Letteratura greca, latina, italiana (e francese nella Facoltà di Ciamberì); 10. Filologia.

Art. 52. Queste diverse materie saranno insegnate, per quanto sarà possibile, dove esistono le singole Facoltà. Ciò nulla meno l'insegnamento della Facoltà di Filosofia e di Lettere non sarà dato compiutamente, né i gradi accademici cui indirizza saranno conferiti che nella Università di Torino, nell'Accademia di Milano, e nell'Istituto universitario di Ciamberì. Nelle altre Università l'insegnamento filosofico e letterario sarà dato nei limiti di un acconcio sussidio agli studj delle diverse Facoltà che vi sono istituite.

Art. 53. Alla Facoltà di Scienze Fisiche e Matematiche dell'Università di Torino sarà annessa una Scuola d'applicazione in surrogazione all'attuale Regio Istituto tecnico, in cui si daranno i seguenti insegnamenti: 1. Meccanica applicata alle macchine e Idraulica pratica; 2. Macchine a vapore e ferrovie; 3. Costruzioni civili, idrauliche e stradali; 4. Geodesia pratica; 5. Disegno di macchine; 6. Architettura; 7. Mineralogia e Chimica docimastica; 8. Agraria e economia rurale. Inoltre alla Facoltà anzidetta in Torino e Pavia saranno annesse Cattedre di Analisi, e Geometria superiore, di Fisica-matematica, e di Meccanica superiore.

Art. 54 Nella Facoltà di Filosofia e di Lettere dell'Università di Torino e nell'Accademia di Milano potranno inoltre essere dati insegnamenti di lingue antiche e moderne, come eziandio corsi speciali di Letteratura e di Filosofia, non che corsi temporanei relativi a diversi rami di Scienze a complemento delle altre Facoltà.

Art. 55. La durata, l'ordine e la misura, secondo i quali questi insegnamenti dovranno esser dati, verranno determinati nei regolamenti che in esecuzione della presente legge saranno fatti per ciascuna Facoltà.

...

omissis

...

Appendice B. Indice del testo di Saviotti

Capecchi D., Ruta G.: La scienza delle costruzioni in Italia nell'Ottocento.
© Springer-Verlag Italia 2011

Eccentrico circolare. – Macchina a vapore oscillante. – Sistemi di corpi in equilibrio di minima stabilità con riguardo al loro peso.

§ 4. Attrito nelle catene. – Rigidezza delle funi. – Taglie. – Resistenza al rotolamento. – Prisma su rulli. – Ruote su ruote. – Prismi su ruote. – Veicoli e loro freni. – Trasmissione fra due ruote per contatto di rotolamento. – Eccentrico triangolare. – Carriola.

CAPITOLO QUARTO
STABILITÀ DEI CORPI APPOGGIATI

§ 1. Rapporti di stabilità – Poligoni delle pressioni e dei centri di applicazione. – Spinta dell'acqua. – Stabilità di una diga rispetto allo scorrimento, alla rotazione e alla compressione. – Diga a profilo triangolare. – Camini.

§ 2. Spinta delle materie semifluide e terre prive di coesione. – Curva delle spinte. – Determinazione del cuneo di spinta secondo l'inclinazione della superficie del terreno. – Terreno a superficie non piana.

§ 3. **Sistemi di corpi appoggiati per superfici estese formanti delle catene chiuse.** – Volte. – Curva delle pressioni tangente a una linea data. – Resistenza di un letto alla compressione. – Diagrammi delle pressioni normali sui letti. – Esempio di misura della stabilità di una volta da ponte. – Volte soggette a carichi variabili simmetrici. – Volte caricate dissimmetricamente.

§ 4. **Curve funicolari.** – Catenaria omogenea; sua costruzione; sue proprietà. – Funicolari coniche. – Corrispondenza fra la conica delle forze e quella funicolare. – Proprietà. – Casi particolari. – Rappresentazione grafica delle forze concorrenti applicate alle coniche funicolari. – Applicazione della funicolare parabolica ai ponti sospesi. – Rinvio delle funi e stabilità delle spalle.

CAPITOLO QUINTO
TRAVATURE RETICOLARI

§ 1. **Generazione delle travature reticolari strettamente indeformabili.** – Travature reticolari indeformabili. – Schema di una travatura. – Generazione per collegamento di nodi. – Travature inscindibili. – Generazione per collegamento di aste.

§ 2. **Calcolazione delle travature indeformabili caricate ai nodi.** – Schema delle linee. – Primo problema. – Interpretazione dello schema delle linee e del diagramma delle forze come figure reciproche.

§ 3. Secondo problema. Metodo del diagramma per la calcolazione delle travature strettamente indeformabili. – Distinzione tra tiranti e puntoni. – Metodo dei nodi. – Procedimenti ausiliari. – Travature a aste sovrabbondanti.

§ 4. **Travature applicate.** – Come si compongono. – Esempi di calcolazioni semplificate. – Mensole e tettoie sospese. – Ponti. – Capriate. – Centine. – Gru. – Cupole.

§ 5. **Travature reticolari a membri caricati.** – Come si calcolano: in due modi diversi. – Esempi: capriata; scala Porta; scala aerea verticale; diga mobile.

§ 6. **Travature strettamente indeformabili con membri a più di due nodi.** – Generazione. – Esempi di calcolazioni. – Travature strettamente indeformabili nello spazio.

CAPITOLO SESTO
EFFETTI DELLE FORZE ESTERNE NELLE SEZIONI DEI SOLIDI

§ 1. **Forze esterne fisse.** – Definizioni. – Azioni componenti della risultante relativa a una sezione σ. – Casi particolari. – Solidi rettilinei incastrati e appoggiati in due punti soggetti a forze compiane normali all'asse.

§ 2. **Diagrammi delle azioni componenti delle risultanti relative a tutte le sezioni del solido.** – Solido rettilineo incastrato a un estremo; appoggiato ai due estremi; appoggiato in due punti intermedi e soggetto a un carico ripartito; a un sistema di vincoli concentrati. – Diagrammi delle forze taglianti e dei momenti flettenti. – Problemi.

§ 3. **Solidi a asse curvilineo.** – Arco circolare appoggiato agli estremi. – Arco a tre cerniere. – Diagrammi delle azioni normali, taglianti e dei momenti.

§ 4. **Travi orizzontali appoggiate agli estremi e soggette a carichi mobili. – Forze taglianti.** – Diagramma delle forze taglianti in una sezione d'una trave soggetta a un carico concentrato mobile. – Forze taglianti massime in una sezione per un sistema di carichi concentrati mobili. – Diagramma delle forze taglianti massime in tutte le sezioni di una trave soggetta a un sistema di carichi mobili. – Diagramma delle forze taglianti in una sezione di una trave percorsa indirettamente da un carico concentrato; da un sistema di carichi concentrati.

§ 5. Diagramma delle forze taglianti in una sezione d'una trave percorsa direttamente da un carico ripartito uniformemente. – Caso d'un carico fisso e uno mobile, entrambi ripartiti uniformemente. – Diagramma delle forze taglianti nelle sezioni di una trave soggetta indirettamente a un carico mobile ripartito uniformemente.

§ 6. **Diagrammi dei momenti flettenti.** – Diagramma dei momenti relativi a una sezione di una trave soggetta a un carico concentrato mobile. – Diagramma dei momenti massimi in tutte le sezioni. – Diagramma dei momenti in una sezione per un sistema di carichi concentrati mobili. – Caso di un carico e di un sistema di carichi indiretti.

§ 7. **Applicazione del poligono funicolare alla ricerca dei momenti massimi nelle sezioni di una trave percorsa da un sistema di carichi.** – Proprietà delle rette di chiusa. – Costruzione della retta di chiusa luogo delle proiezioni di una sezione sopra tutte le altre. – Altre proprietà. – Ordinata-momento massimo di una sezione σ; sotto a un carico; la massima delle massime. – Carichi diretti; indiretti; uniformemente ripartiti. Trave continua a cerniere.

§ 8. **Le travature reticolari indirettamente soggette a carichi mobili.** – Diagramma delle azioni sulle aste delle travature triangolari per un carico concentrato mobile; per un sistema di carichi. – Ricerca delle azioni massime col mezzo del poligono funicolare; aste di contorno; diagonali. – Diagrammi delle azioni sulle aste delle travature non triangolari. – Travi a graticcio semplice e multiplo. – Loro calcolazione approssimata. – Travature con controdiagonali.

§ 9. **Travature reticolari a tre cerniere soggette a carichi mobili.** – Proposizione. – Disposizioni varie di travature a tre cerniere. – Diagramma dell'azione lungo un'asta qualunque. – Proprietà della spezzata. – Sua costruzione semplificata.

Appendice C. Originali delle figure

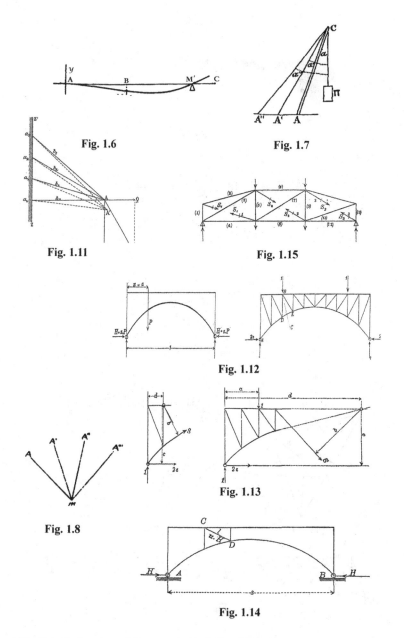

Fig. 1.6

Fig. 1.7

Fig. 1.11

Fig. 1.15

Fig. 1.12

Fig. 1.8

Fig. 1.13

Fig. 1.14

Capecchi D., Ruta G.: La scienza delle costruzioni in Italia nell'Ottocento.
© Springer-Verlag Italia 2011

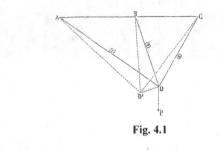

Fig. 4.1

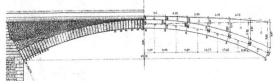

Fig. 4.3

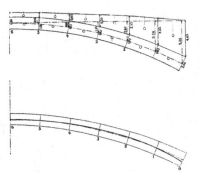

Fig. 4.4

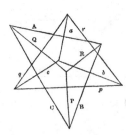

Fig. 5.1

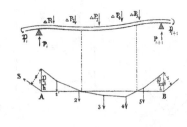

Fig. 5.5

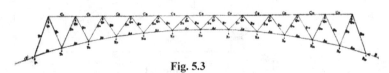

Fig. 5.3

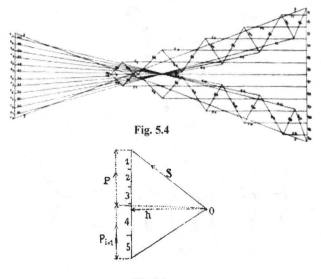

Fig. 5.4

Fig 5.6

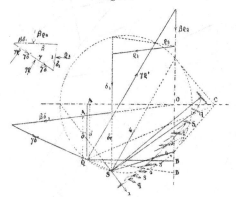

Fig. 5.8

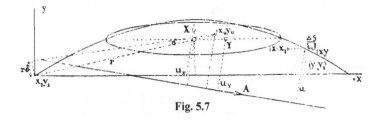

Fig. 5.7

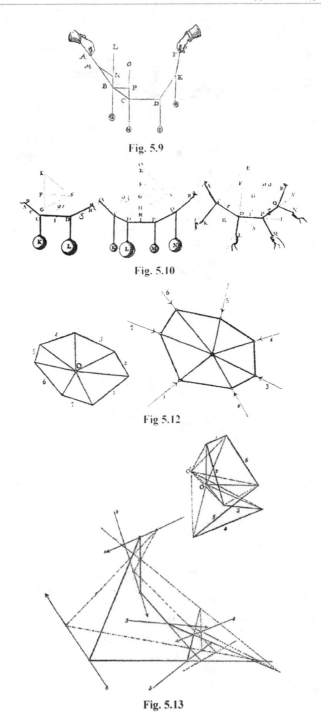

Fig. 5.9

Fig. 5.10

Fig 5.12

Fig. 5.13

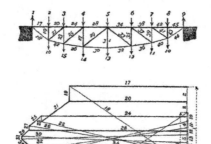

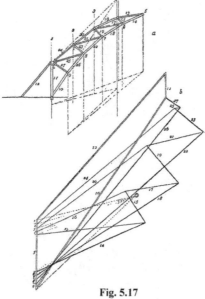

Fig. 5.16

Fig. 5.17

Appendice D. Traduzioni

D.1
Brani del Capitolo 1

1. *Finché si tratta di piccoli spostamenti, quale che sia la legge delle forze che le molecole del mezzo esercitano le une sulle altre, lo spostamento di una molecola in una direzione qualsiasi produce una forza repulsiva uguale, in grandezza e direzione, alla risultante delle tre componenti ortogonali delle forze repulsive causate dalle tre componenti degli spostamenti di questa molecola, uguali alle componenti statiche del primo spostamento.*

   Questo principio pressoché evidente nel suo enunciato si può comunque dimostrare nel modo seguente.

2. Si considera un corpo solido come un assemblaggio di molecole materiali poste a distanze estremamente piccole. Tali molecole esercitano le une sulle altre delle azioni opposte, ovvero una forza propria di attrazione e una forza di repulsione dovuta al calore. Tra una molecola M e una qualsiasi delle molecole vicine M' esiste un'azione P che è la differenza di queste due forze. Nello stato naturale del corpo tutte le azioni P sono nulle o si distruggono reciprocamente poiché la molecola M è in riposo. Quando il corpo cambia forma l'azione P prende un valore diverso Π e si ha l'equilibrio tra tutte le forze Π e le forze applicate al corpo, responsabili del cambiamento di forma.

3. Le molecole di ogni corpo sono soggette alla loro attrazione mutua e alla repulsione dovuta al calore. Se la prima di queste due forze è più grande della seconda, tra le due molecole si ha una forza attrattiva o repulsiva; ma nei due casi tale risultante è una funzione della distanza di una molecola dall'altra la cui legge non è nota; si sa solo che questa funzione decresce in modo molto rapido e diventa trascurabile quando la distanza raggiunge un valore apprezzabile. Tuttavia noi supporremo che il raggio di attività delle molecole sia molto grande rispetto all'intervallo che le separa e ammetteremo anche che la diminuzione

Capecchi D., Ruta G.: La scienza delle costruzioni in Italia nell'Ottocento.
© Springer-Verlag Italia 2011

rapida dell'azione si verifichi solo per distanze pari alla somma di un numero molto elevato di questi intervalli.

4. [...] sia M un punto situato all'interno di un corpo a una distanza sensibile dalla sua superficie. Da questo punto si conduca un piano, che supporremo orizzontale, il quale divida il corpo in due parti. Chiamiamo A la parte superiore e A' la parte inferiore [del corpo] nella quale considereremo anche i punti materiali appartenenti al piano. Preso M come centro si descriva una sfera che comprenda un numero elevato di molecole ma il cui raggio sia comunque piccolo rispetto al raggio di attività delle forze molecolari. Sia ω l'area della sua sezione orizzontale; su questa sezione innalziamo in A un cilindro verticale la cui altezza sia almeno uguale al raggio di attività delle molecole; chiamiamo B questo cilindro: l'azione delle molecole di A' su quelle di B divisa per ω sarà la pressione esercitata da A' su A riferita all'unità di superficie e relativa al punto M.

5. Nei corpi di questo tipo si suppone che le molecole siano distribuite regolarmente e si attirino o respingano inegualmente dai vari lati. Per questo motivo non è più lecito, nel calcolare l'azione esercitata da una parte sull'altra, considerare l'azione mutua di due molecole come una semplice funzione della distanza che le separa [...]. Se si tratta di un corpo omogeneo che si trova nel suo stato naturale, ove non è soggetto a nessuna forza esterna, si potrà considerarlo come un insieme di molecole della stessa natura e della stessa forma le cui parti omologhe sono parallele tra loro.

6. Le componenti P, Q, ecc. della tensione essendo così ridotte a sei forze differenti e potendo il valore di ciascuna forza contenere sei coefficienti, si ha che le equazioni generali dell'equilibrio e del moto contengano trentasei coefficienti che non si potranno mai ridurre a un numero minore senza ridurre la generalità del problema.

7. Da ciò segue che se si considerano due parti A e B di un corpo non cristallino che siano di dimensione piccolissima ma di cui ciascuna comprenda comunque un numero elevato di molecole e si voglia determinare l'azione totale di A su B, si potrà supporre in questo calcolo che l'azione mutua di due molecole m e m' si riduca come nel caso dei fluidi a una forza R diretta secondo la retta che congiunge i loro centri di gravità M e M', la cui intensità sarà funzione solo della distanza MM'. In effetti quale che sia questa azione la si può sostituire con una forza, media delle azioni di tutti i punti di m' su tutti quelli di m, e che si combinerà con un'altra forza R', o, se occorre, con due altre forze R' e R'' dipendenti dalla posizione mutua delle due molecole. Ora non avendo, per ipotesi, la disposizione delle molecole nessun tipo di regolarità in A e in B e essendo il numero delle molecole di A e B estremamente grande, come infinito, si comprende come tutte le forze R' e R'' si compensino senza alterare l'azione totale di A su B che non dipenderà di conseguenza che dalle forze R. Bisogna

del resto aggiungere che per uno stesso accrescimento della distanza l'intensità delle forze R' e R'' diminuisce più rapidamente, in generale, di quella delle forze R, ciò che contribuirà ancora di più a rendere trascurabile l'influenza delle prime forze sull'azione mutua di A su B.

8. Con questo metodo di riduzione si ottengono definitivamente per N_i, T_i, nel caso dei corpi solidi omologhi e di elasticità costante, dei valori [...] contenenti due coefficienti λ e μ. Quando si impieghi il metodo indicato alla fine della terza Lezione si trova $\lambda = \mu$ e resta un solo coefficiente. Noi non potremo ammettere questa relazione che si appoggia sull'ipotesi della continuità della materia nei mezzi solidi. I risultati delle esperienze di Wertheim fanno vedere bene che il rapporto di λ a μ non è sempre l'unità e non sembra gli si possa assegnare un altro valore fisso e certo. Conserveremo dunque i due coefficienti λ e μ lasciando il loro rapporto indeterminato.

9. Questo è il metodo seguito da Navier e dagli altri geometri per ottenere le equazioni generali dell'elasticità nei corpi solidi. Ma questo metodo suppone evidentemente la continuità della materia, ipotesi non ammissibile. Poisson ha creduto di eliminare questa difficoltà ma [...] egli [...] non fa in realtà che sostituire il segno Σ al segno $\int$ [...]. Il metodo che noi abbiamo seguito [...], di cui si trova l'origine nei lavori di Cauchy, ci sembra al riparo di ogni obiezione.

10. L'elasticità dei corpi solidi, ma anche quella dei fluidi, [...] tutte le loro proprietà meccaniche mostrano che le molecole o le particelle ultime che li compongono esercitano le une sulle altre delle azioni repulsive indefinitamente crescenti per piccolissime distanze, che diventano di attrazione per distanze considerevoli e relativamente trascurabili quando queste distanze, di cui le azioni molecolari sono funzione, assumono valori apprezzabili.

11. Non mi rifiuto pertanto di riconoscere che le molecole, le cui disposizioni diverse compongono la trama dei solidi e le cui piccole variazioni di distanza producono le deformazioni sensibili chiamate ∂g, non sono affatto gli *atomi* costituenti la materia ma sono dei gruppi sconosciuti. Riconosco di conseguenza che, se anche tutti pensano che le azioni tra gli atomi sono funzione solo della distanza, non è affatto certo che le azioni *risultanti* o tra le *molecole* debbano seguire la stessa legge funzione delle distanze dei loro centri di gravità. Si può considerare anche che i gruppi nel cambiare la distanza possano cambiare anche l'orientamento.

12. I 36 coefficienti [...] che si sono trovati non sono indipendenti affatto gli uni dagli altri ed è facile vedere che ci sono tra essi ventuno relazioni.

13. I trentasei coefficienti [...] si riducono a due [...] e si può dire anche a uno solo [...] in virtù del fatto che i trentasei coefficienti sono riducibili a quindici.

14. Ma, le esperienze [di Savart] e la semplice considerazione del modo con cui
avvengono il raffreddamento e la solidificazione dei corpi, provano che l'isotropia è molto rara [...]. Così, invece di prendere al posto delle formule [...]
a un solo coefficiente [...] le formule a due coefficienti [...] che sono valide
per corpi perfettamente isotropi, ci si dovrà servire il più possibile delle formule
[...] relative al caso più generale di una elasticità ineguale in due o tre direzioni.

15. Se un piccolo elemento di volume delimitato da delle facce qualsiasi, in un corpo
solido elastico o non elastico, viene reso rigido e invariabile, questo elemento
sarà soggetto, sulle sue differenti facce e in ogni punto di ciascuna di esse, a una
pressione o tensione determinata. Questa pressione o tensione sarà assimilabile
alla pressione che un fluido esercita contro un elemento dell'involucro di un
corpo solido, con la sola differenza che la pressione esercitata da un fluido a
riposo, contro la superficie di un corpo solido, è diretta perpendicolarmente a
questa superficie dall'esterno verso l'interno, e in ogni punto indipendente dal-
l'inclinazione della superficie rispetto ai piani coordinati, mentre la pressione o
tensione esercitata in un punto dato d'un corpo solido, contro un piccolissimo
elemento di superficie passante per questo punto, può essere diretta perpendicolarmente oppure obliquamente a questa superficie, talvolta verso l'interno, se si
ha condensazione, talaltra verso l'esterno, se si ha dilatazione, e può dipendere
dall'inclinazione della superficie rispetto ai piani coordinati.

16. [...] di conseguenza, il quadrilatero è un parallelogramma i cui due lati contigui,
(1,2), (1,3), saranno [...]:

$$(1,2) = dx \left(1 + \frac{\partial \delta x}{\partial x}\right); \ (1,3) = dy \left(1 + \frac{\partial \delta y}{\partial y}\right).$$

[...] Per l'angolo compreso tra questi due lati si troverà [...]:

$$\cos \alpha = \frac{\partial \delta x}{\partial y} + \frac{\partial \delta y}{\partial x}.$$

17. *Dilatazione, in un punto M di un corpo, nella direzione della retta Mx che
passa per M, la percentuale dell'allungamento (positivo o negativo) subito da
una porzione molto piccola di tale retta, a causa dello spostamento medio del
corpo,* come lo si è definito nel capitolo precedente. *Scorrimento, secondo due
piccole rette, inizialmente ortogonali Mx, My, o rispetto a una di esse e nel piano
che esse fanno l'una con l'altra, la proiezione attuale, su ciascuna, dell'unità di
lunghezza proiettata nella direzione dell'altra.* Noi indicheremo questa quantità,
che in grandezza non è altro che il coseno dell'angolo attuale delle due rette, con

$$g_{xy} \quad \text{ou} \quad g_{xy} \quad \text{ou} \quad g_{yx}$$

a seconda se lo si considererà come lo scorrimento relativo delle diverse linee
parallele a Mx, situate nel piano xMy, o come lo scorrimento relativo delle linee
parallele a My, situate in questo stesso piano. *Esso è positivo quando l'angolo
inizialmente retto yMx è diventato acuto.*

18. Cauchy sembra essere stato il primo che ha visto chiaramente l'utilità di applicare alla Teoria della Luce quelle formule che rappresentano il moto di un sistema di molecole agenti le une sulle altre per mezzo di forze attrattive o repulsive, supponendo sempre che nelle azioni mutue tra due generiche particelle esse possano essere riguardate come punti animati da forze dirette lungo la linea che li congiunge. *Questa ultima supposizione se applicata a particelle composte che sono separabili meccanicamente sembra alquanto restrittiva; molti fenomeni di cristallizzazione per esempio sembrano indicare certe polarità in queste particelle* [il corsivo è nostro]. Se comunque questo non fosse il caso noi siamo così ignoranti del modo di azione degli elementi dell'etere luminifero gli uni sugli altri che sembrerebbe un metodo più sicuro prendere alcuni principi fisici come base del nostro ragionamento piuttosto che assumere certi modi di azione che dopo tutto possono essere largamente differenti dai meccanismi impiegati dalla natura; meglio se questo principio include in sé, come caso particolare, quelli usati prima dal Signor Cauchy e da altri e se porta a un processo di calcolo più semplice.

    Il principio scelto come base del ragionamento contenuto nell'articolo seguente è questo: in qualsiasi modo gli elementi di un sistema materiale possano interagire gli uni con gli altri, se tutte le forze interne sono moltiplicate per i loro spostamenti infinitesimi, la somma totale per ogni porzione di materia sarà il differenziale esatto di una qualche funzione. Quando questa funzione è nota noi possiamo applicare il metodo generale dato nella *Mécanique Analytique*.

19. Ma Green nel 1837-39 e dopo di lui diversi studiosi inglesi e tedeschi hanno creduto di poter sostituire [la legge dell'azione molecolare funzione della sola distanza fra ogni coppia di particelle-punti materiali] con un'altra più generale, o considerata più generale perché meno dettagliata [. . .], legge la cui conseguenza analitica immediata è la possibilità che l'intensità dell'azione tra due molecole dipenda non solo dalle loro distanze mutue ma anche dalle distanze dalle altre molecole e anche dalla distanza di queste tra loro, in una parola da tutto l'insieme delle loro posizioni relative ovvero dallo stato completo del sistema di cui fanno parte le due molecole considerate e dall'universo intero.

20. Questo punto di vista di Green è la terza origine dell'opinione dominante che noi combattiamo.

21. Sebbene la prudenza scientifica prescriva di non fidarsi di tutte le ipotesi, essa prescrive non di meno di tenere per sospetto ciò che è manifestamente contrario a una grande sintesi che collega in modo ammirevole la generalità dei fatti [...]. Così respingeremo tutte le formule teoriche in contraddizione con la legge delle azioni come funzioni continue della distanza dei punti materiali e dirette secondo la linea che li congiunge due a due. Se incontriamo una di tali formule, che spiega più facilmente certi fatti, la considereremo sempre come un espediente troppo comodo.

22. I cristalli sono degli assemblaggi di molecole identiche tra loro e similmente orientate che, ridotte con il pensiero a un unico punto, il loro centro di gravità, sono disposte in allineamenti paralleli, in ciascuno dei quali la distanza di due punti è costante.

23. [...] smettendo di considerare le molecole come dei punti e considerandole come dei piccoli corpi [...].

24. Le molecole dei corpi cristallini saranno d'ora in poi per noi dei poliedri i cui vertici, distribuiti in un modo qualsiasi attorno al centro di gravità, saranno i centri o poli di forze emanate dalla molecola.

25. La teoria molecolare o delle azioni a distanza fondata da Navier, Cauchy e Poisson [...] fa dipendere in effetti le proprietà elastiche dei corpi isotropi da un solo parametro, mentre numerose osservazioni sembrano essere in disaccordo con questo risultato.

26. È così che fu generalmente adottata per qualche tempo una nuova teoria [...] supponendo la materia continua e le azioni mutue tra le porzioni di materia vicine localizzate nella loro superficie di separazione [...] che forniscono, contrariamente alla precedente, due costanti caratteristiche del mezzo isotropo e tutti i suoi risultati si trovano in accordo con l'esperienza.

27. La vecchia teoria dell'elasticità parte da una concezione fondamentale inutilmente specializzata, e cioè l'ipotesi dell'azione molecolare centrale dipendente solo dalla distanza [...] la formazione regolare di un cristallo [...] non è comprensibile se un *momento* non agisce su una particella.

28. [...] abbiamo considerato esclusivamente le pressioni delle forze agenti tra le molecole ma il momento o le coppie che agiscono tra esse possono essere trattati nello stesso modo.

29. [...] si hanno le nove pressioni dei momenti

$$L_x \, L_y \, L_z \qquad M_x \, M_y \, M_z \qquad N_x \, N_y \, N_z$$

che corrispondono esattamente a $X_x \ldots Z_z$.

30. Una teoria molecolare del comportamento elastico, che offra la prospettiva di spiegare tutte le osservazioni, dovrà possedere un fondamento generale come quello offerto dalla teoria strutturale di *Bravais* [...]. Secondo essa il cristallo si deve pensare composto da masse elementari o mattoni identici tra loro e orientati parallelamente, ordinati così che ciascuno di essi sia circondato dagli altri nello stesso modo, all'interno della sfera di azione molecolare.

31. [...] le interazioni abbiano potenziale; [...] sia permesso [...] considerare le masse elementari come corpuscoli rigidi.

32. Le interazioni che si verificano tra due corpi rigidi (h) e (k) danno luogo sia a risultanti X_{hk}, X_{kh}, ..., che a momenti L_{hk}, L_{kh}, ..., che calcoleremo rispetto ai centri di gravità dei corpi considerati.

33. Finché non conosceremo a fondo la natura della materia e delle forze che ne producono il moto sarà impossibile sottoporre a trattamento matematico lo stato *esatto* di ogni problema fisico. Si è però compreso da tempo comunque che una soluzione approssimata di quasi tutti i problemi dei settori usuali della Filosofia Naturale possono essere risolti facilmente per mezzo di una specie di *astrazione* o piuttosto di *limitazione dei dati*, così da poter risolvere facilmente la forma modificata del problema con la garanzia che le circostanze (così modificate) influenzino il risultato solo in modo superficiale.

34. [...] per dare un accettabile resoconto di cosa oggi si conosca della Filosofia Naturale in un linguaggio adatto per il lettore non matematico, e per fornire, a coloro che hanno il privilegio conferito da una profonda conoscenza matematica, un compendio del processo analitico tramite il quale la gran parte di questa conoscenza è stata estesa a regioni ancora inesplorate dall'esperienza.

35. La prima intenzione dell'autore era stata di mettere in questo libro ciò di cui c'era bisogno come guida delle lezioni che tiene alla Scuola politecnica di Carlsruhe. Ma presto ha sentito una così forte necessità di fondare su una base solida le ricerche, i cui risultati servono nelle applicazioni tecniche, che si è deciso a intraprendere la redazione di un trattato sulla teoria dell'elasticità, il quale, per quanto possibile in uno spazio limitato, presenta un sistema completo dei principi e delle applicazioni di tale teoria: lavoro divenuto possibile oggi grazie alle belle ricerche dei signori Kirchhoff e Saint Venant. Bisognava assolutamente trattare brevemente molti punti ma occorreva prima di tutto esporre in dettaglio ciò che è desiderabile per una conoscenza sufficiente di questo nuovo ramo della scienza. Così, per tutto ciò che riguarda le trasformazioni analitiche che il signor Lamé ha insegnato a effettuare sulle equazioni fondamentali dell'elasticità con una sì grande eleganza, bisognava rimandare all'opera così nota e conosciuta di questo illustre studioso.

36. Ma se un peso si appoggia su un piano con quattro piedi, la determinazione delle singole pressioni è non solo molto più complessa [rispetto al caso di tre piedi] ma anche incerta e ingannevole.

37. Per non accettare la perfetta uguaglianza dei piedi, che si può ammettere difficilmente, si assume che il piano o il suolo su cui il peso si appoggia non sia rigido,

tale che non possa ricevere nessuna impronta, ma sia coperto con un panno, in cui i piedi possano penetrare leggermente.

38. Che il peso gravi su più piedi o sia distribuito su una qualsiasi figura piana, sia M un punto dell'estremità di uno di questi piedi o un elemento qualsiasi della base per il quale si richiede la pressione. S'immagini ivi eretta una linea perpendicolare $M\mu$ proporzionale a detta pressione, e essendo necessario che tutti questi punti terminino in un qualsivoglia piano, dunque stabilito un tale principio, vado a esporre come si possa definire in tutti i casi la pressione in ogni punto della base.

39. Qualunque sia la forma della base $f\,g\,h\,k$, per un corpo che si appoggia su un unico piano, ricercare ogni pressione, sopportata dai singoli elementi della base.

40. Per la storia della scienza il problema è interessante per mostrare quanta energia si possa dissipare nello studio di un paradosso. Do la lista che ho preparato dei principali autori, per coloro che desiderino approfondire l'argomento.

Euler	De pressione ponderis in planum cui incumbit. Novi Commentarii Academiae Petropolitanae, t. XVIII, 1774, pp. 289–329. Von den Drucke eines mit einem Gewichte beschwerten Tisches auf eine Fläche (see our Art. 9.5), Hindenburgs Archiv der reinen Mathematik. Bd. I., s. 74. Leipzig, 1795.
D'Alembert	Opuscula, t. VIII Mem. 56 II, 1780, p. 36.
Fontana M.	Dinamica. Parte II.
Delanges	Memorie della Società Italiana, t. V, 1790, p. 107.
Paoli	Ibid. t. VII, 1792, p. 534.
Lorgna	Ibid. t. VII, 1794, p. 178.
Delanges	Ibid. t. VIII, Parte I, 1799, p. 60.
Malfatti	Ibid. t. VIII, Parte II, 1798, p. 31.9
Paoli	Ibid. t. IX, 1802, p. 92.
Navier	Bulletin de la Soc. philomat., 1825, p. 35 (see our Art. 282).
Anonym.	Annales de mathém. par Gergonne, t. XVI, 1826-7, p. 75.
Anonym.	Bulletin des Sciences mathématiques, t. VII, 1827, p. 4.
Vène	Ibid. t. IX, 1828, p. 7.
Poisson	Mécanique, t. I, 1833, 270.
Fusinieri	Annali delle Scienze del Regno Lombardo–Veneto, t. I, 1832, pp. 298–304 (see our Art. 396).
Barilari	Intorno un Problema del Dottor A. Fusinieri, Pesaro, 1833.
Pagani	Mémoire de l'Acad. de Bruxelles, t. VIII, 1834, pp. 1–14 (see our Art. 396).
Saint Venant	1837-8 see our Art. 1572.
	1843 see our Art. 1585.
Bertelli	Mem. dell'Accad. delle Scienze di Bologna, t. I. 1843-4, p. 433.
Pagnoli	Ibid., t. VI, 1852, p. 109.

Di questi autori solo Navier, Poisson e Saint Venant hanno applicato la teoria dell'elasticità al problema. Le ricerche successive di Dorna, Menabrea e Clapeyron saranno riferite nel posto appropriato in questa Storia, in quanto essi partono da principi dell'elasticità.

41. Quando un'asta rigida, caricata da un peso, è sostenuta su un numero di punti di appoggio superiore a 2, gli sforzi a cui ciascuno di questi punti di appoggio deve sottostare sono indeterminati entro certi limiti. Ma se si suppone l'asta elastica, quest'indeterminazione cessa completamente. Qui si considererà solo uno dei problemi di questo tipo, tra i più semplici che possano essere proposti.

42. Questo metodo consiste nel cercare gli spostamenti dei punti dei vari pezzi lasciando sotto forma indeterminata le intensità, i bracci delle leve e le direzioni delle forze di cui parliamo. Una volta che si sono espressi gli spostamenti in funzione di queste quantità cercate, sono poste le condizioni [di congruenza] che devono essere soddisfatte ai punti di appoggio, o di incastro, o alle giunzioni dei diversi pezzi, o ai punti di raccordo delle diverse parti nelle quali si è dovuto dividere uno stesso pezzo, in modo che gli spostamenti possano essere espressi con equazioni differenziali. In questo modo si arriva ad avere tante equazioni quante incognite perché, ovviamante, nelle questioni di meccanica fisica non vi sono indeterminazioni.

43. Ho avuto modo di occuparmi di questo problema per la prima volta come ingegnere in occasione della ricostruzione del ponte di Asnières, presso Parigi, distrutto negli eventi del 1848. Le formule a cui fui condotto furono applicate più tardi ai grandi ponti costruiti per le ferrovie di Midi, sulla Garonne, sul Lot e sul Tarn, in cui si è avuto un perfetto riscontro con le nostre previsioni. È il risultato di questa ricerca che ho l'onore di sottoporre al giudizio dell'Accademia.

   In questa prima memoria, di cui ecco il riassunto, esamino dapprima il caso di una trave posta su due appoggi alle estremità, la cui sezione è costante, e che è soggetta a un carico ripartito uniformemente; si dà inoltre il momento delle forze che agiscono alle due sue estremità perpendicolarmente agli appoggi. Si determinano: l'equazione della linea elastica, le condizioni meccaniche alle quali sono soggetti tutti i suoi punti e la parte del peso complessivo sopportata da ciascun appoggio.

   La soluzione del problema generale si trova così ricondotta alla determinazione dei momenti delle forze tendenti a produrre la rottura della trave perpendicolarmente agli appoggi sui quali riposa. Vi si perviene imponendo che le curve elastiche corrispondenti a due travi contigue siano tangenti l'una all'altra sull'appoggio intermedio e che i momenti siano ivi uguali.

44. Se si aggiunge al quadruplo di un momento qualsiasi quello che lo precede o quello che lo segue sui due appoggi adiacenti, si ottiene una somma uguale al

prodotto del peso totale delle due travi per un quarto della luce comune. Se le luci sono diverse si ha la stessa relazione, salvo leggere modifiche dei coefficienti.

45. Per dare un esempio, si supporrà il peso Π portato da tre funi inclinate AC, A'C, A"C contenute nello stesso piano verticale, e si indicheranno con α, α', α'' gli angoli formati dalla direzione delle tre funi con la retta verticale C Π;
    p, p', p'' le forze esercitate, a seguito dell'azione del peso Π, nella direzione di ciascuna corda;
    F, F', F'' le forze elastiche delle tre corde;
    a la quota del punto C al di sotto della linea orizzontale AA";
    h, f le quantità di cui il punto C si sposta orizzontalmente e verticalmente per l'effetto dell'azione contemporanea delle tre funi.
    [...] Ciò posto, la condizione di equilibrio tra i pesi Π e le tre forze esercitate dalle funi darà innanzitutto

$$p \cos \alpha + p' \cos \alpha' + p'' \cos \alpha'' = \Pi$$

$$p \sin \alpha + p' \sin \alpha' + p'' \sin \alpha'' = 0.$$

46. Si conclude con le tre equazioni:

$$p = F \frac{f \cos^2 \alpha - h' \sin \alpha \cos \alpha}{a};$$

$$p' = F' \frac{f \cos^2 \alpha' - h' \sin \alpha' \cos \alpha'}{a};$$

$$p'' = F'' \frac{f \cos^2 \alpha'' - h' \sin \alpha'' \alpha''}{a}$$

che insieme alle due precedenti forniscono i valori degli spostamenti h e f, e gli sforzi p, p' e p''.

47. Da questi allungamenti si origina una forza elastica di richiamo; nel punto i questa è diretta verso il punto k e viceversa e la sua intensità è [...]

$$\frac{E_{ik} q_{ik} \rho_{ik}}{r_{ik}}$$

se si denota E_{ik} il modulo di elasticità e q_{ik} l'area della sezione trasversale dell'asta in oggetto.

48. Se imponiamo le condizioni d'equilibrio, cioè se facciamo svanire le somme delle componenti della forza in oggetto, si ottengono le tre equazioni:

$$(56) \quad \dots \quad \begin{cases} X_i + \sum_k \dfrac{E_{ik} q_{ik} \rho_{ik}(x_k - x_i)}{r_{ik}^2} = 0 \\[2ex] Y_i + \sum_k \dfrac{E_{ik} q_{ik} \rho_{ik}(y_k - y_i)}{r_{ik}^2} = 0 \\[2ex] Z_i + \sum_k \dfrac{E_{ik} q_{ik} \rho_{ik}(z_k - z_i)}{r_{ik}^2} = 0. \end{cases}$$

In queste equazioni nulla è incognito eccetto le grandezze u, v, w che definiscono le ρ.

49. Per mostrarlo, supponiamo, per fissare le idee, che la forza che agisce sul punto m sia la gravità, che rappresentiamo con g. Prendendo l'asse verticale diretto verso tale forza, le sue tre componenti saranno $X = 0$, $Y = 0$, $Z = g$.
Chiamiamo ϵ, ϵ', ϵ'', ϵ''' gli allungamenti che i quattro fili l, l', l'', l''' subirebbero se il peso mg fosse sospeso verticalmente alle loro estremità inferiori; siano ζ, ζ', ζ'', ζ''' gli allungamenti degli stessi fili, alla fine del tempo t del loro moto; le forze dei fili nello stesso istante avranno per valore (n 288)

$$\frac{gm\zeta}{\epsilon}, \quad \frac{gm\zeta'}{\epsilon'}, \quad \frac{gm\zeta''}{\epsilon''}, \quad \frac{gm\zeta'''}{\epsilon'''}.$$

Poiché il mobile m non è più vincolato a rimanere a distanze costanti da A, A', A'', A''', si dovranno sopprimere i termini dell'equazione (4), che hanno λ, λ', λ'', λ''' come fattori, e che provengono da queste condizioni [di costanza della distanza]; ma, d'altra parte, bisognerà aggiungere al peso del punto materiale le quattro forze precedenti, dirette da m verso A, da m verso A', da m verso A'', da m verso A'''; ciò porta a sostituire nelle equazioni (4) i valori precedenti di L, L', L'', L''', ponendo nello stesso tempo

$$\lambda = \frac{-gm\zeta}{\epsilon}, \quad \lambda' = \frac{gm\zeta'}{\epsilon'}, \quad \lambda'' = \frac{gm\zeta''}{\epsilon''}, \quad \lambda''' = \frac{gm\zeta'''}{\epsilon'''}.$$

Alla fine del tempo t, si ha così

$$x = \alpha + u, \quad y = \beta + v, \quad z = \gamma + w$$

con α, β, γ, che sono le stesse costanti di prima, e u, v, w, delle variabili molto piccole, di cui trascuriamo il quadrato e il prodotto; si avrà

$$\zeta = \frac{1}{l}[(\alpha - a)u + (\beta - b)v + (\gamma - c)w],$$

$$\zeta' = \frac{1}{l'}[(\alpha - a')u + (\beta - b')v + (\gamma - c')w],$$

$$\zeta'' = \frac{1}{l''}[(\alpha - a'')u + (\beta - b)v + (\gamma - c'')w],$$

$$\zeta'' = \frac{1}{l'''}[(\alpha - a''')u + (\beta - b)v + (\gamma - c''')w];$$

e rispetto alle incognite u, v, w, le equazioni (4) saranno lineari e si ridurranno a

$$\frac{d^2 u}{dt^2} + g \left[\frac{(\alpha - a)\zeta}{l\epsilon} + \frac{(\alpha - a')\zeta'}{l'\epsilon'} + \frac{(\alpha - a'')\zeta''}{l''\epsilon''} + \frac{(\alpha - a''')\zeta'''}{l'''\epsilon'''} \right] = 0,$$

$$\frac{d^2 v}{dt^2} + g \left[\frac{(\beta - b)\zeta}{l\epsilon} + \frac{(\beta - b')\zeta'}{l'\epsilon'} + \frac{(\beta - b'')\zeta''}{l''\epsilon''} + \frac{(\beta - b''')\zeta'''}{l'''\epsilon'''} \right] = 0,$$

$$\frac{d^2 w}{dt^2} + g \left[\frac{(\gamma - c)\zeta}{l\epsilon} + \frac{(\gamma - c')\zeta'}{l'\epsilon'} + \frac{(\gamma - c'')\zeta''}{l''\epsilon''} + \frac{(\gamma - c''')\zeta'''}{l'''\epsilon'''} \right] = 0.$$

[...] Se si suppongono nulle le quantità u, v, w, e si sopprimono di conseguenza i primi termini delle sette equazioni precedenti, i valori di u, v, w, $\zeta, \zeta', \zeta'', \zeta'''$, che si otterranno da queste sette equazioni, forniranno lo stato di equilibrio del peso m e dei quattro fili di sospensione.

50. Quando una forza tira o spinge un corpo di cui sono fissi almeno tre punti, il prodotto di questa forza, per la proiezione sulla sua direzione dello spostamento totale che essa determina nel suo punto di applicazione, rappresenta il doppio del lavoro effettuato dall'istante in cui lo spostamento e la forza erano nulli a quello in cui lo spostamento e la forza raggiungono il loro valore finale. [...] Il signor Clapeyron ha trovato un'altra espressione dello stesso lavoro nella quale compaiono tutte le forze elastiche sviluppate all'interno del corpo solido. L'uguaglianza di queste due espressioni costituisce un teorema o piuttosto un principio analogo a quello delle forze vive e sembra avere un'importanza uguale nelle applicazioni.
Si arriva facilmente all'equazione

$$\sum (Xu + Yv + Zw)\varpi$$

$$(2) \qquad = \int\int\int dx\, dy\, dz \left\{ \begin{array}{l} N_1 \dfrac{du}{dx} + T_1 \left(\dfrac{dv}{dz} + \dfrac{dw}{dy} \right) \\[2mm] + N_2 \dfrac{dv}{dy} + T_2 \left(\dfrac{dw}{dx} + \dfrac{du}{dz} \right) \\[2mm] + N_3 \dfrac{dw}{dz} + T_3 \left(\dfrac{du}{dy} + \dfrac{dv}{dx} \right) \end{array} \right\}.$$

Il primo membro è la somma dei prodotti delle componenti delle forze agenti sulla superficie del solido per le proiezioni degli spostamenti dei loro punti di applicazione; si tratta della prima espressione nota [...] del doppio del lavoro di deformazione: il secondo membro ne è dunque un'altra espressione.
Allorché il corpo è omogeneo e di elasticità costante, [...] al secondo membro dell'equazione (2), questa parentesi si può mettere nella forma

$$(4) \qquad \left\{ \begin{array}{l} \dfrac{1 + \dfrac{\lambda}{\mu}}{3\lambda + 2\mu} (N_1^2 + N_2^2 + N_3^2) \\[4mm] - \dfrac{1}{\mu} (N_1 N_2 + N_2 N_3 + N_1 N_3 - T_1^2 - T_2^2 - T_3^2)\, l \end{array} \right\}.$$

Per semplificare, poniamo

$$(5) \qquad \begin{cases} N_1 + N_2 + N_3 = F, \\ N_1 N_2 + N_2 N_3 + N_1 N_3 - T_1^2 - T_2^2 - T_3^2 = G, \end{cases}$$

e ricordiamo il valore del coefficiente di elasticità E, [...] l'equazione (2) prende la forma

$$(6) \qquad \sum (Xu + Yv + Zw)\varpi = \iiint \left(EF^2 - \frac{G}{\mu} \right) dx\,dy\,dz.$$

Questa è l'equazione che costituisce il teorema di Clapeyron. Bisogna ricordare che [...] F, G, e di conseguenza la parentesi $\left(EF^2 - \frac{G}{\mu} \right)$, mantengono lo stesso valore numerico quando si cambiano gli assi coordinati. Cioè questa parentesi [...] rappresenta il doppio del lavoro interno [...]; e la metà del secondo membro dell'equazione (6) è la somma del lavoro di tutte le forze di tutti gli elementi, ovvero il lavoro del volume totale del corpo. È così che tutte le forze elastiche sviluppate contribuiscono alla seconda espressione del lavoro di deformazione.

51. Il teorema del signor Clapeyron, propriamente parlando, consiste nel fatto che il lavoro in questione è espresso nelle nostre notazioni, da

$$\frac{1}{2} \left(p_{xx}\partial_x + p_{yy}\partial_y + p_{zz}\partial_z + p_{yz}g_{yz} + p_{zx}g_{zx}p_{xy}g_{xy} \right).$$

Mettiamo $1/2$ perché questo lavoro è prodotto da delle forze la cui intensità parte da zero e cresce uniformemente.

52. *Teorema* – Se p è lo sforzo normale (tension) dell'elemento A dovuto a forze unitarie [uguali e contrarie] (tension-unity) tra i punti B e C, allora una variazione di distanza unitaria (extension-unity) che si verifica in A porterà B e C più vicini della distanza p.
Teorema – L'allungamento in BC dovuto alla forza unitaria lungo DE è uguale all'allungamento in DE dovuto alla forza unitaria in BC.

53. Il metodo deriva dal principio di Conservazione dell'Energia ed è riferito nelle *Leçons sur l'Élasticité di Lamé*, Leçon 7me, come Teorema di Clapeyron.

54. *Problema* I – Forze F [uguali e contrarie] sono applicate tra i punti B e C di un telaio che è isostatico (simply stiff). Trovare la variazione di lunghezza della linea che congiunge D e E, essendo tutti gli elementi, tranne A, inestensibili ed essendo e l'estendibilità di A.
Problema II – Forze F [uguali e contrarie] sono applicate tra B e C; trovare la variazione di distanza tra D e E quando il telaio non è isostatico, ma vi sono degli elementi ridondanti R, S, T, ecc., le cui elasticità sono note.

55. I. Si scelgano tanti pezzi del telaio quanti sono sufficienti per renderlo di figura determinata. Si indichino i rimanenti pezzi con R, S, T, ecc.

II. Si trovi la forza in ciascun pezzo dovuta alla forza unitaria nella direzione della forza da applicare. Sia essa il valore di p di ogni pezzo.

III. Si trovi in ciascun pezzo la forza dovuta alla forza unitaria nella direzione dello spostamento da determinare. Sia essa il valore di q di ogni pezzo.

IV. Si trovi in ciascun pezzo la forza dovuta alla forza unitaria lungo R, S, T, ecc., i pezzi esuberanti del telaio. Siano essi i valori di r, s, t, ecc. per ogni pezzo.

V. Si trovi l'allungamento di ogni pezzo e lo si indichi con e, essendo ρ, σ, τ, ecc. quelli dei pezzi esuberanti.

VI. Si determinino R, S, T, ecc. dalle equazioni:

$$R\rho + R\sum(er^2) + S(ers) + T\sum(ert) + F\sum(epr) = 0$$
$$S\sigma + R\sum(ers) + S(es^2) + T\sum(est) + F\sum(eps) = 0$$
$$T\tau + R\sum(ert) + S(est) + T\sum(et^2) + F\sum(ept) = 0$$

tante quante le quantità da trovare.

VII. L'allungamento x richiesto si trova allora con l'equazione:

$$x = -F\sum(epq) - R\sum(erq) - S\sum(eqs) - T\sum(eqt).$$

56. Quindi, poiché la variazione di U, a seguito di ogni possibile variazione delle forze resistenti, è zero, U deve essere un minimo (si vede facilmente che le altre ipotesi sono inammissibili) e il principio è provato per un corpo o un sistema di corpi perfettamente elastici.

57. Ecco di seguito la regola generale a cui sono arrivato:

Sia data una figura (piana o no) formata da barre articolate alle loro estremità e ai cui punti di articolazione è applicato un qualsiasi sistema di forze che le mantiene in equilibrio; per trovare le forze nelle diverse barre si cominci con lo scrivere che ciascun punto di articolazione è in equilibrio sotto l'azione delle forze esterne ivi applicate e delle forze delle barre che in qualunque numero vi convergono. Se così si ottengono tante equazioni indipendenti quante sono le forze incognite il problema è risolto con la Statica pura (1).

Se si ottengono k equazioni di meno si può essere certi che la figura geometrica formata dagli assi delle barre contiene k linee più del numero strettamente necessario per definirla; comunque tra le lunghezze delle linee che compongono la figura, cioè tra le lunghezze delle barre, esistono necessariamente k relazioni geometriche (è un problema di geometria elementare). Si scrivano queste relazioni differenziate rispetto a tutte le lunghezze che vi compaiono come variabili; si sostituiscano i differenziali con le lettere che rappresentano gli allungamenti elastici delle barre; si sostituiscano poi questi allungamenti elastici con la loro espressione in funzione delle forze e dei coefficienti di elasticità delle barre (2); si avranno così k nuove equazioni cui devono soddisfare queste forze, che con le equazioni fornite dalla Statica danno un totale uguale a quello delle forze da determinare.

58. Siano:

$$a_1, a_2, a_3, \cdots, a_m$$

le lunghezze delle m barre nello stato naturale, ovvero quando nessuna forza agisce su di esse.

Sotto l'influenza delle forze applicate nei diversi punti di articolazione, queste barre prendono degli allungamenti

$$\alpha_1, \quad \alpha_2, \quad \alpha_3, \quad \cdots, \quad \alpha_m$$

di modo che le loro nuove lunghezze saranno

$$a_1 + \alpha_1, \quad a_2 + \alpha_2, \quad a_3 + \alpha_3, \quad \cdots, \quad a_n + \alpha_m$$

poiché tra queste lunghezze esistono k relazioni algebriche, e sia

$$F(a_1 + \alpha_1, a_2 + \alpha_2, a_3 + \alpha_3, \cdots, a_n + \alpha_m)$$

una di tali relazioni.

59. Tali sono le k relazioni da aggiungere a quelle fornite dalla Statica per definire le forze t_i.

60. Denotiamo ora i valori numerici indipendenti dal punto d'applicazione del carico

$$\pm \frac{c}{b} \quad \text{con} \quad u$$

$$\pm \frac{d}{b} \quad \text{con} \quad v$$

$$\text{e} \quad \pm \frac{1}{b} \quad \text{con} \quad w$$

così che per ogni elemento del traliccio tra $x = 0$ e $x = a$ sarà

$$S = (2zu + v) \quad \text{tonnellate} \tag{D.1}$$

e per ogni elemento tra $x = a$ e $x = 1/2$

$$S = (2zu + aw) \quad \text{tonnellate.} \tag{D.2}$$

61. Si immagini il traliccio realizzato in modo che l'appoggio sia libero di scorrere in direzione orizzontale e le variazioni di lunghezza dei singoli elementi si possano verificare non contemporaneamente ma una dopo l'altra. Ciascuna variazione di

lunghezza Δl di un elemento comporterà dunque una certa variazione Δs della luce s, la quale dipende dalla forma geometrica del traliccio. La somma di tutti i valori di Δs provenienti da tutti gli elementi deve essere identicamente nulla, poiché in realtà la luce non cambia il suo valore. Poiché inoltre la deformazione del traliccio qui considerato è simmetrica rispetto alla mezzeria del traliccio, allora la somma dei valori di Δs deve essere identicamente nulla anche per metà del traliccio:

$$\sum_{x=0}^{x=1/2} \Delta s = 0 . \tag{D.3}$$

62. Si può anche produrre questo spostamento per mezzo di una spinta orizzontale H sull'appoggio, la quale, a seguito di quanto sopra, determina nella barra elastica CD la tensione $u \cdot H$. Mentre la forza H percorre lo spazio Δs e di conseguenza compie il lavoro meccanico $-H \cdot \Delta s$[1], la tensione resistente $u \cdot H$ della barra CD agirà sul percorso Δl e perciò assorbirà il lavoro meccanico $u \cdot H \cdot \Delta l$.[2] A seguito del principio della velocità virtuale questi lavori sono uguali e quindi:

$$-H \cdot \Delta s = u \cdot H \cdot \Delta l$$

ovvero

$$-\Delta s = u \cdot \Delta l . \tag{D.4}$$

Inserendo il valore di Δl si ottiene

$$0 = 2z \sum_{0}^{s/2} ru^2 + \sum_{0}^{a} rvu + \sum_{a}^{s/2} rawu$$

ovvero

$$-z = \frac{\displaystyle\sum_{0}^{a} rvu + \sum_{a}^{1/2} rawu}{2 \displaystyle\sum_{0}^{s/2} ru^2} . \tag{D.5}$$

63. La determinazione delle reazioni d'appoggio e delle tensioni si opera tramite il calcolo oppure per via grafica con l'applicazione di metodi molto facili, che possiamo dare per noti.

---

[1] Abbiamo assegnato sopra il segno positivo alla spinta orizzontale H; l'accorciamento Δs ha segno negativo; perciò $-H \cdot \Delta s$ è una grandezza positiva.

[2] La grandezza $u \cdot H \cdot \Delta l$ è sempre positiva, poiché Δl é un allungamento o un accorciamento ogni volta che $u \cdot H$ è una tensione di trazione o di compressione. Le grandezze Δl e $u \cdot H$ hanno perciò nella presente trattazione lo stesso segno.

64. Se si introducono questi valori di Δl nelle relazioni ricavate dalle equazioni 4) tra le variazioni di lunghezza degli elementi ridondanti e quelle degli elementi necessari, si hanno le relazioni:

$$\begin{cases} \sum u_1 \cdot S \cdot r = 0 \\ \sum u_2 \cdot S \cdot r = 0 \\ \sum u_3 \cdot S \cdot r = 0 \\ \cdots \end{cases} \tag{D.6}$$

e se si inserisce il valore di S secondo l'equazione 6):

$$\begin{cases} 0 = \sum u_1 \cdot \mathfrak{S} \cdot r + S_1 \sum u_1^2 \cdot r + S_2 \sum u_1 \cdot u_2 \cdot r + S_3 \sum u_1 \cdot u_3 \cdot r + \cdots \\ 0 = \sum u_2 \cdot \mathfrak{S} \cdot r + S_1 \sum u_1 \cdot u_2 \cdot r + S_2 \sum u_2^2 \cdot r + S_3 \sum u_2 \cdot u_3 \cdot r + \cdots \\ 0 = \sum u_3 \cdot \mathfrak{S} \cdot r + S_1 \sum u_1 \cdot u_3 \cdot r + S_2 \sum u_2 \cdot u_3 \cdot r + S_3 \sum u_3^2 \cdot r + \cdots \\ \cdots \end{cases} \tag{D.7}$$

Le equazioni 9) servono per la determinazione delle tensioni degli elementi ridondanti.

65. È difficile concepire qualcosa di meglio di quello di Avogadro come modello di ciò che dovrebbe essere un manuale. Esso rappresenta un quadro completo delle conoscenze fisiche e matematiche del nostro soggetto [la resistenza dei materiali e la teoria dell'elasticità] al 1837.

66. Quando un sistema elastico è in equilibrio sotto l'azione delle forze esterne, il lavoro sviluppato per effetto delle trazioni o delle compressioni degli elementi di collegamento che uniscono i diversi punti del sistema è un minimo.

D.2
Brani del Capitolo 2

1. [...] bisogna convenire che esso non è affatto abbastanza evidente di per sé per essere assunto come principio primitivo.

2. Accade spesso che si possono enunciare *a priori* alcune condizioni cinematiche che esistono tra le particelle di un sistema in moto. Per esempio, le particelle di un corpo solido possono muoversi come se il corpo fosse 'rigido' [...]. Tali condizioni cinematiche in realtà non esistono su basi *a priori*. Esse sono mantenute da forze rilevanti. È comunque un grande vantaggio che la trattazione analitica non richieda la conoscenza di queste forze, ma possa assumere per certe le condizioni cinematiche assegnate. Possiamo sviluppare le equazioni della

dinamica di un corpo rigido senza conoscere quali forze producono la rigidità del corpo.

3. Vale la pena sottolineare che questo valore di $Dx\,Dy\,Dz$ è quello che si deve impiegare negli integrali tripli relativi a x,y,z, allorché si vogliano sostituire, al posto della variabili x,y,z, delle funzioni date di altre variabili a,b,c.

4. Lagrange è arrivato tanto lontano quanto era possibile immaginare, quando ha sostituito i legami fisici dei corpi con delle relazioni tra le coordinate dei loro diversi punti: questo è ciò che costituisce la *Meccanica analitica*; ma accanto a questa mirabile concezione si potrebbe adesso stabilire la *Meccanica fisica*, il cui principio unico sarebbe di ricondurre tutto alle azioni molecolari, che trasmettono l'azione delle forze date da un punto a un altro e sono le intermediarie del loro equilibrio.

5. L'uso che Lagrange ha fatto di questo calcolo [il calcolo delle variazioni] nella *Meccanica analitica* in realtà si adatta solo a masse continue; e l'analisi secondo la quale si estendono i risultati trovati in questa maniera ai corpi in natura deve essere respinta poiché insoddisfacente.

6. [...] se un sistema di corpi parte da una posizione data, con un movimento [incipiente, ovvero un atto di moto] arbitrario, ma tale che sarebbe stato possibile fargliene prendere un altro del tutto equivalente e in verso opposto; ciascuno di questi movimenti sarà chiamato movimento geometrico.

7. Non è affatto difficile dedurre dal Principio delle velocità virtuali e dalla generalizzazione termodinamica di questo principio la conseguenza seguente: Se un sistema è in equilibrio una volta che sia soggetto a certi vincoli, rimarrà in equilibrio se lo si assoggetterà non solo a questi, ma anche ad altri vincoli compatibili con i primi.

8. Aggiungiamo dunque questo integrale $\int F\delta ds$ a quello $\int X\delta x + Y\delta y + Z\delta z$, che esprime la somma dei lavori di tutte le forze esterne che agiscono sul filo [...], e uguagliando il tutto a zero, si avrà l'equazione generale del filo elastico. Ora è evidente che questa equazione sarà della stessa forma di quella [...] per un filo inestensibile e che, cambiando F in λ, le due equazioni diverranno identiche. Si avranno dunque nel caso presente le stesse equazioni particolari per l'equilibrio del filo che si sono trovate nel caso dell'art. 31, solamente mettendo F in quelle al posto di λ.

9. Vi è un'altra formulazione del principio degli spostamenti virtuali, che considera come assegnate a priori solo le *forze* vere e proprie, di massa X,Y,Z e di superficie $\bar{X},\bar{Y},\bar{Z}$; si tratta della seguente semplice posizione della formulazio-

ne di *G. Piola: Per l'equilibrio è necessario che il lavoro virtuale delle forze applicate*

$$\int\int_{(V)}\int (X\delta x + Y\delta y + Z\delta z)dV + \int\int_{(S)} (\bar{X}\delta x + \bar{Y}\delta y + \bar{Z}\delta z)dS$$

svanisca per tutti i [... moti rigidi] *dell'intero dominio V* [... così che] le *componenti della diade* [tensore] *di tensione* appaiano *come moltiplicatori di Lagrange di opportune condizioni di rigidità.*

10. [...] allorché le pressioni sono prese sui piani leggermente obliqui nei quali si sono trasformati i tre piani materiali inizialmente ortogonali e paralleli a quelli coordinati, si hanno, per le sei componenti [di pressione], le stesse espressioni, in funzione delle dilatazioni e degli scorrimenti, che quando gli spostamenti sono piccolissimi.

11. Chiamerò ξ, η, ζ le coordinate di un punto dopo la deformazione, x, y, z le coordinate dello stesso prima di questa. Immagino che nello stato naturale del corpo vi siano tre piani paralleli ai piani coordinati passanti per il punto x, y, z; le porzioni di questi piani che sono indefinitamente prossime al punto suddetto si trasformano a seguito della deformazione in piani che formano angoli non retti e finiti con i piani coordinati, poco minori di 90°. Immagino di proiettare le pressioni che questi piani sopportano a seguito della deformazione secondo gli assi coordinati e chiamo queste componenti $\mathbf{X}_x, \mathbf{Y}_x, \mathbf{Z}_x, \mathbf{X}_y, \mathbf{Y}_y, \mathbf{Z}_y, \mathbf{X}_z, \mathbf{Y}_z, \mathbf{Z}_z$ in modo che per esempio $\mathbf{Y}_x$ sia la componente in direzione y della pressione sopportata dal piano che prima della deformazione era ortogonale all'asse x. Queste nove pressioni sono in generale dirette obliquamente rispetto ai piani su quali agiscono, e non ve ne sono tre uguali ad altre tre, come è nel caso degli spostamenti indefinitamente piccoli. Se si pongono le condizioni che una porzione di corpo prima della deformazione di forma parallelepipeda indefinitamente piccola con i lati paralleli agli assi coordinati e di lunghezze dx, dy, dz sia in equilibrio, si arriva alle equazioni:

$$\left.\begin{aligned}\rho\mathbf{X} &= \frac{\partial\mathbf{X}_x}{\partial x} + \frac{\partial\mathbf{X}_y}{\partial y} + \frac{\partial\mathbf{X}_z}{\partial z} \\ \rho\mathbf{Y} &= \frac{\partial\mathbf{Y}_x}{\partial x} + \frac{\partial\mathbf{Y}_y}{\partial y} + \frac{\partial\mathbf{Y}_z}{\partial z} \\ \rho\mathbf{Z} &= \frac{\partial\mathbf{Z}_x}{\partial x} + \frac{\partial\mathbf{Z}_y}{\partial y} + \frac{\partial\mathbf{Z}_z}{\partial z}\end{aligned}\right\}\dots \qquad 1)$$

ove si indichino con ρ la densità del corpo e con $\mathbf{X}, \mathbf{Y}, \mathbf{Z}$ le componenti della forza acceleratrice agente sul punto (ξ, η, ζ). Si giunge a queste equazioni sfruttando il fatto che gli angoli e gli spigoli del parallelepipedo sono cambiati indefinitamente poco, per cui si possono usare le stesse considerazioni che nel caso di spostamenti indefinitamente piccoli.

12. [...] le distanze mutue di punti molto vicini non variano che per una piccola quantità.

<hr>

D.3
Brani del Capitolo 3

1. [...] possono esistere dei casi in cui un corpo elastico, pur non essendo soggetto ad alcuna azione esterna, vale a dire senza essere soggetto né alle forze esterne [di volume] che agiscono sui suoi punti interni, né alle forze esterne [di contatto] che agiscono sulla sua superficie, può ciò nonostante non trovarsi nello stato naturale, ma essere in uno stato di tensione che varia in un modo continuo e regolare da un punto a un altro.

2. *Un corpo elastico, che occupa uno spazio semplicemente connesso e la cui deformazione è regolare, può sempre essere ricondotto al suo stato naturale per mezzo di spostamenti dei suoi punti finiti, continui e a un sol valore.*
   Al contrario si può dire:
   Se un corpo elastico occupa uno spazio molteplicemente connesso e se la sua deformazione è regolare, gli spostamenti dei suoi punti non sono necessariamente a un sol valore.

3. Le distorsioni
   1. Nel capitolo precedente ho mostrato che i corpi elastici occupanti spazi più volte connessi possono trovarsi in stati d'equilibrio molto differenti da quelli che si hanno quando i corpi elastici occupano spazi semplicemente connessi. In questi nuovi stati di equilibrio si ha una deformazione interna regolare del corpo, senza tuttavia che esso sia sollecitato da forze esterne.
   Immaginiamo che si pratichino dei tagli che rendano semplicemente connesso lo spazio occupato dal corpo. A ciascuno di essi corrispondono sei costanti che abbiamo chiamato le costanti del taglio. È facile stabilire il significato meccanico di queste costanti per mezzo delle formule (III) del capitolo precedente.
   In effetti, pratichiamo materialmente i tagli seguendo le sezioni [precedentemente] dette e lasciamo che il corpo riprenda il suo stato naturale. Se, riprendendo questo stato, alcune parti del corpo vengono a sovrapporsi tra loro, sopprimiamo le parti eccedenti. Allora le formule (III) già ricordate ci mostrano che le porzioni poste ai due lati di una medesima sezione, e che prima del taglio erano in contatto, subiscono, per il fatto stesso del taglio, uno spostamento composto di una traslazione e di una rotazione uguali per tutte le coppie di porzioni adiacenti a una medesima sezione.
   Prendendo l'origine come centro di riduzione, le tre componenti della traslazione e le tre componenti della rotazione secondo gli assi coordinati sono le sei componenti del taglio.

Reciprocamente, se il corpo elastico molteplicemente connesso è preso nello stato naturale, si potrà, per portarlo nello stato sollecitato, eseguire l'operazione inversa, vale a dire sezionarlo al fine di renderlo semplicemente connesso, di seguito spostare le due parti di ciascun taglio, l'una rispetto all'altra, di modo che gli spostamenti relativi delle diverse coppie di porzioni (che aderivano tra loro e che il taglio ha separato) constino di traslazioni e rotazioni uguali; ristabilire infine la connessione e la continuità seguendo ciascun taglio, asportando o aggiungendo la materia necessaria e riunendo le parti tra loro. L'insieme di queste operazioni relative a ciascun taglio si può chiamare una *distorsione* del corpo e le sei costanti di ciascun taglio si possono chiamare le *caratteristiche della distorsione*. In un corpo elastico molteplicemente connesso, con deformazione regolare e che ha subito un certo numero di distorsioni, l'esame della deformazione non può in alcun modo rivelare i posti ove i tagli e le distorsioni conseguenti si sono prodotti, e ciò in virtù della regolarità stessa. Si può dire inoltre che le sei caratteristiche di ciascuna distorsione non sono affatto elementi dipendenti dal luogo dove il taglio è stato effettuato. In effetti, la procedura che ci è servita a stabilire le formule (III) prova che, se si prendono nel corpo due tagli che si possono trasformare l'uno nell'altro tramite una deformazione continua, le costanti relative a un taglio sono uguali alle costanti relative all'altro: ne segue che le caratteristiche di una distorsione non sono affatto elementi specifici di ciascun taglio, ma che esse dipendono esclusivamente dalla natura geometrica dello spazio occupato dal corpo e dalla deformazione regolare a cui esso è assoggettato. Il numero di distorsioni indipendenti alle quali un corpo elastico può essere sottoposto è evidentemente pari all'ordine di connessione dello spazio occupato dal corpo meno 1. In conformità a ciò che abbiamo trovato, due tagli che si possono trasformare l'uno nell'altro per mezzo di una deformazione continua si chiamano *equivalenti*. Diremo anche che una distorsione è nota quando sono date le caratteristiche e il taglio relativo o un altro taglio equivalente.

2. Ciò posto, si pongono naturalmente due questioni, vale a dire:

1° A distorsioni scelte arbitrariamente corrisponderà sempre uno stato d'equilibrio e una deformazione regolare del corpo se si suppongono nulle le azioni esterne?

2° Essendo note le distorsioni, qual è questo stato di deformazione?

Per collegare questi problemi ad altri già noti dimostreremo il teorema seguente:

Se in ogni corpo elastico isotropo più volte connesso si prende un insieme arbitrario di distorsioni, si potrà calcolare un numero infinito di deformazioni regolari del corpo che corrispondono a queste distorsioni e che sono equilibrate da forze esterne di superficie (che abbiamo indicato con T) aventi risultante nulla e momento risultante nullo rispetto a un asse qualsiasi.

Allora, per riconoscere se in un corpo isotropo le distorsioni date corrispondono a uno stato di equilibrio, essendo nulle le forze esterne, basterà vedere se le forze esterne T cambiate di segno e applicate al contorno del corpo, quando esso non è soggetto ad alcuna distorsione, determinano uno stato di deformazione regolare che equilibra le forze stesse. Se si può calcolare effettivamente questo stato di deformazione, il problema che riguarda l'equilibrio del corpo sottoposto alle distorsioni date sarà risolto.

In effetti, chiamiamo Γ la deformazione relativa alle distorsioni date e alle forze esterne T trovate che agiscono sulla superficie, e Γ' la deformazione determinata dalle forze esterne cambiate di segno quando il corpo non subisce alcuna distorsione. La deformazione Γ'' che risulta da Γ e Γ' corrisponderà alle distorsioni date e a forze esterne nulle. Le questioni sono così ricondotte a vedere se la deformazione Γ' esiste e a trovarla. Esse si riducono dunque a problemi di elasticità in cui le distorsioni non appaiono, vale a dire a problemi ordinari di elasticità.

Ma le forze esterne T agenti sulla superficie, in virtù del teorema enunciato, sono tali che se il corpo è rigido esse si equilibrano; ne segue che esse soddisfano alle condizioni necessarie per l'esistenza della deformazione Γ'.

Ora recentemente si è molto avanzati per mezzo di metodi nuovi nello studio del teorema di esistenza per le questioni di elasticità, e perciò si può dire che, fatte salve certe condizioni relative alla forma geometrica dello spazio occupato dal corpo elastico (condizioni che qui non preciseremo), Γ' e Γ'' esisteranno sempre.

Fatte queste riserve, si potrà dunque rispondere affermativamente alla prima questione nel caso dei corpi isotropi. La seconda questione posta è relativa al caso in cui il corpo non è soggetto a forze esteriori, ma si può generalizzare e si possono supporre le distorsioni date e il corpo sollecitato da forze esterne determinate. Allora, se il corpo è isotropo, per la risoluzione del problema basta sovrapporre alla deformazione Γ, determinata dalle distorsioni e dalle forze esterne T, la deformazione determinata dalle forze esterne date e dalle forze esterne −T che agiscono sulla superficie nell'ipotesi che non vi siano le distorsioni.

D.4
Brani del Capitolo 4

1. Il numero di equazioni di equilibrio per gli n punti sarà $3n$; se p è il numero di equazioni indipendenti dalle tensioni che devono sussistere tra le forze esterne perché si abbia equilibrio, il numero delle equazioni che contengono effettivamente le tensioni si ridurrà a $3n - p$. Così, se m è $> 3n - p$, le equazioni precedenti non sono più sufficienti per determinare tutte le tensioni.

   È lo stesso quando il sistema contiene un certo numero di punti fissi. Questa indeterminazione significa che c'è un'infinità di valori di tensione che, combinati con le forze esterne date, sono atti a mantenere il sistema in equilibrio. I valori delle tensioni effettive dipendono dall'elasticità rispettiva degli elementi di collegamento, e una volta che questa è nota, così dovrà essere delle tensioni.

2. Se un corpo elastico si pone in equilibrio sotto l'azione di forze esterne, il lavoro sviluppato per effetto delle trazioni o delle compressioni degli elementi di collegamento che uniscono i diversi punti del sistema è un minimo.

3. Poiché, nel caso che consideriamo, le tensioni possono subire variazioni senza che l'equilibrio cessi di esistere, si dovrà ammettere che tali variazioni occorrano indipendentemente da tutto il lavoro delle forze esterne; esse saranno sempre accompagnate da allungamenti o accorciamenti degli elementi di collegamento corrispondenti, il che dà luogo, in ciascuno di essi, a uno sviluppo di lavoro. Le variazioni di lunghezza degli elementi di collegamento devono essere supposte molto piccole affinché le posizioni relative dei diversi punti del sistema non siano alterate sensibilmente. Ma, poiché durante questo piccolo movimento interno l'equilibrio continua a esistere e il lavoro delle forze esterne è nullo, ne segue che il lavoro totale elementare delle tensioni così sviluppato è ugualmente nullo.
Per esprimere questa conseguenza, sia T la tensione di un elemento di collegamento qualsiasi, δl la variazione elementare della lunghezza di questo elemento; il lavoro sviluppato a seguito della variazione di tensione corrispondente sarà $T\delta l$, e di conseguenza, per l'insieme del sistema, si avrà:

$$\sum T\delta l = 0. \tag{D.1}$$

Sia l l'allungamento o l'accorciamento che ha subito inizialmente l'elemento di collegamento sotto l'azione della tensione T, si ha, indipendentemente dal segno,

$$T = \epsilon l \tag{D.2}$$

dove ϵ è un coefficiente che chiamerò coefficiente di elasticità, e che è funzione del modulo di elasticità, della sezione e della lunghezza dell'elemento di collegamento.
Il lavoro sviluppato per produrre questa variazione di lunghezza l sarà uguale a $1/2\epsilon l^2$, e di conseguenza il lavoro totale del sistema sarà uguale a $1/2\sum \epsilon l^2$. Ma in virtù delle equazioni (1) e (2) si ha:

$$\sum T\delta l = \sum \epsilon l\delta l = \delta \frac{1}{2}\sum \epsilon l^2 = 0. \tag{D.3}$$

Questa è la dimostrazione del principio enunciato al quale si può pervenire ancora con altre considerazioni. È ugualmente possibile esprimerlo in un'altra maniera, poiché si ha

$$\sum T\delta l = \sum \frac{1}{\epsilon}T\delta T = \delta \frac{1}{2}\sum \frac{1}{\epsilon}T^2. \tag{D.4}$$

4. Ora, se s'immagina che il lavoro L^a resti costante [...], malgrado la possibile variazione del lavoro delle forze f, si avrà anche:

$$L^a + L^i + \delta L^i = 0$$

dove

$$\delta L^i = \sum f \delta \Delta \rho = 0.$$

5. Seguendo la dimostrazione e traducendo in linguaggio ordinario le conseguenze dell'equazione [. . .], si è condotti all'enunciato seguente che non ha più alcuna ambiguità.

   La somma dei quadrati delle tensioni, divise rispettivamente per il coefficiente di elasticità dell'elemento di collegamento corrispondente è un minimo; vale a dire che questa somma è minore di quella di tutti gli altri sistemi di tensioni capaci di assicurare l'equilibrio, se si trascurano le condizioni relative all'estensibilità degli elementi di collegamento.

   Permettetemi, Signore, di sottomettervi in secondo luogo una dimostrazione assai semplice della vostra equazione [. . .].

   Sia *l* la lunghezza di uno degli elementi di collegamento, λ il suo allungamento nella posizione di equilibrio, T la sua tensione pari a $\epsilon\lambda$, $T + \Delta T$ la tensione dello stesso legame per un'altra soluzione delle equazioni di equilibrio, quando gli elementi di collegamento siano supposti inestensibili; le forze ΔT, se fossero sole, si farebbero equilibrio nel sistema, poiché le forze T e le forze $T + \Delta T$, per ipotesi, equilibrano le stesse forze esterne (il sistema è quello in cui gli elementi di collegamento estensibili sono spariti). La somma dei lavori virtuali delle forze ΔT è dunque nulla per tutti gli spostamenti compatibili con vincoli diversi dall'inestensibilità degli elementi di collegamento. Ma uno di questi spostamenti è quello che si produce realmente e nel quale l'elemento di collegamento *l* s'allunga di λ pari a T/ϵ; si ha di conseguenza

   $$\sum \frac{T \Delta T}{\epsilon} = 0.$$

   Questa è esattamente l'equazione [. . .] di cui il principio di elasticità è la traduzione immediata.

6. Queste pressioni [. . .] sono grandezze di altra natura rispetto alle forze dalle quali sono generate.

   [. . .] La determinazione delle pressioni deve essere considerata come un'altra branca della dinamica o della scienza degli effetti delle forze, branca che potrebbe prendere il nome di dinamica latente.

   [. . .] Se si tratta di un sistema avente più punti [vincolati] da ostacoli fissi, ogni ostacolo subirà una pressione proporzionale al segmento infinitamente piccolo che il punto corrispondente descriverebbe nell'elemento di tempo.

7. Queste pressioni, prese in verso contrario, potranno essere considerate come forze applicate al sistema che lo mantengono in equilibrio, fatta astrazione degli ostacoli.

8. $$F\delta f + F'\delta f' + \cdots - (P\delta p + P'\delta p' + \ldots) = 0$$

formula che darà le relazioni di equilibrio, dopo che si saranno ridotti al più piccolo numero possibile le variazioni indipendenti [degli spostamenti], tenendo conto dei vincoli propri del sistema, ma non più di quelli che risultano dalla presenza degli ostacoli, ora rimpiazzati dalle forze P, P'.

9. Quando si considera la presenza degli ostacoli per ridurre il numero delle variazioni, si ha semplicemente:

$$F\,\delta f + F'\,\delta f' + \ldots = 0\;;$$

quindi anche:

$$P\,\delta p + P'\,\delta p' + \ldots = 0\,,$$

come risulta immediatamente dal fatto che i due sistemi (F) e (P) sono equivalenti.

10. $$p\,\delta p + p'\,\delta p' + \ldots = 0\,,$$

relazione in virtù della quale la somma delle quantità p^2, p'^2, ecc., o, per ipotesi, quella dei quadrati delle pressioni P^2, P'^2, ecc. è un *minimo*; in effetti è facile accertarsi che il caso di un *massimo* non può aver luogo qui.

11. Di conseguenza, le equazioni che completano, in tutti i casi, il numero di quelle che sono necessarie per la determinazione completa delle pressioni risultano dalla condizione che la somma dei quadrati delle pressioni sia un minimo.

12. Fin dall'anno 1857 ho fatto conoscere all'Accademia delle scienze di Torino l'enunciato di questo nuovo principio; poi nel 1858 (seduta del 31 maggio) ne ho fatto oggetto di una comunicazione all'Istituto di Francia (Accademia delle scienze). Nella dimostrazione che ne diedi mi appoggiai sulla considerazione della trasmissione del lavoro nel corpo. Anche se, secondo me, quella dimostrazione era sufficientemente rigorosa, è parsa a qualche geometra troppo snella per essere accettata senza contestazione. D'altra parte il significato delle equazioni dedotte da quel teorema non era stato espresso in modo chiaro. Questo è il motivo per cui ho creduto di dover riprendere questo studio che è stato più di una volta interrotto a seguito degli avvenimenti a cui la mia posizione mi ha chiamato a prendere parte. Presento oggi queste nuove ricerche che hanno per risultato di condurmi a una dimostrazione del tutto semplice e rigorosa.

13. Per dare alla questione della distribuzione della tensione tutto lo sviluppo che comporta sotto il piano fisico, occorrerà tener conto dei fenomeni della *termodinamica* che si manifestano nell'atto del cambiamento di forma del corpo o del

sistema elastico; ma io considero il corpo nel momento in cui si è stabilito l'equilibrio tra le forze interne ed esterne, supponendo che la temperatura non sia variata. Allora si può ammettere che il lavoro sviluppato si riduca a quello che si trova
concentrato allo *stato latente* nel sistema elastico per effetto delle forze esterne.

14. Si può concepire un'infinità di modi di ripartire queste tensioni, tutte che possono
soddisfare le condizioni di equilibrio con le forze esterne.

15.
$$\sum \epsilon_{pq} \lambda_{pq} \delta \lambda_{pq} = \sum \frac{1}{\epsilon_{pq}} T_{pq} \delta T_{pq} = 0$$

che è l'*equazione di elasticità*, dalla quale si deriva il teorema che abbiamo
enunciato all'inizio di questa Memoria, vale a dire che: *Se un sistema elastico
si mette in equilibrio sotto l'azione di forze esterne, il lavoro interno, sviluppato
nel cambiamento di forma che ne deriva, è un* **minimo**.

16. Quest'opera contiene la *teoria dell'equilibrio dei sistemi elastici esposta secondo un metodo nuovo*, **fondato su alcuni teoremi che sono del tutto nuovi o
poco conosciuti**.
Vi si troverà la *teoria matematica dell'equilibrio dei corpi solidi* come facen-
te parte di questa teoria, considerata specialmente sotto il punto di vista della
resistenza dei materiali.
Crediamo che sia arrivato il momento di introdurre nell'insegnamento questa
maniera razionale di presentare la resistenza dei materiali, abbandonando così i
metodi antichi che l'illustre LAMÉ ha giustamente definito come *semi-analitici
e semi-empirici, utili solo a mascherare gli approcci alla vera scienza.*
Daremo ora alcuni cenni storici sulla scoperta dei teoremi di cui si fa uso
pressoché continuo in tutto il corso di quest'opera.
Questi teoremi sono i tre seguenti:
1° delle derivate del lavoro, prima parte;
2°   id.   id.   seconda parte;
3° del lavoro minimo.
Il primo è stato già impiegato dal celebre astronomo inglese GREEN, ma soltanto in una questione particolare, e non è stato enunciato e dimostrato in modo
generale, così che noi lo facciamo nell'opera presente.
Il secondo è il reciproco del primo, e crediamo che sia stato enunciato e dimostrato per la prima volta nel 1873 nella nostra dissertazione per ottenere il
diploma d'ingegnere a Torino; le abbiamo dato in seguito un maggior respiro
nella nostra memoria intitolata *Nuova teoria intorno all'equilibrio dei sistemi
elastici*, pubblicata negli Atti dell'Accademia delle scienze di Torino nel 1875.
Il terzo teorema può essere visto come un corollario del secondo; ma come altre
questioni di *massimi* e *minimi*, è stato, per così dire, presentato molti anni prima
della scoperta del teorema principale.
[...] Ecco ora qualche informazione sulla redazione del nostro lavoro.

Siccome il nostro scopo non è solamente di esporre una teoria, ma anche di far apprezzare i suoi vantaggi di brevità e di semplicità nelle applicazioni pratiche, abbiamo risolto, seguendo il nuovo metodo, non solamente la maggior parte dei problemi generali che si trattano nei corsi sulla resistenza dei materiali, ma abbiamo aggiunto anche numerosi esempi numerici per il calcolo dei sistemi elastici più importanti.

[...] Quanto ai calcoli, faremo notare che non sono affatto più lunghi che nei metodi seguiti ordinariamente, e che invece li si potrà abbreviare sensibilmente trascurando alcuni termini che influiscono poco sul risultato.

17. **Teorema delle derivate del lavoro di deformazione.**
   Prima parte – Se si esprime il lavoro di deformazione di un sistema articolato, in funzione degli *spostamenti relativi* delle forze esterne applicate ai suoi vertici, si ottiene una formula le cui derivate rispetto agli spostamenti danno il valore delle forze corrispondenti.
   Seconda parte – Se si esprime, al contrario, il lavoro di deformazione di un sistema articolato in funzione delle forze esterne si ottiene una formula le cui derivate rispetto a queste forze danno gli *spostamenti relativi* dei loro punti d'applicazione.

18. Per la seconda parte, osserviamo che il lavoro di deformazione del sistema dovuto alle variazioni dR_p delle forze esterne deve essere anche rappresentato dal differenziale della formula (15), che è

$$\frac{1}{2}\sum R_p\,dr_p + \frac{1}{2}\sum r_p\,dR_p :$$

si ha dunque l'equazione

$$\sum R_p\,dr_p = \frac{1}{2}\sum R_p\,dr_p + \frac{1}{2}\sum r_p\,dR_p ,$$

da cui si ricava

$$\sum R_p\,dr_p = \sum r_p\,dR_p ;$$

e siccome il primo membro di questa equazione rappresenta il lavoro di deformazione del sistema per le variazioni dR_p delle forze esterne, ne risulta che anche il secondo [membro] lo rappresenta.

Ora, se si chiama L il lavoro di deformazione del sistema dovuto alle forze R_p, è evidente che il lavoro infinitesimo dovuto alle variazioni dR_p sarà rappresentato dalla formula

$$\sum \frac{dL}{R_p}dR_p .$$

Questa formula deve essere identica all'altra $\sum r_p\,dR_p$ e ne segue che si dovrà avere per ogni forza

$$\frac{dL}{R_p} = r_p$$

il che dimostra la seconda parte del teorema.

19. 1. Le risultanti $\mathscr{X}, \mathscr{Y}, \mathscr{Z}$ e i momenti risultanti M_x, M_y, M_z sono le derivate del lavoro di deformazione del sistema rispetto agli spostamenti ξ_0, η_0, ζ_0 e alle rotazioni $\theta_x, \theta_y, \theta_z$.
2. I tre spostamenti ξ_0, η_0, ζ_0 e le tre rotazioni $\theta_x, \theta_y, \theta_z$ sono le derivate del lavoro di deformazione del sistema rispetto alle risultanti $\mathscr{X}, \mathscr{Y}, \mathscr{Z}$ e ai momenti risultanti M_x, M_y, M_z.

20. Lavoro di deformazione del parallelepipedo molto piccolo.
Nel parallelepipedo elementare i cui spigoli sono $\Delta x, \Delta y, \Delta z$, consideriamo la piccola retta r che congiunge due molecole molto vicine. Nella deformazione del corpo, questa retta cresce dal valore iniziale al valore $r(1 + \partial_r)$ e la forza tra le due molecole cresce proporzionalmente alla dilatazione, in modo che quando la retta avrà la lunghezza $r + \rho$, con ρ che è una quantità più piccola di $r\partial_r$, la forza tra le due molecole sarà $\epsilon\rho$, indicando con ϵ un coefficiente costante per ciascuna coppia di molecole ma differente per le diverse coppie.
Il lavoro di deformazione della retta r sarà:

$$\int_0^{r\partial_r} \epsilon\rho\, d\rho = \frac{1}{2}\epsilon r^2 \partial_r^2 \, ,$$

ovvero, sostituendo a $\partial^2 r$ il suo valore dato dalla formula (8),

$$\frac{1}{2}\epsilon r^2(\partial_x \cos^2\alpha + \partial_y \cos^2\beta + \partial_z \cos^2\gamma +$$
$$g_{yz}\cos\beta\cos\gamma + g_{xz}\cos\gamma\cos\alpha + g_{xy}\cos\alpha\cos\beta)^2$$

dove si deve osservare che sviluppando il quadrato, e riunendo i termini con gli stessi prodotti dei coseni $\cos\alpha, \cos\beta, \cos\gamma$ *i termini si riducono a quindici*. Per avere il lavoro di deformazione di tutto il parallelepipedo, bisogna aggiungere le espressioni analoghe a questa, per tutte le coppie di molecole.

D.5
Brani del Capitolo 5

1. Le nostre costruzioni grafiche hanno ottenuto più successo dei nostri metodi. La nostra pubblicazione è stata seguita da un gran numero di Statiche elementari, nelle quali, nel riprodurre in tutto le nostre costruzioni grafiche più semplici (spessissimo senza modificare nulla), gli autori hanno provato a darne dimostrazioni analitiche.

2. [...] si è convenuto di dare il nome di *Statica grafica* a tutta una categoria di ricerche recenti, che costituiscono un corpo di dottrine ormai ben coordinate e che, prese nel loro insieme, sono caratterizzate dalla doppia condizione di mettere in opera le procedure costruttive del Calcolo lineare o grafico e di basarsi sulla relazione fondamentale che esiste tra il poligono delle forze e il poligono funicolare.

Non essendo così il dominio della *Statica grafica* definito rigorosamente, ma [solamente] indicato, conviene designare sotto il nome di *Statica geometrica* l'insieme delle altre applicazioni della Geometria, più in particolare della Geometria antica, alla statica.

3. Riguardo alla facilità con cui questa così detta espressione immaginaria, o radice quadrata di una quantità negativa, è costruita per mezzo di una linea retta che ha una direzione [definita] nello spazio e x, y, z come assi ortogonali, egli è stato indotto a chiamare l'espressione trinomia stessa e la linea che la rappresenta un VETTORE. Un quaternione si può dunque dire composto da una parte reale e da un vettore.

4. Tuttavia una peculiarità del calcolo dei quaternioni, almeno come modificato di recente dall'autore, e che a lui pare importante, è che non seleziona una specifica direzione nello spazio come privilegiata sulle altre, ma le tratta come tutte egualmente correlate a questa direzione extra-spaziale, o semplicemente SCALARE, che è stata recentemente chiamata 'In avanti'.

5. L'addizione e la sottrazione lineare o grafica sono due operazioni talmente semplici che ci limitiamo solo a menzionarle qui per memoria: sommare due grandezze lineari a e b equivale a metterle in fila su una linea indefinita cd; il totale è la grandezza che si trova compresa tra i due estremi che non si toccano. La regola è la medesima quale che sia il numero di termini da sommare.

6. Le proprietà del 'triangolo' e del 'poligono' delle forze sono note da lungo tempo, e il 'diagramma' delle forze è stato usato nel caso del poligono funicolare; ma non conosco enunciati generali sul metodo di tracciare i diagrammi di forza prima che il professor Rankine lo applicasse a telai, tetti, ecc. nella sua 'Applied Mechanics', p. 137 e seguenti. Il 'poliedro delle forze', o l'equilibrio delle forze perpendicolari e proporzionali alle aree delle facce di un poliedro, è stato introdotto indipendentemente in diverse epoche, ma l'applicazione a un «telaio» è stata data dal professor Rankine nel *Philosophical Magazine*, febbraio 1864.

7. Le figure reciproche sono tali che le proprietà della prima relative alla seconda sono le stesse di quelle della seconda relative alla prima. Così le figure inverse e le polari reciproche sono esempi di due diversi tipi di reciprocità.
Il tipo di reciprocità con cui abbiamo qui a che fare si riferisce a figure composte di linee rette che congiungono un sistema di punti e che formano figure rettilinee chiuse, e consiste nelle direzioni di tutte le linee nell'una figura aventi una medesima relazione con quelle delle linee nell'altra figura che a loro corrispondono.

8. *Sulle figure reciproche piane.*
Definizione. Due figure piane sono reciproche quando sono composte di un ugual numero di linee in modo che linee corrispondenti nelle due figure sono parallele

e linee corrispondenti che convergono in un punto in una figura formano un poligono chiuso nell'altra.

Nota. Se linee corrispondenti nelle due figure invece di essere parallele si incontrano ad angolo retto o con un qualsiasi altro angolo, si possono rendere parallele ruotando una delle due figure nel proprio piano.

Poiché ogni poligono nell'una figura ha tre o più lati, ogni punto nell'altra figura deve avere tre o più linee che vi convergono; e poiché ogni linea nell'una figura ha due e due sole estremità a cui convergono le linee, ogni linea nell'altra figura deve appartenere a due e due soli poligoni chiusi.

9. La disciplina delle figure reciproche può essere trattata in maniera puramente geometrica, ma può essere molto più facilmente compresa considerandola un metodo di calcolare le forze tra un sistema di punti in equilibrio.

10. Se forze rappresentate in intensità dalle linee di una figura sono fatte agire tra le estremità delle linee corrispondenti della figura reciproca, allora i punti delle figure reciproche saranno tutti in equilibrio sotto l'azione di queste forze.

11. In quanto le forze che passano per ogni punto sono parallele e proporzionali ai lati del poligono nell'altra figura.

12. Il diagramma, perciò, può essere considerato la proiezione piana di un poliedro chiuso, le facce del quale sono superfici limitate da poligoni rettilinei che possono o no, per quanto ne sappiamo, giacere ciascuno in un piano.

13. Prefazione dell'autore

Le prime applicazioni sistematiche dei metodi grafici per il dimensionamento delle varie parti delle costruzioni sono dovute a Poncelet. È infatti presso l'École d'application du génie et de l'artillerie, a Metz, che questi metodi, le basi dei quali erano in qualche modo state poste dai bei lavori di Monge, furono insegnati per la prima volta da Poncelet, davanti a un auditorio di ex allievi dell'École polytechnique di Parigi, l'unica dove la scienza grafica fosse insegnata in quell'epoca.

Poncelet aveva riconosciuto per primo che questi metodi, anche se erano molto più sbrigativi dei metodi analitici, offrivano ciò nonostante un'approssimazione più che soddisfacente nella pratica, perché, comunque si fosse operato, non sarebbe mai stato possibile ottenere in un progetto sulla carta un'esattezza superiore a quella fornita da uno schema grafico.

Questi metodi applicati alla teoria delle volte e dei muri di sostegno sono stati pubblicati nel *Mémorial de l'officier du génie* (tomo XII e XIII, anni 1835 e 1840).

Ciò nonostante Poncelet, per determinare le risultanti, non aveva fatto uso del poligono funicolare, il cui impiego offre delle risorse così preziose alla statica grafica,[3] ed è stato il suo successore alla scuola di Metz, M. Michon, a farne per primo l'applicazione nella determinazione dei baricentri dei conci nella sua *Théorie des voûtes*.[4]

La geometria di posizione, a cui Poncelet ha fatto fare tanto progresso, non era tuttavia sufficientemente avanzata a quel tempo perché fosse possibile sostituirla completamente alla geometria ordinaria (*Geometria delle Masse*) nello sviluppo e nella dimostrazione delle costruzioni grafiche. Anche Poncelet ricorreva, il più spesso possibile, alla geometria ordinaria, e se i metodi elementari non bastavano per le sue dimostrazioni, si limitava a tradurre in disegni le formule algebriche. Dobbiamo far notare, del resto, che il primo Trattato di geometria di posizione, nel quale si faccia completamente astrazione dell'idea di misura, non è stato pubblicato che nel 1847, da G. de Staudt, professore di matematiche a Erlangen (*Die Geometrie der Lage*, Nürenberg, 1847).

Quando fummo chiamati, nel 1855, alla creazione della Scuola politecnica a Zurigo, a tenere il corso di costruzioni (comprendente i terrazzamenti, la costruzione di ponti, strade e ferrovie), fummo obbligati a introdurre nel nostro insegnamento i metodi grafici di Poncelet per supplire alle lacune del corso di meccanica applicata. Tale corso allora a Zurigo non comprendeva che metodi analitici; lo stesso era all'epoca all'École des ponts et chaussées di Parigi, e si cercherebbero invano nel *Cours de résistance des matériaux* del Sig. Bresse le costruzioni grafiche di Poncelet e del Sig. Michon.

Questa introduzione delle teorie della Statica grafica nel corso di costruzioni non mancò di presentare alcuni inconvenienti, ritardando oltre misura il procedere degli studi; ottenemmo, nel 1860, l'istituzione di un corso invernale (di due lezioni per settimana) obbligatorio per gli ingegneri, nel quale trattavamo quei problemi di statica applicata alle costruzioni suscettibili di soluzione grafica, il cui insegnamento non trovava posto per mancanza di tempo nel corso di meccanica tecnica (allora tenuto dal Sig. Zeuner).

Questa è stata l'origine della Statica grafica. Trovandosi così riuniti in un medesimo insegnamento il corso di costruzioni (ponti e ferrovie), che rientra più particolarmente nella nostra specializzazione, e quello di statica, fummo condotti frequentemente a dare agli allievi delle spiegazioni complementari sulle parti che non avevano assimilato a fondo. In tali circostanze abbiamo sempre trovato che è ben più facile richiamare teoremi di geometria di posizione, la cui dimostrazione si può fare per mezzo delle linee stesse della costruzione grafica, che ricorrere a calcoli analitici i cui sviluppi esigono l'impiego di un foglio di carta a parte.

Siamo stati così condotti, per così dire irresistibilmente, a rimpiazzare fin dove possibile l'algebra con la geometria di posizione. Durante i primi anni le conoscenze degli allievi in questa materia lasciavano, è vero, un po' a desiderare; ma dopo che un corso speciale di geometria tenuto dal Sig. Fiedler (al quale la

---

[3] Varignon ne parla nella sua *Nouvelle mécanique* pubblicata nel 1687.

[4] È per caso che nel 1845 un corso autografo senza nome, avente come titolo *Instrution sur la stabilité des costructions*, ci è capitato tra le mani. Noi l'abbiamo attribuito a M. Michon. Questo corso contiene sei lezioni sulla stabilità delle volte e quattro su quella dei muri di rivestimento.

Géométrie descriptive dello stesso autore aveva già preparato gli allievi) è stato introdotto nel programma degli studi, non abbiamo più provato alcuna difficoltà nel nostro insegnamento.

È quando questo insegnamento si è sviluppato abbastanza che abbiamo pubblicato la prima edizione della nostra *Statique graphique* (la prima metà è apparsa nel 1864 e la seconda nel 1865).

Le nostre costruzioni grafiche hanno ottenuto più successo dei nostri metodi. La nostra pubblicazione è stata seguita da un gran numero di Statiche elementari, nelle quali, nel riprodurre in tutto le nostre costruzioni grafiche più semplici (spessissimo senza modificare nulla) gli autori hanno provato a darne dimostrazioni analitiche.

Crediamo che la verità non stia là, poiché non si perverrà mai a tracciare le linee di una costruzione grafica e a eseguire simultaneamente le operazioni algebriche implicate dalla spiegazione di tale costruzione grafica, né a convincersi a fondo del significato di ciascuna linea e a rappresentarsi le relazioni statiche, se ci si limita a tradurre una formula i cui sviluppi non sono più presenti alla memoria. Dobbiamo tuttavia fare eccezione ai rimbrotti che crediamo di indirizzare ai nostri successori per gli autori italiani e in particolare Cremona che ha introdotto la Statica grafica nell'insegnamento della Scuola politecnica di Milano. Questo scienziato, cui le scienze grafiche devono dei bei lavori di cui abbiamo tratto profitto, non ha disdegnato d'insegnare anch'egli ai suoi allievi la geometria di posizione. Sebbene Cremona abbia ora lasciato Milano per Roma, l'insegnamento della Statica grafica viene proseguito alla Scuola politecnica di Milano nel medesimo spirito.

Le spiegazioni precedenti ci sono sembrate necessarie per un *excursus* storico della Statica grafica; ci resta di indicare in poche parole l'ordine che abbiamo seguito nella nostra opera.

Il primo capitolo della prima parte tratta del *calcolo per segmenti*. Nonostante sia estraneo alla Statica propriamente detta, è necessario che gli allievi lo conoscano e, siccome non è insegnato nei corsi di base, abbiamo pensato che fosse indispensabile far conoscere tali metodi, che sono improntati agli autori francesi e soprattutto a Cousinery. Al calcolo per segmenti abbiamo aggiunto le cubature dei terrazzamenti, il movimento delle terre, la teoria del regolo calcolatore, i metodi ingegnosi del Sig. Lalanne (ora ispettore generale di ponti e strutture e Direttore dell'École des ponts et chaussées di Parigi) sulle rappresentazioni grafiche e sui quadrati logaritmici.

La seconda parte tratta della composizione e decomposizione delle forze in generale.

La terza parte è dedicata alle forze parallele e ai loro momenti di primo e di secondo ordine, le cui applicazioni alla teoria dell'elasticità, che forma la quarta parte dell'opera, sono così numerose.

14. [...] abbiamo cercato nella seconda edizione di riunire il più brevemente possibile le soluzioni analitiche a quelle puramente geometriche. I nuovi metodi analitici hanno il grande merito di condurre direttamente allo scopo e inoltre

di essere in accordo con i metodi geometrici. Nella maggior parte dei casi abbiamo potuto dedurre le formule dagli sviluppi geometrici che le precedono. Questo modo di procedere ha il vantaggio di dare ai teoremi una forma che in più casi risulta immediatamente dalle costruzioni geometriche e inoltre di lasciare la scelta, tutte le volte che diamo le due soluzioni, tra la soluzione grafica e il calcolo; nella pratica è ora l'uno ora l'altro dei due metodi che conduce più rapidamente allo scopo. [...]
Grazie al metodo che abbiamo seguito, abbiamo mostrato a coloro che cercano di spiegare una costruzione grafica analiticamente come occorra applicare l'analisi per far riuscire la coincidenza di formule e disegni.

15. Le proprietà reciproche tra poligono delle forze e poligono funicolare che abbiamo illustrato finora e che sono state indicate per la prima volta dal professor *Clerk Maxwell* nel *Philosophical Magazine*, 1864, p. 250, si riferiscono unicamente a sistemi piani. Se si considerano questi poligoni come proiezioni di poligoni sghembi, questi ultimi possono essere considerati a loro volta come forme reciproche di un sistema focale. Questa teoria è stata sviluppata da Cremona nella sua notevole memoria intitolata: *Le figure reciproche nella Statica grafica*, Milano, Bernardoni, 1872. Qui seguiremo principalmente quest'opera.

16. Una forza qualunque che sollecita un arco ne fa ruotare l'estremità attorno al suo antipolo rispetto all'*ellisse centrale* degli $\Delta s/\epsilon \mathfrak{J}$; e l'intensità della rotazione è pari alla forza moltiplicata per il momento statico di questi $\Delta s/\epsilon \mathfrak{J}$ rispetto alla sua direzione.

17. Ma se si hanno più pesi sospesi a una stessa linea, come qui la linea ABCDEF con punti fermi gli estremi A, F a cui sono sospesi 4 pesi noti, G, H, I, K, appare chiaro che si può dire quali sforzi esercitino sulla corda su ciascuna delle sue parti AB, BC, CD, DE, EF: poiché per esempio, tracciando GB in alto verso L e MN parallela a BC, dico che BN sta a BM come il peso G sta allo sforzo che è fatto su AB.
Di nuovo, BN rende MN come il peso G vedrà lo sforzo fatto su BC.

18. TEOREMA X.
I. Due potenze qualunque K, L, dirette a piacere e applicate a due punti qualunque C, D di una corda lasca e perfettamente flessibile ACDB, attaccata per i due estremi a due chiodi o ganci A, B, rimarranno ancora in equilibrio tra loro, come nel T. 8. 9. Siano tracciate da un punto qualsiasi S le SE, SF, SG parallele ai tre lati AC, CD, DB del poligono ACDB che queste potenze fanno fare a questa corda; e da un punto F preso pure a piacere su SF, siano condotte FE, FG parallele alle direzioni CK, DL delle potenze K, L fino a che queste due linee incontrino SE, SG in E, G. Ciò fatto, dico che in questo caso di equilibrio le potenze K, L staranno tra loro come EF, FG, vale a dire K : L = EF : FG.

II. Reciprocamente se la corda ACDB è data in posizione, vale a dire, il poligono che essa forma è dato, se da un punto S preso a piacere si tracciano SE, SF, SG parallele ai tre lati AC, CD, DB di tale poligono, e da un punto F preso anche a piacere si traccia SF e si tracciano due rette qualunque FE, FG che incontrano SE, SG in E, G, due potenze K, L, che stiano tra loro come queste due linee FE, FG e che abbiano le loro direzioni CK, DL parallele a queste linee, manterranno la corda ACDB nella posizione data e rimarranno in equilibrio tra loro.

Bibliografia

1. Alembert JBL D' (1758) Traité de dynamique (1743). David, Paris
2. Araldi M (1806) Tentativo di una nuova rigorosa dimostrazione del principio dell'equipollenza. Memorie dell'Istituto nazionale italiano, vol. 1, par. 1, pp. 415-426
3. (1914) Discussione sul regolamento ministeriale 6 settembre 1913 per le Scuole di applicazione degli ingegneri. Atti della società degli ingegneri e architetti in Torino, anno XLVIII
4. Avogadro A (1837-1841) Trattato della costituzione generale de' corpi. Stamperia Reale, Torino
5. Baldacci R (1983) Scienza delle costruzioni (2 volumi). UTET, Torino
6. Bauschinger J (1875) Elementi di statica grafica. Libreria scientifica e industriale di B. Pellerano, Napoli
7. Becchi A (1994) I criteri di plasticità: cento anni di dibattito (1864-1964). Tesi di dottorato in Storia delle scienze e delle tecniche costruttive, Firenze
8. Belidor BF de (1729) La science des ingénieurs dans la conduite des travaux de fortification et d'architecture civile. Claude Jombert, Paris. Belidor BF de (1813) La science des ingénieurs dans la conduite des travaux de fortification et d'architecture civile (Nouvelle édition, avec des notes par M. Navier, membre de l'Académie des Sciences). Firmin-Didot, Paris
9. Bellavitis G (1835) Saggio di applicazioni di un nuovo metodo di geometria analitica (Calcolo delle equipollenze). Annali delle scienze del Regno Lombardo-Veneto, vol. 5, pp. 244-250
10. Belli G (1832) Riflessioni sulla legge dell'attrazione molecolare. Opuscoli matematici e fisici di diversi autori, vol. 1, pp. 25-68, 128-168, 237-326
11. Belluzzi O (1941) Scienza delle costruzioni (4 volumi). Zanichelli, Bologna
12. Belhoste B (1991) Augustin Louis Cauchy. A biography. Springer-Verlag, New York
13. Beltrami E (1902-1920) Opere matematiche (4 volumi). Hoepli, Milano
14. Beltrami E (1864-1865) Ricerche di analisi applicata alla geometria. Giornale di Matematiche, vol. 2, p. 267, segg.; vol. 3, p. 15, segg. In: Beltrami E (1902-1920) Opere matematiche (4 volumi). Hoepli, Milano, vol. 1, pp. 107-198
15. Beltrami E (1865) Delle variabili complesse sopra una superficie qualunque. Annali di Matematica, s. II, vol. 1, pp. 329-366. In: Beltrami E (1902-1920) Opere matematiche (4 volumi). Hoepli, Milano, vol. 1, pp. 318-353

16. Beltrami E (1868) Saggio di interpretazione della geometria non euclidea. Giornale di matematiche, vol. 6, pp. 284-312. In: Beltrami E (1902-1920) Opere matematiche (4 volumi). Hoepli, Milano, vol. 1, pp. 374-405

17. Beltrami E (1880-1882) Sulle equazioni generali della elasticità. Annali di Matematica pura e applicata, s. 2, vol. X, pp. 46-63. In: Beltrami E (1902-1920) Opere matematiche (4 volumi). Hoepli, Milano, vol. 3, pp. 383-407

18. Beltrami E (1882) Sull'equilibrio delle superficie flessibili e inestensibili. Memorie dell'Accademia delle Scienze dell'Istituto di Bologna, s. 4, vol. 3, pp. 217-265. In: Beltrami E (1902-1920) Opere matematiche (4 volumi). Hoepli, Milano, vol. 3, pp. 420-464

19. Beltrami E (1884) Sulla rappresentazione delle forze newtoniane per mezzo di forze elastiche. Rendiconti del Reale Istituto Lombardo, s. 2, vol. 17, pp. 581-590. In: Beltrami E (1902-1920) Opere matematiche (4 volumi). Hoepli, Milano, vol. 4, pp. 95-103

20. Beltrami E (1884) Sull'uso delle coordinate curvilinee nelle teorie del potenziale e dell'elasticità. Memorie della R. Accademia delle Scienze dell'Istituto di Bologna, s. 4, vol. 6, pp. 401-408. In: Beltrami E (1902-1920) Opere matematiche (4 volumi). Hoepli, Milano, vol. 4, pp. 136-179

21. Beltrami E (1885) Sulle condizioni di resistenza dei corpi elastici. Rendiconti del Reale Istituto Lombardo, s. II, vol. 18, pp. 704-714. In: Beltrami E (1902-1920) Opere matematiche (4 volumi). Hoepli, Milano, vol. 4, pp. 180-189

22. Beltrami E (1886) Sull'interpretazione meccanica delle formole di Maxwell. Memorie della R. Accademia delle Scienze dell'Istituto di Bologna, s. 4, vol. 7, pp. 1-38. In: Beltrami E (1902-1920) Opere matematiche (4 volumi). Hoepli, Milano, vol. 4, pp. 190-223

23. Beltrami E (1889) Note fisico matematiche (lettera al prof. Ernesto Cesaro). Rendiconti del Circolo matematico di Palermo, vol. 3, pp. 67-79. In: Beltrami E (1902-1920) Opere matematiche (4 volumi). Hoepli, Milano, vol. 4, pp. 320-329

24. Beltrami E (1889) Sur la théorie de la déformation infiniment petite d'un milieu. Comptes Rendus, vol. 108, pp. 502-505. In: Beltrami E (1902-1920) Opere matematiche (4 volumi). Hoepli, Milano, vol. 4, pp. 344-347

25. Beltrami E (1892) Osservazioni alla nota del prof. Morera. Rendiconti della Regia Accademia dei Lincei, s. 5, vol. 1, pp. 141-142. In: Beltrami E (1902-1920) Opere matematiche (4 volumi). Hoepli, Milano, vol. 4, pp. 510-512

26. Benvenuto E (1981) La scienza delle costruzioni e il suo sviluppo storico. Sansoni, Firenze

27. Benvenuto E (1984) A brief outline of the scientific debate that preceded the works of Castigliano. Meccanica, vol. 19-supplement, pp. 19-32

28. Benvenuto E (1991) An introduction to the history of structural mechanics (2 volumi). Springer-Verlag, New York

29. Benvenuto E (1995) Dall'arte del fabbricare alla scienza delle costruzioni. In: Zorgno AM (a cura) Materiali tecniche progetto. Franco Angeli, Milano

30. Bettazzi MB, Massaretti PG, Mochi G, Predari G (2010) Alle radici delle discipline: l'architettura nelle Scuole di applicazione fra Otto e Novecento. In: D'Agostino S (a cura) Atti del 3^0 Convegno nazionale di Storia dell'ingegneria, Napoli, 2010. Cuzzolin, Napoli, pp. 675-685

31. Betti E (1903-1913) Opere matematiche (2 volumi). Hoepli, Milano

32. Betti E (1863-1864) Teorica delle forze che agiscono secondo la legge di Newton e sua applicazione alla elettricità statica. Nuovo Cimento, s. I, vol. 18, pp. 385-402; vol. 19,

pp. 59-75, 77-95, 149-175, 357-377; vol. 20, pp. 19-39, 121-141. In: Betti E (1903-1913) Opere matematiche (2 volumi). Hoepli, Milano, vol. 2, pp. 45-153

33. Betti E (1866) Sopra la teoria della capillarità. Annali delle Università toscane, vol. 9, pp. 5-24. In: Betti E (1903-1913) Opere (2 volumi). Hoepli, Milano, vol. 2, pp. 161-208

34. Betti E (1867) Teoria della capillarità. Nuovo Cimento, s. I, vol. 25, pp. 81-105, 225-237. In: Betti E (1903-1913) Opere (2 volumi). Hoepli, Milano, vol. 2, pp. 179-208

35. Betti (1867) Sopra le funzioni sferiche. Annali di matematica pura e applicata, s. II, vol. 1, pp. 81-87. In: Betti E (1903-1913) Opere matematiche (2 volumi). Hoepli, Milano, vol. 2, pp. 209-215

36. Betti E (1871) Sopra gli spazi di un numero qualunque di dimensioni. Annali di matematica pura e applicata, s. II, vol. 4, pp. 140-158. In: Betti E (1903-1913) Opere matematiche (2 volumi). Hoepli, Milano, vol. 2, pp. 273-290

37. Betti E (1874) Sopra l'equazioni di equilibrio dei corpi solidi elastici. Annali di matematica pura e applicata, s. II, vol. 6, pp. 101-111. In: Betti E (1903-1913) Opere matematiche (2 volumi). Hoepli, Milano, vol. 2, pp. 379-390

38. Betti E (1874) Teoria della elasticità. Soldaini, Pisa

39. Betti E (1876) Lezioni di fisica matematica dell'anno accademico 1876-77. Fondo Betti presso la Scuola Normale di Pisa

40. Boltzmann L (1874) Zur Theorie der elastichen Nachwirkung. Sitzungsberichte Akademie der Wissenschaften Wien, vol. 70, pp. 275-306

41. Bongiovanni M (2009) Formazione tecnica e ingegneri a Torino. Cultura industriale e formazione tecnica: la nascita degli studi d'Ingegneria. Hevelius' webzine

42. Bongiovanni M, Florio Plà N (2010) Emma Strada, ingegnere dal 1908. La vita della prima donna ingegnere attraverso le fonti archivistiche istituzionali e private. In: D'Agostino S (a cura) Atti del 3^0 Convegno nazionale di Storia dell'ingegneria, Napoli, 2010. Cuzzolin, Napoli, pp. 1037-1046

43. Borchardt CW (1873) Ueber die Transformationen der Elasticitätsgleichungen in allgemeine orthogonale Coordinaten. Journal für die reine und angewandte Mathematik, vol. 76, pp. 45-58

44. Bordoni A (1831) Lezioni di calcolo sublime. Giusti, Milano

45. Bordoni A (1833) Annotazioni agli elementi di meccanica e d'idraulica del professore Giuseppe Venturoli (1821). Giusti, Milano

46. Boscovich R (1763) Theoria philosophiae naturalis. Remondini, Venezia

47. Bottazzini U (1982) Enrico Betti e la formazione della Scuola Matematica Pisana. Atti del Convegno «La Storia delle Matematiche in Italia», Cagliari, pp. 229-275

48. Bottazzini U (1989) I matematici italiani e la «moderna analisi» di Cauchy. Archimede, vol. 41, pp. 15-29

49. Bottazzini U (1994) Va' pensiero. Immagini della matematica nell'Italia dell'Ottocento. Il Mulino, Bologna

50. Boussinesq J (1869) Théorie des ondes liquides périodiques. Mémoires présentés par divers savants a l'Académie des sciences de l'Institut de France, vol. 20, pp. 509-616

51. Bravais A (1866) Études cristallographiques. Gauthier-Villars, Paris

52. Bresse JAC (1860) Rectification de priorité. Annales des pontes et chaussées, s. 3, vol. 20, pp. 405-406

53. Brillouin L (1960) Les tenseurs en mécanique et en élaticité (1934). Masson, Paris

54. Brunacci V (1798) Calcolo integrale delle equazioni lineari. Allegrini, Firenze

55. Brunacci V (1802) L'analisi derivata ossia l'analisi matematica dedotta da un sol principio di considerare le quantità. Bolzani, Pavia

56. Brunacci V (1809) Elementi di algebra e geometria. Stamperia Reale, Milano
57. Buccaro A, De Mattia F (a cura) (2003) Scienziati artisti. Formazione e ruolo degli ingegneri nelle fonti dell'archivio di stato e della facoltà di ingegneria di Napoli. Electa, Napoli
58. Burali-Forti C, Marcolongo R (1909) Elementi di calcolo vettoriale: con numerose applicazioni alla geometria alla meccanica e alla Fisica-Matematica. Zanichelli, Bologna
59. Caparrini S (2009) Early theory of vectors. In: Becchi A et al. (a cura) Essay in the history of mechanics. Birkhäuser, Basel, pp. 179-198
60. Capecchi D, Drago A (2005) Lagrange e la storia della meccanica. Progedit, Bari
61. Capecchi D (2001) La tensione secondo Cauchy. Hevelius, Benevento
62. Capecchi D (2002) Storia del principio dei lavori virtuali. La meccanica alternativa. Hevelius, Benevento
63. Capecchi D (2003) Gabrio Piola e la meccanica italiana dell'Ottocento. Atti del XXIII Congresso di storia della fisica e dell'astronomia, Bari, pp. 95-108
64. Capecchi D, Ruta G (2007) Piola's contribution to continuum mechanics. Archive for History of Exact Sciences, vol. 61, pp. 303-342
65. Capecchi D, Ruta G, Tazzioli R (2006) Enrico Betti. Teoria della elasticità, Hevelius, Benevento
66. Capecchi D, Ruta G, Trovalusci P (2010) From classical to Voigt's molecular models in elasticity. Archive for History of Exact Sciences, vol. 64, pp. 525-559
67. Carnot L (1783) Essai sur les machines en général. In: Carnot L (1797) Oeuvres mathématiques. Decker, Basel
68. Castigliano A (1873) Intorno ai sistemi elastici. Dissertazione presentata da Castigliano Alberto alla Commissione Esaminatrice della R. Scuola d'applicazione degli Ingegneri in Torino. Bona, Torino
69. Castigliano A (1879) Théorie des systèmes élastiques et ses applications. Negro, Torino
70. Castigliano A (1875) Intorno all'equilibrio dei sistemi elastici. Atti della R. Accademia delle Scienze di Torino, vol. 10, pp. 380-422
71. Castigliano A (1875) Lettera al presidente dell'Accademia dei Lincei, 11 marzo 1875. Atti della R. Accademia dei Lincei, s. 2, vol. 2, pp. 59-62
72. Castigliano A (1875) Nuova teoria intorno all'equilibrio dei sistemi elastici. Atti della R. Accademia delle Scienze di Torino, vol. 11, pp. 127-286
73. Castigliano A (1876) Formule razionali e esempi numerici per il calcolo pratico degli archi metallici e delle volte a botte murali. L'ingegneria civile e le arti industriali, vol. 9, pp. 120-135; vol. 10, pp. 145-153
74. Castigliano A (1878) Applicazioni pratiche della teoria sui sistemi elastici. Strade ferrate dell'Alta Italia, Servizio della manutenzione e dei lavori. Crivelli, Milano
75. Castigliano A (1881-1882) Intorno a una proprietà dei sistemi elastici. Atti della R. Accademia delle Scienze di Torino, vol. 17, pp. 705-713
76. Castigliano A (1882) Esame di alcuni errori che si trovano in libri assai reputati. Il Politecnico, nn. 1-2, pp. 66-82
77. Castigliano A (1884) Teoria delle molle. Negro, Torino
78. Castigliano A (1884-1889) Manuale pratico per gli Ingegneri (4 volumi). Negro, Torino
79. Cauchy AL (1882-1974) Oeuvres complètes (27 volumi). Gauthier-Villars, Paris
80. Cauchy AL (1823) Recherches sur l'équilibre et le mouvement intérieur des corps solides ou fluides élastiques ou non élastiques. Bulletin de la Societé Philomathique,

pp. 9-13. In: Cauchy AL (1882-1974) Oeuvres complètes (27 volumi). Gauthier-Villars, Paris, s. II, vol. 2, pp. 300-304

81. Cauchy AL (1827) Sur la condensation et la dilatation des corps solides. Exercices de Mathématiques, vol. 2, pp. 60-69. In: Cauchy AL (1882-1974) Oeuvres complètes, (27 volumi). Gauthier-Villars, Paris, s. II, vol. 7, pp. 82-93

82. Cauchy AL (1827) De la pression ou tension dans un corps solide. Exercices de Mathématiques, vol. 2, pp. 42-56. In: Cauchy AL (1882-1974) Oeuvres complètes (27 volumi). Gauthier-Villars, Paris, s. II, vol. 7, pp. 60-81

83. Cauchy AL (1827) Sur les relations qui existent dans l'état d'équilibre d'un corps solide ou fluide entre les pressions ou tensions et les forces accélératices. Exercices de mathématique, vol. 2, pp. 108-111. In: Cauchy AL (1882-1974) Oeuvres complètes (27 volumi). Gauthier-Villars, Paris, s. II, vol. 7, pp. 141-145

84. Cauchy AL (1828) Sur l'èquilibre et le mouvement d'un un système de points materiels sollecités par des forces d'attraction ou de répulsion mutuelle. Exercices de Mathématiques, vol. 3, pp. 188-212. In: Cauchy AL (1882-1974) Oeuvres complètes (27 volumi). Gauthier-Villars, Paris, s. II, vol. 8, pp. 227-252

85. Cauchy AL (1828) Sur les équations qui expriment les conditions d'équilibre ou les lois du mouvement intérieur d'un corps solide élastique ou non élastique. Exercices de Mathématiques, vol. 3, pp. 160-187. In: Cauchy AL (1882-1974) Oeuvres complètes (27 volumi). Gauthier-Villars, Paris, s. II, vol. 8, pp. 195-226

86. Cauchy AL (1828) De la pression ou tension dans un système de points materiels. Exercices de Mathématiques, vol. 3, pp. 213-236. In: Cauchy AL (1882-1974) Oeuvres complètes (27 volumi). Gauthier-Villars, Paris, s. II, vol. 8, pp. 253-277

87. Cauchy AL (1829) Sur les équations différentielles d'équilibre ou de mouvement pour un système de points matériels sollicités par des forces d'attraction ou de répulsion mutuelle. Exercices de mathématique, vol. 4, pp. 129-139. In: Cauchy AL (1882-1974) Oeuvres complètes (27 volumi). Gauthier-Villars, Paris, s. II, vol. 9, pp. 162-173

88. Cauchy AL (1841) Mémoires sur les dilatations, les condensations et les rotationes produites par un changement de form dans un système de points matériels. Exercices d'Analyse et de Physique Mathématique, vol. 2, pp. 302-330. In: Cauchy AL (1882-1974) Oeuvres complètes (27 volumi). Gauthier-Villars, Paris, s. II, vol. 12, pp. 278-287

89. Cauchy AL (1851) Varie. Comptes Rendus, vol. 32, pp. 326-330

90. Cavalli G (1865) Mémoire sur la théorie de la résistance statique et dynamique des solides surtout aux impulsions comme celles du tir de cannons (1860). Memorie della R. Accademia delle Scienze di Torino, s. 2, vol. 22, pp. 157-233

91. Cayley A (1857) Solution of a mechanical problem. Quart. Math. Journal, vol. 1, pp. 405-406

92. Cayley A (1858) A memoir on the theory of matrices. Philosophical transactions of the Royal society of London, vol. 148, pp. 17-38

93. Cerruti V (1873) Intorno ai sistemi elastici articolati. Dissertazione presentata alla Commissione Esaminatrice della R. Scuola d'Applicazione per gli Ingegneri in Torino. Bona, Torino

94. Cerruti V (1875) Sopra un teorema del Sig. Menabrea. Atti della R. Accademia dei Lincei, vol. 2, s. 2, pp. 570-581

95. Cerruti V (1876) Intorno ai movimenti non periodici di un sistema di punti materiali. Atti della R. Accademia dei Lincei, vol. 3, s. 2, pp. 241-249

96. Cerruti V (1877) Intorno alle piccole oscillazioni di un corpo rigido interamente libero. Memorie dell'Accademia nazionale dei Lincei, vol. 1, s. 3, pp. 345-370

97. Cerruti V (1880) Sulle vibrazioni dei corpi elastici isotropi. Memorie dell'Accademia nazionale dei Lincei, vol. 8, s. 3, pp. 361-389

98. Cerruti V (1883) Ricerche intorno all'equilibrio dei corpi elastici isotropi. Memorie dell'Accademia nazionale dei Lincei, vol. 13, s. 3, pp. 81-122

99. Cerruti V (1890) Sulla deformazione di un involucro sferico isotropo per date forze agenti sulle due superfici limiti. Memorie dell'Accademia nazionale dei Lincei, vol. 7, s. 4, pp. 25-44

100. Cesaro E (1964-1968) Opere scelte (2 volumi in 3 tomi). Cremonese, Roma

101. Cesaro E (1889) Sulle variazioni di volume nei corpi elastici. In: Cesaro E (1964-1968) Opere scelte (2 volumi in 3 tomi). Cremonese, Roma, vol. 2, pp. 406-413

102. Cesaro E (1891) Sul calcolo della dilatazione e della rotazione nei mezzi elastici. In: Cesaro E (1964-1968) Opere scelte (2 volumi in 3 tomi). Cremonese, Roma, vol. 2, pp. 414-422

103. Cesaro E (1894) Introduzione alla teoria matematica della elasticità. Bocca, Torino

104. Cesaro E (1894) Sulle equazioni dell'elasticità negli iperspazi. Rendiconti della Regia Accademia dei Lincei, vol. 5, t. 3, pp. 290-294

105. Cesaro E (1906) Sul problema dei solidi elastici. In: Cesaro E (1964-1968) Opere scelte (2 volumi in 3 tomi). Cremonese, Roma, vol. 2, pp. 489-497

106. Cesaro E (1906) Sulle formole del Volterra fondamentali nella teoria delle distorsioni elastiche. In: Cesaro E (1964-1968) Opere scelte (2 volumi in 3 tomi). Cremonese, Roma, vol. 2, pp. 498-510

107. Charlton TM (1995) A history of theory of structures in the nineteenth century. Cambridge University Press, Cambridge

108. Charlton TM (1995) Menabrea and Lévy and the principle of least work. Engineering structures, vol. 17, n. 7, pp. 536-538

109. Chasles M (1875) Aperçu historique sur l'origine et le développement des méthodes en géométrie. Seconda edizione. Gauthier Villars, Paris

110. Cicenia S, Drago A (1996) Teoria delle parallele secondo Lobacevskij. Danilo, Napoli

111. Clapeyron EBP (1857) Calcul d'une poutre élastique reposant librement sur des appuis inégalement espacés. Comptes Rendus, vol. 45, pp. 1076-1080

112. Clebsch RFA (1862) Theorie der Elasticität fester Körper. Teubner BG, Leipzig

113. Clebsch RFA (1883) Théorie de l'élasticité des corps solides, Traduite par MM. Barré de Saint Venant et Flamant, avec des Notes étendues de M. Barré de Saint Venant. Dunod, Paris

114. Clerk Maxwell J (1864) On the calculation of the equilibrium and stiffness of frames. Philosophical magazine, vol. 27, pp. 294-299

115. Clerk Maxwell J (1864) On reciprocal figures and diagrams of forces. Philosophical Magazine, vol. 27, pp. 250-261

116. Clerk Maxwell J (1872) On reciprocal figures, frames, and diagrams of forces (1870). Proceedings of the Royal Society of Edinburgh, vol. 7, pp. 53-56

117. Clerk Maxwell J (1873) A treatise on electricity and magnetism (2 volumi). Clarendon, Oxford

118. Colonnetti G (1916) Principi di statica dei solidi elastici. Spoerri, Pisa

119. Colonnetti G (1941) Principi di statica dei solidi elastici. Einaudi, Torino

120. Cosserat E, Cosserat F (1896) Sur la théorie de l'élasticité. Annales de l'Université de Toulouse, vol. 10, pp. 1-116

121. Cosserat E, Cosserat F (1907) Sur la statique de la ligne déformable. Comptes rendus, vol. 145, pp. 1409-1412

122. Cotterill JH (1865) On an extension of the dynamical principle of least action. Philosophical Magazine, s. 4, vol. 29, pp. 299-305

123. Cotterill JH (1865) On the equilibrium of arched ribs of uniform section. Philosophical Magazine, s. 4, vol. 29, pp. 380-389

124. Cotterill JH (1865) Further application of the principle of least action. Philosophical Magazine, s. 4, vol. 29, pp. 430-436

125. Cotterill JH (1884) Applied mechanics. Macmillan, London

126. Cournot A (1828) Sur la théorie des pressions. Bulletin de Férussac, vol. 9, pp. 10-22

127. Cousinery BE (1828) Géométrie perspective ou principes de projection polaire appliqués à la description des corps. Carilian-Goeury, Paris

128. Cousinery BE (1839) Le calcul par le trait – ses éleménts et ses applications. Carilian-Goeury et Dalmont, Paris

129. Cremona L (1914-1917) Opere Matematiche (3 volumi). Hoepli, Milano

130. Cremona L (1868-1869) Lezioni di statica grafica. Regio stabilimento Ronchi, Milano

131. Cremona L (1872) Le figure reciproche nella statica grafica. Hoepli, Milano

132. Cremona L (1873) Elementi di geometria proiettiva. Paravia, Roma

133. Cremona L (1875) Elements de géométrie projective. Gauthier-Villars, Paris

134. Cremona L (1885) Elements of projective geometry. Clarendon, Oxford

135. Cremona L (1885) Les figures réciproques en statique graphique. Gauthier-Villars, Paris

136. Crotti F (1884) Commemorazione di Alberto Castigliano. Atti del Collegio degli ingegneri ed architetti in Milano, pp. 5-6

137. Crotti F (1888) La teoria dell'elasticità ne' suoi principi fondamentali e nelle sue applicazioni pratiche alle costruzioni. Hoepli, Milano

138. Crowe MJ (1967) A history of vector analysis. Dover, New York

139. Culmann C (1851) Der Bau hölzerner Brücken in den Vereingten Staaten von Nordamerika. Ergebnisse einer im Auftrage der königl. Bayerischen Regierung in den Jahren 1849 und 1850 unternommenen Reise durch die Vereinigten Staaten. Allgemeine Bauzeitung (Wien), pp. 69-129, 387-397

140. Culmann C (1852) Der Bau der eisernen Brücken in England und Amerika. Allgemeine Bauzeitung (Wien), pp. 163-222, 478-487

141. Culmann C (1866) Die graphische Statik. Meyer und Zeller, Zürich

142. Culmann C (1880) Traité de statique graphique. Dunod, Paris

143. Curioni G (1864-1884) L'arte di Fabbricare. Ossia corso completo di istituzioni teoriche pratiche per ingegneri (6 volumi e 5 appendici). Negro, Torino

144. Curioni G (1884) Cenni storici e statistici della Scuola di applicazione per Ingegneri. Candeletti, Torino

145. Dahan Dalmedico A (1989) La notion de pression: de la métaphysique aux diverses mathématisations. Revue d'histoire des sciences, vol. 42, n. 1, pp. 79-108

146. Dahan Dalmedico A (1993) Mathématisations. Augustin-Louis Cauchy et l'école française. Du Choix, Paris

147. Delanges P (1811) Analisi e soluzione sperimentale del problema delle pressioni. Memorie di matematica e fisica della Società italiana delle scienze, vol. 15, pp. 114-154

148. Della Valle S (2008) La facoltà di ingegneria di Napoli. Sito web della facoltà di ingegneria di Napoli

149. Di Pasquale S (1996) Archi in muratura e distorsioni di Somigliana. In: Di Pasquale S (a cura) Problemi inerenti l'analisi e la conservazione del costruito storico. Alfani, Firenze

150. (1960-) Dizionario biografico degli italiani. Istituto enciclopedia italiana, Roma

151. Dorna A (1857) Memoria sulle pressioni sopportate dai punti d'appoggio di un sistema equilibrato e in istato prossimo al moto. Memorie dell'Accademia delle Scienze di Torino, s. 2, vol. 17, pp. 281-318

152. Dugas R (1950) Histoire de la mécanique. Griffon, Neuchâtel

153. Duhem P (1991) Hydrodinamique, élasticité, acoustique. Hermann, Paris

154. Engesser F (1889) Über statisch unbestimmte Träger bei beliebigen Formänderungsgesetze und über der Satz von der Kleinsten Erganzungsarbeit. Zeitschrift des Architekten- und Ingenieur-Vereins zu Hannover, vol. 35, col. 733-744

155. Enriques F (1898) Lezioni di geometria proiettiva. Zanichelli, Bologna

156. Euler L (1774) De pressione ponderis in planum in cui incumbit (1773). Novi commentarii academiae scientiarum imperialis petropolitanae, vol. 18, pp. 289-329

157. Fara A (2007) Luigi Federico Menabrea ingegnere e il principio di elasticità nelle costruzioni. Bollettino Ingegneri di Torino, n. 12, pp. 3-14

158. Favaro A (1877) Lezioni di statica grafica (1873). Sacchetto, Padova

159. Favaro A (1879) Leçons de statique graphique. Gauthier-Villars, Paris

160. Ferroni P (1803) I principi di meccanica richiamati alla massima semplicità ed evidenza. Memorie di matematica e fisica della Società italiana delle scienze, t. X, pp. 481-633

161. Filoni A, Giampaglia A (2006) Gabrio Piola 1794-1850. Biografia di un matematico umanista. Assessorato alla Cultura del Comune di Giussano, Giussano

162. Finzi B, Somigliana C (1939-1940) Meccanica razionale e fisica matematica. In: Silla L (a cura) Un secolo di progresso scientifico italiano: 1839-1939 (7 volumi). Sips, Roma, vol. 1, pp. 211-224

163. Foce F (1995) The theory of elasticity between molecular and continuum approach in the XIX century. In: Radelet de Grave P, Benvenuto E (a cura) Entre mécanique et architecture. Birkhäuser, Basel

164. Fontana G (1802) Nuove soluzioni di un problema statico euleriano. Memorie di matematica e fisica della Società italiana delle scienze, vol. IX, pp. 626-631

165. Fossombroni V (1796) Memoria sul principio delle velocità virtuali. Cambiagi, Firenze

166. Fränkel W (1882) Das Prinzip der kleinsten Arbeit der inneren Kräfte elastischer Systeme und eine Anwendung auf die Lösung baustatischer Aufgaben. Zeitschrift des Architekten- und Ingenieur-Vereins zu Hannover, vol. 28, col. 63-76

167. Fresnel AJ (1821) Supplément au mémoire sur la double réfraction. In: Fresnel AJ (1868) Oeuvres Complètes. Imprimerie Impériale, Paris, pp. 343-367

168. Gerhart R, Kurrer KE, Pichler G (2003) The methods of graphical statics and their relation to the structural form. Atti First int. Congress on construction history, Madrid, pp. 997-1006

169. Gibbs JW (1881) Elements of vector analysis. Pubblicato privatamente a New Haven in due parti: la prima nel 1881, la seconda nel 1884

170. Girard PS (1798) Traité analytique de la resistance des solides et des solides d'égale résistance. Didot, Paris

171. Giulio CI (1841) Expérience sur la résistence des fers forgés dont on fait le plus d'usage en Piémont. Memorie della reale Accademia delle Scienze di Torino, s. 2, vol. 3, pp. 175-223

172. Giulio CI (1841) Expérience sur la force et sur l'élasticité des fils de fer. Memorie della R. Accademia delle Scienze di Torino, s. 2, vol. 3, pp. 275-434

173. Giulio CI (1842) Sur la torsion des fils métallique et sur l'élasticité des ressort en hélice. Memorie della R. Accademia delle Scienze di Torino, s. 2, vol. 4, pp. 329-383

174. Giuntini A (2001) Il paese che si muove. Le ferrovie in Italia tra '800 e '900. Franco Angeli, Milano

175. Grassmann HG (1844) Die Wissenschaft der extensiven Grösse oder die Ausdehnungslehre ... Erster Theil: die lineale Ausdehnungslehre enthaltend. Verlag von Otto Wigand, Leipzig

176. Grassmann HG (1855) Sur les différents genres de multiplication. Crelles Journal, vol. 49, pp. 123-141

177. Grassmann HG (1862) Die Ausdehnungslehre. Vollständig und in strenger Form bearbeitet. Verlag von Th. Chr. Fr. Enslin, Berlin

178. Green G (1827) An essay of the application of the mathematical analysis to the theories of electricity and Magnetism. In: Green G (1871) Mathematical papers. McMillan and co., London, pp. 1-82

179. Green G (1839) On the reflection and refraction of light at the common surface of two non-crystallized media. In: Green G (1871) Mathematical papers. McMillan and co., London, pp. 245-269

180. Guidi C (1891) Lezioni sulla scienza delle costruzioni (2 volumi). Salussolia, Torino

181. Guidi C (1910) Lezioni sulla scienza delle costruzioni date dall'ing. prof. Camillo Guidi nel R. Politecnico di Torino. Bona, Torino

182. Grioli G (1960) Lezioni di meccanica razionale. Borghero, Padova

183. Gurtin ME (1981) An introduction to continuum mechanics. Academic Press, New York

184. Hamilton WR (1847) On quaternions (1844). Proceedings of the Royal Irish Academy, vol. 3, pp. 1-16, 273-292

185. Hamilton WR (1853) Lecture on quaternions. Hodge and Smith, Dublin

186. Hamilton WR (1854-55) On some extensions of Quaternions. Philosophical magazine (4th series), vol. 7, pp. 492-499; vol. 8 (1854), pp. 125-137, 261-269; vol. 9 (1855), pp. 46-51, 280-290

187. Heaviside O (1893-1912) Electromagnetic theory (3 volumi). The Electrician Pub. Co., London

188. Hellinger E (1914) Die allgemeinen Ansätze der Mechanik der Kontinua. Enzyklopädie der mathematischen Wissenschaften, Bd. IV/4, Teubner BG, Leipzig, pp. 602-694

189. Hooke R (1678) Lectures de potentia restitutiva or Of spring explaining the power of springing bodies. John Martyn, London

190. Jellett JH (1849) On the equilibrium and motion of an elastic solid. Transactions of the Royal Irish Academy, vol. 22, s. III, pp. 179-217

191. Jenkin HCF (1869) On practical applications of reciprocal figures to the calculation of strains on frameworks. Transactions of the Royal Society of Edinburgh, vol. 25, pp. 441-447

192. Jenkin HCF (1873) On braced arches and suspension bridges (1869). Transactions of the Royal Scottish society of arts, vol. 8, pp. 135 e segg.

193. Jung C (1890) Appunti al corso di statica grafica presi dagli allievi Tullio Imbrico e Enrico Bas. Luigi Ferrari, Milano

194. Kirchhoff GR (1852) Über die Gleichungen des Gleichgewichtes eines elastischen Körpers bei nicht unendlich kleinen Verschiebungen seiner Theile. Sitzungsberichte der Akademie der Wissenschaften Wien, Bd. 9, pp. 762-773

195. Kirchhoff GR (1876) Vorlesungen über mathematischen Physik: Mechanik. Teubner BG, Leipzig

196. Kline M (1972) Mathematical thought from ancient to modern times. University Press, Oxford

197. Kohlrausch F, Loomis FE (1870) Ueber die Elasticität des Eisens, Kupfers und Messings, insbesondere ihre Abhängigkeit von der Temperatur. Annalen der Physik und Chemie, vol. 141, pp. 481-503

198. Korn A (1906) Sur un théoreme relatif aux dérivées secondes du potentiel d'un volume attirant. Comptes Rendus, vol. 142, pp. 199-200

199. Kurrer KE (2008) The history of the theory of structures. From arch analysis to computational mechanics. Ernst & Sohn, Berlin

200. Lacroix SF (1811) Traité du calcul différentiel et du calcul intégral. Courcier, Paris

201. Lagrange JL (1867-1892) Oeuvres de Lagrange (a cura di Serret JA e Darboux G). Gauthier-Villars, Paris

202. Lagrange JL (1788) Méchanique analitique. Desaint, Paris

203. Lagrange JL (1797) Théorie des fonctions analytiques. Imprimerie de la République, Paris

204. Lagrange JL (1811) Mécanique Analytique. Courcier, Paris

205. Lamé G, Clapeyron EBP (1827) Mémoire sur les polygones funiculaires. Journal des voies de communication, Saint-Petersbourg, vol. 6, pp. 43-56

206. Lamé G (1852) Leçons sur la théorie mathématique de l'élasticité des corps solides. Bachelier, Paris

207. Lamé G (1859) Leçons sur les coordonnées curvilignes et leurs diverses applications. Bachelier, Paris

208. Lanczos C (1970) The variational principles of mechanics. University Press, Toronto

209. Laplace PS (1878) Exposition du système du monde. In: Laplace PS (1878) Oeuvres complètes, vol. VI, Gauthier-Villars, Paris

210. Lauricella G (1895) Equilibrio dei corpi elastici isotropi. Annali della Regia Scuola Normale Superiore di Pisa, vol. 7, pp. 1-119

211. Lauricella G (1909) Sur l'intégration de l'équation relative à l'équilibre des plaques élastiques encastrées. Acta Mathematica, vol. 32, pp. 201-256

212. Lehmann C, Maurer B (2005) Karl Culmann und die graphische Statik – Zeichnen, die Sprache des Ingenieurs. Ernst & Sohn, Berlin

213. Levi Civita T, Ricci Curbastro G (1901) Mèthode de calcul différentiel et leurs applications. Mathematische annalen, vol. 54, pp. 125-201

214. Levi Civita T, Amaldi U (1930) Lezioni di meccanica razionale. Zanichelli, Bologna

215. Lévy M (1873) Mémoire sur l'application de la théorie mathématique de l'élasticité à l'étude des systèmes articulés formés de verges élastiques. Comptes Rendus, vol. 76, pp. 1059-1063

216. Lévy M (1874) La statique graphique et ses applications aux constructions. Gauthier-Villars, Paris

217. Lorgna AM (1794) Dell'azione di un corpo retto da un piano immobile esercitata ne' punti di appoggio che lo sostengono. Memorie di matematica e fisica della Società italiana delle scienze, vol. 7, pp. 178-192

218. Love AEH (1892) A treatise on the mathematical theory of elasticity. Cambridge University press, Cambridge

219. Mach E (2005) Scienza tra storia e critica. Polimetrica, Milano

220. Magistrini GB (1816) Osservazioni varie sopra alcuni punti principali di matematica superiore. Memorie di matematica e fisica della Società italiana delle scienze, vol. XVII, pp. 445-460

221. Malvern LE (1969) Introduction to the mechanics of a continuum medium. Prentice-Hall, Englewood Cliffs

222. Mangone F, Telese R (2001) Dall'accademia alla facoltà. L'insegnamento dell' architettura a Napoli. Hevelius, Benevento

223. Marchis V (2007) Le radici di una scuola politecnica. Progettare, n. 309, pp. 27-30

224. Marcolongo R (1902) Teoria matematica dell'elasticità. R. Università, Messina. Seconda edizione. Marcolongo R (1904) Teoria matematica dello equilibrio dei corpi elastici. Hoepli, Milano

225. Marcolongo R (1907) Progressi e sviluppo della teoria matematica della elasticità in Italia (1870-1907). Nuovo Cimento, s. 5, vol. 14, pp. 371-410

226. Mariotte E (1686) Traité du mouvement des eaux. Estienne Michallet, Paris

227. Masotti A (1950) In memoria di Gabrio Piola nel centenario della morte. Rendiconti dell'Istituto Lombardo, classe di Scienze, vol. 83, pp. 1-31

228. Mele C (2006) Origini e formazione del Politecnico di Torino. Atti del I Convegno nazionale di Storia dell'ingegneria, Napoli, pp. 369-378

229. Menabrea LF (1835) Luigi Federico Menabrea da Ciamberì ingegnere idraulico ed architetto civile luogotenente del genio militare per essere aggregato al Collegio amplissimo di filosofia e belle arti classe di matematica nella Regia Università di Torino l'anno 1835 addì 10 dicembre alle ore 8 1/2 di mattina. Data ad altri dopo il sesto la facoltà di argomentare. Reale Tipografia, Torino

230. Menabrea LF (1840) Mouvement d'un pendule composé lorsqu'on tient compte du rayon du cylindre qui lui sert d'axe, de celui du coussinet sur lequel il repose ainsi que du frottement qui s'y développe (1839). Memorie della R. Accademia delle Scienze di Torino, s. 2, vol. 2, pp. 369-378

231. Menabrea LF (1842) Notions sur la machine analytique de M. Charles Babbage. Bibliothèque universelle de Genève. Nouvelle série 41, pp. 352-376

232. Menabrea LF (1855) Études sur la théorie des vibrations (1853). Memorie della R. Accademia delle Scienze di Torino, s. 2, vol. 15, pp. 205-329

233. Menabrea LF (1858) Nouveau principe sur la distribution des tensions dans les systèmes élastiques. Comptes Rendus, vol. 46, pp. 1056-1060

234. Menabrea LF (1864) Note sur l'effet du choc de l'eau dans les conduites (1858). Memorie della R. Accademia delle Scienze di Torino, s. 2, vol. 21, pp. 1-10

235. Menabrea LF (1868) Étude de statique phisique. Principe général pour déterminer les pressions et les tensions dans un système élastique (1865). Bocca, Torino. Anche in: Menabrea LF (1871) Memorie della R. Accademia delle Scienze di Torino, s. 2, vol. 25, 1871, pp. 141-180

236. Menabrea LF (1874-1875) Lettera all'Accademia delle Scienze di Torino per una correzione da apportare al Principe général del 1868 (1868). Atti della R. Accademia delle Scienze di Torino, vol. 10, pp. 45-46

237. Menabrea LF (1869-1870) Sul principio di elasticità. Dilucidazioni. Con dichiarazioni di A. Parodi, G. Barsotti, Bertrand, Y. Villarceau. Atti della R. Accademia delle Scienze di Torino, vol. 5, pp. 686-710

238. Menabrea LF (1875) Sulla determinazione delle tensioni e delle pressioni ne sistemi elastici. Atti Regia Accademia dei Lincei, t. 2, s. 2, 1875, pp. 201-220. Anche in: Menabrea LF (1875) Sulla determinazione delle tensioni e delle pressioni ne sistemi elastici. Salviucci, Roma

239. Menabrea LF (1875) Lettera al presidente dell'Accademia dei Lincei, 27 marzo 1875. Atti della R. Accademia dei Lincei, s. II, vol. 11, pp. 62-66

240. Menabrea LF (1884) Concordances de quelques méthodes générales pour déterminer les tensions dans un système des points réunis par des liens élastiques et sollicités par des forces extérieures en équilibre. Comptes Rendus, vol. 98, pp. 714-717

241. Menabrea LF (1971) Memorie (a cura di Briguglio L e Bulferetti L). Centro per la storia della tecnica in Italia del CNR, Giunti-Bré, Genova

242. Meriggi M (1996) Breve storia dell'Italia settentrionale dall'Ottocento a oggi. Donzelli, Milano

243. Möbius AF (1827) Der barycentrische Calculus, ein neues Hülfsmittel zur analytischen Behandlung der Geometrie. Barth JA, Leipzig

244. Möbius AF (1837) Lehrbuch der Statik. Göschen, Leipzig

245. Mohr O (1860-1868) Beitrag zur Theorie der Holz und Eisen-Konstruktionen. Zeitschrift des Architekten- und Ingenieur Vereins zu Hannover, vol. 6 (1860), col. 323 e segg., 407 e segg.; vol. 8 (1862), col. 245 e segg.; vol. 14 (1868), col. 19 e segg.

246. Mohr O (1872) Über die Darstellung des Spannungszustandes und des Deformationszustandes eines Körperelementes und über die Anwendung derselben in der Festigkeitslehre. Der Civilingenieur, vol. 28, col. 113-156

247. Mohr O (1874) Beitrag zur Theorie der Bogenfachwerksträger. Zeitschrift des Architekten- und Ingenieur Vereins zu Hannover, vol. 20, col. 223 segg.

248. Mohr O (1874) Beitrag zur Theorie des Fachwerks. Zeitschrift des Architekten- und Ingenieur Vereins zu Hannover, vol. 20, col. 509 e segg.

249. Mohr O (1875) Beitrag zur Theorie des Fachwerks. Zeitschrift des Architekten- und Ingenieur Vereins zu Hannover, vol. 21, col. 17-38

250. Mohr O (1881) Beitrag zur Theorie des Bogenfachwerks. Zeitschrift des Architekten- und Ingenieur Vereins zu Hannover, vol. 27, col. 243 e segg.

251. Moseley H (1833) On a new principle in statics, called the principle of least pressure, Philosophical Magazine 3, 1833, pp. 285-288

252. Moseley H (1839) A treatise on mechanics applied to arts. Parker JW, London

253. Moseley H (1843) The mechanical principles of engineering and architecture. Longman, Brown, Green and Longmans, London

254. Mossotti OF (1837) On the forces which regulate the internal constitution of bodies. Taylor scientific memoirs, vol. 1, pp. 448-469

255. Mossotti OF (1858) Lezioni di Meccanica razionale. d'Arcais F, Pisa

256. Müller-Breslau CH (1886) Die neuren Methoden der Festigkeitslehre. Kröner, Leipzig

257. Müller-Breslau CH (1887) Die graphische Statik der Baukonstruktionen. Kröner, Leipzig. Prima edizione. Müller-Breslau CH (1913) Die neueren Methoden der Festigkeitslehre und der Statik der Baukonstruktionen, ausgehend von dem Gesetze der virtuellen Verschiebungen und den Lehrsätzen über die Formänderungsarbeit. Quarta edizione tedesca. Teubner BG, Leipzig. Traduzione italiana di questa: Müller-Breslau CH (1927) Scienza delle costruzioni. Hoepli, Milano

258. Müller CH, Timpe A (1906) Die Grundgleichungen der mathematischen Elastizitätstheorie. In: Enzyklopädie der mathematischen Wissenschaften, Bd. IV/4, Teubner BG, Leipzig, pp. 1-54

259. Nascè V (1984) Alberto Castigliano, Raylway engineer: his life and times. Meccanica, vol. 19-supplement, pp. 5-14

260. Nascè V, Benvenuto E (a cura) (1984) Alberto Castigliano. Selecta 1984. Levrotto e Bella, Torino

261. Navier CLMH (1825) Sur des questions de statique dans lesquelles on considère un corps supporté par un nombre de points d'appui surpassant trois. Bulletin des Sciences par la Société Philomatique, vol. 11, pp. 35-37

262. Navier CLMH (1826) Résumé des leçons données a l'École royale des Ponts et Chaussées sur l'application de la Mécanique à l'établissement des constructions et des machines. Didot, Paris

263. Navier CLMH (1827) Mémoire sur les lois de l'équilibre et du mouvement des corps solides élastiques (1821). Mémoires de l'Académie des Sciences de l'Institut de France, s. 2, vol. 7, pp. 375-393

264. Navier CLMH (1864) Résumé des leçons données à l'Ecole de ponts et chaussées sur l'application de la mécanique à l'établissement des constructions et des machines, avec des notes et des appendices par M. Barré de Saint Venant. Dunod, Paris

265. Neumann C (1860) Zur Theorie der Elasticität. Journal für die reine und angewandte Mathematik, vol. 57, pp. 281-318

266. Newton I (1704) Opticks. Smith and Walford, London. Edizione italiana: Newton I (1978) Scritti di ottica (a cura di Pala A). Hoepli, Torino

267. Novello P, Marchis E (2010) Emma Strada. Temi forme e maestri della formazione politecnica, progetti, disegni e opere della professione di progettista. In: D'Agostino S (a cura) Atti del 3^0 Convegno nazionale di Storia dell'ingegneria, Napoli, 2010. Cuzzolin, Napoli, pp. 1047-1056

268. Padova E (1888) Sull'uso delle coordinate curvilinee in alcuni problemi della teoria matematica dell'elasticità. Studi editi dalla Università di Padova a commemorare l'ottavo centenario dell'origine dell'Università di Bologna. Tipografia del Seminario, Padova, vol. 3, pp. 3-30

269. Padova E (1889) La teoria di Maxwell negli spazi curvi. Rendiconti dell'Accademia dei Lincei, s. IV, vol. 5, pp. 875-880

270. Pagani GM (1827) Mémoire sur l'équilibre des systemes flexibles. Nouveaux mémoires de l'Académie de Bruxelles, vol. 4, pp. 195-244

271. Pagani GM (1829-1930) Note sur le mouvement d'une membrane élastique de forme circulaire. Quetelet's Correspondance Mathématique et Pysique, vol. 5 (1929), pp. 227-231; vol. 6 (1830), pp. 25-31

272. Pagani GM (1830) Considérations sur les principles qui servent de fondement à la théorie mathématique de l'équilibre et du mouvement vibratoire des corps solides élastiques. Quetelet's Correspondance Mathématique et Pysique, vol. 6, pp. 87-91

273. Pagani GM (1834) Note sur l'équilibre d'un système dont une partie est supposée inflexible et dont l'autre est flexible et extensible. Nouveaux mémoires de l'Académie de Bruxelles, vol. 8, pp. 1-14

274. Pagani GM (1839) Mémoire sur l'équilibre des colonnes. Memorie della Reale Accademia di Torino, vol. 1, pp. 355-371

275. Palladino F, Tazzioli R (1996) Le lettere di Eugenio Beltrami nella corrispondenza di Ernesto Cesàro. Archive for history of exact sciences, vol. 49, pp. 321-353

276. Pepe L (2007) Rinascita di una scienza. Matematica e matematici in Italia (1715-1814). CLUEB, Bologna

277. Piola G (1821) Sulla teorica dei cannocchiali. Effemeridi astronomiche di Milano, pp. 13-36

278. Piola G (1825) Lettere scientifiche di Evasio ad Uranio. Fiaccadori, Reggio Emilia

279. Piola G (1825) Sull'applicazione de' principj della meccanica analitica del Lagrange ai principali problemi. Regia Stamperia, Milano

280. Piola G (1833) La meccanica de' corpi naturalmente estesi trattata col calcolo delle variazioni. Opuscoli matematici e fisici di diversi autori. Giusti, Milano, pp. 201-236

281. Piola G (1836) Nuova analisi per tutte le questioni della meccanica molecolare. Memorie di matematica e fisica della Società italiana delle scienze, vol. 21, pp. 155-321

282. Piola G (1844) Elogio di Bonaventura Cavalieri. Bernardoni, Milano

283. Piola G (1848) Intorno alle equazioni fondamentali del movimento di corpi qualsivogliono considerati secondo la naturale loro forma e costituzione. Memorie di matematica e fisica della Società italiana delle scienze, vol. 24, pp. 1-186

284. Piola G (1856) Di un principio controverso della Meccanica Analitica di Lagrange e delle sue molteplici applicazioni. Memorie dell'Istituto Lombardo, vol. 6, pp. 389-496

285. Pisano R, Capecchi D (2009) La théorie analytique de la Chaleur. Notes on Fourier and Lamé. Sabix, n. 44, pp. 87-94

286. Poincaré H (1892) Leçons sur la théorie de l'élasticité. Carré, Paris

287. Poinsot L (1848) Éléments de statique (1803). Gauthier-Villars, Paris

288. Poisson SD (1827) Note sur les vibrations des corps sonores. Annales de chimie et de physique, vol. 34, pp. 86-93

289. Poisson SD (1829) Mémoire sur l'équilibre et le mouvement des corps élastiques. Mémoires de l'Académie des sciences de l'Institut de France, vol. 8, pp. 357-570

290. Poisson SD (1831) Mémoire sur la propagation du mouvement dans les milieux élastiques. Mémoires de l'Académie des sciences de l'Institut de France, vol. 10, pp. 549-605

291. Poisson SD (1831) Mémoire sur les équations générales de l'équilibre et du mouvement des corps solides élastiques et des fluides. Journal de l'Ecole Polytechnique, vol. 13, cah. XX, pp. 1-174

292. Poisson SD (1833) Traité de mécanique (1811). Bachelier, Paris

293. Poncelet JV (1840) Mémoire sur la stabilité des revêtements et leurs fundations. Mémorial de l'Officier du Génie, vol. 13, pp. 7-270. Poncelet JV (1840) Mémoire sur la stabilité des revêtements et leurs fundations. Bachelier, Paris

294. Pouchet LE (1797) Métereologie terrestre ou table des nouveaux poids, mesures et monnaies de France etc. Guilbert et Herment, Rouen

295. Prony G (1797) Sur le principe des vitesses virtuelles. Journal de l'École polytechnique, cah. V, pp. 191-207

296. (1879) Programma della Real Scuola di applicazione per gli ingegneri in Bologna. Anno scolastico 1878-1879. Società tipografica dei compositori, Bologna

297. Pugno GM (1959) Storia del Politecnico di Torino. Stamperia Artistica Nazionale, Torino

298. Rankine WJM (1858) A manual of applied mechanics. Griffin, London

299. Rankine WJM (1864) Principles of the equilibrium of polyhedral frames. Philosophical magazine, s. 4, vol. 27, p. 92

300. Rankine WJM (1881) Laws of the elasticity of solid bodies. In: Rankine WJM. Miscellaneous Scientific Papers. Charles Griffin, London , pp. 67-101

301. Rankine WJM (1881) On axes of elasticity and crystalline forms. In: Rankine WJM. Miscellaneous Scientific Papers. Charles Griffin, London, pp. 119-149

302. Richelmy P (1872) Intorno alla Scuola di applicazione per Ingegneri fondata in Torino nel 1860: cenni storici e statistici. Fodratti, Torino

303. Ritter A (1863) Elementare Theorie der Dach und Brücken-Constructionen. Rümpler, Hannover

304. Ritter KW (1890) Anwendungen der graphischen Statik – Das Fachwerk. Mayer & Zeller, Zürich

305. Ritter KW (1888-1906) Anwendungen der graphischen Statik nach Professor Dr. C. Culmann bearbeitet von W. Ritter. Meyer & Zeller, Zürich

306. Roero CS (2004) Profili di G. Beccaria, C. Somigliana. In: Allio R (a cura) Maestri dell'Ateneo torinese dal Settecento al Novecento. Centro studi di storia dell'Università di Torino, Sesto Centenario, Torino, pp. 247-250, 388-389

307. Rombaux GB (1876) Condizioni di stabilità della tettoia della stazione di Arezzo. Tipografia del Giornale del Genio Civile, Roma. Ristampa di una serie di articoli apparsi nella rivista Giornale del Genio Civile (1875), nn. 2-10, pp. 49-64, 89-136, 149-185, 213-231, 325-348, 448-481, 485-515 e Giornale del Genio Civile (1876) nn. 1-4, pp. 1-20, 54-84, 112-136, 157-174

308. Rondelet J (1802-1817) Traité théorique et pratique de l'art de batir (7 volumi). Rondelet, Paris. Rondelet J (1834) Traité théorique et pratique de l'art de batir. Didot, Paris

309. Ruta G (1995) Il problema di Saint Venant. Studi e Ricerche n. 7/95 del Dipartimento di ingegneria strutturale e geotecnica, Università La Sapienza, ESA, Roma

310. Sabbia E (luogo e data di pubblicazione sconosciuti) Al Professore Sig. S. L.

311. Sabbia E (1869) Errore del principio di elasticità formolato dal sig. Menabrea. Cenno critico di Emilio Sabbia. Tipografia Baglione, Torino

312. Sabbia E (1870) Nuove delucidazioni sul principio di elasticità. Risposta ad un opuscolo contenente delucidazioni di Luigi Federico Menabrea sullo stesso principio. Tipografia Baglione, Torino

313. Saint Venant AJC Barré de (1843) Mémoire sur le calcul de la résistance et de la flexion des pièces solides à simple ou à double courbure en prenant simultanément en considérations les diverses efforts auxquelles peuvent être soumises dans tous les sens. Comptes Rendus, vol. 17, pp. 942-954

314. Saint Venant AJC Barré de (1843) Mémoire sur le calcul de la résistance d'un pont en charpente et sur la détermination au moyen de l'analyse des efforts supportés dans les constructions existantes des grandeurs des nombres constantes qui entrent dans les formules de résistance des materiaux (avec Paul Michelot). Comptes Rendus, vol. 17, pp. 1275-1277

315. Saint Venant AJC Barré de (1847) Mémoire sur l'équilibre des corps solides dans les limites de leur élasticité et sur les conditions de leur résistance quand les déplacements ne sont pas trés petits. Comptes Rendus, vol. 24, pp. 260-263

316. Saint Venant AJC Barré de (1855) De la torsion des prismes avec considérations sur leurs flexion ainsi que sur l'équilibre intérieur des solides élastiques en général et des formules pratiques pour le calcule de leur résistance à divers efforts s'exerçant simultanément. Imprimerie Impériale, Paris

317. Saint Venant AJC Barré de (1856) Mémoire sur la flexion des prismes sur le glissements transversaux et longitudinaux qui l'accompagnent lorsqu'elle ne s'opère pas uniformément ou en arc de cercle et sur la forme courbe affectée alors par leurs sections transversales primitivement planes. Journal de Mathématiques pures et appliquées, s. II, vol. 1, pp. 89-189

318. Saint Venant AJC Barré de (1863) Mémoire sur la distribution des élaticités atour de chaque point d'un solide ou d'un milieu de contexture quelconque, particulerment lorsque il est amorphes sans être isotrope. Journal de Mathématiques pures et appliquées, s. II, vol. 8, pp. 353-430

319. Saint Venant AJC Barré de (1865) Mémoire sur les divers genres d'homogéneité des corps solides, et principalement sur l'homogénéité semi polaire on cylindrique, et sur

les homogénéités polaires ou sphériconique et spherique. Journal de Mathématiques pures et appliquées, s. II, vol. 10, pp. 297-350

320. Saint Venant AJC Barré de (1868) Formules de l'élasticité des corps amorphes que des compressions permanents et inéguales ont rendus héterotopes. Journal de Mathématiques pures et appliquées, s. II, vol. 13, pp. 242-254

321. Saladini G (1808) Sul principio delle velocità virtuali. Memorie dell'Istituto Nazionale Italiano, vol. 2/1, pp. 399-420

322. Saviotti C (1888) La statica grafica (3 volumi). Hoepli, Milano

323. Signorini A (1930) Sulle deformazioni finite dei sistemi continui. Rendiconti dell'Accademia dei Lincei (6), vol. 12, pp. 312-316

324. Signorini A (1930) Sulla meccanica dei sistemi continui. Rendiconti dell'Accademia dei Lincei (6), vol. 12, pp. 411-416

325. Signorini A (1952) Meccanica razionale con elementi di statica grafica. Società tipografica Leonardo da Vinci, Città di Castello

326. Signorini A (1960) Questioni di elasticità non linearizzata. Cremonese, Roma

327. Silla L (1910) Commemorazione di Valentino Cerruti. Nuovo Cimento, s. V, vol. 19, pp. 5-9

328. Silvestri A (2006) La nascita delle facoltà di ingegneria e di architettura in Italia. Atti del I Convegno nazionale di Storia dell'ingegneria, Napoli, pp. 223-234

329. Siviero E, Zampini I (2006) L'ingegneria italiana nel Novecento. Ricerca in corso presso lo IUAV, Venezia

330. Sito web matematici italiani della Società italiana di storia della matematica

331. Somigliana C (1888) Sulle equazioni dell'elasticità. Annali di Matematica, s. 2, vol. 16, pp. 37-64

332. Somigliana C (1891) Formole generali per la rappresentazione di un campo di forze per mezzo di forze elastiche. Rendiconti del Regio Istituto Lombardo, s. II, vol. 23, pp. 3-12

333. Somigliana C (1891) Intorno alla integrazione per mezzo di soluzioni semplici. Rendiconti del Regio Istituto Lombardo, s. II, vol. 24, pp. 1005-1020

334. Somigliana C (1908) Sulle deformazioni elastiche non regolari. Atti del IV Congresso Internazionale dei Matematici, Roma, vol. 3

335. Somigliana C (1914-1915) Sulla teoria delle distorsioni elastiche. Rendiconti della R. Accademia dei Lincei, nota I, vol. 23 (1914), pp. 463-472; nota II, vol. 24 (1915), pp. 655-666

336. Staudt KGF von (1856) Beiträge zur Geometrie der Lage. Verlag von Bauer und Raspe, Nürnberg

337. Stevin S (1586) De Beghinselen der Weeghconst. Plantijn, Leyden

338. Stevin S (1608) Hypomnemata mathematica. Plantijn, Leyden

339. Stevin S (1634) Oeuvres mathématiques. Elsevier, Leyden

340. Tazzioli R (1993) Ether and theory of elasticity in Beltrami's work. Archive for history of exact sciences, vol. 46, pp. 1-37

341. Tazzioli R (1997) I contributi di Betti e Beltrami alla fisica matematica italiana. Atti del XVII Congresso Nazionale di Storia della Fisica e dell'Astronomia, Milano

342. Tedone O (1907) Sui metodi della fisica matematica. Atti del I Congresso S.I.P.S., Parma, pp. 33-47

343. Thomson W (1855) Sur les antécédents mécaniques du mouvement de la chaleur et de la lumiere. Comptes Rendus, vol. 40, pp. 1197-1202

344. Thomson W (1857) On the thermo-elastic and thermo-magnetic properties of matter (1855). Quarterly Journal of Mathematics, vol. 1, pp. 55-77

345. Thomson W (1882-1890) General theory of the equilibrium of an elastic solid (1863, letto nel 1862). Mathematical and physical papers. Cambridge University Press, Cambridge, vol. 3, pp. 386-394

346. Thomson W, Tait PG (1867) Treatise on natural philosophy. Cambridge University Press, Cambridge. Seconda edizione in due parti; Parte I, 1879; parte II, 1883, Cambridge University Press, Cambridge. Ultima ristampa: Thomson W, Tait PG (2003) Principles of mechanics and dynamics. Dover, New York

347. Timoshenko SP (1953) History of strength of materials. McGraw-Hill, New York

348. Todhunter I, Pearson K (1886-1893) A history of the theory of elasticity and of the strength of materials, from Galileo to the present time. Cambridge University Press, Cambridge

349. Trovalusci P, Ruta G, Capecchi D (2006) Il modello molecolare di Voigt. Atti del XVI Congresso di storia della fisica e dell'astronomia, Roma, pp. 183-194

350. Truesdell CA (1977) A first course in rational continuum mechanics. Academic Press, New York

351. Truesdell CA (1992) Cauchy and the modern mechanics of continua. Revue d'histoire des sciences, vol. 45, pp. 5-24

352. Truesdell CA, Noll W (1965) The non-linear field theories of mechanics. In: Handbuch der Physik, Bd. III/3. Springer-Verlag, Berlin

353. Truesdell CA, Toupin R (1960) The classical field theories. In: Handbuch der Physik, Bd. III/1. Springer-Verlag, Berlin, pp. 226-793

354. Sito della facoltà di Ingegneria di Roma La Sapienza

355. Varignon P (1687) Projet d'une nouvelle méchanique. Chez la Veuve d'Edme Martin, Jean Boudot & Estienne Martin, Paris

356. Varignon P (1725) Nouvelle mécanique ou statique. Claude Jombert, Paris

357. Venturoli G (1826) Elementi di meccanica e d'idraulica (1806). G Mauri, Roma

358. Veronese G (1903) Commemorazione del Socio Luigi Cremona. Rendiconti della Reale Accademia dei Lincei (5), vol. 12, pp. 664-678

359. Viola T (1932) Sui diagrammi reciproci del Cremona. Annali di Matematica Pura ed Applicata, vol. 10, pp. 167-172

360. Voigt W (1887) Theoretische Studien über die Elasticitätsverhältnisse der Kristalle. Abhandlungen der Gesellschaft der Wissenschaften zu Göttingen, vol. 34

361. Voigt W (1900) L'état actuel de nos connoissances sur l'élasticité des cristaux. Rapports présentés au Congrès international de Physique. Gauthier-Villars, Paris, pp. 277-347

362. Voigt W (1910) Lehrbuch der Kristallphysik. Teubner BG, Leipzig

363. Volterra V (1882) Sopra una legge di reciprocità nella distribuzione delle temperature e delle correnti galvaniche costanti in un corpo qualunque. Nuovo Cimento, s. III, vol. 9, pp. 188-192

364. Volterra V (1901) Un teorema sulla teoria della elasticità. Rendiconti della R. Accademia dei Lincei, s. 5, vol. 14, pp. 127-137

365. Volterra V (1905) Sull'equilibrio dei corpi elastici più volte connessi. Rendiconti della R. Accademia dei Lincei, s. 5, vol. 14, pp. 193-202

366. Volterra V (1905) Sulle distorsioni dei solidi elastici più volte connessi. Rendiconti della R. Accademia dei Lincei, s. 5, vol. 14, pp. 361-366

367. Volterra V (1905) Sulle distorsioni dei corpi elastici simmetrici. Rendiconti della R. Accademia dei Lincei, s. 5, vol. 14, pp. 431-438

368. Volterra V (1905) Contributo allo studio delle distorsioni dei solidi elastici. Rendiconti della R. Accademia dei Lincei, s. 5, vol. 14, pp. 641-654

369. Volterra V (1906) Nuovi studi sulle distorsioni dei solidi elastici. Rendiconti della R. Accademia dei Lincei, s. 5, vol. 15, pp. 519-525

370. Volterra V (1906) Leçons sur l'integration des équations differentielles aux derivée partielles professée à Stockholm sur l'Invitation de S. M. le Roi de Suéde

371. Volterra V (1907) Sur l'équilibre des corps élastiques multiplement connexes. Annales scientifiques de l'École Normale Superieure, s. 3, vol. 24, pp. 401-517

372. Volterra V (1908) Le matematiche in Italia nella seconda metà del secolo XIX. Atti del IV Congresso dei Matematici, Roma

373. Volterra V (1909) Sulle equazioni integrodifferenziali della teoria della elasticità. Rendiconti della R. Accademia dei Lincei, s. 5, vol. 18, pp. 295-301

374. Weingarten G (1901) Sulle superfici di discontinuità nella teoria della elasticità dei corpi solidi. Rendiconti della R. Accademia dei Lincei, s. 5, vol. 10, pp. 57-60

375. Wertheim G (1844) Recherches sur l'élasticité. Deuxieme mémoire. Annales de chimie et de physique, vol. 12, 3me series, pp. 581-610

376. Williot VJ (1878) Notions pratiques sur la statique graphique. Lacroix, Paris

377. Zorgno AM (a cura) (1995) Materiali tecniche progetto. Franco Angeli, Milano

378. Zucchetti F (1878) Statica grafica: sua teoria ed applicazioni con tavole illustrative per l'ingegnere. Negro, Torino

Indice degli autori

UNITEXT – Collana di Ingeneria

Per informazioni sugli altri volumi della serie consultare il sito:

www. springer.com/series/7281

Printed in the United States
By Bookmasters